S'adapter au changement climatique

Agriculture, écosystèmes et territoires

S'adapter au changement climatique

Agriculture, écosystèmes et territoires

Jean-François Soussana, coordinateur

Éditions Quae
RD10, 78026 Versailles Cedex

© Éditions Quæ, 2013   ISBN : 978-2-7592-2016-8   ISSN : 1777-4624

Préface

Les émissions mondiales de CO_2 à partir d'énergies fossiles ont augmenté de 40 % entre 1990 et 2008, pour atteindre 8,7 milliards de tonnes de carbone par an. Le rapport du GIEC (2007) a montré que le changement climatique est déjà en cours et que ses effets commencent à se manifester dans de nombreux systèmes naturels : réchauffement des surfaces terrestres et de la basse atmosphère ; réchauffement discernable jusqu'à 3 000 m dans l'océan ; augmentation des températures maximales et réduction des températures minimales, pluies et cyclones probablement plus intenses ; montée du niveau des océans ; réduction du pH des océans liée à la dissolution du CO_2 qui s'accumule dans l'atmosphère ; baisse graduelle vraisemblable de la circulation thermohaline (*Gulf Stream*) ; réduction du manteau neigeux et des calottes glaciaires ; changements de distribution et de comportement des espèces végétales et animales.

Des changements profonds sont désormais inéluctables, quels que soient les efforts de réduction des émissions de gaz à effet de serre qui pourront être déployés, du fait de l'inertie du système climatique. Ces changements vont affecter de nombreux secteurs : agriculture, forêt, pêche, aménagement du territoire, tourisme, infrastructures, etc. En ce sens, la question du changement climatique a cessé d'être une question strictement scientifique concernant un avenir lointain pour devenir un enjeu prégnant pour la société, pour les politiques publiques et pour les acteurs privés.

La lutte contre le changement climatique demeure une priorité et les mesures nécessaires pour limiter son ampleur font l'objet d'engagements internationaux (protocole de Kyoto et ses suites), européens (objectif de réduction de – 20 % des émissions de gaz à effet de serre en 2020 par rapport à 1990) et nationaux (plan national Climat, objectif de réduction de 75 % en 2050). Une étude récente conduite par l'Inra[1] a permis d'évaluer le potentiel d'atténuation des émissions de gaz à effet de serre et de stockage de carbone dans le secteur agricole. Par ses recherches, l'Inra contribue à la lutte contre l'effet de serre, dans le cadre notamment d'une alliance mondiale de recherche sur les gaz à effet de serre en agriculture[2].

L'adaptation au changement climatique est devenue également un enjeu majeur et des plans nationaux d'adaptation ont été encouragés pour les pays en développement lors des négociations[3] climat à Cancun en 2010. Cette adaptation doit être envisagée comme un complément désormais indispensable aux actions d'atténuation déjà engagées. L'intérêt économique d'être adapté a été démontré par le rapport Stern en 2006 qui a souligné que l'adaptation devait être anticipée afin d'en réduire les coûts et d'en anticiper les bénéfices.

---

1. Quelle contribution de l'agriculture française à la réduction de l'effet de serre ? Inra, juillet 2013.
2. www.globalresearchalliance.org
3. UNFCCC, convention cadre des Nations unies sur le climat.

C'est dans ce contexte que l'Agence nationale de la recherche (ANR) a confié à l'Inra en 2008 la coordination d'un atelier de réflexion prospective sur l'adaptation au changement climatique de l'agriculture et des écosystèmes anthropisés. Cet atelier avait deux objectifs : disposer d'un panorama des recherches françaises dans ce domaine et définir les éléments d'une stratégie de recherche susceptible d'être mise en œuvre dans les programmes de l'agence ou d'autres institutions.

L'atelier de réflexion prospective ADAGE[4] (Adaptation de l'agriculture et des écosystèmes anthropisés au changement climatique) a permis d'opérer une première cartographie des recherches dans ce domaine qui constitue une thématique émergente, comme en atteste la multiplication par 10 au cours des 10 dernières années du nombre de citations dans la littérature scientifique internationale.

Cet atelier, animé par Jean-François Soussana, a bénéficié de la contribution de près de 150 participants, issus de 43 institutions françaises (recherche et enseignement supérieur, ministères, agences publiques, instituts techniques, fédérations professionnelles, semenciers, assurances, associations de protection de l'environnement). Il a été organisé en trois sous-ateliers concernant :
– les enjeux génériques de l'adaptation au changement climatique,
– les enjeux par biome, par filière et par zone géographique,
– les conséquences sociales, économiques et environnementales de l'adaptation.

Les résultats de l'atelier ADAGE ont motivé le lancement dès 2011 de plusieurs programmes de recherche sous l'égide de l'ANR[5] et de l'Inra[6]. Les analyses développées au cours de l'atelier ont également contribué au cadrage d'une action prioritaire de programmation de la recherche[7], qui rassemble maintenant 21 pays européens sur l'agriculture, la sécurité alimentaire et le changement climatique. Les conclusions de l'atelier ADAGE ont enfin été présentées lors de la consultation organisée en préparation du plan national d'Adaptation au changement climatique (PNACC[8]).

Une cascade de répercussions du changement climatique sur les modes d'utilisation des terres, les besoins en eau, la qualité des sols, la pression des bioagresseurs, les besoins en intrants et en énergie, sur l'origine, la qualité et la typicité des produits, doit être envisagée, en analysant tout particulièrement les adaptations et les rétroactions sur les émissions de gaz à effet de serre, sur les ressources naturelles et la biodiversité et, enfin, les conséquences pour la production alimentaire. Cet ouvrage offre une large synthèse qui permet de comprendre ces interactions et d'envisager de premières pistes pour l'adaptation au changement climatique.

François Houllier
Président-directeur général de l'Inra

---

4. 2009-2010, www1.clermont.inra.fr/adage.

5. Programmes de l'ANR AgroBiosPhère et BioAdapt, portant respectivement sur l'adaptation aux changements globaux aux échelles des territoires et des organismes vivants, www.agence-nationale-recherche.fr.

6. Méta-programme Adaptation au changement climatique de l'agriculture et de la forêt (ACCAF), www.metaprogrammes.inra.fr.

7. FACCE JPI, Agriculture, Food Security and Climate Change Joint Programing Initiative, www.faccejpi.com.

8. www.developpement-durable.gouv.fr/IMG/pdf/ONERC-PNACC-complet.pdf.

Remerciements

Le présent ouvrage issu de l'atelier ADAGE a été rédigé par un collectif d'experts scientifiques représentant huit ensembles de disciplines (climatologie, sciences agronomiques, sciences de l'environnement, sciences de la biodiversité, génétique végétale et animale, santé végétale et animale, sciences de l'homme et de la société, sciences de l'information) et ayant tous contribué à ce projet. Il est dédié à la mémoire de Nadine Brisson-Cohen, décédée prématurément après avoir beaucoup œuvré dans ce domaine. Son édition a bénéficié de l'aide de Sophie Lebonvallet, Marie Rabut, Marc-Antoine Caillaud, Chantal Gascuel et Michèle Tixier-Boichard que je voudrais remercier.

Table des matières

Partie 3. Les défis de l'adaptation au changement climatique

Introduction

Jean-François Soussana

L'espoir ni la peur ne peuvent agir sur le temps qu'il fait.
Adage tibétain.

La publication du 4e rapport du GIEC en 2007 a renforcé la crédibilité scientifique et sociétale de la réalité du phénomène du changement climatique. C'est, en particulier, la confrontation des scénarios climatiques pour le xxie siècle et des observations récentes qui permet maintenant d'attribuer les changements observés, au-delà des facteurs naturels, à l'accroissement de l'effet de serre par l'action de l'homme. La température moyenne de surface a augmenté de 0,6 °C (avec une incertitude en plus ou en moins de 0,2 °C) depuis 1860. Le xxe siècle a probablement été le siècle le plus chaud depuis 1 000 ans et la décennie 1990 a connu le réchauffement le plus important de ce siècle, avec en particulier deux vagues de chaleur inédites depuis 1500 sur le continent européen (durant l'été 2003, puis en Russie durant l'été 2010). Les données purement climatiques sont corroborées par des observations sur des indicateurs qui en dérivent directement : diminution de la surface de couverture neigeuse et des glaciers de montagne ou de la glace de mer, élévation du niveau de la mer, etc. Par ailleurs, même s'il est généralement très délicat d'isoler l'action éventuelle du réchauffement global de celui d'un grand nombre d'autres facteurs, il est possible d'observer des impacts sur les écosystèmes cultivés ou naturels, en particulier au niveau de leur phénologie (dates de floraison des arbres fruitiers, dates de vendange et de semis du maïs) mais aussi, dans certains cas, de leur productivité (forêts, voire certaines céréales comme le blé). Ils attestent de la réalité d'un climat actuel significativement différent de celui des années 1940-1970 et très vraisemblablement en cours d'évolution sous l'action de l'augmentation de la concentration des gaz à effet de serre dans l'atmosphère.

Pour la fin du siècle, les différents scénarios évaluent les conséquences de concentrations atmosphériques en CO_2 situées en gros entre 540 et 950 ppm. L'accroissement moyen de la température de surface est estimé, d'après les simulations réalisées pour le 4e rapport du GIEC, devoir être de 1,8 à 4 °C entre 1980-1999 et 2090-2099. Cette augmentation serait sans précédent dans les 10 000 dernières années. Il est presque certain que toutes les surfaces continentales se réchaufferont plus rapidement que la moyenne. Les prédictions sur la pluviométrie sont un peu plus incertaines, mais elles font état en général d'une légère augmentation de la moyenne annuelle, avec une tendance à la diminution de la pluviométrie estivale dans les zones tempérées de moyenne latitude, qui serait nettement plus marquée autour du pourtour méditerranéen, amplifiant localement l'augmentation de température par le biais de rétroactions entre la sécheresse du sol et la canicule.

En plus de ces variations de climat moyen, il est vraisemblable que le changement climatique s'accompagne d'un accroissement de la variabilité temporelle et spatiale et des extrêmes. Avec des températures dépassant de 6 °C les normales saisonnières et des déficits de pluviométrie atteignant 300 mm, la sécheresse et la canicule de l'été 2003 ont entraîné en France métropolitaine une réduction de 30 % des productions de maïs grain et de fourrages, de 25 % pour l'arboriculture fruitière et de 20 % environ pour le blé et pour d'autres productions végétales. Les dommages non assurés pour le secteur agricole ont été estimés à 4 milliards d'Euros pour la France et à 13 milliards d'Euros pour l'Europe. La productivité primaire des écosystèmes européens a été réduite entraînant un important déstockage de carbone. Cet épisode récent, ainsi que d'autres (comme la sécheresse exceptionnelle de printemps en 2011) au cours de la décennie, démontre le besoin d'adaptation de l'agriculture, de la forêt et de l'ensemble des écosystèmes à la variabilité climatique actuelle. Cette vulnérabilité est encore plus importante pour l'agriculture de subsistance. Ainsi dans les régions arides de l'Afrique subsaharienne, la mortalité des cheptels nationaux a varié de 20 à 60 % au cours des sécheresses des dernières décennies. Les aléas climatiques entraînent également dans ces régions des tensions sur la sécurité alimentaire avec des conséquences négatives majeures pour les populations et pour le développement durable.

Le rapport 2007 du GIEC commence à préfigurer un avenir climatique à géométrie variable suivant les scénarios d'émission de gaz à effet de serre (GES). Il est maintenant bien établi que nous avons collectivement le choix, par notre action dans les vingt à trente prochaines années, d'aller vers un réchauffement encore modéré de l'ordre de 2 à 3 °C (à mettre en rapport avec une gamme de variation de la température moyenne annuelle de la France métropolitaine depuis 1900 de près de 2 °C d'après Météo-France), ou au contraire dépassant les 5 °C si on prolonge la tendance actuelle. Les impacts de ce cas de figure sont beaucoup plus difficiles à cerner, mais sont porteurs de risques notablement amplifiés pour l'agriculture, pour la biodiversité et pour les écosystèmes.

L'adaptation au changement climatique peut se définir comme l'ensemble des actions contribuant à ajuster les systèmes naturels ou humains en réponse à des phénomènes climatiques, afin d'atténuer leurs effets néfastes ou d'exploiter leurs effets bénéfiques. Car si le réchauffement climatique induira des coûts pour la société, il entraînera également des opportunités qu'il s'agira de saisir.

L'adaptation cherche à limiter les vulnérabilités, afin de réduire l'impact du changement climatique. Les agriculteurs, les éleveurs ou les forestiers disposent déjà de nombreuses options techniques d'adaptation pour des changements marginaux des systèmes existants. Ces adaptations autonomes des pratiques s'inscrivent dans le prolongement de stratégies de maîtrise du risque climatique, qui demandent encore des efforts de recherche. Elles peuvent permettre de « gagner du temps » pour un changement climatique modéré. Par exemple, pour les cultures annuelles, l'adaptation des pratiques agricoles permettrait d'augmenter de 10 à 20 % les rendements du blé, ce qui permettrait de retarder de plusieurs décennies les impacts du changement climatique sur la production. Cependant, l'efficacité de cette adaptation autonome est probablement insuffisante pour un changement climatique sévère ou pour des événements extrêmes. La mise au point d'une stratégie d'adaptation planifiée, compatible avec les objectifs de développement durable, est donc incontournable pour limiter la vulnérabilité face à des changements sévères.

Les échelles de temps concernant l'adaptation semblent *a priori* différentes selon les systèmes étudiés : en gros, de l'ordre de quelques années pour les cultures annuelles et les animaux d'élevage, 20 ans pour l'arboriculture fruitière ou la vigne, 50 ou 100 ans pour les forêts. Cependant, pour tous les systèmes, certaines formes d'adaptation nécessiteront un effort de recherche qui pourrait demander plusieurs années, voire plusieurs décennies : par exemple, pour la création d'un matériel génétique adapté, pour la mise au point d'un système d'alerte et d'aide à la décision en réponse à une variabilité climatique accrue, pour des observatoires permettant de capitaliser les adaptations en cours, etc.

La fenêtre dont nous disposons pour limiter le réchauffement global à 2 °C est en train de se refermer : sans une réduction mondiale des émissions de GES intervenant au plus tard d'ici 10 ans, il sera sans doute impossible d'éviter un réchauffement global de 3-4 °C, ou plus, d'ici à la fin du siècle[1]. Dans ce contexte, l'adaptation au changement climatique de l'agriculture et des écosystèmes s'impose aujourd'hui comme un objectif complémentaire à la lutte contre l'effet de serre.

L'émergence d'une communauté partageant une vision systémique des enjeux et des approches de l'adaptation constitue une première étape à laquelle cet ouvrage espère contribuer. Destiné aux enseignants, aux décideurs de la sphère privée et publique, et aux chercheurs, il est organisé en trois parties.

La première vise à expliciter les concepts et les approches qui sous-tendent les études scientifiques sur l'adaptation. Ces études partent d'une évaluation des impacts du changement climatique, évaluation qui ne peut être faite qu'en référence à des projections climatiques régionalisées, fonction elles-mêmes de scénarios d'émission de GES. Le premier chapitre est donc consacré aux scénarios socio-économiques et d'émission de GES. Les incertitudes liées aux modèles climatiques, aux méthodes de régionalisation et aux modèles d'impact du changement climatique sont discutées dans le second chapitre. Nous abordons ensuite (chapitre 3) les dynamiques de la biodiversité et de la santé végétale et animale, en montrant leur importance pour la gestion (par l'agriculture, la forêt et la pêche) et la conservation des ressources biologiques. Le chapitre 4 traite des options d'adaptation, en rappelant que ces options sont actuellement limitées par les lacunes dans nos observations et nos connaissances, par un déficit d'innovation, ainsi que par un certain nombre d'obstacles économiques et institutionnels. Enfin, le questionnement du chapitre 5 est centré sur l'étude des vulnérabilités et des capacités d'adaptation des socio-écosystèmes.

La seconde partie aborde l'adaptation au changement climatique des principaux biomes (cultures, prairies, forêts, hydrosystèmes continentaux et océaniques) au regard de leurs usages (agriculture, élevage, sylviculture, pêche et aquaculture, aires protégées) par l'homme. Les sociétés à agriculture de subsistance font l'objet d'un chapitre propre, car la dépendance de ces sociétés vis-à-vis de leur système écologique est quasi-exclusive. Sans viser à être exhaustif, cette partie traite d'exemples

---

1. Stocker T.F., 2013. The closing door of climate targets. *Science*, 339, 280.

pris dans différentes régions du monde, tout en accordant une place particulière au territoire français.

Enfin, la troisième partie traite des défis de l'adaptation au changement climatique pour l'eau et la qualité des sols, pour la lutte contre l'effet de serre et la production d'énergie à partir de la biomasse, pour la sécurité alimentaire et la compétitivité des filières et, enfin, pour les territoires ruraux.

C'est à ce large tour d'horizon qu'invite cet ouvrage, qui pose aussi en toile de fond la question de notre avenir commun au cours du XXIe siècle et au-delà.

Partie 1

Approches de l'adaptation au changement climatique

Chapitre 1

Les scénarios socio-économiques et climatiques

Tévécia RONZON

La réflexion prospective repose souvent sur la construction et l'analyse de scénarios envisageant des futurs possibles pour souligner les principales forces motrices à l'œuvre, proposer un cadre de réflexion systémique qui resitue les questions et les incertitudes scientifiques dans des cadres socio-économiques variés, discuter des leviers de changement à disposition des différents acteurs concernés, susciter le débat, voire la mobilisation, autour de projets d'avenir.

Ce chapitre débutera par un éclairage sur l'utilisation des scénarios dans les exercices de prospective au niveau mondial, avant de s'attacher à présenter ceux qui sont mobilisés par le GIEC pour traiter de la question climatique. Nous présenterons ensuite comment ces scénarios vont être amenés à évoluer d'ici la prochaine publication des rapports du GIEC. Enfin, la question alimentaire n'étant pas centrale dans les scénarios du GIEC, un lien sera proposé avec les scénarios Agrimonde (Paillard *et al.*, 2011), de façon à proposer un cadre de réflexion avec le chapitre 14 notamment.

▶▶ Mobiliser les scénarios pour articuler questions de science et contexte socio-économique

Scénarios du *Global Scenario Group* à l'origine d'un cadre de pensée prospectif pour la réflexion à l'échelle mondiale

Il est aujourd'hui courant dans les enceintes internationales d'avoir recours à l'élaboration de scénarios comme outil d'aide à la réflexion et de mise en débat sur l'évolution d'un facteur ou d'un phénomène. Cette pratique remonte au début des années 1990. Le climat de changement et de confusion qui a suivi l'effondrement de l'Union soviétique avait alors incité le *Global Scenario Group* (GSG, créé en 1995 par le *Tellus Institute* et le *Stockholm Environment Institute*, il est composé d'un panel de personnalités éminentes et diverses et avait pour objectif d'examiner les perspectives de développement mondial au XXIe siècle. http://www.gsg.org/.)

à élaborer six scénarios[1] permettant d'explorer différentes trajectoires socio-économiques mondiales envisageables. L'analyse qualitative avait été privilégiée pour décrire finement l'évolution d'un système mondial complexe et les mécanismes à l'œuvre dans chacun des scénarios. Une analyse quantitative y était associée, permise par le logiciel PoleStar[2].

Suite à la publication de ces premiers scénarios, le GSG a été sollicité dans toute une série de travaux prospectifs internationaux portant sur des thèmes plus précis : le climat dans les travaux du GIEC* (Nakicenovic *et al.*, 2000), l'eau dans ceux de la *World Water Vision* (Cosgrove et Rijsberman, 2000), l'environnement dans les études GEO (UNEP, 2002, 2007), les écosystèmes dans le *Millennium Ecosystem Assessment** (MEA, 2005). Si la méthodologie prospective est restée sensiblement la même, le nombre de scénarios explorés s'est réduit au profit d'une approche quantitative plus ambitieuse. Globalement, les scénarios de ces exercices de prospective partagent :
– l'exploration de visions du monde en fonction du modèle économique dominant (libéralisme/protectionnisme), de la géopolitique mondiale, des objectifs relatifs à l'environnement et au développement (tableau 1.1) ;
– des outils de modélisation intégrés : ASF, Ifs, IMAGE, IMPACT, WaterGAP, EwE, GLOBIO, LandSHIFT, CLUE-S, AIM, MARIA, MESSAGE, MiniCAM... (tableau 1.2).

Chacun des scénarios est décliné dans chaque grande région du monde considérée. On peut donc considérer que le cadre d'analyse proposé par le GSG s'est imposé depuis les années 2000 comme cadre pour penser l'avenir, notamment à travers les scénarios mobilisés dans les travaux du GIEC lorsque l'on traite de la question climatique. C'est pourquoi il a paru incontournable de les présenter brièvement en préambule.

Scénarios du GIEC, supports de la modélisation climatique

Depuis leur troisième rapport (2001), les experts du groupe de travail III du GIEC étudient les quatre familles de scénarios socio-économiques présentées dans le rapport SRES* (*Special Report on Emissions Senarios*) de 2000 (figure 1.1 planche I, Nakicenovic *et al.*, 2000). Reprenant le cadre proposé par le GSG, ces scénarios offrent « des images diverses du déroulement possible du futur [2000-2100] et ils constituent un outil approprié pour analyser comment des forces motrices peuvent influer sur les émissions futures de GES et pour évaluer les incertitudes connexes. Ils aident à analyser l'évolution du climat, notamment sa modélisation et l'évaluation des impacts, l'adaptation et l'atténuation. La possibilité qu'une seule trajectoire d'émission soit semblable à la description des scénarios est très incertaine » (GIEC, 2000).

Plus précisément, ces quatre familles de scénarios aboutissent à quatre niveaux différenciés d'émission de gaz à effet de serre* et de forçage radiatif* de l'atmosphère

---

1. Ces six scénarios se répartissent selon trois orientations générales : (i) une poursuite des tendances actuelles, (ii) une orientation vers des mondes catastrophiques et (iii) une transition vers des mondes plus durables (Gallopin *et al.*, 1997).
2. Le logiciel PoleStar se veut un outil flexible et adaptable qui permette de synthétiser des jeux de données au niveau mondial, d'organiser des liens par groupes de données sectorielles et d'introduire de nouvelles hypothèses.
* Les termes suivis d'un astérisque sont définis dans le glossaire.

Tableau 1.1. Correspondances dans les visions du monde présentées dans quelques scénarios mondiaux de référence.

	GSG Scénarios initiaux	SRES	WWV	GEO-3 GEO-4	IFPRI- IWMI	MEA	Agri- monde
Publiés en	1995	2000	2000	2002 et 2007	2002	2005	2008
À l'horizon	2050	2100	2025	2032 et 2050	2025	2050-2100	2050
Mondes conventionnels	Forces du marché	A1	Le maintien du statu quo	Marchés d'abord	BAU	GO	AGO
	Réformes politiques	B1	La technologie, l'économie et le secteur privé	Politiques d'abord	SUS	TG	
Grandes transitions	Eco-communalisme Nouveau paradigme de durabilité	B2	Les valeurs et les modes de vie	Durabilité d'abord		AM	AG1
Barbari-sation	Effondrement Forteresse mondiale	A2		Sécurité d'abord	CRI	OS	

GSG, Global Scenario Group ; SRES, Special Report on Emissions Scenarios ; WWV, World Water Vision ; GEO-3 et GEO-4, Global Environment Outlook, Third report and Fourth report ; IFPRI-IWMI, the International Food Policy Research Institute - the International Water Management Institute ; Agrimonde, Scénarios Inra-Cirad.
BAU, Maintien des orientations actuelles ; CRI, Crise mondiale de l'eau ; SUS, Gestion durable des ressources en eau.

(figure 1.2 planche I). Ces niveaux varient selon les forces motrices qui animent chacune des familles de scénario, et selon l'effet de politiques publiques non climatiques[3]. Les forces motrices considérées se répartissent entre forces motrices primaires, soient l'évolution démographique (nombre d'habitants) et le développement social et économique (PIB mondial et coefficient de revenu par habitant dans les pays développés et en transition par rapport aux pays en développement), et forces motrices secondaires, soient le rythme et l'évolution technologique (intensité énergétique finale, énergie primaire utilisée, part du charbon et du carbone dans l'énergie primaire). Les récits de scénario présentent en outre les liens complexes entre ces forces motrices sur le long terme (transformations sociales et institutionnelles par exemple).

À partir de ce jeu de forces motrices, les quatre grandes familles de scénarios socio-économiques du rapport SRES peuvent se distribuer selon deux axes (figure 1.1 planche I) :

---

3. Ainsi que l'exige le mandat du Rapport spécial (SRES), les scénarios du SRES n'incluent pas d'initiatives climatiques supplémentaires.

Tableau 1.2. Correspondances dans les modèles utilisés par quelques scénarios mondiaux de référence.

	GSG	SRES	WWV	GEO-4	IFPRI-IWMI	MEA	Agrimonde
Agribiom							X
AIM		X		X		X	
ASF		X					
CLUE-S				X			
EwE				X		X	
GLOBIO				X			
Ifs				X			
IMAGE		X		X		X	
IMPACT			X	X	IMPACT-WATER	X	
LandSHIFT				X			
MARIA		X					
MESSAGE		X					
MiniCAM		X					
PODIUM			X				
PoleStar	X						
WaterGAP			X	X		X	

Agribiom : module quantitatif et interactif élaboré par le Cirad pour le calcul des bilans caloriques des emplois et ressources agricoles, AIM : Asia-Pacific Integrated Model, ASF : Atmospheric Stabilization Framework Model, CLUE-S : Conversion of Land Use and its Effects, EwE : Ecopath/Ecosim, Ifs : International Futures, IMAGE : Integrated Model for the Assessment of the Greenhouse Effect, IMPACT : International Model for Policy Analysis of Agricultural Commodities and Trade, IMPACT-WATER : combinaison entre le modèle IMPACT et WSM, MARIA : Multiregional Approach for Resource and Industry Allocation, MESSAGE : Model for Energy Supply Strategy Alternatives and their General Environmental Impact, MiniCAM : Mini Climate Assessment Model, WaterGAP : Water Global Assessment and Prognosis.

– l'organisation géopolitique mondiale en abscisse (mondialisée *vs* régionalisée). Elle différencie les scénarios du groupe 1 des scénarios du groupe 2 ;
– l'orientation (économique *vs* environnementale) donnée au développement en ordonnée. Elle différencie les scénarios du groupe A des scénarios du groupe B.

Les scénarios du groupe 1 partent du principe d'une évolution mondiale cohérente de l'humanité aussi bien en termes économiques que de gouvernance alors que les scénarios du groupe 2 illustrent plutôt un futur avec de grandes disparités régionales et des gouvernances peu harmonisées sur le plan mondial.

Les scénarios du groupe A illustrent l'hypothèse d'une évolution de l'humanité orientée vers la croissance et l'économie alors que les scénarios du groupe B privilégient l'idée d'un futur plus environnemental où l'économie se plie au souci de la préservation de la Terre.

Scénarios du GIEC

La famille de scénarios A1 (GIEC, 2000) décrit un monde futur dans lequel la croissance économique sera très rapide, la population mondiale atteindra un maximum au milieu du siècle pour décliner ensuite et de nouvelles technologies plus efficaces seront introduites rapidement. Les principaux thèmes sous-jacents sont la convergence entre régions, le renforcement des capacités et des interactions culturelles et sociales accrues, avec une réduction substantielle des différences régionales dans le revenu par habitant. La famille de scénarios A1 se scinde en trois groupes qui décrivent des directions possibles de l'évolution technologique dans le système énergétique : forte intensité de combustibles fossiles (A1FI), sources d'énergie autres que fossiles (A1T) et équilibre entre les sources (A1B).

La famille de scénarios A2 décrit un monde très hétérogène. Le thème sous-jacent est l'autosuffisance et la préservation des identités locales. Les schémas de fécondité entre régions convergent très lentement, avec pour résultat un accroissement continu de la population mondiale. Le développement économique a une orientation principalement régionale, et la croissance économique par habitant et l'évolution technologique sont plus fragmentées et plus lentes que dans les autres familles de scénarios.

La famille de scénarios B1 décrit un monde à la géopolitique convergente dans lequel la démographie suit la même évolution que dans A1, avec une population mondiale qui culmine au milieu du siècle et décline ensuite. L'orientation des structures économiques vers une économie de services et d'information permet des réductions dans l'intensité des matériaux et l'introduction de technologies propres utilisant les ressources de manière efficiente. L'accent est mis sur des solutions mondiales orientées vers une viabilité économique, sociale et environnementale, y compris une meilleure équité, mais sans initiatives supplémentaires pour gérer la question climatique.

La famille de scénarios B2 décrit un monde dans lequel l'accent est mis sur des solutions locales dans le sens de la viabilité économique, sociale et environnementale. La population mondiale s'accroît de manière continue mais à un rythme plus faible que dans A2. Les différentes régions du monde connaissent des niveaux intermédiaires de développement économique et l'évolution technologique est moins rapide et plus diverse que dans les familles de scénarios B1 et A1. Les scénarios sont également orientés vers la protection de l'environnement et l'équité sociale, mais ils sont axés sur des niveaux locaux et régionaux.

▸▸ Vers un renouveau des scénarios climatiques de référence : le ciblage d'un niveau de stabilisation des gaz à effet de serre

Depuis sa 25e session en 2006[4], le GIEC a opté pour l'élaboration de nouveaux scénarios socio-économiques pour l'édition du 5e rapport d'évaluation en 2013. Il a

---

4. Maurice, 26-28 avril 2006.

alors défini — plus précisément, les participants de la réunion d'experts du GIEC des 19-21 septembre 2007 à Nordwijkerhout, Pays-Bas — les principes fondamentaux des scénarios attendus, en l'occurrence des niveaux de stabilisation de la concentration en CO_2 atmosphérique pour chaque nouvelle famille de scénarios, afin de déléguer l'élaboration proprement dite des scénarios socio-économiques à la communauté scientifique internationale. Le groupe de travail III se chargera ensuite de l'évaluation du nouveau jeu de scénarios. Ceci implique de se détacher du cadre d'analyse antérieur découlant du travail du GSG tout en s'accordant sur des principes communs qui puissent permettre aux trois groupes de travail du GIEC de travailler en parallèle.

Les quatre niveaux de stabilisation de la concentration en CO_2 atmosphérique sélectionnés « embrassent la gamme complète des profils de concentration et de forçage radiatif disponibles [dans les textes scientifiques] et la fourchette des émissions de gaz à effet de serre allant du 90e percentile à moins du 10e percentile » (tableau 1.3, Moss *et al.*, 2008).

Les scénarios socio-économiques correspondant à ces niveaux de stabilisation ne sont pas encore publiés. Afin d'anticiper l'évolution du cadre de réflexion qui en résultera, nous rappellerons ci-après les éléments dont nous disposons aujourd'hui pour imaginer le contenu des scénarios futurs, selon le niveau de stabilisation attendu.

Équivalences entre les anciens scénarios du GIEC et les nouveaux profils de stabilisation de gaz à effet de serre retenus

Il paraît difficile d'établir une équivalence entre une famille de scénarios SRES du GIEC donnée et l'un des quatre profils d'émission que se propose d'étudier le GIEC à l'avenir. En effet, un profil de stabilisation peut être compatible avec plusieurs familles de scénarios SRES et vice-versa (figure 1.3 planche II).

Horizon du pic d'émissions des gaz à effet de serre et niveau de stabilisation

« Les émissions de gaz à effet de serre doivent culminer puis décroître pour que les concentrations atmosphériques de ces gaz se stabilisent. Plus le niveau de stabilisation visé est bas, plus le pic doit être atteint rapidement. Les mesures d'atténuation qui seront prises au cours des deux à trois prochaines décennies détermineront dans une large mesure les possibilités de stabiliser les concentrations à un niveau relativement bas[5] » (tableau 1.4 ; GIEC, 2007).

---

5. Une fois les concentrations de GES stabilisées, le réchauffement moyen de la planète devrait ralentir en l'espace de quelques décennies. Une légère augmentation de la température moyenne à la surface du globe resterait possible pendant plusieurs siècles. En raison de l'absorption thermique continue des océans, l'élévation du niveau de la mer découlant de la dilatation thermique se poursuivrait pendant plusieurs siècles, à un rythme cependant moins rapide qu'avant la stabilisation (GIEC, 2007).

Tableau 1.3. Types de profils représentatifs d'évolution de concentration atmosphérique en GES (en CO_2 équivalents) et forçage radiatif associé (Watts/m^2). D'après Moss *et al.*, 2008.

Désignation	Forçage radiatif[1]	Concentration[2]	Forme de la courbe [CO_2-éq.]
RCP8.5	> 8,5 W/m^2 en 2100	>~1370 éq.-CO_2 en 2100	Hausse
RCP6	~ 6 W/m^2 en 2100 au niveau de stabilisation après 2100	~ 850 éq.-CO_2 au niveau de stabilisation après 2100	Stabilisation sans dépassement
RCP4.5	~ 4,5 W/m^2 en 2100 au niveau de stabilisation après 2100	~ 650 éq.-CO_2 au niveau de stabilisation après 2100	Stabilisation sans dépassement
RCP3-PD[3]	Pic à ~ 3 W/m^2 avant 2100 puis déclin	Pic à ~ 490 éq.-CO_2 avant 2100 puis déclin	Pic puis déclin

[1] Les valeurs approximatives du forçage radiatif correspondent à ± 5 % du niveau indiqué en W/m^2. Le forçage radiatif englobe l'effet net de tous les GES anthropiques et autres agents de forçage.

[2] Il s'agit des concentrations approximatives d'équivalent-CO_2, obtenues par la formule qui suit : [Conc. = 278 × exp.(forçage/5,325)]. La meilleure estimation de la concentration d'équivalent-CO_2 en 2005, pour les GES à longue durée de vie, est d'environ 455 ppm. La valeur correspondante, si l'on inclut l'effet net de tous les agents de forçage anthropiques (comme dans le tableau), s'établit aux alentours de 375 ppm.

[3] PD, pic suivi d'un déclin.

Ainsi, pour atteindre le niveau le plus bas de stabilisation des profils d'émissions retenus par les experts du GIEC, le pic d'émissions devrait être atteint dans les années 2000 – 2015. Cela suppose que l'humanité soit en mesure de réduire significativement ses émissions de gaz à effet de serre après cette date.

Niveau de stabilisation des gaz à effet de serre atteint et évolution des écosystèmes

D'après Arnell *et al.* (2002), dans un scénario sans mesure de réduction des émissions, le changement climatique entraînerait des pertes de forêts et herbages sous les latitudes tropicales alors qu'il favorise la croissance des forêts boréales et tempérées[6].

Ces phénomènes apparaîtraient dès la fin du XXIe siècle dans un scénario de stabilisation à 750 ppm de CO_2, devenant considérables durant le XXIIe siècle. Ils seraient retardés de 50 ans par rapport à un scénario sans mesure de réduction des émissions (soit sans niveau de stabilisation visé). Par ailleurs, à partir de 2170, la décomposition dans les régions tropicales qui se transforment en savanes émettrait plus de carbone que n'en captent les écosystèmes de plus haute latitude. Le système Terre passerait donc de capteur net de carbone à émetteur net. Ce phénomène serait retardé de 20 ans par rapport à un scénario sans mesures de réduction des émissions.

6. Arnell *et al.* (2002) ont étudié les impacts de deux scénarios de stabilisation (respectivement à 750 ppm CO_2 en 2250 et 550 ppm CO_2 en 2150) sur les huit grands écosystèmes qui composent notre planète, en les comparant à un scénario sans mesure de réduction des émissions.

Tableau 1.4. Caractéristiques des scénarios de stabilisation post-TRE[1] et élévation résultante, à l'équilibre et à long terme, de la température moyenne à la surface du globe et du niveau de la mer due à la seule dilatation thermique[a]. D'après GIEC, 2007.

Catégorie (ppm)	Concentration de CO_2 (ppm) au niveau de stabilisation (2005 : 379 ppm)[a]	Concentration d'équivalent-CO_2 au niveau de stabilisation, y compris GES et aérosols (2005 : 379 ppm)[b]	Année du pic d'émissions de CO_2[b c]	Variation (%) des émissions mondiales de CO_2 en 2050 (par rapport aux émissions en 2000)[a c]	Écart entre la température moyenne (%) du globe à l'équilibre et la température préindustrielle, selon la valeur la plus probable de la sensibilité du climat[d e]	Écart entre le niveau moyen de la mer à l'équilibre et le niveau préindustriel (m)	Nombre de scénarios évalués
I	350 - 400	445 - 490	2000 - 2015	- 85 à - 50	2,0 - 2,4	0,4 - 1,4	6
II	400 - 440	490 - 535	2000 - 2020	- 60 à - 30	2,4 - 2,8	0,5 - 1,7	18
III	440 - 485	535 - 590	2010 - 2030	- 30 à + 5	2,8 - 3,2	0,6 - 1,9	21
IV	485 - 570	590 - 710	2020 - 2060	+ 10 à + 60	3,2 - 4,0	0,6 - 2,4	118
V	570 - 660	710 - 855	2050 - 2080	+ 25 à + 85	4,0 – 4,9	0,8 – 2,9	9
VI	660 - 790	855 - 1 130	2060 - 2090	+ 90 à + 140	4,9 – 6,1	1,0 – 3,7	5

[1] TRE : troisième rapport d'évaluation du GIEC.

[a] Les concentrations atmosphériques de CO_2 atteignaient 379 ppm en 2005. La valeur la plus probable de la concentration totale d'équivalent-CO_2 pour tous les GES à longue durée de vie s'établissait à 455 ppm environ en 2005, tandis que la valeur correspondante incluant l'effet net de l'ensemble des agents de forçage anthropique était de 375 ppm.

[b] Il est possible que les études d'atténuation évaluées sous-estiment la baisse des émissions nécessaire pour atteindre un niveau de stabilisation donné, car elles ne tiennent pas compte des rétroactions du cycle du carbone.

[c] La fourchette correspond aux 15e–85e percentiles de la distribution des scénarios post-TRE. Les émissions de CO_2 sont données afin de pouvoir comparer les scénarios portant sur plusieurs gaz aux scénarios qui se limitent au CO_2.

[d] L'inertie propre au système climatique explique le fait que la température moyenne du globe à l'équilibre se distingue de la température moyenne du globe au moment où les concentrations de GES seront stabilisées. Selon la majorité des scénarios évalués, les concentrations de GES se stabilisent entre 2100 et 2150.

[e] L'élévation du niveau de la mer à l'équilibre tient uniquement compte de la dilatation thermique des océans et l'état d'équilibre ne sera pas atteint avant de nombreux siècles. Ces valeurs ont été estimées au moyen de modèles climatiques relativement simples et ne comprennent pas l'apport de la fonte des inlandsis, des glaciers et des calottes glaciaires. On estime que la dilatation thermique entraînera à long terme une élévation de 0,2 à 0,6 m du niveau de la mer pour chaque degré Celsius d'augmentation de la température moyenne du globe par rapport à l'époque préindustrielle.

Un scénario de stabilisation à 550 ppm de CO_2 permettrait d'éviter significativement les pertes de forêts et d'herbages, même à l'horizon 2230. Vers 2170, avec la stabilisation de la concentration en CO_2 atmosphérique, les écosystèmes atteindraient un nouvel équilibre et deviendraient faiblement émetteurs. Ce scénario apparaît beaucoup plus efficace que le scénario de stabilisation à 750 ppm de CO_2 pour éviter les effets du changement climatique sur les écosystèmes à long terme.

Niveau de stabilisation des gaz à effet de serre atteint et évolution des rendements

Dans un scénario sans mesures de réduction des émissions, le changement climatique induirait une hausse des rendements sous les moyennes et hautes latitudes (jusqu'à + 10 %) mais celle-ci serait contrebalancée par les pertes de rendements aux plus basses latitudes (jusqu'à – 10 %). L'Afrique et le sous-continent indien connaîtraient les plus grosses pertes de rendement (Arnell *et al.*, 2002).

Ces pertes seraient réduites dans un scénario de stabilisation à 550 ppm de CO_2 alors qu'un scénario de stabilisation à 750 ppm de CO_2 donnerait des résultats intermédiaires à quelques « anomalies » près. Effectivement, par rapport aux deux autres scénarios, c'est dans un scénario de stabilisation à 750 ppm de CO_2 que les changements de température, précipitation et concentration de CO_2 atmosphérique se rapprocheraient le plus des conditions optimales de croissance sous les latitudes moyennes. Ces conditions y favoriseraient ainsi des hausses significatives de rendement non observées dans les autres scénarios (Arnell *et al.*, 2002).

Niveau de stabilisation des gaz à effet de serre atteint et acuité du problème de la faim dans le monde

Dans un scénario sans mesures de réduction des émissions, le nombre de personnes souffrant de la faim dans le monde du fait du changement climatique s'accentuerait d'environ 20 millions d'ici 2050 et d'environ 80 millions d'ici 2080. Le scénario de stabilisation à 750 ppm de CO_2 permettrait de réduire cet impact de 75 % alors que celui à 550 ppm de CO_2 ne le réduirait que de 50 % du fait d'une évolution des facteurs climatiques moins favorable aux cultures. Soixante-cinq pour cent des personnes additionnelles souffrant de la faim se situeront en Afrique, ce qui s'explique en partie parce que ce continent connaîtra une chute de rendement supérieure à la moyenne et parce qu'il présente les plus hauts indices de vulnérabilité (Arnell *et al.*, 2002).

Moyens technologiques mis en œuvre et niveau de stabilisation des gaz à effet de serre atteint

D'après les experts du GIEC (2007), tous les niveaux de stabilisation envisagés sont atteignables avec les moyens technologiques actuels et les technologies en passe d'être commercialisées dans les décennies à venir. Un effort devra toutefois être porté sur l'adaptation de ces technologies aux réalités de terrain, ainsi que sur leur adoption et diffusion et ce d'autant plus que le niveau de stabilisation visé est bas.

La trajectoire technologique vers un niveau de stabilisation bas (490 à 540 ppm équiv.-CO_2) présupposerait dans un premier temps la mobilisation des « technologies de pointe à faibles taux d'émission » (2000-2030) et le recours aux énergies renouvelables et énergies à faible teneur en carbone. Les technologies de capture et de stockage du carbone seraient mobilisées sur le plus long terme (2000-2100) (figure 1.4 planche III).

Pour Riahi *et al.* (2007), des changements incrémentaux et le passage vers une économie moins intensive en carbone ne sont envisageables qu'après 2050. D'ici là, il faudra composer avec les technologies dites « conventionnelles » interagissant avec les infrastructures existantes : passage au gaz naturel, conservation de l'énergie, amélioration de l'efficacité énergétique, méthanisation.

Principaux secteurs économiques contribuant à la stabilisation des gaz à effet de serre

Les secteurs énergétiques et industriels contribueront pour 60 à 80 % aux efforts de stabilisation des gaz à effet de serre. Les 30 à 40 % restants seront le fait de mesures visant les gaz autres que le CO_2 ainsi que la maîtrise de l'usage des sols (GIEC, 2007).

Les options de réduction des émissions de gaz à effet de serre d'origine agricole sont nombreuses et peu coûteuses. Elles contribueraient d'autant plus à la réduction des émissions de gaz à effet de serre que l'objectif de stabilisation n'est pas trop exigeant (réduction des émissions de CH_4 provenant de la riziculture et des élevages par exemple) (Riahi *et al.*, 2007).

Coûts économiques engendrés par le changement climatique et niveau de stabilisation des gaz à effet de serre visé

« Les incidences des changements climatiques varieront selon les régions. Cumulées et actualisées, elles entraîneront très probablement des coûts nets annuels qui s'alourdiront à mesure que les températures augmenteront à l'échelle planétaire [et que le niveau de stabilisation des gaz à effet de serre sera élevé (voir tableau 1.5)]. [...] Les pertes moyennes à l'échelle du globe pourraient atteindre 1 à 5 % du PIB pour 4 °C de réchauffement, quoiqu'elles puissent se révéler beaucoup plus lourdes au niveau régional » (GIEC, 2007).

L'augmentation des coûts est non linéaire avec les objectifs de stabilisation : les coûts augmentent modestement pour les niveaux de stabilisation intermédiaires mais augmentent exponentiellement pour des objectifs de stabilisation à des niveaux de concentration de gaz à effet de serre de plus en plus bas. À long terme, la stabilisation de la concentration en CO_2 atmosphérique est d'autant plus coûteuse que les conditions socio-économiques sont défavorables et que la coopération internationale est faible (Riahi *et al.*, 2007).

Tableau 1.5. Estimation des coûts macroéconomiques mondiaux en 2030 et 2050, relativement à la base de référence établie pour les voies les moins coûteuses de stabilisation à long terme (source : GIEC, 2007).

Niveau de stabilisation (ppm éq.-CO_2)	Médiane de la baisse du PIB[a] (%)		Baisse du PIB[b] (%)		Ralentissement de la progression moyenne du PIB par an (points de pourcentage)[c e]	
	2030	2050	2030	2050	2030	2050
445-535[d]	Non disponible		< 3	< 5,5	< 0,12	< 0,12
535-590	0,6	1,3	0,2 à 2,5	légèrement moins de 4	< 0,1	< 0,1
590-710	0,2	0,5	- 0,6 à 1,2	- 1 à 2	< 0,06	< 0,05

Les valeurs présentées s'appuient sur l'ensemble des textes qui fournissent des chiffres sur le PIB, indépendamment des bases de référence et des scénarios d'atténuation.

[a] PIB mondial calculé selon les taux de change du marché.

[b] La fourchette correspondant aux 10e et 90e percentiles des données analysées est précisée, le cas échéant. Les valeurs négatives représentent une hausse du PIB. La première ligne (445-535 ppm équiv. -CO_2) correspond uniquement à la limite supérieure des estimations fournies dans les textes.

[c] Le ralentissement de la progression annuelle du PIB est le fléchissement moyen au cours de la période visée qui aboutirait à la décroissance du PIB indiquée en 2030 et 2050.

[d] Les études sont peu nombreuses et s'appuient généralement sur des bases de référence basses. Des bases de référence plus élevées concernant les émissions majorent généralement les coûts.

[e] Les valeurs correspondent à l'estimation maximale de la baisse du PIB apparaissant dans la troisième colonne.

Pour ce qui concerne les économies forestières et agricoles, la mise en place de politiques climatiques pourrait entraîner des changements fondamentaux en créant de nouvelles opportunités de revenus liées aux activités de reforestation et de production d'énergie à partir de la biomasse et ce d'autant plus s'il existe un système de permis d'émissions de gaz à effet de serre. Les nouveaux marchés ainsi dégagés pourraient représenter jusqu'à 50 % de l'actuel PIB agricole (Riahi *et al.*, 2007) !

▸▸ Aborder les questions de sécurité alimentaire en lien avec le changement climatique

Ce dernier point est consacré à la présentation succincte des scénarios de la prospective Inra-Cirad « Agrimonde » (Paillard *et al.*, 2011) afin d'aborder plus spécifiquement les questions de production agricole et de sécurité alimentaire à moyen terme. Leur correspondance avec les scénarios du GIEC et les niveaux de stabilisation de gaz à effet de serre sera ensuite discutée de manière à ce que le lecteur puisse plus facilement établir des connections entre évolution des systèmes agricoles et alimentaires mondiaux et évolution des émissions de gaz à effet de serre.

Deux stratégies pour nourrir 9 milliards d'habitants en 2050

La prospective Inra-Cirad « Agrimonde » (Paillard *et al.*, 2010) interroge le devenir des systèmes agricoles et alimentaires mondiaux au travers de deux scénarios pour

2050. Classiquement, elle se base sur un scénario de référence dérivé des scénarios du *Global Scenario Group* : *Global Orchestration* du MEA, renommé ici Agrimonde GO pour des raisons d'adaptation des données chiffrées à l'outil quantitatif mobilisé dans Agrimonde. Ce scénario se caractérise par une convergence politique et économique des régions mais aussi par un traitement non préventif des problèmes environnementaux. Il se veut, en outre, tendanciel en termes d'évolution des régimes alimentaires (réduction de la sous-alimentation et enrichissement global des régimes alimentaires) et des pratiques d'intensification agricole. Agrimonde GO est comparé à Agrimonde 1 dans lequel la priorité est également donnée à la réduction de la sous-alimentation mais qui se différencie d'Agrimonde GO par la place qu'il donne à la réduction de la suralimentation et à l'adoption de techniques agricoles inspirées de l'intensification écologique telle que décrite par Michel Griffon dans *Nourrir la Planète* (Griffon, 2006). Agrimonde 1 se démarque du cadre d'analyse proposé par le *Global Scenario Group* en ce qu'il admet une géopolitique plus complexe que la dichotomie entre mondialisation et régionalisation, mais surtout parce que le volet quantitatif des scénarios ne repose pas sur un modèle d'équilibre général, ni n'associe les outils de modélisation usuellement utilisés. Il se fonde sur l'outil Agribiom dont l'économétrie repose sur l'élaboration de bilans emplois-ressources en termes physiques, sans modélisation du fonctionnement des marchés[7].

Les scénarios Agrimonde servent avant tout à présenter des ordres de grandeur de l'équation alimentaire de demain[8] et à décrire les leviers d'actions qui caractériseront ces deux trajectoires entre aujourd'hui et 2050[9].

La consommation calorique par habitant continue de progresser dans Agrimonde GO sous l'effet de la hausse des revenus et de l'urbanisation (elle passe de 3 000 kcal/hab./j en moyenne mondiale en 2000 à 3 600 kcal/hab./j en 2050, allant de 2 972 kcal/hab./j en Afrique subsaharienne à 4 099 kcal/hab./j en OCDE-1990), elle se stabilise au niveau de la moyenne mondiale actuelle dans Agrimonde 1 (3 000 kcal/hab./j dans toutes les régions). Ce choix d'hypothèses en rupture dans Agrimonde 1 répond au souhait de souligner quatre types d'enjeux :
– l'écart entre disponibilités nécessaires à la sécurité alimentaire (3 000 kcal/hab./j selon la FAO) et disponibilités observées en 2000 (~ 4 000 kcal/hab./j en OCDE-1990 et ~2 300 kcal/hab./j en Afrique subsaharienne),
– l'importance de l'équité entre grandes régions du monde,
– la relation santé-alimentation (lutte contre la sous-alimentation et l'obésité entre autres),
– la relation entre régimes alimentaires et pression sur les ressources naturelles.

---

7. Dans les scénarios Agrimonde, l'unité de compte est la kilocalorie. Elle permet d'additionner les quantités de calories produites ou consommées, tous produits alimentaires confondus. En ce sens, elle est tout à fait indiquée pour travailler à des échelles agrégées comme la région dans Agrimonde. Elle ne permet pas en revanche de traiter des questions économiques de solvabilité sur les marchés alimentaires, ce qui n'est pas l'ambition d'Agrimonde au stade d'aujourd'hui. Pour une description détaillée d'Agribiom, se référer à Paillard *et al.* (2010), chapitre 2.
8. Consommation de calories végétales et animales, poids de l'alimentation animale, emprise foncière des surfaces alimentaires sur les espaces naturels, augmentation des rendements agricoles.
9. Pour une présentation plus qualitative de l'image des scénarios Agrimonde en 2050, se référer à Paillard *et al.* (2010), chapitre 10.

La production alimentaire s'accroît dans Agrimonde GO grâce aux progrès technologiques qui permettent des gains de rendement substantiels (malgré l'impact du changement climatique) tout en limitant l'extension des surfaces cultivées nécessaire à l'équilibre offre – demande alimentaire. Dans Agrimonde 1, l'adoption des techniques de l'intensification écologique, comme les impacts attendus du changement climatique[10], ne permettent que des gains de rendement modérés. Chaque région du monde cherche alors à étendre ses surfaces cultivées dans la limite de son potentiel cultivable.

Par hypothèse, la consommation moyenne de calories finales par habitant au niveau mondial se stabilise dans Agrimonde 1 et croît de 20 % dans Agrimonde GO comparé à 2000. Par ailleurs, les terres cultivées et en pâture croissent de 2 % au niveau mondial dans Agrimonde 1 par rapport à 2000 et de 12 % dans Agrimonde GO. Les seules surfaces cultivées alimentaires augmentent de 24 % dans Agrimonde 1 contre seulement 8 % dans Agrimonde GO. Ceci s'explique par l'évolution des rendements des cultures alimentaires qui gagnent 7 % par rapport à 2000 dans Agrimonde 1, et 76 % dans Agrimonde GO.

Les deux stratégies représentées par chacun des scénarios permettent de produire suffisamment de calories pour nourrir 9 milliards de personnes en 2050. Le scénario Agrimonde GO dispose même d'un surplus. Trois régions doivent importer des calories pour nourrir leur population dans les deux scénarios : l'Afrique du Nord — Moyen Orient, l'Afrique subsaharienne et l'Asie. Dans le même temps, trois régions disposent de surplus dans les deux scénarios : l'OCDE-1990, l'Amérique latine et l'Ex-URSS. Les déficits et les surplus régionaux sont cependant plus importants dans Agrimonde 1 que dans Agrimonde GO.

Établir des connections entre scénarios Agrimonde et scénarios climatiques

Le scénario Agrimonde GO, équivalent du scénario *Global Orchestration* du MEA, correspondrait aux scénarios de la famille A1 pour le GIEC. C'est un scénario de forte croissance, dans lequel la demande énergétique augmente rapidement. Mais parallèlement, les faibles barrières à la diffusion des innovations technologiques d'une part et les investissements importants dans le domaine de la recherche d'autre part permettent des gains substantiels d'efficacité énergétique. En revanche, le souci de l'environnement passant après d'autres priorités (économiques et sociales), aucune politique climatique n'est engagée dans ce scénario au cours des premières décennies du xxie siècle. Le profil d'émissions de la famille A1 des scénarios du GIEC se caractérise par une réduction des émissions de gaz à effet de serre vers 2050. Or d'après le tableau 1.4, un pic d'émissions vers 2050 est compatible avec une stabilisation ultérieure de la concentration en CO_2-éq. à un niveau compris entre 590 et 855 ppmv, soit avec les profils de stabilisation du GIEC RCP4.5 (650 ppmv CO_2-éq.) et RCP 6 (850 ppmv CO_2-éq.).

---

10. Les conséquences du changement climatique sur le potentiel de terres cultivables ainsi que sur les possibilités de gains de rendement ont été traitées à dire d'experts dans Agrimonde, après revue de la littérature et principalement du rapport du GIEC 2007.

Agrimonde 1 se définirait plutôt comme un scénario hybride entre les scénarios *Adapting Mosaïc* et *TechnoGarden* du MEA, soit un hybride entre les familles B1 et B2 des scénarios du GIEC. D'après l'étude de Riahi *et al.* (2007), ces familles de scénarios seraient compatibles avec les profils de stabilisation inférieurs ou égaux à 650 ppmv éq.-CO_2 (RCP3-PD et RCP4.5). Dans Agrimonde 1, des solutions sont recherchées pour infléchir notablement la demande énergétique mondiale et pour renouveler l'offre énergétique. Des investissements massifs sont réalisés dans la maîtrise de l'énergie, les énergies renouvelables et la pile à combustible. Ils commencent à peser significativement sur le bilan énergétique mondial à partir de 2040. Il est alors probable que la réduction des émissions de gaz à effet de serre ne soit observable qu'après 2050 dans ce scénario, ce qui exclut une stabilisation en dessous de 490 ppmv éq.-CO_2 (RCP3-PD). Agrimonde 1 reste en revanche compatible avec le profil de stabilisation à 650 ppmv éq.-CO_2 (RCP 4.5).

▶▶ Références bibliographiques

Arnell N., Cannell M., Hulme M., Kovats R., Mitchell J., Nicholls R., Parry M., Livermore M., White A., 2002. The Consequences of CO_2 Stabilisation for the Impacts of Climate Change. *Climatic Change*, 53, 413-446.

Cosgrove W.J., Rijsberman F.R., 2000. *World Water Vision: Making Water Everybody's Business,* London, Earthscan Publications, http://www.worldwatercouncil.org/index.php?id=961&L=0%22%20 onfocu%20title%3D.

Gallopin G., Hammond A., Raskin P., Swart R., 1997. *Branch Points: Global Scenarios and Human Choice,* Pole Star Series Report No. 7, Stockholm Environment Institute, http://www.tellus.org/ publications/files/branchpt.pdf.

GIEC, 2000. *Scénarios d'émissions, Rapport spécial du groupe de travail III du GIEC, résumé à l'intention des décideurs*, publié pour le Groupe d'experts intergouvernemental sur l'évolution du climat.

GIEC, 2007. *Bilan 2007 des changements climatiques*, Contribution des Groupes de travail I, II et III au quatrième Rapport d'évaluation du Groupe d'experts intergouvernemental sur l'évolution du climat (Pachauri R.K., Reisinger A., eds.), 103 p., http://www.ipcc.ch/pdf/assessment-report/ar4/ syr/ar4_syr_fr.pdf.

Griffon M., 2006. *Nourrir la planète — Pour une révolution doublement verte*. Odile Jacob.

MEA, 2005. *Ecosystems and Human Well-being: Synthesis*, Millennium Ecosystem Assessment, Washington DC, Island Press, 155 pages, http://www.maweb.org/en/Global.aspx.

Moss R., Babiker M., Brinkman S., Calvo E., Carter T., Edmonds J., Elgizouli I., Emori S., Erda L., Hibbard K., Jones R., Kainuma M., Kelleher J., Lamarque J-F., Manning M., Matthews B., Meehl J., Meyer L., Mitchell J., Nakicenovic N., O'Neill B., Pichs R., Riahi K., Rose S., Runci P., Stouffer R., van Vuuren D., Weyant J., Wilbanks T., van Ypersele J.-P., Zurek M., 2008. Élaboration de nouveaux scénarios destinés à analyser les émissions, les changements climatiques, les incidences et les stratégies de parade. Résumé technique. GIEC, Genève, 26 pages, http://www. ipcc.ch/pdf/supporting-material/expert-meeting-ts-scenarios-fr.pdf.

Nakicenovic N., Alcamo J., Davis G., de Vries B., Fenham J., Gaffin S., Gregory K., Grübler A., Jung T.-Y., Kram T., La Rovere E.L., Michaelis L., Mori S., Morita T., Pepper W., Pitcher H., Price L., Riahi K., Reohrl A., Rogner H.H., Sankovski A., Schlesinger M., Shukla P., Smith S., Swart R., van Rooijen S., Victor N., Dadi Z., 2000. Special report on emissions scenarios. Working Group III, Intergovernmental Panel on Climate Change (IPCC), Cambridge University Press, Cambridge, 595 pages, http://www.ipcc.ch/ipccreports/sres/emission/index.php?idp=0.

Paillard S., Treyer S., Dorin B., 2011. *Agrimonde - Scenarios and Challenges for Feeding the World in 2050*, éditions Quae, Versailles.

Riahi K., Grübler A., Nakicenovic N., 2007. Scenarios of long-term socio-economic and environmental development under climate stabilization. *Technological Forecasting and Social Change*, 74 (7), 887-935.

UNEP, 2002. *Global Environmental Outlook 3 Past, Present and Future Perspectives.* Earthscan, London, 472 pages, http://www.odd.ucr.ac.cr/eldomo/docs/GEO-3-English.pdf.

UNEP, 2007. *Global Environmental Outlook 4 (GEO-4) - Environment for Development,* United Nations Environment Programme, 540 pages, http://www.unep.org/geo/geo4/report/ GEO-4_Report_Full_en.pdf.

Chapitre 2

L'incertitude dans les études d'impact et d'adaptation au changement climatique

Nadine BRISSON, Laurent TERRAY, Jean-Christophe CALVET,
Michel DÉQUÉ, Nathalie DE NOBLET-DUCOUDRÉ

Ce chapitre est méthodologique, il a pour but de cerner les sources d'incertitudes inhérentes, mais pas toujours bien identifiées, aux études prospectives traitant de l'impact et de l'adaptation des agro-écosystèmes au changement climatique, d'analyser le traitement qui en est fait actuellement et de formuler des recommandations susceptibles d'en améliorer la prise en compte. Il est le fruit d'une réflexion collective basée sur les travaux de la communauté scientifique française. Il s'inspire largement des travaux de l'ARP ADAGE auquel ont contribué les personnes suivantes, que nous tenons à remercier : Emmanuel Cloppet (Météo-France), Bernard Itier (Inra), Jean-Luc Peyron (GIP-ECOFOR), Nicolas Viovy (LSCE).

▸▸ Cadre sémantique et typologique

Quelques définitions

Le terme « incertitude » s'entend ici dans l'ensemble de ses acceptions : erreur d'estimation ou au contraire de la certitude par le simple fait que l'on s'intéresse au futur et que l'on cherche à mesurer cette incertitude en termes de risque. Au-delà de cette définition, il faut souligner que l'avancée des sciences (mécanique quantique en particulier) incite à considérer l'incertitude comme partie intégrante d'une problématique scientifique et non pas comme un élément secondaire, superflu ou gênant.

Deux questions apparaissent centrales dans la problématique et guident la structuration de ce chapitre : Comment tenir compte des incertitudes ? Comment réduire les incertitudes ? Cette analyse est le reflet des sens multiples du terme « incertitude » : l'incertitude liée à l'erreur d'estimation doit être réduite alors que l'incertitude liée à notre manque de certitude sur l'avenir doit au contraire faire l'objet d'analyses exhaustives de façon à cerner au mieux l'ensemble des possibles.

L'hypothèse choisie, confortée par la littérature existante, part de ce que les incertitudes identifiées pour les études d'impact s'appliquent également aux études d'adaptation et que ces dernières peuvent en plus être soumises à d'autres incertitudes issues de la composante décisionnelle de l'adaptation. Par ailleurs, n'ont pas été pris en compte, dans cette réflexion, les incertitudes d'origine socio-économique et les aspects liés aux pratiques qui ne sont considérés que dans leurs déterminants biophysiques.

Cadre typologique

Afin de structurer la réflexion et identifier les différents types d'incertitudes, nous avons souhaité nous doter d'un cadre typologique sur les outils et méthodes utilisés pour réaliser les études d'impact et d'adaptation (dénommées ci-après méthodes éligibles), et les incertitudes et sources de variabilité.

Les méthodes éligibles

Dans la typologie proposée dans le tableau 2.1, les trois premières méthodes sont basées sur de la modélisation nourrie par de la climatologie (dynamique ou statistique). Il s'agit des méthodes classiques utilisées pour les études d'impact qui peuvent être étendues à des études d'adaptation (par exemple : Iglesias *et al.*, 2000, Izaurralde *et al.*, 2003 ; Ducharne *et al.*, 2007 ; Calvet *et al.*, 2008 ; Badeau *et al.*, 2010). La méthode 7 des indicateurs agroclimatiques n'est pas utile directement pour l'adaptation mais nous apparaît très importante comme méthode synthétique permettant d'appréhender l'incertitude des modèles climatiques par rapport aux problématiques agricoles et forestières (Itier, 2010). Les méthodes 4, 5 et 6 sont plus spécifiques de la problématique « adaptation » : elles sont moins cadrées que les méthodes précédentes et l'identification des sources d'incertitude est plus délicate. Les nombreux « plans climats », à l'initiative des administrations nationales ou locales ou d'organismes professionnels (par exemple : ONERC, 2009) s'appuient sur des données d'experts ou de la bibliographie et correspondent au cas numéro 5.

Tableau 2.1. Typologie des outils et méthodes utilisés pour réaliser les études d'impact et d'adaptation des agro-écosystèmes au changement climatique.

Méthode	Cadre d'utilisation	Source d'incertitude ou de variabilité
1. Modèles biophysique dynamiques parcellaires forcés par scénarios climatiques	Utilisation la plus fréquente pour les études d'impact portant sur des variables locales	Scénario climatique (SRES, GCM, régionalisation) Scénario agricole-forestier (sol, pratique, cultures) Modèle biophysique (processus, paramètres)
2. Modèles biophysiques dynamiques régionaux (couplage agriculture-hydrologie, modèles de surface des modèles climatiques)	Utilisation pour des variables spatialisées (flux d'eau, de carbone…)	Scénario climatique (SRES, GCM, régionalisation) Modèle biophysique (processus, paramètres) Spatialisation des sols Spatialisation de l'occupation du sol Spatialisation des pratiques

Méthode	Cadre d'utilisation	Source d'incertitude ou de variabilité
3. Modèles biophysiques statistiques (ex. modèles de niche ou fonction de transfert)	Systèmes supposés à l'équilibre	Scénario climatique (SRES[1], GCM[2], régionalisation[3]) Modèle biophysique (paramètres, indicateurs, typologie)
4. Analogies spatio-temporelles (année 2003)	Utilisation limitée Permet de cadrer les pistes et attendus	Hypothèses sous-jacentes Bases de l'analogie
5. Expertises et systèmes experts	Utilisable pour la seconde phase : des impacts vers les adaptations Ou plans climats des administrations	Données pour l'expertise ou indicateurs (issus des méthodes précédentes ou de la bibliographie) Règles d'expert
6. Modèle prévisionnel	Utilisable pour adaptation tactique, rendue nécessaire par l'augmentation de la variabilité	Modèle biophysique (paramètres) prévisions saisonnières à 3 mois
7. Indicateurs agroclimatiques (P-ETP, Sommes de température appropriées, nombre de jours échaudants…)	Utiles pour tester l'incertitude des modèles climatiques	Scénario climatique (SRES, GCM, régionalisation)

[1] *Special Report on Emission Scenarios.*
[2] *General Circulation Model.*
[3] Régionalisation (ou descente d'échelle) des données issues des GCM pour passer de l'échelle globale à l'échelle locale.

Les sources d'incertitude et de variabilité

Conformément aux définitions proposées, on peut distinguer (tableau 2.2) les incertitudes à traiter (celles liées au futur) et les incertitudes à réduire (celles liées à une connaissance approximative des processus et des mécanismes ou à une représentation simplifiée des paramètres et variables d'entrées).

Dans la première catégorie, sont regroupées les incertitudes liées aux scénarios (socio-économiques, occupations des terres…), les incertitudes stochastiques et, ce que l'on peut appeler les « marges de manœuvre » qui correspondent à des choix donnant prise à l'adaptation. Pour ce qui concerne les scénarios socio-économiques, le problème de l'incertitude s'avère délicat car la société fait partie à la fois du problème (émission des GES) et de la solution (atténuation et adaptation) ; l'incertitude est alors dite « réflexive ».

Les incertitudes « à réduire » ont été scindées en deux classes : les incertitudes épistémiques liées à l'insuffisance de nos connaissances (voir par exemple Soussana *et al.*, 2010) et les incertitudes liées à une mauvaise appréhension des réalités spatialisées.

Tableau 2.2. Typologie des incertitudes.

Objectifs	Nature	Origine	
Incertitudes du futur « à traiter »	Incertitude liée aux scénarios	Socio-économiques (SRES)	
		Occupation du sol pour les modèles spatialisés	
		Évolution des systèmes y compris dans leur composante biologique, écologique (maladies émergentes, biodiversité…)	
	Stochastique	Variabilité interannuelle du climat	
		Initialisation des modèles climatiques liée au chaos de l'atmosphère	
	Marges de manœuvre (accessible à l'adaptation)	Choix des sols	
		Choix des systèmes agricoles, des modes de gestion des écosystèmes	
		Pratiques de gestion (agriculture, forêt, pêche)	
Incertitudes à réduire	Incertitude épistémique (connaissance insuffisante) : a trait aux processus et rétroactions inclus dans les modèles et peut résider dans les équations, les paramètres fonctionnels ou les valeurs initiales	Modèles climatiques	Modèles climatiques GCM
			Régionalisation
			Forçage températures océaniques
			Rétroactions surfaces continentales
		Modèles agro-écosystèmes	Processus biophysiques
			Simulation de la biodiversité
		Règles des systèmes experts	
		Prévisions saisonnières[1]	
	Incertitude d'hétérogénéité spatiale : il s'agit d'incertitudes liées aux paramètres d'entrée des modèles qui alimente leur dimension spatiale	Carte des sols	
		Topographie	
		Occupation du sol	
		Représentation des pratiques actuelles de gestion	

[1] Il ne s'agit pas de réduire l'incertitude des scénarios climatiques à partir de la réduction de l'incertitude sur les prévisions saisonnières mais d'améliorer des décisions tactiques par un ajustement aux conditions atmosphériques de l'année en cours *via* les prévisions saisonnières.

▸▸ État des lieux

Que nous dit le GIEC ?

Le dernier rapport du GIEC (2007) nous donne une vision synthétique de la bibliographie internationale et formule des recommandations sur ces aspects méthodologiques de la prise en compte des incertitudes. Nous en retiendrons quelques points importants.

Tout d'abord, l'essentiel de la problématique de l'incertitude est focalisée sur l'incertitude d'origine climatique ou équivalente (SRES, modèles…). L'incertitude « à réduire », ou « réduite entre les exercices 3 et 4 », est mentionnée pour les modèles climatiques et pour quelques modèles d'impact, comme par exemple les modèles statistiques de niche bioclimatique. Les méthodes pour prendre en compte l'incertitude reposent sur des approches probabilistes (pour les études d'impact) et l'utilisation de seuils permettant d'aborder la notion de risque (surtout pour les études d'adaptation).

Des recommandations sont formulées pour uniformiser la présentation des résultats des études d'adaptation en termes de risques par rapport aux scénarios de réchauffement. Mais le constat est fait que l'idéal, c'est-à-dire la quantification d'une fonction de probabilité associée à une incertitude, n'est pas toujours possible. Des approches qualitatives alternatives sont alors proposées (Risbey et Kandlikar, 2007). Une première est basée sur le croisement entre un niveau de confiance (consensus entre les experts) et un niveau de vraisemblance (probabilité qu'un évènement soit vrai). Une seconde approche passe par le signe, la tendance ou l'ordre de grandeur du phénomène borné. Cependant, des illustrations de la mise en œuvre de ces recommandations manquent alors qu'elles permettraient d'en promouvoir l'utilisation.

Aucune étude n'est mentionnée pour avoir abordé l'incertitude liée aux modèles d'impact, qu'elle soit en termes de scénario agricole ou d'incertitude épistémique. Seul l'aspect « marges de manœuvre » est évoqué de façon partielle *via* le test, par exemple, de plusieurs dates de semis pour les cultures annuelles. Enfin il faut noter au niveau européen l'émergence de nouveaux projets (FP7 IS-ENES) avec des objectifs d'amélioration du cadre conceptuel sous-jacent à la considération des sources d'incertitude, à l'interface entre les climatologues et les communautés des impacts et de l'adaptation. Au plan international, le programme AGMIP (*Agricultural models intercomparaison*, www.agmip.com) a pour principal objectif de quantifier l'incertitude liée aux modèles agronomiques.

Au niveau français

Une analyse des projets de recherche en cours et passés depuis 2003 montre qu'il n'existe pas de travaux spécifiques, à caractère générique et méthodologique, sur l'incertitude dans les études d'impact sur le changement climatique. En revanche, cette question est traitée de manière de plus en plus prégnante dans les projets. On peut citer les études concernant trois familles disciplinaires : hydrologie, foresterie et agronomie.

Quelles sont les méthodes utilisées ?

Les projets scientifiques français s'appuient surtout sur les trois premiers types de méthode (tableau 2.1). Des innovations en termes d'adaptation sont développées dans des projets en cours. On remarque que l'expertise, méthode la plus utilisée au plan opérationnel, se situe en aval des projets scientifiques et ne fait pas l'objet de réflexions méthodologiques dédiées.

Quelles sont les incertitudes prises en compte ?

Si les incertitudes sont de plus en plus prises en compte dans les études d'impact (tableau 2.2), l'accent est surtout mis sur les incertitudes donnant un maximum d'information sur l'avenir « incertain » (incertitudes du futur). En ce qui concerne les incertitudes épistémiques, l'essentiel des efforts s'est porté sur les aspects climatiques avec l'utilisation de plusieurs modèles ou méthodes, en parallèle, qui donne une estimation de l'erreur (Habets *et al.*, 2010). Des approches équivalentes commencent à comparer plusieurs modèles d'agrosystèmes (Brisson et Itier, 2009) pour simuler une même variable d'intérêt. Peu de travaux existent sur l'amélioration des modèles en vue d'intégrer les spécificités du climat futur (Soussana *et al.*, 2010). Dans ce cadre, on note un retard important de la communauté des agronomes ou écosystémiciens en regard de la communauté des climatologues (dont le travail est en partie structuré par les exercices d'intercomparaison servant de base scientifique aux rapports du GIEC).

Pérennité des études

Compte-tenu du caractère dynamique du domaine, impulsé par les travaux requis par les évaluations du GIEC, nous devons accepter le caractère temporaire des diagnostics produits par les études d'impact ou d'adaptation ; les versions successives des scénarios climatiques pouvant engendrer des diagnostics assez différents, voire divergents (Ducharne *et al.*, 2007 ; Habets *et al.*, 2010). Il est probable que cet aspect s'atténuera avec la prise en compte systématique des différentes sources d'incertitude dans les études d'impact.

⯈⯈ Comment traiter des incertitudes et/ou les réduire ?

Il est proposé de passer en revue les pré-requis et les méthodes nécessaires au traitement et à la réduction des incertitudes en abordant cinq points. Le premier point traite de l'adéquation entre les données climatiques et les « méthodes éligibles », le second est centré sur la prise en compte des incertitudes dans les études alors que le troisième s'intéresse aux moyens d'augmenter la confiance dans les « méthodes éligibles ». Dans un quatrième point, certaines spécificités des incertitudes liées aux échelles d'investigation spatiale et temporelle seront développées et enfin seront examinées les incertitudes additionnelles introduites par la problématique de l'adaptation. Tout au long de cette réflexion, des recommandations seront émises qui paraissent de nature à aider la communauté scientifique à mieux intégrer l'incertitude dans ses travaux de recherche.

Adéquations entre données climatiques et modèle d'impact

Une attention particulière doit être portée aux variables climatiques (ou combinaison de variables climatiques) auxquelles le modèle d'impact est sensible. Dans les domaines de l'agriculture et plus généralement des écosystèmes, les données climatiques requises sont multivariées (température, pluviométrie, rayonnement, vent et humidité sont des variables nécessaires). Les évolutions de ces variables en tendance et en variabilité sont toutes deux importantes pour déterminer l'impact des évènements extrêmes (tempêtes sur la forêt, gels printaniers sur les arbres fruitiers, fortes températures et sécheresses, …). Le rapprochement des résolutions spatiales entre les données climatiques et les agro-écosystèmes (parcelle d'exploitation agricole, bassin versant, petite région agricole ou forestière) apparaît donc indispensable.

Afin de resserrer les liens entre données climatiques et modèle d'impact, il convient tout d'abord d'améliorer l'utilisation de l'existant, ce qui passe par :
– une meilleure information sur les méthodes de régionalisation du climat (méthodes des anomalies, des types de temps, méthode quantile-quantile : Déqué *et al.*, 2010) et la confiance dans les variables qui en sont issues (valeur, fréquence…) ;
– une optimisation de l'utilisation des variables climatiques pour les modèles d'impact, en particulier, les modèles statistiques (modèles de niche : Badeau *et al.*, 2010 ; fonctions de transfert : Iglesias *et al.*, 2000).

Il est aussi possible d'envisager de développer des méthodes de traitement de l'information climatique dédiées aux problématiques qui nous intéressent. Par exemple, estimer un risque climatique et ses conséquences agronomiques implique de réaliser de très nombreuses répétitions des séries (Jones, 2000) et peut justifier le développement d'un générateur climatique (Flecher, 2009).

Comment rendre compte des incertitudes ?

Comment inclure les incertitudes dans les études d'impact et d'adaptation et comment les quantifier ? Telles sont les deux questions qui se posent.

Comment inclure ?

La démarche appropriée est d'utiliser plusieurs scénarios, modèles (différents algorithmes ou jeux de paramètres), méthodes de régionalisation… (voir par exemple : Ducharne *et al.*, 2007, ou Quintana-Segui *et al.*, 2010). Cette démarche nécessite de bien intégrer le caractère « équivalent » des outils utilisés : mécanismes pris en compte, conditions de forçage. Des études de sensibilité peuvent aussi être utilisées si elles sont articulées avec des incertitudes correctement définies : si l'on établit qu'une source majeure d'incertitude provient d'un paramètre du modèle, faire varier ce paramètre permettra d'apprécier l'incertitude autour du système étudié.

Cependant, prendre en compte tous les niveaux d'incertitude peut rapidement devenir prohibitif en termes de simulations (pour les méthodes de type 1, 2 ou 3 du tableau 2.1), comme le montre la figure 2.1 planche IV, c'est pourquoi il paraît important de raisonner chaque niveau d'incertitude en fonction des objectifs de l'étude.

Le climat

Pour ce qui concerne le climat, nous avons relevé plusieurs points d'intérêt ou de vigilance :
– pour les études à horizons 2030 et 2050, l'incertitude liée aux scénarios socio-économiques SRES (y compris les scénarios de stabilisation) est faible (IPCC, 2007) surtout quand on la compare à l'incertitude d'échantillonnage d'une moyenne sur 20 ou 30 ans, que l'on appelle parfois variabilité naturelle du climat ; il n'est donc pas utile de s'en préoccuper prioritairement,
– il semble important que l'ensemble de la communauté utilise les scénarios les plus récents : AR4 jusqu'en 2011 puis AR5 en 2012,

– de façon à mutualiser les efforts de recherche et rentabiliser la mise au point des outils et des chaînes de traitement, il est indispensable que les études prévoient systématiquement dans les projets une mise à jour des résultats avec les scénarios les plus récents,
– l'utilisation de scénarios régionalisés est indispensable,
– il est préconisé l'utilisation d'un panel validé de modèles combinés GCM × RCM, à l'image du projet européen « Ensembles » (Déqué et Somot, 2010) qui sera réactualisé dans l'AR5 par le projet CORDEX de l'OMM,
– et enfin nous attirons l'attention sur les régions tropicales pour lesquelles ce sont les températures de l'océan en entrée des modèles qui génèrent les plus fortes incertitudes.

Les agro-écosystèmes

Pour les modèles d'impact, pour lesquels nous sommes moins en avance que pour les modèles de climat, il semble tout d'abord impératif de bien cadrer les variables d'intérêt qui peuvent être soit des variables « objectifs » pour l'agriculture elle-même (production en quantité et qualité, besoins en eau d'irrigation, dates de semis…), soit des variables situant l'agriculture par rapport à d'autres acteurs de la société : agriculture et forêt comme ressource alimentaire, ressource non-alimentaire, agriculture comme utilisatrice de ressource (compétiteur) en eau et en énergie (engrais, phytosanitaires, mécanisation…).

Par ailleurs, il est absolument nécessaire que ces variables soient produites par plusieurs modèles utilisant pour les mêmes systèmes, les mêmes forçages (climat, sol, pratiques) et dont les sorties sont comparables (Brisson et Itier, 2009).

Comment quantifier ?

Un premier point, qui n'est pas trivial, est de bien définir les variables d'intérêt (sur lesquelles vont porter les incertitudes) en relation avec la question posée. Les métriques classiques sont actuellement des variances, des probabilités ou des percentiles. Or, à cause de la nature même des incertitudes auxquelles nous sommes confrontés (et de leur combinaison), il n'est pas possible d'appliquer ces métriques de façon systématique et à tous les niveaux. La recommandation du GIEC, qui consiste à graduer la quantification de l'incertitude, peut aider à la segmentation des réponses à apporter : par exemple, raisonner uniquement sur les sens de variation des variables (augmentation ou diminution selon les projections). Cependant, dès lors que l'on combine les incertitudes liées aux modèles climatiques et celles liées aux modèles d'impact, se pose le problème de leur hiérarchisation et de leur combinaison.

Comment augmenter notre confiance dans les modèles d'impacts ou autres outils de projection ?

Il s'agit d'augmenter la confiance dans les outils utilisés sans restreindre l'incertitude qui permet d'embrasser un ensemble important de « champs des possibles ». Augmenter la confiance dans les modèles ne passe pas toujours par une augmentation du nombre de processus pris en compte. Augmenter le nombre de processus pris en compte engendre souvent une perte de robustesse, car il n'est pas toujours facile d'alimenter les modèles en termes de paramètres d'entrée aux échelles d'intérêt. Deux directions sont proposées : filtrer les méthodes utilisées ; travailler à l'amélioration des connaissances en interaction avec l'impact du changement climatique et finalement réduire l'erreur épistémique.

Filtrage des modèles

À l'instar de ce qui a été fait pour les modèles climatiques (Hewitt et Griggs, 2004), on peut définir un pré-requis pour que les modèles soient éligibles. Il est en effet indispensable que les modèles utilisés dans les études d'impact et d'adaptation des agro-écosystèmes au changement climatique aient les caractéristiques leur permettant de répondre aux questions posées. Il faut donc à la fois qu'ils soient évalués de façon comparative et qu'ils intègrent les processus *ad hoc*.

Évaluation systématique des modèles

Cette évaluation doit reposer sur l'élaboration d'un cahier des charges des bancs d'essais des modèles (test sur de longues séries, définition des variables pertinentes...) et la constitution de jeux de données de référence à partir de la mutualisation de données existantes (*in situ* et satellitaires) mises à disposition de la communauté sans restriction.

Ce sur quoi les modèles ne peuvent pas faire l'impasse

Tous les processus déterminant pour les variables de sortie doivent être pris en compte. Il s'agit de l'effet CO_2 lorsqu'il impacte sur la variable d'intérêt (production, transpiration...), de l'effet des températures élevées lorsqu'elles induisent des accidents physiologiques (ex : échaudage des céréales), de l'effet du stress hydrique, de l'enchainement interannuel pour les éléments stockés dans le sol (eau, azote) qui agissent à la fois sur la production et sur l'environnement, de l'effet de la phénologie lorsqu'elle agit sur la variable d'intérêt (production agricole, occupation des sols pendant l'année) et enfin des interactions avec la dynamique de la biodiversité pour les systèmes peu anthropisés*.

Réduire l'erreur épistémique

Nous sommes là sur le front de la science : il s'agit d'identifier les trous ou les défauts de connaissances, de mettre en équation les processus et de quantifier les paramètres qui les gouvernent. En général, ces avancées sont réalisées, dans les domaines qui nous intéressent, à partir des approches expérimentales. Des dispositifs astucieux doivent être imaginés (à l'instar des dispositifs Free air carbon dioxyde enrichment — enrichissement de CO_2 à l'air libre, FACE* —, Ainsworth *et al.*, 2008) pour instruire ces manques de connaissance ou pour établir les paramétrages appropriés des mécanismes connus dans les conditions climatiques du futur. En outre, la méta-analyse d'études existantes, c'est-à-dire l'assemblage d'un grand nombre de résultats disponibles dans la littérature scientifique, sur des espèces végétales ou des écosystèmes différents, permet parfois d'avancer dans la paramétrisation des processus. La constitution et la mise à disposition de la communauté scientifique de bases de données regroupant des données expérimentales acquises par des équipes différentes est également un moyen d'avancer.

Les processus importants, qui doivent être inclus dès que possible, comprennent en premier lieu ceux qui concernent les adaptations fonctionnelles. Il s'agit :
– du fonctionnement de la microflore du sol (respiration, minéralisation, stockage de la matière organique, etc. ; Sierra *et al.*, 2010),
– des interactions entre les effets du CO_2 d'une part, et les effets des facteurs abiotiques d'autre part : azote, température, rayonnement, eau, ozone, etc.,
– des interactions entre les effets du CO_2 d'une part, et les effets des facteurs biotiques d'autre part : pathogènes, adventices, etc.,
– et de la plasticité variétale ou spécifique.

Même dans le cadre de mécanismes connus et bien décrits dans le climat actuel, la question de nouveaux seuils fonctionnels se pose pour le futur, en particulier pour la température (échaudage des céréales, mécanismes de dormance…).

L'intérêt d'améliorer nos connaissances peut aussi se justifier de façon indirecte par le développement de certains systèmes de culture, *a priori* mieux adaptés au changement climatique ou favorisés par le changement global : impact de l'excès d'eau, caractérisation du déterminisme climatique de la qualité des produits agricoles, etc.

Enfin, la caractérisation des effets cumulatifs est également une voie majeure d'amélioration des modèles afin de traiter les effets de résilience ou la mémoire des évènements passés (forêt, prairie).

Cas des incertitudes liées aux échelles d'investigation

Les études sur le changement climatique font appel à des gammes variées d'échelles d'investigation tant spatiales que temporelles, qui génèrent des problèmes d'incertitude spécifiques.

Échelles spatiales

En ce qui concerne le climat et ses projections futures, il est impératif de toujours s'appuyer sur des séries climatiques locales observées pour affiner l'échelle spatiale du climat, autant que pour corriger les biais des modèles globaux et régionaux, autres que ceux dus à leur discrétisation spatiale.

Pour améliorer notre capacité à renseigner les modèles d'écosystèmes avec des jeux de paramètres représentatifs de territoires (sols, occupation des sols, pratiques), il existe trois méthodes. La première est la typologie (y compris par des approches multilocales) qui permet souvent d'alléger les études mais pose le problème de représentativité spatiale des « types choisis ». La seconde méthode est la cartographie qui est confrontée à l'emboîtement des résolutions et à l'interpolation qui sont source d'incertitudes à caractériser. La troisième est la simulation des pratiques, des choix variétaux, voire des systèmes de cultures sur des bases biophysiques (endogénéisation*) qui permet de rendre compte de la variabilité interannuelle mais est soumise à une incertitude de type épistémique au niveau des relations biophysique-pratiques.

Échelles temporelles

Il est important que les études d'impact s'intéressent à des périodes identiques (horizons) afin de pouvoir comparer les résultats de différentes études et alimenter les expertises. On pourrait proposer de les figer en s'inspirant de ce qui est préconisé pour l'AR5 (tableau 2.3).

Tableau 2.3. Périodes d'intérêt proposées dans l'AR5 (cinquième rapport d'évaluation) du GIEC.

1980 - 2000	référence
2000 - 2020	transition
2020 - 2040	futur proche (horizon 2030)
2040 - 2060	futur lointain (horizon 2050)
2080 - 2100	afin d'évaluer les politiques d'atténuation

Conserver la variabilité interannuelle est un élément essentiel dans les raisonnements ayant trait à l'adaptation, car cette variabilité affecte la vulnérabilité des systèmes agricoles et forestiers. Elle permet aussi de relativiser certaines tendances estimées pour le changement climatique (Allard et Brisson, 2010).

À l'inverse, faire tourner les modèles sur plusieurs dizaines d'années, voire un siècle, exige de prendre certaines précautions : 1) prendre en compte les constantes de temps de mise à l'équilibre, particulièrement pour les sols, pour simuler les systèmes en phase de transition ou à l'équilibre ; 2) s'assurer que les modèles censés représenter les systèmes à l'équilibre sont compatibles avec le caractère continu de l'évolution du climat ; 3) s'assurer que pour les processus cumulatifs (ayant un impact sur tout le fonctionnement du système comme la matière organique du sol, par exemple), il n'y a pas de dérive rédhibitoire, résultat de l'accumulation d'erreurs du modèle.

Cas des incertitudes supplémentaires liées aux questions d'adaptation

La problématique de l'adaptation s'appuie sur des diagnostics d'impact, et est, à ce titre, soumise aux mêmes incertitudes. Elle fait aussi appel à des notions de risque et de vulnérabilité des systèmes. Elle s'inscrit donc dans une logique décisionnelle qui, même restreinte aux déterminants biophysiques, est confrontée à d'autres types d'incertitude, que nous passons brièvement en revue car elles sont très peu documentées.

Adéquation occupation des sols - scénarios socio-économiques

Les scénarios d'émissions anthropiques futures et les scénarios de changements d'usage des terres proposés par les modèles socio-économiques jusqu'au 4ᵉ rapport du GIEC n'étaient pas établis sur des bases communes. Ce point est important car l'usage des sols a des rétroactions sur le climat (surtout pour des échelles d'investigation régionales) (Rounsevell *et al.*, 2006).

Quels objectifs pour l'adaptation ?

Plusieurs objectifs, parfois contradictoires peuvent être définis : augmentation de la production, préservation de l'environnement, calculs économiques coûts-bénéfices, etc. Proposer des métriques utilisables par la communauté serait très utile. Cependant, quelle que soit la variable « objectif », se conformer aux recommandations du GIEC, c'est-à-dire qualifier les incertitudes sur des seuils de vulnérabilité, semble indispensable, qu'ils soient climatiques, économiques ou environnementaux.

Cadrer les options d'adaptation

À l'instar des travaux des socio-économistes (scénarios SRES), des recherches prospectives sur les différentes options d'adaptation permettraient de mieux organiser le couplage entre systèmes experts et modèles d'impact. Des études dédiées à cet effort de typologie seraient, sans nul doute, très utiles à l'ensemble de la communauté.

Intégration des prévisions saisonnières

L'intégration des prévisions climatiques saisonnières (et bientôt des prévisions décennales) semble prometteuse pour compléter les tendances à long terme par un pilotage à moyen terme. On passerait alors d'études prospectives où l'on scrute l'ensemble des possibles, à des études plus prévisionnelles, où on privilégie la voie indiquée par les prévisions. Mais à ce niveau, il est impératif d'intégrer les incertitudes liées à l'utilisation de prévisions saisonnières. Un tel exercice offre l'avantage que l'incertitude que l'on estime par des méthodes proches de celles employées pour les scénarios (approche multi-modèle) peut être vérifiée sur le demi-siècle passé. Le projet FP6-Ensembles mentionné plus haut en offre un exemple (Weisheimer *et al.*, 2009).

▸▸ Conclusion

Cette réflexion sur les sources d'incertitudes et de variabilité, leur nature et les manières de les traiter, nous a conduits au cœur de la thématique des impacts du changement climatique sur l'agriculture et la forêt. La raison en est simple : l'incertitude fait intégralement partie de cette problématique qui débouche sur l'analyse des risques et de la vulnérabilité.

▸▸ Références bibliographiques

Ainsworth E.A., Leakey A.D.B., Ort D.R., Long S.P., 2008. FACE-ing the facts: inconsistencies and interdependence among field, chamber and modeling studies of elevated [CO_2] impacts on crop yield and food supply. *New Phytologist*, 179, 5-9.

Allard D., Brisson N., 2010. Analyse des sources d'incertitude et de variabilités. *In : Changement climatique, agriculture et forêt en France : simulations d'impacts sur les principales espèces* (Brisson N., Levrault F., eds), Livre Vert Climator, Ademe, 47-58.

Badeau V., Dupouey J.L., Cluzeau C., Drapier J., Le Bas C., 2010. Climate change and the biogeography of French tree species: first results and perspectives. *In : Forests, Carbon Cycle and Climate Change* (Loustau D., ed.), éditions Quae, Versailles.

Brisson N., Itier B., 2009. Le changement climatique en agriculture : un programme de recherche français sur divers systèmes de cultures illustré par l'exemple de la vigne, *In : 6th Iberic Congress and 12th National Congress of Horticultural Sciences*, Logroño, Spain, 25-29 May.

Calvet J.-C., Gibelin A.-L., Martin E., Le Moigne P., Douville H., Noilhan J., 2008. Past and future scenarios of the effect of carbon dioxide on plant growth and transpiration for three vegetation types of south-western France. *Atmos. Chem. Phys.*, 8, 397-406.

Déqué M., Pagé C., Terray L., 2010. La place de la régionalisation, *In : Actes du colloque Climator*, 17-18 juin 2010.

Déqué M., Somot S., 2010. Weighted frequency distributions expressing modelling uncertainties in the ENSEMBLES regional climate experiments. *Climate Research*, 44 (2-3), 195-209.

Ducharne A., Baubion C., Beaudoin N., Benoit M., Billen G., Brisson N., Garnier J., Kieken H., Lebonvallet S., Ledoux E., Mary B., Mignolet C., Poux X., Sauboua E., Schott C., Théry S., Viennot P., 2007. Long term prospective of the Seine river system: Confronting climatic and direct anthropogenic changes. *Science of the Total Environment*, 375, 292-311.

Flecher C., 2009. Conception d'un générateur de temps, thèse SupAgro Montepellier, 167 pp.

GIEC, 2007. New Assesment Methods and the Characterisation of Future Conditions, *In : Climate Change 2007: Working Group II: Impacts, Adaptation and Vulnerability*, chapitre 2, Cambridge University Press.

Habets F., Gascoin S., Korkmaz S., Thiéry D., Zribi M., Amraoui N., Carli M., Ducharne A., Leblois E., Ledoux E., Martin E., Noilhan J., Ottlé C., Viennot P., 2010. Multi-model comparison of a major flood in the ground water-fed basin of the Somme River (France). *Hydrology and Earth System Sciences*, 14, 99-117.

Hewitt C.D., Griggs D.J., 2004. Ensembles-based predictions of climate changes and their impacts. *EOS*, 8, 566.

Iglesias A., Rosenzweig C., Pereira D., 2000. Prediction spatial impacts of climate in agriculture in Spain. *Global Environmental Change*, 10, 69-80.

Itier B., 2010. Confort hydrique et restitution d'eau aux nappes. *In : Changement climatique, agriculture et forêt en France : simulations d'impacts sur les principales espèces* (Brisson N., Levrault F., eds.), Livre Vert Climator, Ademe, 75-90.

Izaurralde R.C., Rosenberg N.J., Brown R.A., Thomson A.M., 2003. Integrated assessment of Hadley Center (HadCM2) climate-change impacts on agricultural productivity and irrigation water supply in the conterminous United States. Part II. Regional agricultural production in 2030 and 2095. *Agric. For. Meteorol.*, 117, 97-122.

Jones R.N., 2000. Analysing the risk of climate change using an irrigation demand model. *Climate Research*, 14, 89-100.

Onerc, 2009. *Changement climatique. Coûts des impacts et pistes d'adaptation*, La Documentation Française, 195 p.

Prudhomme C., Jakob D., Svensson C., 2003. Uncertainty and climate change impact on the flood regime of small UK catchments. *Journal of Hydrology*, 277, 1-23.

Quintana Seguí P., Ribes A., Martin E., Habets F., Boé J., 2010. Comparison of three downscaling methods in simulating the impact of climate change on the hydrology of Mediterranean basins. *Journal of Hydrology*, 383, 111-124.

Risbey J.S., Kandlikar M., 2007. Expressions of likelihood and confidence in the IPCC uncertainty assessment process. *Climatic Change*, 85, 19-31.

Rounsevell M.D.A., Reginster I., Araujo M.B., Carter T.R., Dendoncker N., Ewert F., House J.I., Kankaanpa S., Leemans R., Metzger M.Z., Schmit C., Smith P., Tuck G., 2006. A coherent set of future land use change scenarios for Europe. *Agriculture, Ecosystems and Environment*, 114, 57-68.

Sierra J., Brisson N., Ripoche D., Déqué M., 2010. Modelling the impact of thermal adaptation of soil microorganisms and crop system on the dynamics of organic matter in a tropical soil under a climate change scenario. *Ecological Modelling*, 221 (23), 2850-2858.

Soussana J.F., Graux A.I., Tubiello F.N., 2010. Improving the use of modelling for projections of climate change impacts on crops and pastures. *Journal of Experimental Botany*, 61, 2217-2228.

Weisheimer A., Doblas-Reyes F.J., Palmer T.N., Alessandri A., Arribas A., Déqué M., Keenlyside N., MacVean M., Navarra A., Rogel P., 2009. ENSEMBLES: A new multi-model ensemble for seasonal-to-annual predictions--Skill and progress beyond DEMETER in forecasting tropical Pacific SSTs. *Geophys. Res. Lett.*, 36 (21), L21711.

Chapitre 3

La biodiversité et la santé dans les études d'adaptation au changement climatique

Denis COUVET, François LEFÈVRE

D'ici la fin du siècle, la diversité des organismes des écosystèmes évoluera et les conséquences en seront multiples. Des changements de biodiversité, directement liés au changement climatique, commencent déjà à être observés et documentés : modifications de dynamique des populations locales, changements de répartition spatiale des espèces, évolutions sanitaires. Les stratégies possibles à mettre en œuvre tant en termes d'adaptation que d'atténuation doivent être étudiées. Pour y parvenir, il est utile de découpler les différentes échelles de temps auxquelles opèrent les facteurs de changement et la réponse de la biodiversité : impacts immédiats des perturbations ponctuelles ou impacts à moyen ou long terme. Par ailleurs, ces échelles de temps varient également selon les niveaux d'observation considérés (par exemple des micro-organismes aux forêts).

Dans ce contexte, la modélisation est un outil qui permet d'anticiper et d'établir des stratégies d'adaptation simultanément au développement des scénarios de changement climatique, tout en intégrant les différents niveaux d'incertitude de ces scénarios. Elle est utile pour la prédiction des changements de biodiversité et pour la mise au point d'indicateurs permettant de suivre l'impact des stratégies d'adaptation. Un des enjeux de la modélisation est de comprendre les interactions à des échelles emboîtées : individu, population, communauté, réseau trophique et écosystème en tenant compte de la dispersion et des pratiques de gestion des écosystèmes anthropisés.

On cherchera moins à prédire l'état futur des systèmes que leurs trajectoires, intégrant pour cela leurs propriétés dynamiques (plasticité, résilience, évolutivité, etc.). Les modèles nécessitent de nouveaux développements méthodologiques et conceptuels. Des approches interdisciplinaires devront intégrer les multiples processus écologiques et anthropiques qui gouvernent les services rendus par les écosystèmes afin d'aider la prise de décision face à des effets d'interaction complexes. Pour alimenter les modèles, il faudra développer rapidement les outils permettant l'acquisition et le partage de données de suivi à moyen et long terme, observations et données expérimentales, sur les changements de biodiversité et la santé.

Différentes priorités de recherche ont été identifiées. Ce chapitre mentionne également les organismes cibles prioritaires pour les recherches, soit en raison de leur rôle clef dans les trajectoires dynamiques des systèmes, soit du fait de l'information qu'ils apporte sur les paramètres dynamiques et l'évolution dans un contexte de changement environnemental : pollinisateurs, vecteurs de propagules, vecteurs d'agents transmissibles, pathogènes, bioagresseurs, espèces introduites ou invasives...

▸▸ Contexte et enjeux

La biodiversité, définie comme l'ensemble du règne vivant (animaux, végétaux, micro-organismes), détermine le fonctionnement des écosystèmes. Ceci à travers ses caractéristiques majeures, diversité aux différents niveaux d'organisation, abondance de ces différentes entités, et interactions établies, au sein des réseaux écologiques, avec les sociétés humaines.

En ce qui concerne les interactions sociétés-biodiversité, la notion de service écosystémique* permet l'analyse de multiples inter-dépendances. En effet, la biodiversité est à l'origine de nombreux services rendus par les écosystèmes et nécessaires aux sociétés humaines. Ces services comprennent les fonctions de production, de support et de régulation, et les services dits « culturels » (voir cette typologie dans le rapport du MEA, 2005). Notamment, pour l'agriculture et les écosystèmes anthropisés, la biodiversité est à la fois un facteur de résilience et d'adaptation des écosystèmes aux changements globaux.

Au sein de ces interactions, il semble judicieux d'associer les enjeux de biodiversité et de santé. À travers les fonctions de régulation, cette dernière est intimement associée aux différentes propriétés de la biodiversité, notamment aux interactions écologiques au sein d'un écosystème, entre le pathogène, ses hôtes, ses espèces puits, les vecteurs, et les compétiteurs, prédateurs de ces différentes espèces. La santé concerne aussi bien celle des plantes, des animaux, que des hommes. Ces trois dimensions sont sensibles aux caractéristiques des écosystèmes et des réseaux écologiques. La distribution de la diversité spécifique et génétique des hôtes des pathogènes et la composition des communautés déterminent la résistance aux pathogènes, aux épidémies. Cette relation entre composition des communautés et prévalence des maladies fait partie du champ de l'écologie de la santé. Ainsi, les liens entre changement climatique et maladies ou dommages causés par les bioagresseurs passent par les effets sur la biodiversité, notamment dans les tryptiques hôte-pathogène-vecteur ou hôte-bioagresseur-ennemi naturel.

Pour définir des stratégies d'adaptation, il est nécessaire de caractériser les effets du changement climatique sur les services écosystémiques, au travers des questions de biodiversité et de santé, en explorant les liens avec les autres composantes du changement global, dont les pratiques d'adaptation font aussi partie. Ce chapitre s'intéresse ici exclusivement au domaine terrestre, le chapitre 9 traitant de la biodiversité dans les hydrosystèmes continentaux, côtiers et océaniques et le chapitre 11 de la question des aires protégées.

▸▸ Impacts du changement climatique sur la biodiversité

La biodiversité est affectée par différentes composantes du changement climatique (Bellard *et al.,* 2012) : évolution à moyen et long terme des paramètres climatiques moyens d'une part, variabilité climatique d'autre part.

De nombreux scénarios de réponse de la biodiversité ont été élaborés et leurs résultats convergent. Brièvement, à l'échelle mondiale, le déplacement général des espèces vers les latitudes et les altitudes les plus élevées devrait se traduire par des extinctions d'espèces, notamment dues à la rotondité de la terre, entraînant une compétition accrue entre des espèces massées sur des surfaces plus restreintes (Thomas *et al.*, 2004).

À l'échelle locale, celle des écosystèmes, le devenir de la diversité serait variable, se traduisant par une augmentation ou une diminution de diversité locale, selon les modifications locales du climat, la géomorphologie et la structure des paysages. Ceci se traduit ainsi, dans de nombreuses projections, par un gain en diversité en Europe du Nord, une perte en Europe du Sud, aussi bien chez les vertébrés que chez les plantes vasculaires (pour les oiseaux, voir Huntley *et al.*, 2006).

La biodiversité est également affectée par les perturbations ponctuelles liées à la variabilité du climat et aux événements extrêmes qui en découlent et par les changements dans la variabilité des paramètres climatiques. Ces impacts, qui dépendent de l'intensité de ces événements et de leur fréquence, sont beaucoup plus difficiles à anticiper. Ces événements peuvent être à l'origine de ruptures et changements qualitatifs des mécanismes qui régulent la biodiversité.

Les observations des impacts du changement climatique sont plus aisées à recueillir, donc plus nombreuses, à l'échelle des espèces qu'à celle des écosystèmes. Ces impacts se manifestent par des modifications de dynamique des populations locales, par des changements de phénologie (Chuine, 2010) et/ou par des changements de répartition spatiale des espèces (Thomas *et al.*, 2004).

Déplacement et réduction des aires de distribution des espèces

Le déplacement attendu des aires de distribution vers les latitudes ou les altitudes plus élevées est particulièrement bien documenté chez les oiseaux (Devictor *et al.*, 2008) et certains insectes comme la chenille processionnaire du pin (Battisti *et al.*, 2005).

Dans de très nombreux cas, les changements d'aires sont projetés avant d'être observés. Les prédictions sont essentiellement basées sur la modélisation à l'équilibre des changements d'enveloppe climatique des espèces sauvages (aire potentielle de distribution d'une espèce en fonction des variables climatiques). Les changements affecteront également les espèces d'intérêt agricole ou sylvicole : par exemple, des changements prononcés sont projetés pour l'aire de plantation de la vigne, et la qualité des vins pour différentes régions de production du globe. Ces projections demeurent assez théoriques. En effet, elles négligent de nombreux facteurs ayant trait aux sols et à leurs usages, à la diversité génétique des populations et à leur plasticité, donc à leurs possibilités d'adaptation, ou encore aux multiples interactions biotiques. Ces projections demandent donc à être validées empiriquement (voir par exemple, Cheaib *et al.*, 2012).

Des projections d'expansion d'aire sont également faites pour des agents pathogènes végétaux (exemple de *Phytophthora cinnamomi*, responsable de la maladie de l'encre du chêne en Europe, limité par les températures hivernales).

Enfin, à côté de quelques cas d'expansion d'aires, on attend généralement une réduction des aires de distribution (Thomas *et al.*, 2004). Les observations chez les oiseaux européens corroborent cet attendu. Les espèces dont l'aire de distribution devrait se réduire sont plus nombreuses (75 %) et déclinent, alors que celles dont l'aire devrait s'accroître (25 %) sont stables. La différence de dynamique entre ces deux groupes varie selon l'intensité du réchauffement, elle devient plus importante à la fin du siècle (Gregory *et al.*, 2009). Cette réduction des aires de distribution devrait augmenter significativement les risques d'extinction pour de nombreuses espèces.

Vitesse de déplacement des aires de distribution

L'augmentation des risques d'extinction sera d'autant plus élevée que les espèces auront du mal à se déplacer, à rejoindre leur nouvelle aire de distribution quelle que soit la taille de cette aire de distribution. L'aire de distribution réalisée d'une espèce, donc son risque d'extinction, dépend de son potentiel adaptatif (qui peut évoluer à terme), mais aussi de ses capacités intrinsèques de déplacement, des barrières géographiques ou liées à la structure paysagère et enfin des interactions biotiques.

La traduction du changement climatique, temporel, en déplacement d'aire bioclimatique, dans l'espace, dépend des conditions locales comme la topographie (une augmentation de 1 °C correspond à une plus grande distance en plaine qu'en montagne). Ainsi, Loarie *et al.* (2009) ont défini le concept de vélocité du changement climatique et analysé l'impact d'un scénario climatique en intégrant les composantes locales du facteur de risque (topographie, fragmentation...) pour les grands biomes de la planète. Le rythme de déplacement des espèces dépend par ailleurs de conditions locales comme la fragmentation des paysages. Il dépend aussi de leurs capacités biologiques, de déplacement (vol, dispersion du pollen...), de leurs dépendances écologiques vis-à-vis d'espèces se déplaçant moins bien, de leurs structures sociales, qui pourraient être un frein aux comportements exploratoires des individus.

On constate ainsi que les aires de distribution des oiseaux communs se sont déplacées en moyenne vers le nord de 100 km en 20 ans en France (statistique basée sur le comptage de plusieurs millions d'oiseaux, représentant les 100 espèces les plus communes), ce n'est que la moitié de ce qui était attendu en réponse au réchauffement constaté (Devictor *et al.*, 2008), en supposant que ces espèces n'ont pas modifié leurs exigences climatiques. À l'échelle de l'Europe, on observe un déplacement plus rapide des papillons que celui des oiseaux, mais qui reste largement inférieur au déplacement attendu (Devictor *et al.*, 2012). À l'échelle mondiale, les déplacements pourraient être proches de ce qui est attendu (Chen *et al.*, 2011). Chez les plantes herbacées, à l'échelle française, si en altitude elles semblent répondre au changement climatique au rythme attendu, elles montrent par contre une absence presque complète de réponse, en plaine (Bertrand *et al.*, 2011).

Conséquences sur le fonctionnement des écosystèmes

Si les variations de phénologie et le déplacement des différentes espèces et des différents groupes composant un écosystème ne sont pas uniformes, elles auront alors des conséquences sur la structure et sur le fonctionnement des écosystèmes.

Une avance dans le déplacement des ravageurs, par rapport à leurs prédateurs putatifs, aura ainsi des conséquences importantes — comme ce qui est constaté en Europe — et pourrait expliquer des impacts croissants des ravageurs. On constate aussi des franchissements de seuils, comme l'expansion rapide du dendroctone* du pin, en Colombie Britannique (Canada), qui a récemment passé la barrière des Rocheuses à la faveur du réchauffement climatique au niveau de quelques cols et commence à ravager les forêts de l'est canadien.

Le changement climatique pourrait aussi affecter la prévalence et la sévérité des maladies, en affectant la physiologie des parasites et des hôtes, *via* notamment l'augmentation du CO_2 pour les végétaux.

Traduction des conséquences écologiques en termes socio-économiques

Prolongeant cette tendance actuelle, l'impact des insectes ravageurs dans les forêts de Colombie Britannique, estimé pour les vingt prochaines années en nombre de tonnes de carbone émises dans l'atmosphère par les forêts détruites, équivaut à cinq ans d'émissions des transports canadiens (Kurz *et al.*, 2008). L'intérêt de cette estimation de la valeur du contrôle biologique pour ces forêts est que le carbone émis est une unité permettant de quantifier l'importance d'une modification marginale du fonctionnement de l'écosystème, par rapport à des modifications dans d'autres domaines. Ceci en faisant référence à un service écosystémique bien identifié, la régulation du climat, et qui s'applique à tout type de forêt, exploitée ou non. Cette estimation monétaire de l'importance du contrôle biologique est néanmoins faite *a minima*, car les conséquences pour l'industrie du bois — emplois perdus et conséquences sociales associées — n'ont pas été estimées, et doit se faire en tenant compte d'autres types de valeurs, comme le bois perdu.

En bref, de nombreuses modifications de la biodiversité sauvage sont en cours, et auront des conséquences socio-économiques majeures qu'il s'agit de savoir prendre en compter, voire atténuer ou même éviter.

Ainsi, les modèles tentant de prédire les variations de prévalence de la malaria suggèrent, à côté des variations climatiques attendues, l'importance des stratégies de contrôle développées par les sociétés. Ces modèles montrent toute l'importance à prendre en compte, dans les scénarios, les réponses et les adaptations des sociétés humaines.

▸▸ Stratégies de remédiation ou d'adaptation, problématiques de recherches

Le changement climatique a aussi des effets directs sur l'ensemble des activités humaines, avec des conséquences indirectes sur la biodiversité. En d'autres termes, la biodiversité est affectée à la fois directement par le changement climatique, et indirectement par l'intermédiaire des réponses des sociétés humaines.

Il en résulte que pour aborder l'adaptation de l'agriculture et des écosystèmes anthropisés au changement climatique, le contexte même de changement (perturbations/tendances) suggère des approches de type système dynamique, couplant les dynamiques de la biodiversité et des sociétés. Il s'agit donc à la fois d'analyser les dynamiques spontanées (basculement, résilience, évolution...) et les conséquences des stratégies humaines (atténuation, remédiation, adaptation...). En effet, un certain nombre de stratégies auront pour objet la préservation des activités humaines face au changement climatique en tenant plus ou moins compte de la biodiversité et de ses composantes sauvages et domestiques.

Les impacts du changement climatique sur la biodiversité peuvent donc être envisagés de deux manières :
– Quelles mesures d'adaptation faut-il prendre pour préserver la biodiversité face aux changements climatiques ?
– Quel est l'impact des mesures d'adaptation face au changement climatique sur la biodiversité ?

En termes de biodiversité et de santé, les stratégies d'adaptation possibles sont de deux ordres : stratégies de remédiation visant à préserver les services rendus par les systèmes actuels (gestion à l'échelle locale *via* la valorisation de la tolérance des populations, liée à la plasticité phénotypique ou d'origine génétique, et, conjointement, réduction des pressions exercées par les pratiques agricoles), ou stratégies d'adaptation au sens d'accompagnement d'un changement. Le choix entre ces deux stratégies sera conduit par des analyses de type coût-bénéfices-risques ou des analyses multicritères, qui devront intégrer, notamment, les forces écologiques (recomposition des communautés) et évolutives (mécanismes d'adaptation des espèces) spontanées. Une question cruciale concerne l'intégration des connaissances pour anticiper les changements d'aire de distribution.

Ainsi, les décisions de changement d'aire d'utilisation des ressources, les migrations assistées, pourront s'appuyer sur l'analyse des dynamiques de rétraction de la biodiversité (sur les marges « arrière ») ou d'expansion (sur les marges « avant ») et l'évaluation des coûts-bénéfices-risques de stratégies de remédiation (maintien d'un réservoir de diversité en marge arrière) ou d'accompagnement (anticipation, voire accélération de l'expansion en marge avant). Ce type d'analyse permettra de préciser les conditions de réalisation d'une migration assistée, leur efficacité potentielle dans l'évitement d'extinctions et dans la dégradation de services écosystémiques. Il faudra également en déterminer les modalités opérationnelles (corridors, translocations...) (Hewitt *et al.*, 2011). Un accent particulier devra être mis sur l'évaluation et la gestion du risque d'invasion lié aux introductions, ainsi que sur l'impact de ces invasions sur les dynamiques locales.

Des outils d'aide à la décision multicritères devront être développés pour trouver des compromis quand les méthodes de remédiation/adaptation pour améliorer la biodiversité et la santé contribuent par ailleurs à dégrader d'autres éléments du système de production (ex. rendement des cultures, coût de production).

Le chapitre 4 du WGII GIEC (2007), sur les méthodes d'étude des impacts du changement climatique sur la biodiversité, ainsi que l'action concertée FP6 MACIS[1]

---

1. Minimisation et adaptation de la biodiversité au changement climatique, www.macis-project.net, chapitre 10.

précisent bien les contours des méthodes permettant d'examiner l'efficacité et l'impact sur les écosystèmes que peuvent avoir les solutions proposées. Une conclusion majeure est que pour chaque proposition envisagée se posent quelques questions simples (adaptées de Firbank, 2008) :
– La proposition menace-t-elle, ou au contraire protège-t-elle, les différents habitats, communautés vivantes, notamment ceux auxquels on accorde une grande importance sociale, économique ?
– La proposition affecte-t-elle la diversité et la structure des paysages ?
– Chaque nouvelle population, peut-elle être envahissante dans son nouvel environnement, et plus généralement quels sont ses impacts environnementaux ?
– Y a-t-il un potentiel pour des pertes ou des gains d'espèces, liés aux modifications de paysage ?

Cette démarche permettra de faire l'inventaire des gains et pertes (figure 3.1). Ceci soulèvera des questions sur la façon dont nous évaluons et comprenons la biodiversité. Par exemple, il s'agit de savoir quelle importance accorder à la sauvegarde des espèces menacées, au maintien des services écosystémiques de régulation. À quels arbitrages éventuels procéder dans les réponses à ces différentes menaces ?

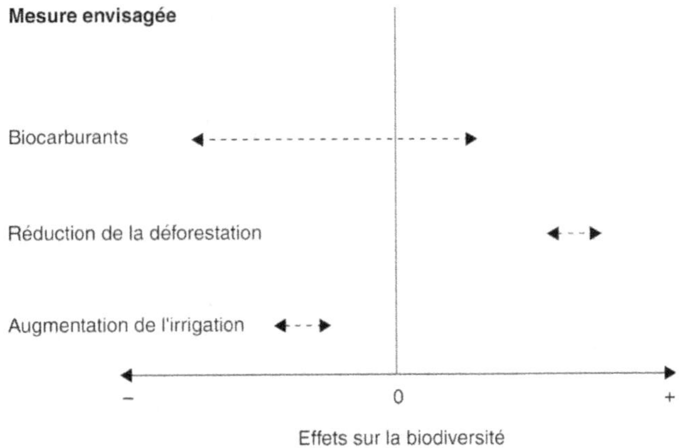

Figure 3.1. Relation entre propositions de mesures d'atténuation ou d'adaptation et leurs impacts potentiels sur la biodiversité. La position de chaque flèche sur l'axe horizontal indique la nature des impacts attendus sur la biodiversité, établie sur la base de revues bibliographiques. L'amplitude de la flèche représente les incertitudes. À partir de l'étude Minimisation et adaptation de la biodiversité au changement climatique (MACIS).

Dans le cadre de cette problématique générale, avant d'aborder les moyens nécessaires, en termes de modélisation, observation et expérimentation, trois questions plus particulières semblent devoir être envisagées.

Échelles d'espace envisagées

Il paraît nécessaire d'intégrer les différentes échelles spatiales et, en particulier, d'aborder de façon explicite les échelles du paysage et de la région en termes de biodiversité. La réponse de la biodiversité est, en effet, régulée par de multiples processus qui agissent à différentes échelles spatiales.

L'ampleur des changements de biodiversité et la vitesse d'apparition de ces changements diffèrent selon les échelles, les composantes de la biodiversité (figure 3.2 planche IV) et leurs interactions.

Il est enfin important d'intégrer les échelles locales et globales au niveau des mesures d'adaptation : maintenir la biodiversité à l'échelle globale ou à l'échelle locale est un enjeu différent, les mesures adaptatives peuvent également différer, entrer en interaction, voire en opposition selon les échelles.

Différents horizons temporels

Il semble important de distinguer différentes échelles de temps, correspondant à différents processus de changement des politiques et/ou de la biodiversité. Le court terme (2020) serait essentiellement une prolongation des dynamiques actuelles, mettant en valeur l'intrication des conséquences des changements globaux, le moyen terme (2050 ?) verrait l'impact de politiques profondément modifiées, dans le domaine du climat et de l'agriculture, le plus long terme (2080 ?) intégrerait les réponses évolutives, les changements génétiques significatifs modifiant l'adaptation des organismes, les niches écologiques, leurs interactions, notamment en ce qui concerne les relations hôtes-pathogènes.

Le découplage de ces horizons, s'il a un côté artificiel, permet par ailleurs, de mieux sérier le rôle des réponses dynamiques, politiques et évolutives ainsi que leurs effets sur les changements globaux.

Caractérisation des capacités de résilience et d'adaptation des systèmes concernés

Les incertitudes liées aux scénarios de changement climatique (qui lui est certain) imposent d'aborder directement certaines propriétés dynamiques des systèmes étudiés, populations et communautés, comme la plasticité, la résilience et l'évolutivité ou capacité intrinsèque d'évolution. En effet, souvent, ce seront ces propriétés qui guideront les stratégies adaptatives, l'objectif sur le moyen ou le long terme (ex. maintenir le potentiel adaptatif des forêts futures). Il sera donc également nécessaire d'aborder la variation et l'évolution de ces propriétés intrinsèques (par ex. l'évolution de l'évolutivité). Enfin, les relations entre ces propriétés intrinsèques et les services rendus par les écosystèmes restent encore à explorer.

En termes d'évolutivité des systèmes biologiques, il faudra mieux comprendre les mécanismes conférant à la diversité une fonction de réservoir pour l'adaptation en tenant compte de l'accessibilité de cette diversité (notamment liée à sa structuration spatiale). Dans le cadre de la recherche d'indicateurs relatifs au potentiel évolutif des systèmes, on s'intéressera à l'existence d'éventuels seuils critiques de diversité minimale pour la durabilité et l'évolutivité des populations et des communautés.

Il est non seulement nécessaire d'étudier la résilience et sa gamme de variation pour différents types de communautés d'intérêt, mais aussi d'identifier les facteurs qui déterminent cette résilience, notamment le rôle de la biodiversité (par exemple rôle des symbiotes et mutualistes sur la sensibilité aux facteurs climatiques), et les mécanismes en jeu. Cela doit permettre de définir des indicateurs de la résilience à une perturbation ponctuelle (événement climatique extrême, invasion, feu, etc.) ou à des perturbations itératives (effets directs et indirects du climat sur le rythme des perturbations et leur ampleur). L'échelle spatiale à considérer devra être déterminée, entre le paysage et la région, permettant de prendre en compte un ensemble de communautés se situant à des stades successionnels différents, diversité nécessaire à la résilience de cet ensemble (Gunderson et Holling, 2002).

Les mécanismes sous-jacents à ces propriétés peuvent être eux-mêmes liés au changement climatique : ainsi, la part relative de la migration et de la mutation dans les phénomènes d'émergence de variants pathogènes peut être modifiée par le réchauffement.

De façon globale, la compréhension des relations entre probabilité de résilience ou adaptabilité et complexité des systèmes auto-organisés (du fait de la redondance fonctionnelle) permettra d'envisager plus finement les possibilités d'exploitation de cette relation pour l'adaptation au changement climatique. On s'intéressera en particulier au rôle des redondances fonctionnelles dans le maintien des services écosystémiques et aux conséquences de déstructuration des chaînes trophiques sur les services écosystémiques. Dans le cas de réseaux trophiques, des effets du changement climatique peuvent être attendus, non seulement sur chacun des maillons mais aussi sur leurs interactions.

Les effets directs et indirects du changement climatique sur le risque sanitaire, et leur hiérarchisation par rapport aux autres facteurs de risque, restent des pistes de recherche prioritaires. En particulier, les effets du changement climatique sur les flux de pathogènes entre compartiments sauvage et domestique, et donc la vulnérabilité du système global sauvage-domestique, ou sur l'extension des zones de présence des agents zoonotiques ainsi que sur leur cinétique de dissémination nécessitent des recherches.

Sur le plan opérationnel, les évolutions du risque sanitaire lié au changement climatique doivent conduire à adapter les systèmes de surveillance à la détection et au suivi des émergences d'agents pathogènes transmissibles et des maladies associées. D'autre part, il faudra évaluer et gérer les contraintes sanitaires induites pour les systèmes de production et les échanges commerciaux, ainsi que par les mesures de prévention et d'atténuation des effets directs et indirects du changement climatique.

▸▸ Modélisation

La modélisation est une voie de passage presque obligée pour établir des stratégies d'adaptation simultanément au développement des scénarios de changement climatique, tout en intégrant les différents niveaux d'incertitude de ces scénarios.

Dynamique temporelle

Les facteurs de changement sont multiples et souvent interdépendants : ainsi les changements d'usage des territoires interragissent avec certains paramètres climatiques. L'objectif est de décomposer les effets directs et indirects des facteurs climatiques sur la dynamique des systèmes agricoles et des écosystèmes associés en termes de biodiversité et santé, ainsi que sur les conséquences qui en découlent en termes de services rendus par ces écosystèmes. Les variations de différents paramètres climatiques et atmosphériques (température, CO_2, précipitations, gel, etc.) ont des effets individuels mais aussi des interactions dont il faut tenir compte. Aux différents pas de temps considérés, on distinguera l'effet des perturbations induites par la variabilité du climat de l'effet de la tendance d'évolution des paramètres climatiques. La question des temps de réponse des différents processus, ainsi que celle des effets de seuil de ces processus, est importante (figure 3.2 planche IV).

Cela passe par le développement de modèles mécanistes intégrant l'effet du climat sur les populations et communautés d'intérêt (animaux et végétaux cultivés, biodiversité auxiliaire, agents de maladies transmissibles et leurs vecteurs…) et par une analyse de la sensibilité des processus au changement climatique. Les modèles viseront à intégrer des processus à différents niveaux d'organisation (de l'individu à la communauté, de la parcelle au paysage, etc.). On tendra vers une complémentarité entre des modèles écosystémiques, qui abordent la dynamique globale de végétation (principalement) en fonction de traits fonctionnels, des modèles de niche, qui intègrent de façon plus ou moins mécanistes les exigences écologiques des espèces, et des modèles de dynamique des populations, individus-centrés et souvent spatialisés, qui intègrent les mécanismes d'interaction entre individus régulant la dynamique démo-génétique.

Il faudra aussi considérer des modèles d'assemblage des communautés, particulièrement nécessaires pour aborder la question de leur recomposition suite à des déplacements variables des espèces en réponse aux changements climatiques. Ainsi, le décalage dans le déplacement des aires de distribution, dans la réponse phénologique que l'on constate entre oiseaux et insectes, a des conséquences fonctionnelles qui pourraient être lourdes, obérant le contrôle biologique, et ces modèles doivent donc prendre en compte les interactions, sujettes à variation, entre niveaux trophiques. Les modèles (et les expérimentations) devront aussi considérer simultanément les effets indirects du climat sur les services écologiques, *via* leurs effets sur la biodiversité, et les effets directs sur les processus impliqués.

Dynamiques spatiales à l'échelle du paysage et au-delà

Même s'ils n'intègrent pas encore tous les processus évolutifs ni les interactions biotiques, les modèles de niche prédisent clairement des déplacements de l'aire potentielle de distribution ou d'utilisation des nombreuses espèces végétales et animales. Des prédictions existent aussi pour les micro-organismes et les agents pathogènes mais la structure des populations et les processus de dispersion de ces organismes, y compris à très grande échelle, sont encore mal connus. Il devient donc nécessaire de mieux évaluer les capacités de migration efficace en prenant en compte non seulement les capacités intrinsèques des organismes (et leurs variations sous l'effet du changement climatique) mais aussi la matrice paysagère (et ses variations sous l'effet direct ou indirect du changement climatique, notamment du fait des stratégies d'adaptation envisagées), ainsi que les interactions dans une approche de co-dynamiques non indépendantes.

De même, dans un contexte changeant, la maîtrise des risques d'invasion nécessite de connaître l'évolution des capacités intrinsèques des organismes concernés ainsi que l'évolution de la vulnérabilité de la communauté (déséquilibre des interactions).

Globalement, il est nécessaire de caractériser et modéliser les chaînes de processus conduisant des effets du changement climatique aux changements de paysage (milieux terrestres et aquatiques) et à leurs conséquences sur la biodiversité et la santé. Il faudra également prendre en compte les interactions avec les effets de la gestion (parcelle) et de la distribution des pratiques/modes d'usage au sein du paysage.

Dynamiques évolutives

Comprendre la dynamique de la biodiversité en réponse au changement climatique et établir des stratégies d'adaptation demande de caractériser les propriétés d'évolutivité des populations et des communautés, de modéliser les trajectoires d'évolution ainsi que les changements de potentiel évolutif dans un environnement changeant et incertain. Il faut pour cela intégrer les connaissances issues des approches de différentes disciplines allant de la biologie intégrative à l'écologie des communautés en passant par la biologie évolutive, qui sont souvent abordées dans des cénacles disjoints. Cela passe par des modèles hiérarchisés permettant le couplage de processus intervenant à diverses échelles spatiales ou temporelles.

La difficulté des modèles couplés reste l'équilibre à trouver entre une exhaustivité des interactions à décrire et leur nécessité pour rendre compte des évolutions majeures. Dans certains domaines, comme celui de la génétique quantitative et de la génétique des populations, les modèles existants permettraient déjà d'aborder ces questions, à condition toutefois de mieux intégrer l'hétérogénéité des pressions climatiques dans l'espace et dans le temps.

Dans d'autres domaines en revanche, comme l'écologie des communautés, les approches permettant de prédire les trajectoires d'évolution en réponse au changement climatique sont encore en plein développement. Des méthodes doivent également être trouvées pour mieux prendre en compte des événements rares qui peuvent avoir un impact majeur sur la dynamique des systèmes, comme par exemple la dispersion à longue distance, ainsi que leur variabilité dans l'espace et dans le temps.

De façon générale, il faudra veiller à préciser le potentiel et les limites d'approches par analogie entre variation spatiale (de type étude de gradients) et changement climatique temporel. En particulier, les gradients spatiaux ne permettent pas de croiser tous les facteurs de variations liés au changement climatique, par exemple concentrations atmosphériques en CO_2 ou ozone, dont les interactions avec la température peuvent modifier la nature des impacts.

▸▸ Outils de recherches alimentant ces modèles

L'acquisition de données et leur analyse sont fondamentales pour progresser dans les connaissances pour alimenter les modèles. Il faudra développer rapidement les outils permettant l'acquisition et le partage de données de suivi à moyen et long terme, sur les changements de biodiversité et la santé. La mise au point d'indicateurs permettant d'anticiper les changements et de suivre l'impact des stratégies d'adaptation sera également nécessaire.

Il faudra aussi développer une articulation dynamique entre synthèse des connaissances acquises, observation, expérimentation et modèles :
– évaluation critique des réseaux expérimentaux et réseaux d'observation existants (dont réseaux participatifs, type vigie-nature ou observatoire des saisons). Sont-ils suffisants pour observer les déplacements d'espèces, les modifications des interactions écologiques qui en découlent ?
– nécessité de nouveaux outils permettant l'acquisition de données (observatoires, systèmes expérimentaux modèles), avec une analyse critique des coûts et de l'intérêt scientifique des dispositifs proposés et dans les outils informatiques proposés,
– investissement accru dans la modélisation et dans les outils informatiques tels que des plateformes, permettant l'intégration des modèles.

Observations

Il est nécessaire d'évaluer la capacité des dispositifs de recherche à pouvoir saisir l'occasion de situations de « crises » (extrêmes climatiques, incendies majeurs, etc.) comme « méthode » d'étude des processus d'adaptation et de leurs conséquences potentielles à court et moyen terme. Il faudrait disposer de suivis de la biodiversité répétant les observations très régulièrement, au moins annuellement (*i.e.* Couvet *et al.*, 2011). L'Écoscope*, en cours de constitution (portail national rassemblant les données sur la biodiversité porté par la Fondation de recherche en biodiversité, FRB), aura, dans ce domaine, une importance majeure.

En termes d'organismes cibles :
– Une attention particulière doit être portée à l'intégration des fonctions de vecteurs (pollinisateurs, vecteurs de propagules, vecteurs d'agents transmissibles) dans les modèles de réponse au changement climatique. Cela demande également un suivi particulier des organismes assurant effectivement ou potentiellement ces fonctions, et des décalages potentiels entre leurs réponses et celles des autres organismes avec lesquels ils interagissent.
– Un effort particulier doit être fourni sur l'évaluation *a priori* et le suivi des effets du changement climatique sur les principaux risques d'émergence et de réémergence liés à des agents transmissibles, pathogènes ou bioagresseurs.
– De même, l'observation et le suivi des espèces introduites ou invasives — y compris celles générées dans le cadre d'une tentative de remédiation/adaptation — dans de nouveaux habitats sont prioritaires. On pourra sur ce point s'appuyer sur des retours d'expériences passées. Il sera important de distinguer ce qui est dû aux espèces introduites de ce qui est dû aux modifications d'habitat et d'analyser les conséquences de ces espèces introduites sur le fonctionnement des écosystèmes.

Les stratégies de gestion des populations et des communautés face au changement climatique peuvent notamment être caractérisées sur la base de traits fonctionnels impliqués dans la réponse aux effets du changement climatique. Quelques traits prioritaires peuvent d'ores et déjà être identifiés : caractères phénologiques, caractères morpho-physiologiques de résistance/tolérance/évitement aux stress abiotiques (température, déficit hydrique) et aux stress biotiques... Cette typologie est maintenant bien avancée chez les plantes vasculaires, même s'il serait important de distinguer ce qui est d'origine génétique de ce qui est simple plasticité lorsque des différences phénotypiques sont observées *in-situ*. De tels développements seront également nécessaires pour les animaux, pour lesquels l'usage de cette approche, voire les données, sont encore embryonnaires.

Expérimentation

L'analyse au travers d'approches expérimentales ambitieuses de la non-linéarité potentielle des réponses au changement climatique sera nécessaire, comme le développement d'approches expérimentales sur des communautés modèles, afin d'étudier les réponses à des variables comme la température des processus écologiques et des interactions biotiques. De telles expériences pourraient être conçues en croisant plusieurs facteurs (température, pluviométrie...) et en testant l'impact d'une augmentation de leur variabilité. Le contexte du changement climatique, en introduisant une dimension de variabilité supplémentaire dans les interactions entre organismes, complexifie encore l'étude de ces interactions. La question de la valeur prédictive des modèles expérimentaux devient ainsi encore plus cruciale. Ainsi, dans une analyse post-tempête 1999 et post-2003 des évolutions d'insectes parasites des arbres, Rouhault *et al.* (2006) ont montré des différences globales entre herbivores et xylophages, mais aussi des comportements contrastés entre scolytes de l'épicéa, scolytes des pins et scolytes du sapin, bien que ces espèces soient du même type fonctionnel et du même genre. Ni la taxonomie, ni les types fonctionnels ne sont donc des facteurs prédictifs, et ces derniers restent donc largement à déterminer. Face à cette incertitude, une possibilité est de se placer à l'échelle de la communauté — définie comme un ensemble plus large que le groupe fonctionnel — plutôt qu'à l'échelle de l'espèce lorsque l'on veut développer des scénarios.

Les outils d'analyse expérimentale et de caractérisation des réseaux écologiques, dans lesquels s'insèrent les pathogènes, sont à développer. Ceci peut concerner aussi bien les méthodes isotopiques, permettant d'identifier les régimes alimentaires que les principes de l'écologie métabolique et de l'optimisation de l'alimentation, ces méthodes permettant de prédire les relations trophiques qui s'établissent.

Par ailleurs, des méthodes qui permettraient de « mimer une accélération du temps » pour certains des processus écologiques étudiés restent à imaginer (comme on sait mimer sur une année plusieurs cycles de croissance de plantes en serre).

Cas de la santé

Plus spécifiquement pour les questions de santé, une difficulté majeure concerne le développement de méthodes de caractérisation (épidémiologie descriptive et analytique, nécessitant l'existence et le développement de longues séries de données) et de compréhension (expérimentation, modélisation). Ces méthodes devraient permettre d'intégrer les effets directs et indirects du climat, non seulement sur chacun des organismes mais aussi sur les mécanismes de leurs interactions, et de les hiérarchiser relativement aux autres facteurs impliqués dans les phénomènes d'émergence, en particulier dans les systèmes hôte-pathogène-vecteur ou hôte-bio-agresseur-ennemi naturel.

Dans ce domaine, apparaissent au moins trois interrogations :
– Est-ce que la hiérarchie des facteurs de variation majeurs des populations de pathogènes reste la même sous l'effet du changement climatique ? Quel effet peut avoir une variation de la diversité des espèces, dont on sait qu'elle peut affecter la prévalence des maladies (Ostfeld et LoGiudice, 2003) ?
– Comment prend-on en compte l'interaction directe entre pathogènes (effet direct du changement climatique, effet ressource *via* les couverts végétaux, antagonismes et synergies) ?
– Comment développer la connaissance des vitesses d'adaptation des communautés de pathogènes et de plantes à l'ensemble du changement climatique et non à des paramètres climatiques pris isolément ?

❯❯ Verrous de recherches : interdisciplinarité

L'interdisciplinarité apparaît comme un enjeu fondamental pour les recherches sur l'adaptation au changement climatique pour au moins deux raisons. Tout d'abord, il est clair que les trajectoires d'évolution des services écosystémiques ne peuvent être abordées sans viser un certain niveau d'intégration des multiples processus écologiques et anthropiques qui les gouvernent. Par ailleurs, il faut s'attendre à trouver des effets contradictoires (positifs ou négatifs) des services écologiques aux impacts du changement climatique ou en réponses aux propositions de mesures d'adaptation. Des compromis devront donc être trouvés et diverses méthodes d'aide à la décision, évaluations coûts-bénéfices, analyses types « multicritères », conférences de consensus, devront être utilisées. La pertinence de chaque méthode varie selon la diversité des acteurs et des valeurs impliquées (Vatn, 2005), requérant l'intervention des sciences humaines et sociales.

À ce titre, dans le domaine de l'écologie, il apparaît nécessaire de disposer à la fois des informations et des outils conceptuels permettant de quantifier, caractériser l'état et la dynamique des services écosystémiques, ce qui peut s'avérer plus ou moins facile selon que l'on s'intéresse à la pollinisation ou à la capacité de purification des eaux. La mise au point d'indicateurs devrait permettre d'utiliser et de compléter les informations apportées par les observations, pour comprendre leurs conséquences en termes de service écosystémique.

Enfin, l'évaluation des travaux pluridisciplinaires constitue un verrou pour l'articulation des échelles temporelles et spatiales prises en compte dans chaque discipline, pour les liaisons entre disciplines et l'approfondissement des questions concernant la multifonctionnalité des agro-écosystèmes et des services qui en découlent.

Ce texte s'inspire largement des travaux de l'ARP ADAGE auquel ont contribué les personnes suivantes, que nous tenons à remercier : Marie-Odile Bancal (Inra), Vincent Bretagnolle (CNRS), Laurent Charasse (FRB), Marc Dubois (CEA), Hervé Jactel (Inra), Sandra Lavorel (CNRS), Xavier Le Roux (FRB), Marie-Laure Loustau (Inra), Jean-François Munoz (Anses), Sylvie Perelle (Anses), Jacques Roy (CNRS), Marc Savey (Anses), Gwenaël Vourc'h (Inra).

▸▸ Références bibliographiques

Battisti A., Stastny M., Netherer S., Robinet C., Schopf A., Roques A., Larsson S., 2005. Expansion of geographic range in the pine processionary moth caused by increased winter temperatures. *Ecological Applications*, 15 (6), 2084-2096.

Bellard C., Bertelsmeier C., Leadley P., Thuiller W., Courchamp F., 2012. Impacts of climate change on the future of biodiversity. *Ecology Letters*, 15, 365-377.

Bertrand R., Lenoir J., Piedallu C., Riofrío-Dillon G., de Ruffray P., Vidal C., Pierrat J.C., Gégout J.C., 2011. Changes in plant community composition lag behind climate warming in lowland forests. *Nature,* 479, 517-520.

Carpenter S.R., Brock W.A., 2006. Rising variance: A leading indicator of ecological transition. *Ecology letters*, 9, 311-318.

Cheaib A., Badeau V., Boe J., Chuine I., Delire C., Dufrêne E., François C., Gritti E.S., Legay M., Pagé C., Thuiller W., Viovy N., Leadley P., 2012. Climate change impacts on tree ranges: model intercomparison facilitates understanding and quantification of uncertainty. *Ecology Letters*, 15, 533-544.

Chen C.I., Hill H.K., Ohlemüller R., Roy D.B., Thomas C.D., 2011. Rapid Range Shifts of Species Associated with High Levels of Climate Warming. *Science*, 333, 1024-1026.

Couvet D., Devictor V., Jiguet F., Julliard R., 2011. Scientific contributions of extensive biodiversity monitoring. *C. R. Biologies*, 334, 370-377.

Devictor V., Julliard R., Couvet D., Jiguet F., 2008. Birds are tracking climate warming, but not fast enough. *Proc. R. Soc. B*, 275, 2743-2748.

Devictor V., van Swaay C. Brereton T., Brotons L., Chamberlain D., Heliölä J., Herrando S., Julliard R., Kuussaari M., Lindström Å., Reif J., Roy D.B., Schweiger O., Settele J., Stefanescu C., Van Strien A., Van Turnhout C., Vermouzek Z., WallisDeVries M., Wynhoff I., Jiguet F., 2012. Differences in the climatic debts of birds and butterflies at a continental scale. *Nature Climate Change*, 2, 121-124.

Firbank L., 2008. Assessing the ecological impacts of bioenergy projects. *BioEnergy Research,* 1, 12-19.

Gregory R.D., Willis S.G., Jiguet F., Voříšek P., Klvaňová A., van Strien, A., Huntley B., Collingham Y.C., Couvet D., Green R.E., 2009. An Indicator of the Impact of Climatic Change on European Bird Populations. *PLoS ONE*, 4 (3), e4678.

Gunderson L.H., Holling C.S., 2002. *Panarchy. Understanding Transformations in Human and Natural Systems*, Island Press, Washington D.C., 507 p.

Hewitt N., Klenk N., Smith A.L., Bazely D.R., Yan N., Wood S., MacLellan J.I., Lipsig-Mumme C., Henriques I., 2011. Taking stock of the assisted migration debate. *Biological Conservation*, 144, 2560-2572.

Huntley B., Huntley B., Collingham Y.C., Green R.E., Hilton G.M., Rahbek C., Willis S.G., 2006. Potential impacts of climatic change upon geographical distributions of birds. *Ibis*, 148, 8-28.

Kurz W.A., Dymond C.C., Stinson G., Rampley G.J., Neilson E.T., Carroll A.L., Ebata T., Safranyik L., 2008. Mountain pine beetle and forest carbon feedback to climate change. *Nature*, 452 (24), 987-990.

Loarie S.R., Duffy P.B., Hamilton H., Asner G.P., Field C.B., Ackerly D.D., 2009. The velocity of climate change. *Nature,* 462, 1052-1055.

Ostfeld R.S., LoGiudice K., 2003. Community disassembly, biodiversity loss, and the erosion of an ecosystem service. *Ecology*, 84, 1421-1427.

Rouhault G., Candau J.N., Lieutier F., Nageleisen L.M., Martina J.C., Warzée N., 2006. Effects of drought and heat on forest insect populations in relation to the 2003 drought in Western Europe. *Annals of Forest Science*, 63, 613-624.

Smith M., Knapp A.K., Collins S.L., 2009. A framework for assessing ecosystem dynamics in response to chronic resource alterations induced by global change. *Ecology*, 90, 3279-3289.

Thomas C.D., Cameron A., Green R.E., Bakkenes M., Beaumont L.J., Collingham Y.C., Erasmus B.F.N., Ferreira de Siqueira M., Grainger A., Hannah L., Hughes L., Huntley B., van Jaarsveld A.S., Midgley G.F., Miles L., Ortega-Huerta M.A., Peterson A.T., Phillips O.L., Williams S.E., 2004. Extinction risk from climate change, *Nature*, 427, 145-148.

Vatn A., 2005. *Institutions and the Environment*, Edward Elgar, Cheltenham.

WGII GIEC, 2007. *Climate Change 2007, Working Group II: Impacts, Adaptation and Vulnerability*, Cambridge University Press.

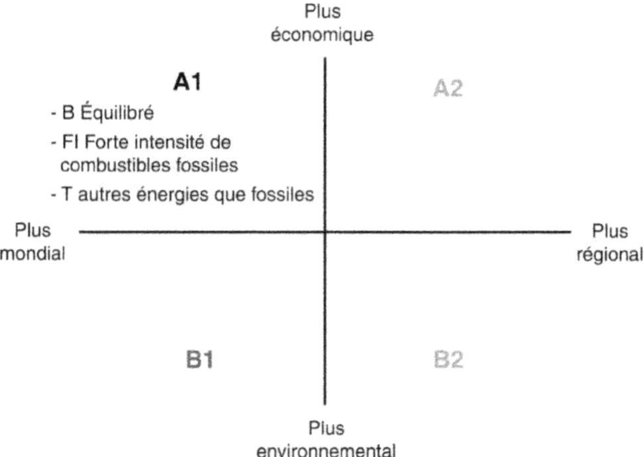

Figure 1.1. Axes de différenciation des familles de scénarios du GIEC. D'après Nakicenovic *et al.*, 2000.

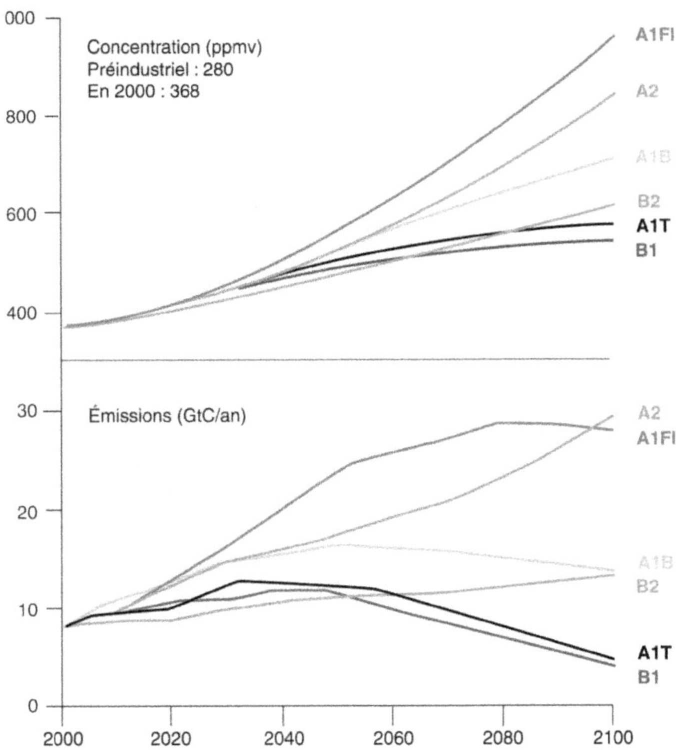

Figure 1.2. Profils d'émissions de CO_2 associés aux scénarios SRES (gigatonnes de carbone par an, GtC) et concentration en CO_2 atmosphérique entre 2000 et 2100 (parties par million, ppm). Les scenarios A1B, A1T et A1FI appartiennent à la même famille A de scénario. D'après Nakicenovic *et al.*, 2000.

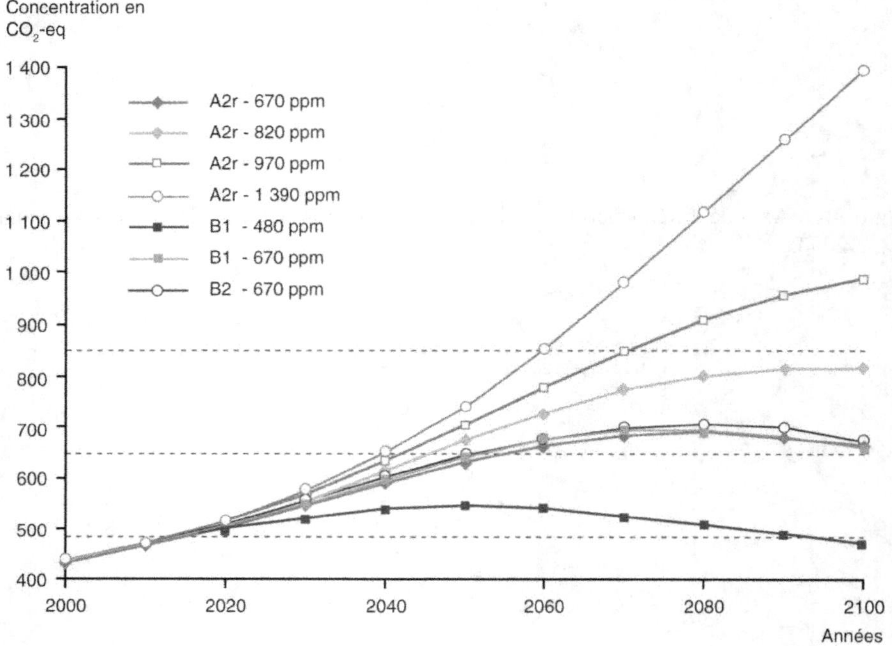

Figure 1.3. Évolution de la concentration atmosphérique en CO_2-équivalents (parties par millions, ppm) pour différents scénarios de stabilisation. Reproduit avec l'autorisation de l'*International Institute for Applied Systems Analysis* (IIASA).

Note : B2-670 ppm correspond à un scénario de la famille B2 des scénarios du SRES, dans lequel la concentration en CO_2-éq. se stabilise à 670 ppm. A2r-1390 ppm ne présente pas encore de stabilisation en 2100.

Les lignes horizontales en pointillés représentent les niveaux de stabilisation en CO_2-éq. des profils d'émissions sur lesquels se propose de travailler le GIEC pour son 5e rapport.

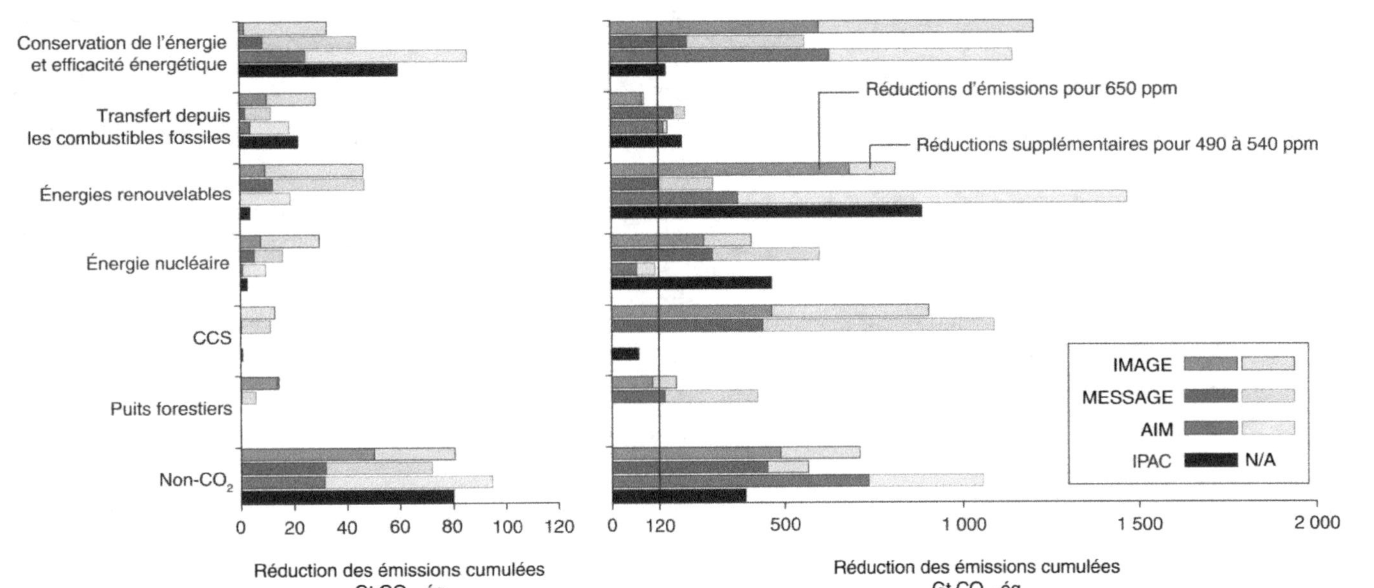

Figure 1.4. Éventail des possibilités d'atténuation pour la stabilisation des concentrations de gaz à effet de serre. Source : GIEC, 2007. Réductions cumulées d'émissions pour des mesures alternatives d'atténuation, 2000-2030 (panneau de gauche) et pour 2000-2100 (panneau de droite). La figure montre les scénarios illustratifs issus de quatre modèles (AIM, IMAGE, IPAC et MESSAGE) visant la stabilisation à des niveaux bas (490 à 540 ppm CO$_2$-éq.) et intermédiaires (650 ppm CO$_2$-éq.) respectivement. Les barres sombres dénotent les réductions dans le cadre d'un objectif à 650 ppm CO$_2$-éq. et les barres rouges les réductions supplémentaires pour atteindre 490 à 540 ppm CO$_2$-éq. Il faut noter que certains modèles ne considèrent pas l'atténuation *via* l'amélioration des puits de carbone forestiers (AIM et IPAC) ou le CSC (AIM) et que la part des alternatives énergétiques peu intensives en carbone dans l'approvisionnement énergétique total est aussi déterminée par l'inclusion de ces alternatives dans la situation de référence. Le CSC comprend la capture et le stockage du carbone issu de la biomasse. Les puits forestiers comprennent la réduction des émissions issue de la déforestation.

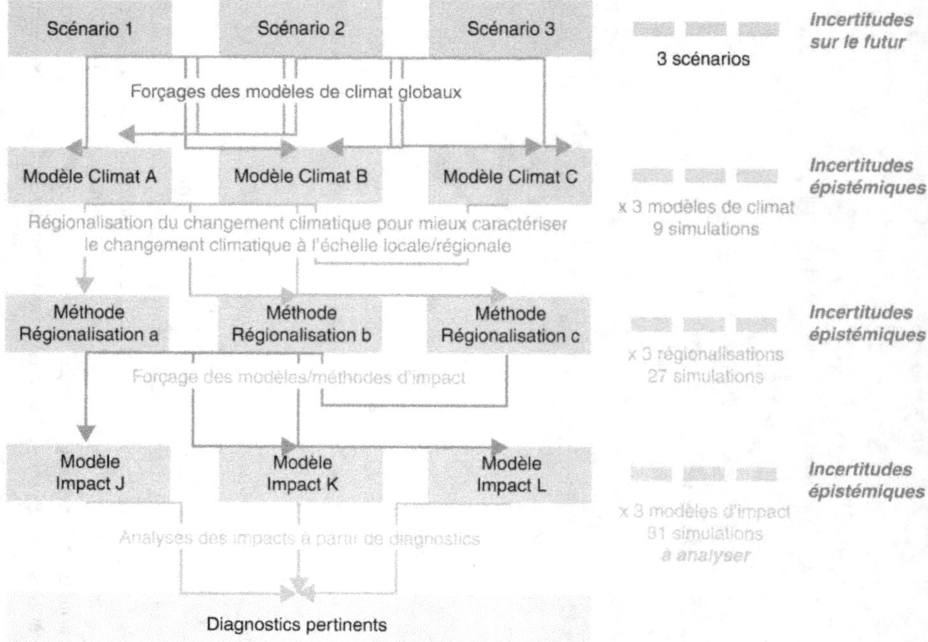

Figure 2.1. Exemple de protocole de simulations pour intégrer l'incertitude sur les scénarios et les incertitudes épistémiques.

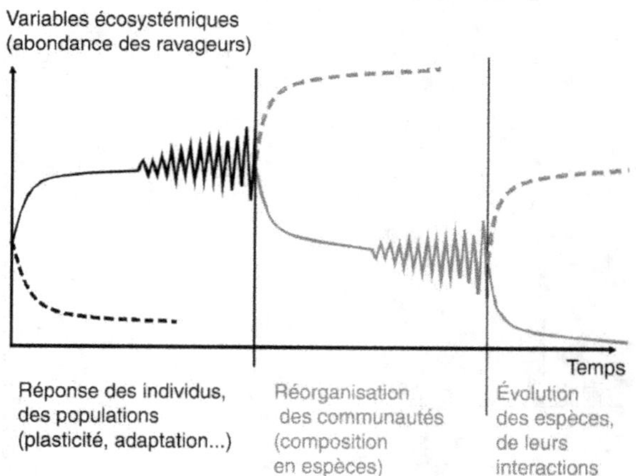

Figure 3.2. Réponse hypothétique de variables écosystémiques (comme l'abondance des ravageurs, le niveau trophique moyen, ou la fréquence des épisodes épidémiques...) au changement climatique. Des basculements successifs, dus à l'implication de niveaux d'organisation d'ordre croissant, illustrent la notion de résilience et l'importance des indicateurs pour anticiper ces basculements (on a représenté l'augmentation attendue de la variance des variables près des points de basculement). En pointillé, d'autres réponses possibles après basculement. D'après Smith *et al.* (2009) et Carpenter et Brock (2006).

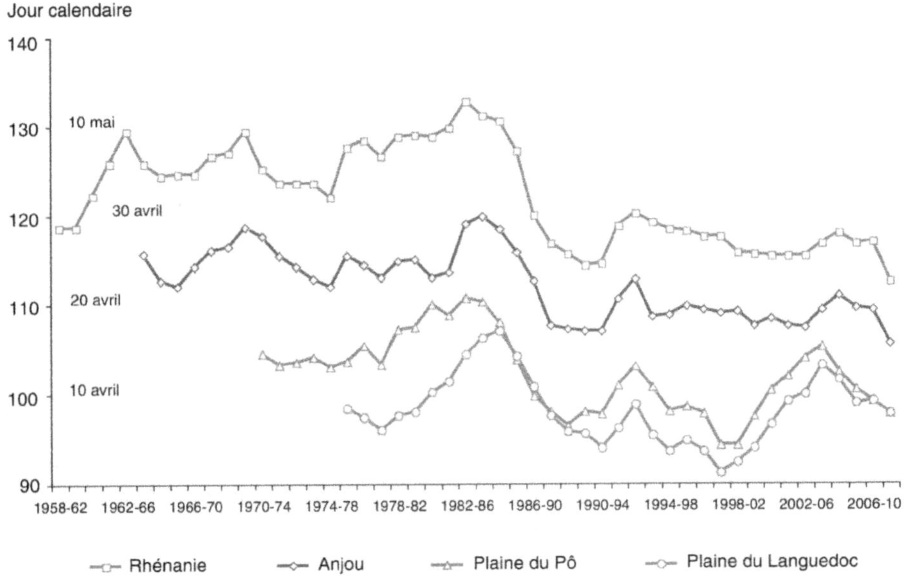

Figure 6.1. Évolution de la moyenne mobile (sur 5 ans) de la date du début de floraison du pommier Golden Delicious dans quatre régions européennes à climats contrastés : la tendance indique des dates plus précoces, notamment en climat continentaux et océaniques (Rhénanie, Anjou) depuis la fin des années 1980, consécutivement aux augmentations de température depuis cette période.

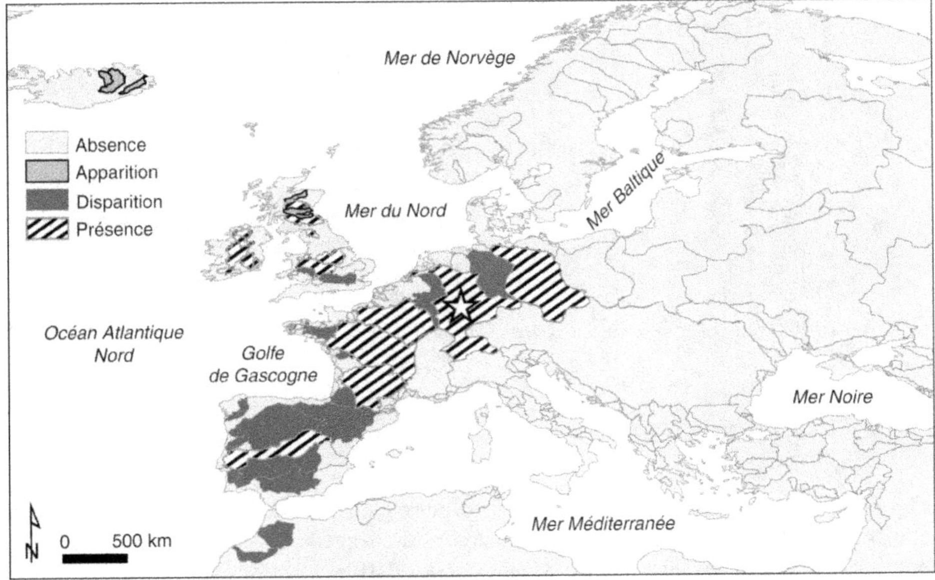

Figure 9.1. Aire de distribution potentielle de la grande Alose (*Alosa alosa*) en 2100. Les projections sont faites à l'aide de modèles biogéographiques dans le cadre du scénario climatique A2. D'après Lassalle *et al.*, 2008.

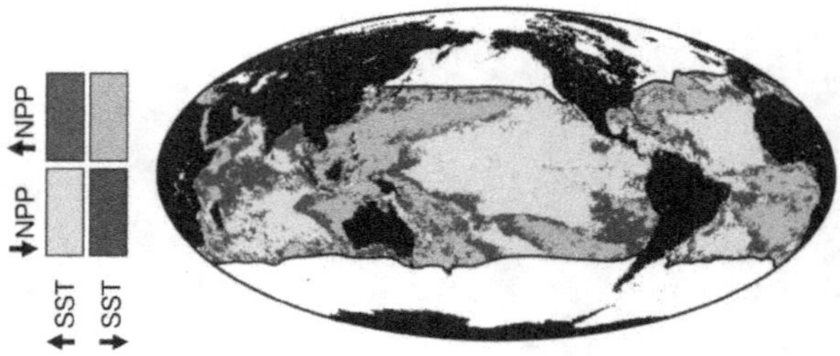

Figure 9.2. Relation inverse entre la production primaire nette (NPP) et la température de l'eau de surface des océans pour 74 % des océans entre 1999 et 2004. En orange : augmentation de la température et diminution de la production primaire, en bleu clair : diminution de la température et augmentation de la production primaire, en noir : diminution de la température et de la production primaire et en rouge foncé : augmentation de la température et de la production primaire. Source : Berhenfeld *et al.*, 2006.

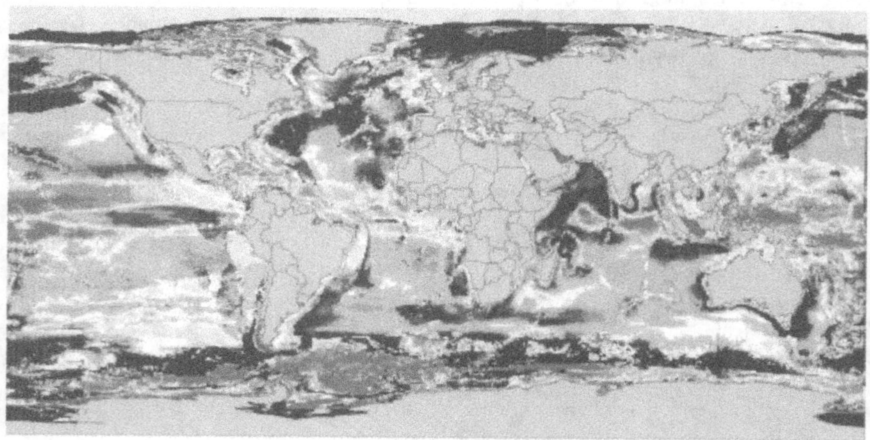

Figure 9.3. Changement dans le potentiel de capture global sous le scénario de changement climatique A1B. Les zones de couleur montrent les changements en 2055 relativement au potentiel de capture de 2005. Source : Cheung *et al.*, 2010.

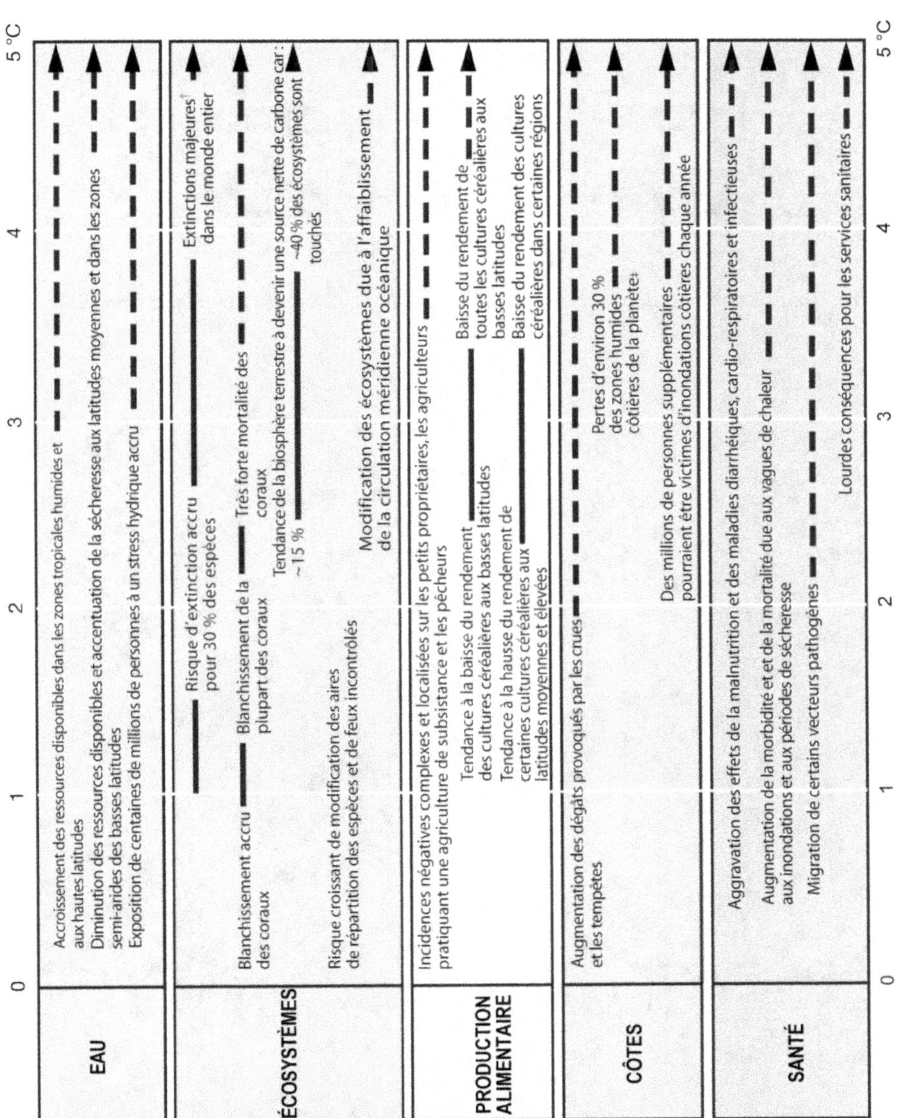

Figure 10.2. Exemples d'impacts associés à l'augmentation globale de la température relative à 1980-1999. Source : GIEC, 2007.

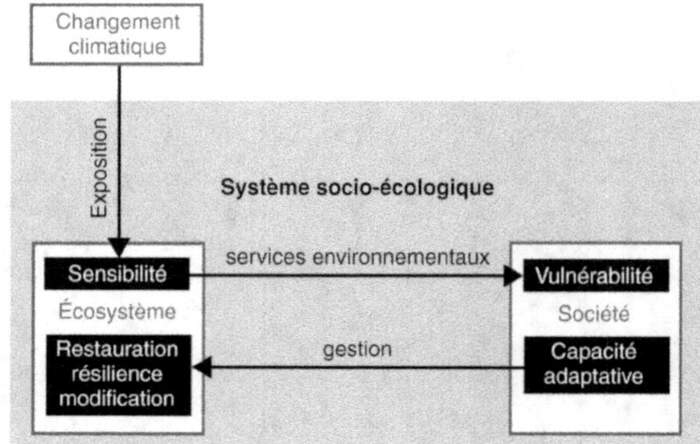

Figure 10.3. Exposition du système socio-écologique aux effets du changement climatique. D'après Locatelli *et al.*, 2008.

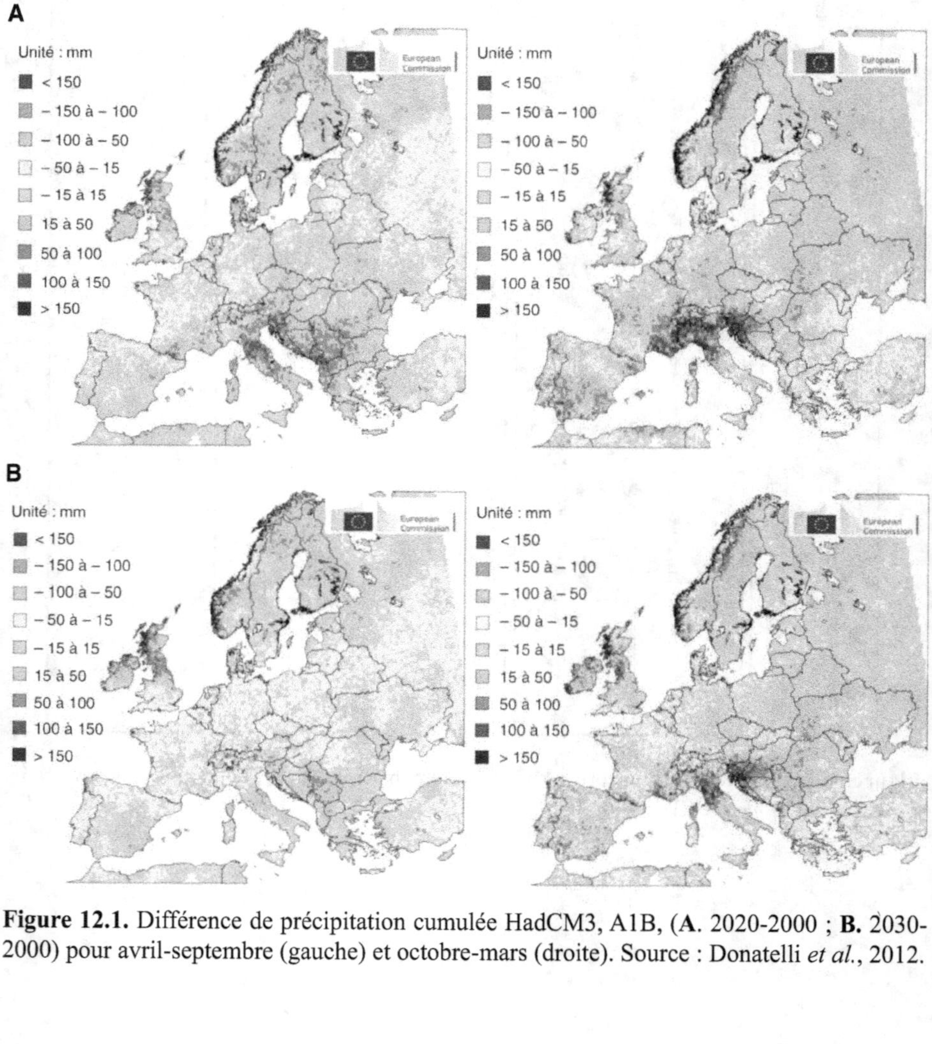

A

B

Figure 12.1. Différence de précipitation cumulée HadCM3, A1B, (**A**. 2020-2000 ; **B**. 2030-2000) pour avril-septembre (gauche) et octobre-mars (droite). Source : Donatelli *et al.*, 2012.

Chapitre 4

Observations, innovations et adaptations au changement climatique

Nourollah AHMADI, Catherine BASTIEN,
Michel TROMMETTER

Les options d'adaptation sont actuellement limitées par les lacunes dans nos connaissances, par un déficit d'innovation, ainsi que par un certain nombre d'obstacles économiques et institutionnels. Ce chapitre est focalisé sur l'adaptation « externe » procurée par les innovateurs, le chapitre 5 abordera l'adaptation des « acteurs ».

La création et la diffusion de l'innovation sont souvent le maillon faible dans le processus qui va de l'identification de systèmes et pratiques agricoles assurant l'adaptation des modes de production actuels, à leur appropriation par les acteurs concernés. Pourquoi un tel décalage ? Le processus d'innovation est complexe, il s'agit de piloter la recherche pour que l'innovation soit la plus efficace économiquement, écologiquement et socialement, tant au niveau de l'adoption que de l'acceptabilité par les divers acteurs.

▸▸ Quelles innovations et quelles observations pour l'adaptation au changement climatique ?

Le développement de systèmes de production plus favorables à l'environnement, ou mieux adaptés, requiert des innovations au croisement des pratiques (agronomie, zootechnie, foresterie) et du matériel génétique. Notons que ces deux approches par les pratiques et par la génétique sont complémentaires. Il nécessite aussi, plus globalement, l'engagement de l'ensemble des acteurs des filières de production et de distribution, en concertation avec les acteurs de la recherche et du développement. On doit penser les trajectoires de l'innovation dans ce contexte plus général, en distinguant les innovations concernant les pratiques et celles concernant le matériel génétique et les intrants.

Au niveau des pratiques

Pour les pratiques agricoles, les trajectoires d'innovation dépendent des interactions entre acteurs des filières (recherche, enseignement, développement, environnement, secteur privé) et praticiens (agriculteurs, éleveurs, forestiers…). Qu'elles soient issues du secteur public ou du secteur privé, de la recherche scientifique ou de la pratique empirique, les innovations doivent pouvoir être observées, capitalisées et analysées. L'objectif sera d'observer les adaptations aux aléas climatiques et à la dérive progressive du climat, afin d'identifier des pratiques innovantes susceptibles de s'intégrer dans des systèmes de production adaptés.

Des observatoires pour comprendre les adaptations en cours

Les observatoires territorialisés de pratiques agricoles[1] développent une réflexion sur l'observation des pratiques à une échelle spatiale adaptée sans qu'il soit fait explicitement état, pour l'instant, de la prise en compte du changement climatique. Ces études s'intègrent au plan international dans l'« Observatoire des agricultures du monde » de la FAO, qui propose de s'appuyer sur des observatoires existants et qui prévoit de leur donner une inflexion en ce qui concerne la prise en compte du changement climatique.

La phénologie des plantes cultivées a été identifiée comme l'un des principaux indicateurs agricoles affectés par le changement climatique. Si l'avancée des dates de vendange, de récolte et de semis en fonction du réchauffement climatique est maintenant assez bien documentée, elle n'a pas toujours été suffisamment reliée à celle de la phénologie végétale. Des protocoles standardisés déployés sur le long terme dans des observatoires multi-sites devraient permettre à l'avenir de mieux relier les observations de phénologie et de pratiques agricoles aux variables climatiques. Pour les cultures annuelles, les observations doivent également documenter dans la durée les systèmes de culture (rotations, assolements, choix variétaux) et les choix variétaux. Pour les cultures pérennes (vigne, arbres fruitiers), les pratiques comme la taille affectant le développement végétatif et reproducteur demandent également à être enregistrées. Ce type d'observations pourrait être systématisé dans des dispositifs expérimentaux gérés par la recherche agronomique, l'enseignement et le développement agricole. On disposerait alors d'enregistrements à l'échelle du territoire national. De manière complémentaire, un réseau participatif d'observation de la phénologie et des pratiques agricoles pourrait être développé afin de permettre aux agriculteurs de contribuer directement par des données rendues anonymes.

L'observation systématique sur une longue durée d'un large ensemble de variables environnementales est réalisée dans les observatoires de recherche en environnement[2]. Ces observatoires portent sur des écosystèmes bien identifiés (forêts, prairies et cultures) et sont organisés à des échelles spatiales complémentaires : parcelle, bassin-versant et petite région agricole (zone atelier). Ils comprennent souvent une instrumentation dédiée permettant d'enregistrer les flux échangés avec l'atmosphère (vapeur d'eau, gaz à effet de serre, pollens, etc.) et avec l'hydrosphère (azote, phosphore, micro-éléments, polluants organiques, etc.), et ils enregistrent les principales variables concernant l'état du milieu (sols, végétation, etc.). Afin d'étudier dans la

---

1. Avec par exemple le projet ANR ADD-2005- COPT.
2. Ces systèmes d'observation et d'expérimentation pour la recherche en environnement (SOERE) sont labellisés et soutenus par l'alliance des organismes de recherche pour l'environnement, AllEnvi, http://www.allenvi.fr/?page_id=412.

durée les effets sur l'environnement des pratiques agricoles et forestières, certains de ces observatoires comparent plusieurs traitements expérimentaux. Enfin, ces observatoires constituent des sites privilégiés d'étude de la biodiversité (diversité microbienne du sol, diversité de la flore, etc.). Ces sites sont particulièrement bien adaptés pour enregistrer les impacts du changement climatique sur l'environnement et sur les pratiques agricoles, en documentant les modifications de structure, de dynamique et de fonctionnement des écosystèmes. Toutefois, ces dispositifs d'étude intensive sont ponctuels et ils ne fournissent donc pas de généralisation à l'échelle du territoire national.

Favoriser les échanges entre observatoires pour mieux piloter les innovations

Face à ces diverses initiatives, on peut s'interroger sur la manière d'appréhender les questions sur la cohérence et l'homogénéité des données enregistrées (pratiques, indicateurs de changement climatique, indicateurs de performances environnementales, économiques, sociales), avec par exemple un important besoin en informations géo-référencées. Dans ce cadre, il faut :
– une interopérabilité des bases de données existantes et un affinement des critères ;
– une co-construction des observatoires et de leur suivi par l'ensemble des acteurs (cela n'étant pas toujours le cas aujourd'hui). Prendre en compte la diversité des modes d'organisations collectifs et des niveaux de prise de décision en matière de changements de pratiques nécessite ce type de co-construction ;
– une garantie sur le suivi à long terme de ces observatoires, afin de disposer des informations permettant d'isoler l'effet du changement climatique dans l'évolution des pratiques ;
– les observatoires et les bases de données associées sont dispersés et parfois incomplets. Il est alors difficile de mettre en œuvre des approches multi-sites d'études des interactions génotype-environnement, faute de protocoles communs, et donc d'évaluer précisément la capacité d'adaptation de certaines espèces (ou variétés) aux nouvelles conditions climatiques.

La mobilisation de ces données sera fonction des priorités de recherche. Ainsi, si l'on s'intéresse à la construction de scénarios d'adaptation des pratiques, il s'agira de modéliser l'adaptation au changement climatique à partir des données disponibles en concevant notamment des situations de rupture. Il sera également indispensable d'avoir des données économiques et sociales afin de disposer d'indicateurs des coûts et bénéfices de l'adaptation (par exemple, par la prise en compte des coûts de l'inaction). Toutefois, les modèles bioéconomiques et biotechniques ne sont pas encore suffisamment développés pour rendre compte de la complexité de l'adaptation. Une approche participative combinant des outils d'aide à la décision, des bases de données et des ateliers avec des praticiens pourrait permettre de surmonter ces obstacles.

Intégrer les services des écosystèmes

Des outils permettant des ajustements réguliers des pratiques devront être développés pour prendre en compte l'augmentation de la fréquence d'aléas climatiques et les flexibilités dans la mise en œuvre de pratiques dites « standards ». Par exemple, l'utilisation des intrants (pesticides, engrais) devra être ajustée aux potentialités offertes par l'évolution des conditions climatiques des milieux concernés.

L'adaptation au changement climatique peut également être conçue en fonction d'une perspective plus large : celle des services rendus par les écosystèmes, services qui dépendent eux-mêmes de la gestion par l'homme de ces écosystèmes. Ces services (de fourniture, de régulation, de support, etc.) dépendent à la fois de l'état des ressources naturelles (sols, eau, végétation) et de la biodiversité (diversité intra et inter-spécifique, diversité au sein des paysages…). L'adaptation au changement climatique nécessitera de préserver et de mobiliser ces services écosystémiques dans les systèmes de production agricole (Expertise scientifique collective Inra, 2009). Cela concerne notamment la gestion des sols (cycle du carbone, maintien de la fertilité, rétention de l'eau) et de l'eau, en particulier des conditions d'accès à l'eau. La question de la gestion de l'eau est fondamentale et le sera d'autant plus à l'avenir dans le cadre d'enjeux transnationaux.

Au niveau génétique

Il est nécessaire de quantifier les possibilités d'adaptation au changement climatique qu'offre la diversité génétique disponible au sein des espèces végétales et animales. Les stratégies de sélection conduisant à des innovations génétiques doivent être réfléchies en prenant en compte les systèmes de production qui valoriseront ces innovations. Il est également important de bien identifier l'ensemble des modifications environnementales biotiques et abiotiques résultant du changement climatique et qui affectent la dynamique et la conservation des ressources génétiques.

Étudier la place des innovations génétiques

La diversité génétique disponible au sein des espèces animales et végétales détermine leur capacité d'adaptation aux effets directs (adaptation locale, pression parasitaire) et indirects (évolution des pratiques agricoles, changements d'usages et de valeurs des produits) du changement climatique. De nombreux exemples chez les plantes et les animaux montrent que la valorisation par l'homme de cette diversité inter et intra-spécifique a conduit par le passé à une sélection efficace de différentes catégories de caractères (adaptatifs, morphologiques, physiologiques, comportementaux) dans différentes directions. L'innovation génétique, intégrant conservation et valorisation des ressources génétiques, a donc toute sa place dans la définition de stratégies d'adaptation future au changement climatique. Les limites des innovations génétiques viennent souvent plus d'une mauvaise utilisation de la diversité génétique que d'un manque de diversité ou d'une limite physiologique.

L'innovation génétique peut inclure des innovations de rupture, telles que le changement d'espèces dans certains milieux, la migration assistée d'écotypes dans d'autres, ou la valorisation de mécanismes de création de variabilité (mutation génétique, épigénétique*), y compris l'ingénierie génétique.

La caractérisation des ressources génétiques, engagée ces dernières décennies à l'échelle nationale (BRG[3]) et internationale, se poursuit en complétant les inventaires de diversité intra-spécifique par une description des adaptations locales définies à l'échelle écosystémique. Cette approche constitue une première ébauche d'une conception dynamique de gestion durable des ressources génétiques dans un contexte de changement climatique.

Les stratégies de valorisation de la diversité génétique utilisant sélection et recombinaison ont longtemps été définies pour des environnements donnés (environnements cibles ou aires de différentiation) et des systèmes de production contrôlés. À l'avenir, elles doivent intégrer davantage les changements climatiques possibles et l'incertitude sur la nature et l'amplitude de ces changements. La vitesse prédite pour ces changements étant particulièrement élevée, il devient aussi impératif d'améliorer l'efficacité par unité de temps des opérations de sélection et accélérer la mise à disposition des innovations variétales. Les experts de différentes disciplines (pathologie, écophysiologie, chimiométrie) s'attachent d'ores et déjà à introduire de nouveaux critères de sélection pour l'adaptation aux changements à venir. L'évaluation fine de ces critères devient possible à grande échelle grâce à la mise au point d'outils de phénotypage précis et à haut-débit.

Définir de nouveaux objectifs de sélection

En amélioration des plantes la mobilisation de la diversité génétique pour les besoins exprimés par l'agriculture passe traditionnellement par la définition d'idéotypes. Cette approche de la création variétale, définie initialement par Donald (1968) vise à identifier les caractéristiques élémentaires d'un phénotype idéal présentant une production qualitativement et quantitativement optimale dans un environnement donné (milieu, pratiques). En sélection animale et pour les arbres forestiers, les objectifs et les critères de sélection sont progressivement actualisés pour tenir compte des contraintes nouvelles afin de faire évoluer les populations en sélection, sans qu'il soit fait référence à un idéotype particulier. Dans les deux cas, on assiste à la mise en œuvre croissante de méthodes de sélection multicritères avec une meilleure exploitation des ressources génétiques disponibles (Doussinault, 1995 ; Mallard, 1992), devant aboutir à une meilleure réponse aux stress abiotiques (températures élevées, sècheresse, conditions d'élevage) et biotiques (attaques parasitaires) des systèmes de production actuels.

De nombreux programmes de recherche nationaux et internationaux ont été lancés dans le but de réorienter les objectifs de sélection vers des enjeux liés aux impacts directs et indirects du changement climatique sur les systèmes de production. D'importants efforts d'évaluation de la diversité génétique disponible pour les caractères supposés d'adaptation sont en cours, aussi bien dans les populations de sélection que dans les collections de ressources génétiques. Toutefois, la prise en compte de l'incertitude sur l'évolution du climat et sa variabilité complexifie la définition d'idéotypes et la pondération relative des nouveaux critères dans les processus de sélection. Les difficultés logistiques et temporelles que pose l'évaluation en conditions

---

3. Bureau des ressources génétiques.

expérimentales *in situ* de toutes les nouvelles combinaisons de caractères, ont conduit au développement rapide des méthodes d'évaluation *ex ante* de nouveaux idéotypes végétaux en faisant appel à la modélisation et la simulation (Tardieu, 2003 ; Hammer *et al.*, 2010). Ces modèles s'attachent à prédire la valeur des phénotypes en intégrant simultanément les effets environnementaux (E), génétiques (G) et des pratiques (M), de façon dynamique au cours du développement de la plante et pour des niveaux d'organisation allant du réseau de gènes, à l'organe, la plante entière ou la parcelle. Les développements méthodologiques à poursuivre permettront de mieux intégrer les connaissances pluridisciplinaires et de rendre compte d'une réalité biologique complexe pour l'élaboration de systèmes de production innovants combinant innovation variétale et de pratiques.

Analyser la plasticité phénotypique dans l'adaptation locale

Actuellement, le mode d'évaluation des innovations génétiques privilégie la performance moyenne sur une large gamme de milieux. Dans le contexte du changement climatique, la prise en compte d'un comportement moyen n'est plus suffisante et doit intégrer l'évaluation de la plasticité phénotypique du génotype ou du groupe de génotypes constituant l'innovation variétale. Définie comme la capacité à produire, pour un caractère donné, différents phénotypes en fonction de l'environnement combinant milieu et pratiques, la plasticité phénotypique est la seule réponse possible au cours d'un cycle donné de culture. Chez l'animal, l'adaptation comportementale constitue une autre forme de réponse au cours d'un cycle de production (Scheiner, 1993). Plus généralement, en sélection animale, l'objectif poursuivi est d'améliorer la robustesse des animaux, c'est-à-dire d'obtenir des animaux capables de maintenir leur performance dans un milieu sub-optimal et de récupérer rapidement en cas de stress, comme l'a exposé Knap (2005) dans le cas du porc.

En pratique, la plasticité phénotypique des plantes est caractérisée de façon partielle à l'aide de normes de réaction mesurées sur quelques traits d'intérêts et pour un nombre limité de descripteurs environnementaux (température, disponibilité en eau, pression parasitaire). Bien que généticiens, agronomes et physiologistes reconnaissent tous l'importance à accorder à l'analyse des normes de réaction, il n'existe encore que peu de prédictions sur un nombre important d'environnements, caractérisés par des descripteurs pertinents ou incluant des conditions complètement nouvelles pour les organismes étudiés. Une meilleure interaction avec des experts des milieux (incluant les pratiques) et des climats ainsi qu'une intégration multi-caractère des normes de réaction devraient permettre l'identification de niveaux de rupture pour les espèces dans la gamme d'environnements explorés (Soussana *et al.*, 2010). La confrontation de cartes d'évolution des milieux et des normes de réaction obtenues par espèce végétale pourrait conduire à adopter différentes stratégies de création et déploiement des innovations génétiques : valoriser l'adaptation locale et élargissement du portefeuille d'innovations, accompagner la migration de types variétaux, profiter des ressources génétiques disponibles pour réorienter les efforts de sélection, anticiper et optimiser les remplacements d'espèces. Quant à faire porter la sélection directement sur la plasticité phénotypique, il faut avant tout progresser sur l'identification de ses bases génétiques (dominance, pléiotropie*, épistasie) et non génétiques (épigénétique*).

Renouveler la réflexion sur la conservation dynamique

Lorsque l'on s'intéresse à la gestion des ressources génétiques dans un contexte de changement climatique, il convient de s'interroger sur la pertinence de seuls conservatoires statiques tels que les banques de graines pour les végétaux et les banques de sperme pour les animaux. Une conservation dynamique des ressources génétiques se fonde souvent sur des réseaux de populations, ou métapopulations, qui permettent un meilleur maintien de la diversité globale, grâce à l'action de la dérive génétique et de pressions de sélection locales. Elle est mise en œuvre pour les espèces peu domestiquées telles que les espèces prairiales et les arbres forestiers (CRGF, 2008). Pour les espèces cultivées, la conservation dynamique a été, pendant des millénaires, le fait des agriculteurs qui utilisaient leurs propres semences, ou celles de leurs voisins. Celles-ci évoluaient ainsi en permanence. C'est toujours le cas en sélection animale, où les populations en cours de sélection et utilisées en élevage alimentent la cryobanque nationale, afin de garantir la complémentarité entre conservation *in situ* et *ex situ*. Mais chez les plantes, cette conservation *on-farm* ou participative a quasiment disparu aujourd'hui dans les agricultures entrepreneuriales qui utilisent des semences commerciales. Cependant, elle perdure et est favorisée dans des régions du monde où les agriculteurs disposent encore d'une grande diversité génétique des espèces animales et végétales (Hoffmann, 2010). Il est possible de recréer des situations analogues en soumettant des populations composites rassemblant une large diversité à des pressions de sélection diversifiées dans des milieux naturels contrastés. Les expérimentations conduites sur *Arabidopsis thaliana* et le blé tendre pendant plus de dix générations montrent que, malgré les fortes pressions de sélection observées sur la précocité de floraison, la diversité de départ est globalement maintenue (Le Corre *et al.*, 2006).

Innover dans les démarches de sélection

Pour relever le défi d'adaptation des ressources génétiques au changement climatique avec maintien de la productivité actuelle, les stratégies d'amélioration génétique doivent faire preuve de flexibilité et d'une plus grande efficacité à court comme à long terme. Pour intégrer rapidement et de façon efficace de nouvelles cibles de sélection telles que la tolérance aux contraintes biotiques et abiotiques, il convient en premier lieu de poursuivre l'identification des facteurs génétiques sous-jacents à l'hérédité de ces caractères complexes. L'intégration des connaissances, depuis l'analyse fonctionnelle des caractères adaptatifs à différentes échelles, en passant par l'analyse du polymorphisme d'un grand nombre de gènes candidats voire de génomes entiers et jusqu'à l'observation des phénotypes dans des conditions environnementales choisies permettra d'accélérer l'identification de caractères et de gènes pertinents et augmentera la précision de la sélection. L'efficacité des stratégies d'amélioration dépendra des capacités de génotypage* mais surtout de phénotypage* à haut-débit (nombre de génotypes élevé mais surtout nombre de milieux élevé) (Montes *et al.*, 2007). D'importants progrès méthodologiques restent à faire sur la prise en compte de la variabilité des performances ou la plasticité phénotypique des différentes cibles dans la phase même de sélection. La sélection assistée par marqueurs et d'autres biotechnologies telles que l'haplodiploïdisation* ou l'embryogenèse somatique peuvent permettre une réduction significative des cycles de sélection, et une diffusion plus rapide du progrès génétique. En termes d'organisation de la sélection, l'amélioration génétique basée sur la sélection participative ouvre aussi une voie nouvelle permettant d'élaborer conjointement et localement des innovations variétales et des systèmes de production écologiquement durables, socialement acceptables et économiquement viables.

L'utilisation raisonnée des ressources génétiques ne se limite pas à la création de nouvelles variétés aux caractéristiques bien définies mais s'attache aussi à optimiser l'agencement spatio-temporel des variétés pour augmenter la résilience des systèmes agraires face aux effets du changement climatique qu'ils soient prévisibles (stress hydriques, élévation des températures...) ou moins prévisibles (cycles d'attaques parasitaires). Deux stratégies complémentaires méritent d'être explorées : augmenter le nombre d'espèces dans un système agricole par les cultures en association et par des assolements plus complexes, et maintenir une certaine diversité génétique intra-spécifique au sein d'une même parcelle de production, en préconisant l'usage de mélanges variétaux ou de variétés à large base génétique.

Les évolutions à venir vont conduire à une augmentation de la diversité des situations écologiques, agronomiques ou socio-économiques. Si l'on peut penser que, grâce aux progrès des connaissances, il sera possible de construire des variétés polyvalentes et durables, il est fort probable que, dans un premier temps, la contribution de l'innovation génétique à l'adaptation au changement climatique passe par l'élaboration d'une multitude de génotypes avec une adaptation locale et une faible durée de vie.

Construire un cadre pour le nécessaire débat sur les choix sociétaux vis-à-vis des plantes génétiquement modifiées

Au cours de la dernière décennie, de nombreux gènes et réseaux de gènes impliqués dans la perception, transduction de signaux et réponse des plantes aux *stimuli* environnementaux (notamment températures ambiantes et humidité du sol) ont été élucidés. Cette compréhension des bases moléculaires de l'adaptation des plantes aux contraintes environnementales ouvre la voie à la modification, par ingénierie génétique, de l'expression des gènes clefs permettant une meilleure adaptation des plantes aux changements climatiques. Les méthodes d'ingénierie génétique ont elles aussi fait des progrès importants. Il sera possible, très prochainement, de modifier de manière entièrement contrôlée la séquence de gènes cibles.

La transformation de ces avancées scientifiques et techniques en innovation variétale en vue d'une meilleure adaptation aux stress liés au changement climatique passe par une analyse approfondie des conséquences sociales et environnementales de leur utilisation si l'on veut identifier les leviers d'action conduisant à leur acceptation sociale. Pour de multiples raisons, il est aujourd'hui très difficile, voire impossible, au niveau national, de mener une discussion constructive sur les choix à faire vis-à-vis des plantes génétiquement modifiées, et même sur les recherches à mener dans ce domaine. Il est donc important qu'avec l'aide des spécialistes en sciences sociales soit développé le cadre nécessaire au débat. Il convient de travailler, en particulier, sur les méthodes de concertation pour que les différents points de vue puissent être présentés et pris en compte après instruction et pour anticiper les choix possibles et l'ensemble de leurs conséquences.

▸▸ Encourager la création
et la diffusion des innovations d'adaptation

La création d'incitation et la diffusion des innovations reposent par définition sur deux éléments qui sont non mutuellement exclusifs bien au contraire :
– inciter les innovateurs à prendre en compte le changement climatique, il s'agit à ce stade de susciter des innovations dans cet objectif tant au niveau des intrants que des pratiques,
– inciter les agriculteurs à adopter ces innovations.

Les innovateurs comme les agriculteurs doivent donc y trouver leur intérêt. Ces incitations peuvent passer par des régulations publiques mais pas uniquement. Souvent elles nécessiteront de prendre en compte les interactions tant avec d'autres acteurs qu'avec d'autres caractéristiques (telle que la disponibilité de la ressource en eau).

Favoriser l'innovation : inciter et réguler

La mise en œuvre de politiques de gestion de ressources peut modifier les zones de production agricole. Par exemple, en Australie, les limitations d'usages imposées dans les politiques de gestion de l'eau, et plus particulièrement pour l'irrigation, ont eu pour conséquence l'arrêt de la production agricole à plusieurs endroits (Howden *et al.*, 2008). Sur cet exemple, il s'agirait d'analyser les effets conjoints entre un changement climatique et d'autres caractéristiques (augmentation de la salinité des sols) et ses conséquences sur le système agricole et sur les innovations à mettre en œuvre, les innovations de pratiques étant pour l'instant dominantes et les innovations génétiques plus marginales.

Des travaux plus récents portent sur la prise en compte du coût de l'inaction pour justifier la mise en œuvre d'activités de recherche aujourd'hui (rapports Sterne, 2007 ; Sukhdev, 2009, et Chevassus *et al.*, 2009). Ces travaux essayent d'évaluer les coûts de l'inaction selon les divers scénarios d'évolution du changement climatique. Ils montrent l'intérêt d'agir le plus rapidement possible. Même s'ils ne sont pas exclusivement liés à l'agriculture, ces travaux présentent un apport méthodologique certain par rapport aux enjeux en termes de :
– politique de propriété intellectuelle (COV, brevet, *sui generis*…) et ses conséquences sur la diffusion et le transfert de technologies,
– politique fiscale et politique d'innovation ; politique de crédit d'impôt recherche ; fiscalité environnementale et modification des assiettes. Par exemple, la Suède veut taxer les émissions de gaz à effet de serre des exploitations agricoles (élargir l'assiette), quelles conséquences pour la production agricole et pour la capacité d'adaptation des exploitations agricoles ?

Les mécanismes d'incitation à l'innovation et à sa diffusion reposent sur des critères associés à de nouveaux modes d'organisation de la recherche (public, privé, collectifs, en partenariat…) et/ou à la mise en œuvre de droits de propriété intellectuelle et de certification (différentiation des produits). La question des partenariats publics/ privés et du financement de la recherche est importante au niveau méthodologique, mais à nouveau non liée spécifiquement au changement climatique : partage de risques ; financement de la recherche ; acquisition de connaissances et innovation ; prise en compte de l'ensemble des acteurs de la filière. Même si le changement climatique n'est pas l'élément moteur de ces travaux (Trommetter, 2009, 2010), l'approche méthodologique paraît extrapolable, tant pour les pays développés que ceux en développement (PVD).

De nouvelles approches de l'innovation ont vu le jour il y a une dizaine d'années dans les PVD, comme la sélection participative. Aujourd'hui, ce modèle tend à se diffuser dans les pays industrialisés. Il s'agit de co-construire de nouvelles variétés végétales associées à des changements de pratiques qui sont pour partie déterminés par le changement climatique. S'agissant de la sélection de variétés locales (*landrace*) la problématique est de définir des droits de propriété qui permettent d'identifier à qui appartient la nouvelle variété, quelles sont les conditions d'utilisation par les agriculteurs et quelles sont les conditions de diffusion à d'autres agriculteurs (partage des avantages) ? Selon les options retenues, les risques de conflits seront plus ou moins importants tant au niveau national qu'international et seront associés à des questions sur la définition de droits de propriété, particulièrement sur les enjeux en termes de droit d'accès et d'usages.

Organiser la recherche pour favoriser l'innovation : quelles pistes ?

Dans les recherches présentées, on a pu identifier un certain nombre de limites à corriger dans les années à venir :
– les incertitudes sur les modèles climatiques qui ne favorisent pas les innovations visant à répondre aux ruptures,
– le degré de confiance dans la fiabilité des simulations des modèles qui peut conduire à hiérarchiser les recherches en faveur des ajustements à des changements incrémentaux plutôt qu'à des ruptures.

Il s'agit de prendre en compte le fait qu'il peut exister des différences entre le temps du changement et le temps d'adaptation ou de réponse en cas de rupture. La vitesse d'innovation en génétique végétale et animale a sans doute été considérée (peut-être à tort) comme plus rapide que celle du changement climatique, puisque nous avons identifié peu de recherches sur des innovations pour faire face aux ruptures et plus particulièrement sur l'exploitation de nouvelles espèces.

D'autres limites sont déjà en cours d'analyse mais nécessitent d'être vigilants. Il s'agit particulièrement des travaux sur le manque de coordination des politiques publiques, pour limiter les effets pervers associés à des politiques agricoles ou des politiques de gestion de l'eau. Ces effets pervers peuvent se situer à plusieurs niveaux : au sein même d'une politique publique comme la PAC, où des éléments relevant du premier pilier peuvent se révéler contradictoires avec des éléments du second pilier, au niveau de la cohérence entre diverses politiques sectorielles telles que celles concernant la gestion de l'eau, l'agriculture et l'aménagement du territoire.

Il faudra également considérer les enjeux autour de la coordination des acteurs dans leurs interactions par rapport au changement climatique et à la production agricole. Par exemple, il est nécessaire de distinguer production et revenu de l'exploitant agricole. La réalisation et la diffusion des innovations doivent satisfaire ce double objectif.

Pour construire des politiques d'incitation à la recherche et à l'innovation, il faut penser une propriété intellectuelle qui continue à remplir son rôle de protection des variétés végétales tout en garantissant un accès facilité à la diversité génétique qui les compose. Aujourd'hui, cette vision de la propriété intellectuelle incarnée par le certificat d'obtention végétale est menacée par le brevet qui ne garantit pas l'accès à la diversité génétique (Trommetter, 2010). Cela rejoint les questions d'accès et de partage des avantages associés aux innovations et les facilités de transfert de technologies tant dans les pays du Nord — principalement vers les PME et les TPE — que vers les pays du Sud. Cela signifie que la mise en œuvre de recherches sur les liens entre agriculture et changement climatique dépasse le simple raisonnement au sein de l'exploitation agricole voire de la parcelle. Il nécessite plus de collaborations entre chercheurs tant des sciences dures que des sciences sociales en tandem avec les politiques et les industriels du secteur tant en amont qu'en aval de la filière. L'échelle à laquelle se prendront les décisions sera particulièrement importante par rapport à leurs conséquences futures.

Une réflexion doit alors être menée sur les modes d'organisation qui permettent de prendre en compte un climat qui peut fluctuer. Il s'agit, par exemple, d'étudier les contraintes et avantages d'une agriculture basée sur des productions contractualisées (légumes, céréales…) et le passage d'une économie de bien à une économie de service reposant sur une meilleure gestion environnementale des intrants (pesticides et engrais). Il existe plusieurs options pour rendre ce système plus efficace :
– coûts de transaction d'un suivi fin entre pratiques et services par rapport à des objectifs en termes de production agricole ou de pertes associées à des pathogènes,
– simple reprise des stocks non utilisés à la fin de la saison,
– évolution du rôle et du métier des prescripteurs.

Enfin, des recherches aux interfaces entre sciences économiques et sociales et sciences biotechniques pourraient porter sur les développements de méthodologies de communication, d'information et de formation qui sont nécessaires pour répondre à ces enjeux.

▶▶ Conclusion

La question de l'innovation est essentielle pour analyser la capacité d'adaptation de l'agriculture et de la société à s'adapter — répondre — au changement climatique. Pour avoir le maximum d'options de réponse, nous avons vu que les innovations nécessitent des observations et qu'elles doivent se situer à trois niveaux : innovations de pratiques ; innovation d'intrants dont génétiques ; innovations institutionnelles dont les politiques de propriété intellectuelle et d'autorisation de mise sur le marché. Ces diverses approches de l'innovation ne sont pas mutuellement exclusives, chacune doit avoir pour objectif de renforcer les autres.

L'enjeu pour les innovations est également un enjeu d'échelle et plus particulièrement de la construction de modèles de négociation au niveau territorial (parfois à un niveau transnational). Il s'agit de construire des modèles de co-gestion adaptative afin de construire un langage de médiation et de négociation commun. Ainsi, pour l'agriculture dans son interdépendance et sa coévolution avec le changement climatique, l'enjeu est de maintenir un potentiel écologique et génétique suffisant pour ouvrir une gamme d'options de réponses et d'adaptations au changement climatique. Or cette gamme dépend de la prise en compte des interactions d'usage au niveau territorial et au-delà, des conditions de changement d'habitudes de consommation qui sont susceptibles de modifier les dynamiques économiques et les échanges internationaux. L'adaptation pourrait ainsi nécessiter d'agir localement tout en pensant globalement.

Ce texte s'inspire largement des travaux de l'ARP ADAGE auquel ont contribué les personnes suivantes, que nous tenons à remercier : Marc Benoît (Inra), Lydia Bousset (Inra), Alain Charcosset (Inra), Gilles Charmet (Inra), Jean-Yves Jamin (Cirad).

▸▸ Références bibliographiques

Chevassus B., Salles J.M., Pujol J.L., 2009. Approche économique de la biodiversité et des services écosystémiques, Série Rapports et Documents, Conseil d'Analyse Stratégique, Paris, France.

CRGF, DGFAR-MAP, 2008. Préserver et utiliser la diversité des ressources génétiques forestières pour renforcer la capacité d'adaptation des forêts au changement climatique. 4 p.

Donald C.M., 1968. The breeding of crop ideotypes. *Euphytica*, 17, 361-403.

Doussinault G., 1995. *Cent ans de selection du blé en France et en Belgique. Quel avenir pour l'amélioration des plantes*, Ed. AUPELF-UREF, John Libbey Eurotext, Paris, 3-8.

Expertise scientifique collective Inra, 2009. *Agriculture et biodiversité : valoriser les synergies*, éditions Quae, Paris France, 184 pages.

FAO, 2010. "Climate-Smart" Agriculture Policies, Practices and Financing for Food Security, Adaptation and Mitigation, Rome, FAO.

Hammer G.L., van Oosterom E., McLean G., Chapman S.C., Broad I., Harland P., Muchow R.C., 2010. Adapting APSIM to model the physiology and genetics of complex adaptive traits in field crops. *Journal of Experimental Botany*, 61 (8), 2185-2202.

Hoffmann I., 2010. Climate change and the characterization, breeding and conservation of animal genetic resources. *Animal Genetics*, 41 (1), 32-46.

Howden S.M., Crimp S.J., Stokes C.J., 2008. Climate change and Australian livestock systems: impacts, research and policy issues. *Australian Journal of Experimental Agriculture*, 48 (6-7), 780-788.

Knap P.W., 2005. Breeding robust pigs. *Australian Journal of Experimental Agriculture*, 45, 763-773.

Le Corre V., Boisson P., Bonnin I., Brunel D., Camilleri C., Goldringer I., Héraudet V., Lavigne C., Madur D., Reboud X., Rhoné B., 2006. Bases génétiques de l'évolution adaptative de populations végétales en gestion dynamique : données expérimentales et modélisation. *Les Actes du BRG*, 6, 303-316.

Mallard J., 1992. L'évaluation des reproducteurs: les index multicaractères. *Inra Productions animales*, hors série, 213-217.

Montes J.M., Melchinger A.E., Reif J.C., 2007. Novel throughput phenotyping platforms in plant genetic studies. *Trends in Plant Science*, 12, 433-436.

Scheiner S.M., 1993. Genetics and evolution of phenotypic plasticity. *Annual Review of Ecology and Systematics*, 24, 35-68.

Soussana J.F., Graux A.I., Tubiello F.N., 2010. Improving the use of modelling for projections of climate change impacts on crops and pastures. *Journal of Experimental Botany*, 61 (8), 2217-2228.

Soussana J.F., 2012. Changement climatique et sécurité alimentaire : un test crucial pour l'humanité ? *In : Regards sur la Terre* (Pachauri R.K., Tubiana L., Jacquet P., eds.), Armand Colin, Paris, pp. 233-242.

Stern N., 2007. *Report on the economics of climate change*, British Government ed., http://cms.unige.ch/isdd/IMG/pdf/la_Stern_review.pdf.

Sukhdev P., 2009. The Economics of ecosystems & biodiversity, for National and International Policy makers, summary: Responding to the value of Nature, 43 pages, http://www.teebweb.org/LinkClick.aspx?fileticket=I4Y2nqqIiCg%3d&tabid=1278&language=en-US.

Tardieu F., 2003. Virtual plants: modelling as a tool for the genomics of tolerance to water deficit. *Trends in Plant Science*, 8, 9-14.

Trommetter M., 2009. Intellectual property right, International treaty on plant genetic resources for food and agriculture and the stakes for food and nutrition security, Contribution auprès du United Nation Special Reporter on the right to food, United Nation Organization, Washington, 16 pages.

Trommetter M., 2010. Flexibility in the implementation of intellectual property rights in agricultural biotechnology. *European Journal of Law and Economics*, 30 (3), 223-245.

Trommetter M., 2013. *Propriété intellectuelle et nouvelles technologies : le cas des biotechnologies agricoles*, Actes du cycle de conférence Droit et économie de la propriété intellectuelle organisé conjointement par la Cour de Cassation et la Chaire de Régulation de Sciences Po Paris, LGDJ éditeur, à paraitre.

Chapitre 5

L'adaptabilité et la vulnérabilité

Sophie ALLAIN, Marc BENOÎT,
Thomas FOURNIER, Claude MILLIER

Le questionnement de ce chapitre est centré sur l'étude des vulnérabilités et des capacités d'adaptation de socio-écosystèmes à des échelles emboîtées, allant de l'exploitation au territoire, voire au-delà. Les travaux sur la coévolution et la résilience des socio-éco-systèmes sont donc concernés.

Toutefois, il convient de s'interroger sur l'adaptation en elle-même comme question de recherche, concept qui ne peut se réduire aux problèmes d'adaptabilité, de vulnérabilité et d'innovation. Alors que le chapitre 4 aborde l'adaptation « externe » procurée par les innovateurs, ce chapitre est focalisé sur l'adaptation des « acteurs ».

Il faut également prendre en compte la dimension temporelle de la capacité d'adaptation et de la vulnérabilité de systèmes qui évoluent dans le temps, en fonction des décisions prises : une décision pertinente à un moment donné peut *in fine* contraindre trop fortement le système ultérieurement et même aboutir à des situations irréversibles menaçant sa pérennité. Cette dimension temporelle marque fortement les systèmes les plus pérennes comme les forêts, où des décisions inadéquates de plantation peuvent compromettre la pérennité après plusieurs décennies.

Après avoir lié rapidement les évolutions globales possibles et les évolutions des activités agricoles et forestières, nous centrerons notre propos sur cinq points de vue :
– les approches de gestion adaptative et de gestion collaborative,
– les approches par les capabilités*,
– les approches de la vulnérabilité*,
– les approches par la gestion des risques.

Enfin, nous concluons par une proposition des principales questions de recherche à enjeu sur cette thématique.

▸▸ Rappel des liens entre les évolutions du climat et l'adaptation des activités agricoles et forestières

L'agriculture et la sylviculture sont deux ensembles d'activités très liés aux écosystèmes anthropisés et conduits par les agriculteurs et les forestiers qui, en retour, pilotent ces écosystèmes en tenant compte de leurs comportements actuels ou imaginés à l'avenir. Les changements globaux ont des influences contrastées sur ces écosystèmes. Les principaux seront évoqués pour expliciter la complexité des adaptations et des vulnérabilités auxquelles ces acteurs devront ré-agir, ou pro-agir.

Augmentation de la concentration en CO_2

Tout d'abord, l'augmentation de la concentration en CO_2 dans l'atmosphère risque de modifier le développement des cultures, notamment la photosynthèse et la production de biomasse (Bazzaz et Sombroek, 1997 ; Droogers, 2004 ; Meza *et al.*, 2008 ; Parry, 2002 ; Schimmelpfennig *et al.*, 1995 ; Seguin, 2003 ; Sombroek et Gommes, 1997). En effet, l'augmentation du CO_2 atmosphérique peut favoriser la photosynthèse et dans ce cas augmenter la production de biomasse et donc les rendements des espèces d'origine tempérée (photosynthèse en C_3) de 10 à 20 % durant les cent prochaines années (Sombroek et Gommes, 1997). De plus, lors de la phase de photosynthèse, les stomates sont moins ouverts et l'évapotranspiration est diminuée, toutefois avec une certaine variabilité entre espèces, réduisant ainsi les pertes d'eau (Bazzaz et Sombroek, 2003 ; Meza *et al.*, 2008 ; Sombroek et Gommes, 1997). Cependant, l'augmentation du CO_2 ne peut améliorer le rendement des cultures si le sol est appauvri en nutriments, or l'augmentation de la production de biomasse peut entraîner la dégradation du sol et épuiser la ressource en nutriments (Bazzaz et Sombroek, 2003 ; Sombroek et Gommes, 1997). La fermeture des stomates peut également entraîner une hausse des températures du couvert végétal et ainsi diminuer la période de remplissage des grains (Bazzaz et Sombroek, 2003).

Les hausses de températures

Les hausses de températures prévues peuvent également modifier les stades de développement des différentes cultures (Alexandrov et Hoogenboom, 2000 ; Sombroek et Gommes, 1997) et avoir des impacts négatifs sur les rendements (Lobell *et al.*, 2011). Selon les modèles, une réduction de la durée des phases reproductives et végétatives est attendue lors de la croissance du maïs et du blé de l'ordre de 5 à 20 jours de moins en 2020. La maturité serait ainsi atteinte 11 à 30 jours plus tôt pour le maïs et 1 à 2 semaines plus tôt pour le blé en 2050. L'augmentation globale de la température peut également renforcer l'effet fertilisant du CO_2 (Long et Ort, 2010). La hausse des températures peut aussi conduire à plus d'évaporation et réduire l'humidité disponible du sol, ce qui peut affecter les rendements et l'efficience de l'utilisation de l'eau. Enfin, une élévation des températures pourrait favoriser le nombre de ravageurs des cultures et le nombre d'adventices en compétition (Droogers, 2003).

Il a été indiqué précédemment qu'une hausse globale des températures pouvait perturber les précipitations. Des pluies supplémentaires sur des régions sèches pourraient avoir des répercussions positives sur les cultures, mais pour des régions déjà humides, les agriculteurs pourraient alors rencontrer un problème de séchage des récoltes. Une réduction de la pluviométrie pendant la période de végétation est probable pour le bassin Méditerranéen et le sud de l'Europe, ce qui entraînera vraisemblablement une réduction des rendements (Ciscar *et al.*, 2011).

La plupart des articles consultés traitant de l'adaptabilité des pratiques agricoles face au changement climatique en cours proposent des solutions se basant sur des modèles de prévision des effets du changement climatique (Alexandrov et Hoogenboom, 2000 ; Bazzaz et Sombroek, 1997 ; Droogers, 2004 ; Easterling *et al.*, 2003 ; Meza *et al.*, 2008 ; Parry, 2002 ; Reid *et al.*, 2007 ; Risbey *et al.*, 1999 ; Schimmelpfennig *et al.*, 1995 ; Seguin, 2003 ; Sombroek et Gommes, 1997 ; Watson *et al.*, 1996). Les solutions proposées concernent parfois aussi l'atténuation des effets du changement climatique. Il s'agit, entre autres, de techniques pour limiter par exemple les rejets de CO_2 et autres gaz à effet de serre en réduisant les consommations d'énergies fossiles ou en créant des puits de carbone dans les forêts et dans les sols (Watson *et al.*, 1996)

Les solutions envisagées pour pallier les effets du changement climatique précédemment évoqués sont diverses. Une sélection génétique des variétés adaptées aux températures plus élevées, valorisant au mieux l'augmentation de la photosynthèse et de l'efficience de l'eau tout en minimisant l'effet d'un éventuel raccourcissement du cycle pourrait permettre d'améliorer les rendements (Seguin, 2003 ; Alexandrov et Hoogenboom, 2000).

Un déplacement géographique des zones de cultures vers le nord et une révision des différentes occupations du sol devraient être une solution à envisager pour le siècle à venir. Le réchauffement observé équivaut, sur le siècle, à un déplacement vers le nord de 180 km ou en altitude de 150 m. La révision des itinéraires techniques incluant les apports d'intrant est également à envisager (Seguin, 2003). L'avancée des dates de semis permettrait d'éviter les fortes chaleurs de l'été et d'allonger le cycle de culture des céréales de printemps (Seguin, 2003 ; Alexandrov et Hoogenboom, 2000).

Malheureusement, si beaucoup d'articles s'intéressent au changement climatique à venir et aux innovations agronomiques envisageables pour y pallier, il est plus difficile de trouver des études menées sur les éventuelles adaptations des pratiques agricoles observées ces trente dernières années face au changement climatique. Une équipe finlandaise s'est intéressée en 2008 à l'impact du climat sur les dates de semis de certaines cultures en s'appuyant sur des données d'exploitations expérimentales (Kaukoranta et Hakala, 2008). En France, des travaux ont été menés également au sein d'unités expérimentales concernant l'évolution des « calendriers agricoles » en réponse au changement climatique en utilisant leurs données d'itinéraires techniques enregistrés de différentes stations expérimentales de l'Inra (De la Torre et Benoit, 2003). Toutefois, peu de travaux sont consacrés à l'adaptation des acteurs et aux aspects sociologiques.

▸▸ Un questionnement de l'adaptabilité et de la vulnérabilité en privilégiant cinq points de vue

Au plan international, un certain nombre de travaux (Allain, 2009) commencent à apparaître sur l'adaptation de l'agriculture et des écosystèmes anthropisés. Ils portent principalement sur des pays du Sud et montrent comment, et à quelles conditions, des communautés rurales entreprennent de s'adapter au changement climatique (voir par exemple Leary *et al.*, 2008 ; Ensor et Berger, 2009).

On peut dégager plusieurs approches qui constituent autant de points de vue et d'outils possibles pour appréhender les conditions d'une gestion adaptative et collaborative des impacts du changement climatique et des risques associés.

Approches de gestion adaptative et de gestion collaborative

Ces recherches s'inscrivent, explicitement ou implicitement, dans deux traditions principales, la gestion adaptative (*Adaptive Management*) et la gestion collaborative (*Co-Management*) :

– les recherches sur la gestion adaptative (*Adaptative Management*) s'ancrent dans les travaux des écologues canadiens Holling (1978) et Walters (1986), qui visaient à mettre au point des méthodes utilisables par les décideurs dans le domaine de la conservation des écosystèmes ; dans des situations complexes mettant en jeu une large incertitude, ils recommandaient ainsi de fonder l'action sur des expérimentations conduites de façon scientifique dans le but d'apprendre à gérer les écosystèmes. La gestion adaptative, qui s'inspire de la théorie des systèmes, repose sur le concept central de « résilience », défini initialement comme la capacité d'un système à absorber les perturbations tout en maintenant ses propriétés. La « capacité adaptative » d'un système est d'autant plus élevée que sa résilience est importante. Toutefois, de nombreux travaux ont aussi mis en évidence l'importance des facteurs sociaux dans ces entreprises de changement, soulignant l'impact de conditions institutionnelles favorisant la production partagée de connaissances entre chercheurs, décideurs et parties prenantes ainsi qu'un équilibre de pouvoir entre groupes d'intérêts (Lee, 1989). Ces approches ont amené à enrichir la notion de « résilience » qui est dorénavant conçue de façon plus dynamique et plus élargie comme la capacité d'un système socio-écologique à se réorganiser au cours du temps ; elles ont généré des formes de gestion adaptative.

– les recherches sur la gestion collaborative (*Co-Management*) (Pinkerton, 1989 ; Singleton, 1998 ; Borrini-Feyerabend *et al.*, 2000) sont fortement reliées au courant sur la gestion des biens communs (Ostrom, 1990 ; Ostrom *et al.*, 2002). Elles se sont développées pour répondre, à la fois, aux limites de modes de gouvernement par « command-and-control » et au marché pour gérer les ressources naturelles. Si le terme de « co-management » s'applique à une multitude de formes de collaboration, ces approches s'accordent sur l'idée que la gestion des ressources naturelles doit reposer sur l'implication des usagers et qu'il est possible de mettre en évidence ou d'élaborer des dispositifs de gouvernance répondant à ce principe. Un certain nombre de critiques ont été apportées à ces travaux : tendance à se focaliser sur des modes de gestion très locaux, et donc difficulté à appréhender les articulations possibles de ces systèmes avec des modes plus globaux de gouvernement ; intérêt surtout porté à des ressources mettant en jeu un usage unique (par exemple, la pêche), et donc difficulté à appréhender des modes de gestion multi-usages ; accent mis sur les seules conditions institutionnelles de gestion ; tendance à stabiliser des pratiques de gestion à court terme plutôt qu'à les faire évoluer ; caractère parfois utopique de certains travaux qui sous-estiment le poids des asymétries de pouvoir.

Aussi ces deux traditions tendent-elles aujourd'hui largement à se rejoindre à travers le concept d'*Adaptive Co-Management* (Armitage *et al.*, 2007) qui a pour ambition d'articuler celles-ci tout en dépassant leurs limites : il s'agit, à la fois, de s'intéresser à une production de connaissances utiles pour les décideurs/gestionnaires et à l'implication des usagers, aux conditions structurelles et procédurales de coopération, à l'établissement d'accords de court terme comme à une évolution à long terme, à une articulation des niveaux temporels et spatiaux de gestion.

Approches par les capabilités

Développée depuis plus de 25 ans, l'approche par les « capabilités » se situe dans la continuité des travaux du philosophe John Rawls et de sa remise en cause du paradigme utilitariste, tout en refusant d'endosser la base informationnelle proposée par ce dernier — les biens premiers — pour évaluer le bien-être humain et les arrangements sociaux. L'argument principal présenté par le prix Nobel d'économie Amartya Sen est que l'évaluation du statut des individus, au sein de la société, doit nécessairement dépasser l'utilité, le revenu, les droits et les autres ressources, qu'il considère comme inadéquats, pour s'orienter vers les libertés et les opportunités d'être et de faire ce que les individus « ont raison de valoriser », en d'autres termes la qualité de leur vie (*quality of life*).

Selon cet auteur, il faut non seulement prendre en compte ce que possèdent les individus, mais aussi leur capacité, leur liberté à utiliser leurs biens pour choisir leur propre mode de vie. Il a tout autant rejeté une conception instrumentale qu'une conception uniquement formelle des droits et de la liberté, et a formulé des critiques décisives à l'encontre de l'utilitarisme. Amartya Sen cherche à justifier théoriquement l'espace d'évaluation permettant de porter un jugement sur la qualité de vie d'un individu qui ne repose ni sur l'utilité, ni sur les biens premiers ou les ressources en général. Ceci afin de mener des comparaisons interpersonnelles de bien-être ou encore d'évaluer les politiques économiques et sociales. Il propose de s'orienter vers une évaluation qui tienne compte non seulement de l'hétérogénéité des individus composant la société mais également du pluralisme des conceptions de la « qualité de la vie ».

Cette approche propose de juger la qualité de la vie à partir de ce que les individus sont en mesure de réaliser vraiment, ce qu'Amartya Sen appelle les états (*beings*) et actions (*doings*) et qui constituent l'ensemble des fonctionnements (*functionings*). Les principaux concepts de cette théorie sont ceux de « fonctionnements » (*functionings*) et de « capabilités » ou « capacités » (*capabilities*). Les premiers sont ce qu'un individu peut réaliser étant donné les biens qu'il possède (les fonctionnements pertinents peuvent aller du plus élémentaire — être en bonne santé, se nourrir suffisamment, se déplacer sans entraves, savoir lire et écrire — aux plus complexes — prendre part à la vie de la communauté, être digne à ses propres yeux) cela décrit donc son état, alors que les secondes sont les différentes combinaisons possibles des premiers, pour un individu. L'ensemble des fonctionnements potentiels que l'individu peut réaliser est appelé « capabilité » (*capability*) et représente la liberté, pour un individu, de choisir entre différentes conditions de vie[1].

Cette définition fait apparaître les deux niveaux auxquels opère l'approche par les « capabilités » :
– au niveau descriptif, d'abord, dans ce contexte, la pauvreté sera appréhendée comme une privation de « capabilités » élémentaires et non pas seulement comme une faiblesse des revenus ;
– au niveau normatif, ensuite, cette approche propose un nouveau fondement pour les principes d'égalité et de justice puisqu'elle suppose d'aller au-delà d'une réduction des écarts de ressources ou de résultats et prône une réduction des écarts de libertés entre les individus. L'égalitarisme de Sen pose comme principe l'égalité des capabilités de base, et non l'égalité des utilités comme dans l'utilitarisme, ou l'égalité des « biens premiers » (biens utiles quel que soit notre projet de vie rationnel) comme chez John Rawls.

Au plan empirique, l'approche de Sen a donné lieu à des travaux sur la pauvreté, notamment *via* la construction de l'indice de développement humain (IDH) et dans le cadre de la *Human Development and Capability Association* ; elle a également inspiré les objectifs du millénaire pour le développement (OMD) de l'ONU. Le programme des Nations Unies pour le développement (PNUD) a intégré, depuis 1990, l'approche par les capacités dans son rapport mondial sur le développement humain puisqu'il le définit comme « […] le processus qui élargit l'éventail des possibilités offertes aux individus : vivre longtemps et en bonne santé, être instruit et disposer des ressources permettant un niveau de vie convenable, sont des exigences fondamentales ; s'y ajoutent la liberté politique, la jouissance des droits de l'homme et le respect de soi […] un processus qui conduit à l'élargissement de la gamme des possibilités qui s'offrent à chacun ». On le voit l'approche utilisée repose sur les « capacités » définies par Sen dans son œuvre. Le PNUD utilise cette approche qu'il considère comme la plus à même de décrire fidèlement dans quelles conditions vivent les populations les plus pauvres. L'enjeu est de réorienter les politiques de lutte contre la pauvreté d'un accès accru au revenu monétaire vers la promotion d'un élargissement de l'accès à des capacités de base nécessaires au développement de chacun. L'indicateur de développement humain (IDH) et par suite celui de pauvreté humaine (IPH) saisissent l'état des manques des pays grâce à l'élaboration d'agrégats reflétant la pauvreté multidimensionnelle.

Les relations entre capacité d'adaptation au changement climatique, vulnérabilité et indicateurs de développement humain ont été évoquées dans le rapport du GIEC (2007, Groupe II).

Approches de la vulnérabilité

Des indicateurs de vulnérabilité d'un État ou d'une région ont été mis au point au moins depuis les années 1990. Les Nations unies utilisent ainsi l'EVI (*Economic*

---

1. Les notions de « capabilité » et de « modes de fonctionnement » sont donc très proches mais distinctes. Une « capabilité » peut également être interprétée comme un « mode de fonctionnement particulier » (« liberté de choisir son mode de vie ») qui est jugé fondamental et donc mis en valeur par rapport aux autres.

Vulnerability Index), comme l'un des critères pour déterminer la liste des pays les moins avancés (Guillaumont, 2006). Certains éléments qui entrent dans le calcul de l'EVI sont directement pertinents pour mesurer la vulnérabilité de l'agriculture au climat : part de l'agriculture, de la forêt et de la pêche dans le PIB, instabilité de la production agricole... Il serait sans doute intéressant d'étudier la pertinence de modifier l'EVI et les autres indicateurs de vulnérabilité macroéconomique pour mieux prendre en compte le changement climatique. Par ailleurs, des indicateurs ont été développés spécifiquement pour estimer la vulnérabilité au changement climatique, comme le *Vulnerability-Resilience Indicators Model* (VRIM, Malone et Brenkert, 2008), les indicateurs organisés par Polsky *et al.* (2007) au sein de leur *Vulnerability Scoping Diagram*, ou encore l'indicateur de vulnérabilité calculé pour les différentes régions de l'UE 15 par Metzger *et al.* (2007).

Des indicateurs de vulnérabilité microéconomique, au niveau de la personne ou du ménage, ont également été développés. La vulnérabilité est ici définie comme le risque de tomber dans la pauvreté, cette dernière pouvant être définie de manière monétaire ou non (Dercon, 2005). Plusieurs études quantifient ainsi l'impact du changement climatique sur la vulnérabilité en termes de rendement agricole, de profitabilité de l'activité agricole ou de malnutrition. Schmidhuber et Tubiello (2007) soulignent cependant que la plupart des études existantes consacrées à l'impact du changement climatique sur l'agriculture ne modélisent que le changement moyen du climat, négligeant le changement dans la variabilité et notamment dans la distribution des évènements extrêmes, pourtant essentielle puisque la vulnérabilité est une notion qui n'a de sens que dans un monde incertain.

Approches par la gestion des risques

La gestion des risques recouvre une grande variété d'approches et la notion même de risque fait l'objet d'acceptions multiples. Un grand nombre d'acteurs est concerné : les agriculteurs, mais aussi les filières, les acteurs publics et les assureurs.

De façon schématique, deux grandes conceptions du risque peuvent être distinguées :
– d'un côté, le risque est largement assimilé à l'aléa ; dans ce cadre, on s'attache essentiellement à la connaissance des aléas (fréquence, incidence spatiale...) ;
– d'un autre côté, le risque est envisagé sous l'angle de la vulnérabilité. La vulnérabilité se comprend classiquement comme la possibilité de subir des dommages et des pertes, d'ordre humain et matériel. Cependant, cette notion peut recouvrir un large éventail de questions dès lors que l'on s'intéresse non seulement à des dommages et pertes individuels, mais aussi à des dommages et pertes collectifs et à caractère plus immatériel (perte de cohésion sociale du fait, par exemple, de crises alimentaires, etc.). L'éventail s'élargit encore si l'on cherche à remonter des expressions les plus immédiates de la vulnérabilité jusqu'à ses causes (prise en compte de dimensions organisationnelles, cognitives, etc.).

Dans une perspective de risques accrus liés au changement climatique, ces deux conceptions ont leur intérêt afin de prévoir et de se protéger, mais aussi d'analyser en profondeur les enchaînements d'effets et de causes liés à ces risques accrus pour favoriser des adaptations.

Les évolutions tendancielles de la politique agricole (commune) (découplage et réduction des aides, suppression de l'intervention et ouverture des marchés), les circonstances de marché (variabilité accrue de l'offre du fait d'aléas climatiques, épizooties, développement de la demande en biocarburants, réduction des stocks mondiaux favorisant les bulles spéculatives), la spécialisation des exploitations (monoproduction, absence de stocks régulateurs) et la multiplication des épisodes climatiques extrêmes augmentent l'exposition des agriculteurs aux risques de production et de marché.

Le risque affecte concrètement le comportement des acteurs économiques. Généralement, ces acteurs ont une aversion au risque, ils préfèrent des gains sûrs plutôt que des gains aléatoires et sont prêts à payer une prime de risque afin de transformer une situation risquée en une situation « équivalente » certaine. En conséquence, s'il n'existe pas de mécanismes de réduction ou de cession de risque, les acteurs réalisent des choix sous-optimaux en matière de production et d'investissement, avec pour conséquence d'abord une perte individuelle d'efficacité économique, puis une perte de compétitivité des filières économiques.

▸▸ État de l'art et structuration des recherches en France

En France, peu de travaux de recherche ont porté sur les aspects socio-économiques de l'adaptation de l'agriculture et des écosystèmes anthropisés. Les quelques travaux existants visent avant tout à déceler une transformation des pratiques existantes, que ce soit à l'échelle de l'exploitation ou d'un système de production.

Il existe par contre un certain nombre de travaux de sciences sociales et de sciences de l'ingénieur qui peuvent être mobilisés pour produire des analyses et des méthodes facilitant l'adaptation de l'agriculture et des écosystèmes anthropisés (travaux sur l'apprentissage organisationnel, sur la négociation et la médiation, sur la gouvernance ; modélisation participative ; développement de l'approche par les « capabilités »).

La gestion des risques a fait l'objet de plusieurs programmes de recherches au sein du ministère en charge de l'environnement et de l'ANR. Outre les sciences techniques et les sciences de l'ingénieur, les sciences sociales se sont progressivement mobilisées et organisées sur cette thématique (voir notamment Fabiani et Theys, 1987 ; Becerra et Peltier, 2009).

Du point de vue opérationnel de l'assurance, la gestion des risques climatiques en agriculture a évolué au cours de ces dernières années dans un souci de pérennité de ces exploitations et de l'agriculture face à la concurrence étrangère. La gestion du risque agricole (en France mais également en Europe, aux États-Unis et au Canada) s'est en effet engagée dans une nouvelle dynamique qui s'organise autour de quatre axes : le renforcement de la prévention ; l'épargne ; la combinaison d'un socle assurantiel mutualisé ; l'intervention directe de l'État pour les risques non couverts par l'assurance. Ces quatre points sont indissociables et interviennent graduellement selon l'ampleur du risque.

Le socle de la dynamique de couverture est bien l'assurance mais elle s'articule autour de l'épargne défiscalisée capable de compenser les pertes de faible envergure (qui peut correspondre à la partie non indemnisée de la franchise assurantielle) et l'intervention de l'État, au titre de la solidarité nationale, pour garantir la pérennité de ces régimes d'assurance ou couvrir les risques « non assurables ».

La gestion du risque sur le long terme se fonde sur l'effort individuel et collectif de prévention (recherche agronomique, zootechnique et technologique, développement d'outils et de procédures de gestion des situations de crises climatiques agricoles, filets paragrêle, système de drainage…) afin de limiter l'exposition et les impacts. La prévention des risques dépend donc, pour partie, de l'état des connaissances et donc des efforts de recherche.

▸▸ Les principales priorités de recherche

Ces priorités s'organisent autour d'une question centrale : quelles sont les conditions d'une gestion adaptative et collaborative des impacts du changement climatique et des risques associés ?

Les principaux obstacles

Cinq obstacles ont été identifiés :
— mieux faire connaître les travaux internationaux dans ce domaine qui restent peu connus et peu développés en France, notamment dans le champ des sciences sociales. On peut donc souligner l'intérêt de développer une communauté française pluridisciplinaire, en mesure d'interagir avec la communauté pluridisciplinaire internationale ;
— renforcer les collaborations entre sciences techniques, sciences de l'ingénieur et sciences sociales, en particulier pour articuler les niveaux de risque à gérer et proposer des cadres pour construire un système informationnel performant à disposition des décideurs publics ;
— construire des dispositifs de recherche associant chercheurs de différentes disciplines et gestionnaires/décideurs, tels que les zones atelier pour des problématiques territorialisées (gestion des ressources en eau, préservation de la biodiversité) ;
— faire évoluer les recherches sur la gestion des risques en leur faisant intégrer la question de l'adaptation au changement climatique ;
— mieux intégrer dans les recherches les préoccupations de l'ensemble des acteurs concernés (assureurs notamment) et des porteurs d'enjeux, qui doivent être associés à la formulation des projets de recherche et à leur réalisation.

Les principales priorités de recherche

Elles sont formulées sous forme de questions en ne proposant que les réponses impliquant des recherches pluri et trans-disciplinaires. Plusieurs approches sont distinguées, mais il faut souligner l'importance de recherches qui permettraient d'unifier ces différentes facettes ou points de vue, tels que nous les avons identifiés.

Gestion participative et collaborative

Quels dispositifs et méthodes collaboratives entre chercheurs et acteurs doit-on mettre en œuvre pour produire des connaissances utilisables pour l'adaptation ? Comment intégrer des connaissances scientifiques de nature diverses et marquées par l'incertitude ? Comment articuler connaissances scientifiques et savoirs pratiques ?

Comment évaluer et comparer les capacités d'adaptation de systèmes agricoles et de modes de gestion d'écosystèmes anthropisés ?

Quels dispositifs d'action publique peuvent favoriser l'adaptation de l'agriculture et des écosystèmes anthropisés ? Comment peuvent-ils se combiner ? Comment articuler différentes échelles d'intervention spatiales et temporelles ?

Comment favoriser l'apprentissage collectif ?

Comment mémoriser collectivement les changements de pratiques agricoles et forestières pour rendre compte de la diversité des adaptations à l'œuvre ?

Vulnérabilité

Comment appréhender et évaluer la vulnérabilité de l'agriculture et des sylvicultures dans un contexte de changement climatique ? Peut-on adapter des outils macro-économiques dérivés par exemple de l'analyse de la sensibilité (volatilité) des marchés et qui soient applicables à la « volatilité » climatique ?

Comment comparer l'adaptabilité et la vulnérabilité entre : systèmes de production spécialisés et systèmes de production diversifiés ; systèmes de production pérennes et à couverts annuels ; systèmes de production intensifs et extensifs ?

Peut-on identifier les systèmes de production qui sont dans une impasse, analyser les nouveaux systèmes de production qui peuvent être importés ? Comment expérimenter, quels sont les seuils de basculement ?

En intra annuel et en inter-annuel, comment mieux caractériser les réserves de flexibilité de différents itinéraires de production ? Quelles peuvent être les stratégies mises en œuvre de stockage de ressources (eau, fourrages, etc.), à quels coûts, à quels pas de temps et selon quelles constructions collectives ?

Comment comparer l'adaptabilité et la vulnérabilité de systèmes de production mobilisant des territoires homogènes ou diversifiés ? Quel est le rôle des extensions spatiales des exploitations (ex : transhumance, échanges de fourrages, achats d'aliments) et de combinaisons d'activités agro-sylvo-pastorales ? Quel est le rôle de la pluriactivité pour diminuer la vulnérabilité au changement climatique ?

Quelle est l'influence croisée des politiques d'adaptation et/ou de mitigation entre secteur agricole et autres secteurs (en particulier, transfert d'eau) ?

Capabilités

Comment prendre en compte des organisations collectives pour diminuer la vulnérabilité ? Quelles sont les liaisons vulnérabilité-répartition de la pauvreté, vulnérabilité-partage des risques ?

Comment définir le rôle de l'État et des collectivités pour diminuer les vulnérabilités ? Comment identifier des besoins d'aménagement liés au changement climatique dans le domaine des territoires ?

Gestion des risques

Comment les acteurs de l'assurance vont-ils devoir adapter leurs modes d'intervention dans un contexte de risques accrus ? En particulier, le système actuel est-il durable dans un contexte où la logique de réassurance par des entreprises privées comme par les pouvoirs publics risque de ne plus pouvoir fonctionner compte tenu de la fréquence et de l'étendue des risques ? Faut-il repenser le système actuel d'assurance ?

Comment développer une culture du risque chez les acteurs agricoles ? Cette culture peut-elle être partagée au sein des filières et des territoires ?

Ces questions sont le reflet d'une vive incitation à imaginer des dispositifs et méthodes de recherche originales qui devraient mobiliser une communauté réunissant sciences humaines, sciences biologiques et techniques.

Ce texte s'inspire largement des travaux de l'ARP ADAGE auquel ont contribué les personnes suivantes, que nous tenons à remercier : Fanny Codron (Groupama), Benoît Dedieu (Inra), Emilie Donnat (Acta), Laurent Mameaux (Groupama), Alain Mouchart (Acta), Béatrice Quenault (Université de Rennes), Philippe Quirion (Cired).

▶▶ Références bibliographiques

Alexandrov V.A., Hoogenboom G., 2000. The impact of climate variability and change on crop tield in Bulgaria. *Agricultural and forest Meteorologie*, 104, 315-27.

Allain S., 2009. S'adapter au changement climatique dans l'estuaire de la Seine. Inra, GIP Seine-aval.

Armitage D., Berkes F., Doubleday N., 2007. *Adaptive Co-Management*, UBC Press, Vancouver, Toronto.

Bazzaz F., Sombroek W., 1997. Changement global du climat et production agricole: Une élévation des connaissances actuelle et des lacunes critiques, Document archive de la FAO.

Becerra S., Peltier A., 2009. *Risques et environnement : recherches interdisciplinaires sur la vulnérabilité des sociétés*, Paris, L'Harmattan.

Berkes F., Colding J., Folke C., 2003. *Navigating social-ecological systems: building resilience for complexity and change*, Cambridge University Press, Cambridge (UK).

Blanc C., 2002. La gestion des risques en agriculture. Modèle d'offre et demande de l'assurance récolte, ministère de l'Économie, des finances et de l'industrie, Direction de la prévision, http://www.tresor.economie.gouv.fr/file/326643.

Borrini-Feyerabend G., Farvar M.T., Nguinguiri J.C., Ndangang V., 2000. Co-*Management of natural resources: Organizing negotiation and learning by doing*, Kasparek Zverlag, Heildeberg.

Ciscar J.C., Iglesias A., Feyen L., Szabó L., Van Regemorter D., Amelung B., Nicholls R., Watkiss P., Christensen O.B., Dankers R., Garrote L., Goodess C.M., Hunt A., Moreno A., Richards J., Soria A., 2011. Physical and economic consequences of climate change in Europe. *Proc. Natl Acad. Sci. USA*, 108 (7), 2678-2683.

Cordier J., Erhel A., Pindard A., Courleux F., 2008. La gestion des risques en agriculture de la théorie à la mise en œuvre : éléments de réflexion pour l'action publique, ministère de l'Agriculture et de la Pêche, note et étude économique n° 30, mars 2008, pp. 33-71.

Cordier J., Debar J.-C., 2004. Gestion des risques agricoles : la voie nord-américaine. Quels enseignements pour l'Union européenne ? Club Demeter, Cahier n° 12, 70 p., Paris.

Cotton P.A., 2003. Avian migration phenology and global climate change. *Proc. Natl Acad. Sci. USA*, 100, 12219-22.

De la Torre C., Benoit M., 2003. Changement climatique et observations à long terme en Unités Expérimentales : évolution des pratiques agricoles et des réponses physiologiques des couverts végétaux, Document de travail de la station Inra de Mirecourt.

Dercon S., 2005. Vulnerability: a micro perspective, *In : Annual Bank Conference on Development Economics*, Amsterdam, The Netherlands, May 23-24, The World Bank.

Droogers P., 2004. Adaptation to climate change to enhance food security and preserve environmental quality: example for southern Sri Lanka. *Agricultural water management*, 66, 15-33.

Easterling D., Horton B., Jones P.D., Peterson T., Karl T., Parker D., Salinger M.J., Razuvayev V., Plummer N., Jamason P., Folland C., 1997. Maximum and minimum temperature trend for the globe. *Science*, 277.

Easterling W., Chhetri N., Niu X., 2003. Improving the realism of modeling agronomic adaptation to climate change: Simulating technological substitution. *Climatic Change*, 60, 149-173.

Ensor J., Berger R., 2009. *Understanding Climate Change*, Practical Action Publishing Ltd, Rugby, UK.

Fabiani J.-L., Theys J., 1987. *La société vulnérable. Évaluer et maîtriser les risques*, Presses de l'École Normale Supérieure, Paris.

Forchhammer M.C., Post E., Stenseth N.C., 2002. North Atlantic Oscillation timing of long- and short-distance migration. *Journal of Animal Ecology*, 71, 1002-1014.

Gilbert C., 2009. La vulnérabilité : une notion vulnérable ? *In : Risques et environnement : recherches interdisciplinaires sur la vulnérabilité des société* (Becerra S., Peltier A., eds.), pp. 23-40.

Guillaumont P., 2006. Macro Vulnerability in Low-Income Countries and Aid Responses, *In : Securing Development in an Unstable World* (Bourguignon F., Pleskovic B., van der Gaag J., eds.), Annual Bank Conference on Development Economics, Amsterdam, pp. 65-108.

Holling C.S., 1978. *Adaptive environmental assessment and management*, John Wiley and Sons, New York.

Kaukoranta T., Hakala K., 2008. Impact of spring warming on sowing times of cereal, potato and sugar beet in Finland. *Agricultural and food science*, 17, 165-176.

Laaksonen T., Ahola M., Eeva T., Väisänen R.A., Lehikoinen E., 2006. Climate change, migratory connectivity and changes in laying date and clutch size of the pied flycatcher. *OIKOS*, 114, 277-290.

Leary N., Adejuwon J., Barros V., Burton I., Kulkarni J., Lasco R., 2008. *Climate Change and Adaptation*, Earthscan, London.

Lee K.N., 1989. *Compass and Gyroscope : Integrating Science and Politics for the Environment*, Island Press, Washington.

Lobell D.B., Schlenker W., Costa-Roberts J., 2011. Climate Trends and Global Crop Production Since 1980. *Science*, 333, 616-620.

Long S.P., Ort D.R., 2010. More than taking the heat: crops and global change. *Current opinion in plant biology*, 13, 241–248.

Malone E.L., Brenkert A.L., 2008. Uncertainty in resilience to climate change in India and Indian states. *Climatic Change*, 91, 451-476.

Mann M., Bradley R., Hughes M., 1998. Global-scale temperature patterns and climate forcing over the past six centuries. *Nature*, 392, 779-787.

Masle-Meynard J., 1981. Relation between Growth and Development of a Winter-Wheat Stand During Shoot Elongation - Influence of Nutrition Conditions. *Agronomie*, 1, 365-374.

Metzger M.J., Schroeter D., 2006. Towards a spatially explicit and quantitative vulnerability assessment of environmental change in Europe. *Regional Environmental Change*, 6, 201-216.

Meza F.J., Silva D., Vigil H., 2008. Climate change impact on irrigated maize in mediterranean climates: Evaluation of double cropping as an emerging adaptation alternative. *Agricultural systems*, 98 (1), 21-30.

Mignolet C., 2004. Spatial dynamics of agricultural practices on a basin territory: a retrospective study to implement models simulating nitrate flow. The case of the Seine basin. *Agronomie*, 24, 219-236.

OCDE, 2004. *Assurance et risques environnementaux: Une analyse comparative du rôle de l'assurance dans la gestion des risques liés à l'environnement*, OCDE, Éditions OCDE, 100 p.

Ostrom E., 1990. *Governing the Commons. The Evolution of Institutions for Collective Action. Political Economy of Institutions and Decisions*, Cambridge University Press, Cambridge, UK.

Ostrom E., Dietz T., Dolsak N., Stern P.C., Stonich S., Weber E.U., 2002. *The drama of the commons*, National Academy Press, Washington, DC.

Parry M., 2002. Scenarios for climate impact and adaptation assessment. *Global Environmental Change*, 12, 149-153.

Pinkerton E., 1989. *Co-operative management of local fisheries: New directions for improved management and community development*, UBC Press, Vancouver.

Polsky C., Neff R., Yarnal B., 2007. Building comparable global change vulnerability assessments: The vulnerability scoping diagram. *Global Environmental Change-Human and Policy Dimensions* 17, 472-485.

Reid S., Smit B., Caldwell W., Belliveau S., 2007. Vulnerability and adaptation to climate risks in Ontario agriculture. *Mitigation and adaptation strategies for global change*, 12, 609-637.

Risbey J., Kandlikar M., Dowlatabadi H., 1999. Scale, context, and decision making in agricultural adaptation to climatevariability and change. *Mitigation and adaptation strategies for global change*, 4, 137-165.

Rubolini D., Ambrosini R., Caffi M., Brichetti P., Armiraglio S., Saino N., 2007. Long-term trends in first arrival and first egg laying dates of some migrant and resident bird species in northern Italy. *International Journal of Biometeorology*, 51 (6), 553-563.

Schimmelpfennig D., Lewandrowski J., Reilly J., Tsigas M., Parry I., 1996. *Agricultural adaptation to climate change: issues of long-run sustainability*, Agricultural Economic Report - Economic Research Service, US Department of Agriculture Issue, 740, 57 pp.

Schmidhuber J., Tubiello F.N., 2007. Global food security under climate change. *Proc. Natl Acad. Sci. USA*, 104, 19703-19708.

Seguin B., 2003. Adaptation des systèmes de production agricole au changement climatique. *C. R. Geoscience*, 335, 569-575.

Singleton S., 1998. *Constructing cooperation: The evolution of institutions of co-management*, Ann Harbor, University of Michigan Press.

Sombroek W.G., Gommes R., 1997. L'énigme : changement de climat-agriculture, Document archive de la FAO.

Tryjanowski P., Kuzniak S., Sparks T., 2002. Earlier arrival of some farmland migrants in western Poland. *Ibis*, 144 (1), 62-68.

Vergara P., Aguirre J.I., Fernandez-Cruz M., 2007. Arrival date, age and breeding success in white stork Ciconia ciconia. *Journal of Avian Biology*, 38 (5), 573-579.

Walters C., 1986. *Adaptive Management of Renewal Resources*, McGraw-Hill, New York.

Watson R.T., Zinyowera M.C., Moss R.H., 1996. Techniques, politique et mesures d'aténuation du changement climatique, Document technique du GIEC.

Zalakevicius M., Bartkeviciene G., Raudonikis L., Janulaitis J., 2005. Spring arrival response to climate change in birds: a case study from eastern Europe, *In : Conference on Optimality in Bird Migration*, Springer, Wilhelmshaven, Germany, pp. 326-343.

Partie 2

Biomes et filières dans l'adaptation au changement climatique

Chapitre 6

Les productions végétales

Michael DINGKUHN, Edward GÉRARDEAUX,
Philippe GATE, Jean-Michel LEGAVE

▸▸ Contexte et enjeux

Modifications de la répartition des productions végétales

Les changements climatiques modifieront la répartition des productions végétales
à l'échelle planétaire par leurs impacts sur les plantes et sur leur environnement,
notamment en zones tropicales. À titre d'exemple, Jarvis *et al.* (2010) prédisent par
modélisation une baisse de 17 % de la production mondiale du maïs pluvial dans un
futur proche (2050). Cette évolution défavorable résulterait d'une diminution des
surfaces aptes à la culture du maïs en raison de la baisse de la pluviométrie (Europe
centrale et de l'est, savanes en Afrique de l'ouest et australe, Inde, cerrados*
du Brésil, etc.) et d'une baisse des rendements causée par la sécheresse et/ou le
raccourcissement des cycles annuels de croissance sous l'effet de l'augmentation
des températures (Amazonie, Yuccatan, Asie de sud-est, etc.). Toutefois, de
nouvelles surfaces pourraient devenir cultivables dans les zones tempérées où
les températures actuelles sont encore trop froides pour le maïs. De même des
gains de productivité sont prédits dans des zones subtropicales et tropicales où la
pluviométrie augmenterait.

Incertitudes des prévisions

Les études prédictives sont nécessaires pour orienter les politiques d'adaptation et
doivent donc être poursuivies malgré nos connaissances actuellement insuffisantes
sur les effets de l'évolution climatique (contraintes abiotiques et biotiques des
cultures). Cependant, il faut souligner que l'incertitude actuelle des prévisions est
grande et apparaît difficilement quantifiable. Notamment, l'incertitude des résultats
issus de modèles de croissance et développement des plantes est grande, du fait
d'un recours fréquent dans ces modèles à des relations simplifiées entre les plantes
et les variables agroclimatiques. De plus, la modélisation des cultures peut difficilement prendre en compte les innovations structurelles, technologiques et tactiques
que l'on peut attendre spontanément de la part des divers acteurs de l'agriculture.

Ainsi le rôle de la recherche est de réduire l'ensemble des incertitudes pesant sur les productions végétales afin de proposer aux acteurs des pistes de raisonnement et d'adaptation face à de nouvelles contraintes.

Bien qu'il soit généralement très délicat d'isoler les effets éventuels des changements climatiques de ceux d'un grand nombre d'autres facteurs, on a pu décrire des impacts sur les écosystèmes cultivés ou naturels, en particulier sur leur phénologie, avec, dans certains cas, une démarche statistique (en France, tendances vers plus de précocité des dates de floraison des arbres fruitiers, de vendange et de semis du maïs) pouvant aussi concerner la productivité (Lobell *et al.*, 2011).

Variations régionales du climat

Les effets du changement climatique ne se résument pas seulement à une augmentation générale des températures et des concentrations atmosphériques en CO_2. Des interactions complexes entre l'atmosphère, les océans, les glaciers et la végétation affectent profondément la variabilité spatio-temporelle des températures et des précipitations ainsi que la fréquence des « phénomènes climatiques régionaux » comme El Niño. Cette complexité se traduit donc aussi par des variations régionales du climat. En particulier, on s'attend à une amplification des variations saisonnières et interannuelles de la température, des précipitations, du rayonnement solaire et de la concentration atmosphérique en CO_2.

Différentes combinaisons de ces facteurs peuvent affecter toutes les activités humaines et notamment l'agriculture avec des conséquences en matière de sécurité alimentaire : risques de sécheresse, évolutions épidémiologiques des agents pathogènes, effets thermiques sur la précocité (phénologie), et baisse de la quantité et de la qualité des récoltes.

Des impacts du climat à plusieurs échelles

Le changement climatique est donc susceptible d'affecter les productions végétales et la biodiversité des écosystèmes naturels de façons très variées et complexes selon la zone climatique et la nature des agro-écosystèmes. Les impacts et les stratégies d'adaptation pour une production donnée doivent être notamment évalués à l'échelle locale, mais aussi aux échelles des systèmes de culture, des terroirs, des régions, voire de la planète. Aux incertitudes agronomiques s'ajoutent celles issues de l'économie. Pour les zones soumises au libre-échange, l'évolution des marchés mondiaux modifie les avantages comparatifs de toute activité économique locale et les stratégies d'adaptation devraient donc prendre en compte des impacts structuraux (migration géographique des systèmes, pertes ou gains d'opportunités économiques locales...).

Des interactions avec la crise énergétique

L'impact structural des changements climatiques sera renforcé par des évolutions concomitantes qui affecteront fortement l'agriculture mondiale et la sécurité alimentaire. On note par exemple une forte interaction avec la crise énergétique qui a stimulé l'intérêt pour des bioénergies, mais souvent en convoitant des surfaces et des ressources utilisées pour la production alimentaire. Globalement, les terres arables et les eaux douces deviennent l'objet d'une spéculation économique sans précédent notamment en zone tropicale. Ceci annonce des évolutions à l'échelle planétaire qui risquent de provoquer de nouveaux conflits sociaux et politiques : si la ressource économique qui a marqué le XXᵉ siècle était le pétrole, celle du XXIᵉ siècle pourrait être la production végétale, au travers des surfaces en sols et des ressources en eau qui en sont à la base. Dans ce contexte, le changement climatique pourrait devenir un facteur important de déstabilisation sociale. Une étude récente montre que des périodes à climat défavorable sont déjà à l'origine d'une grande part des conflits récents en Afrique (ex. rébellions du Biafra).

Une évaluation difficile avec les modèles

Pour un scénario socio-économique (SRES*, chapitre 1) donné, l'estimation des impacts des changements climatiques nécessite de disposer de projections climatiques régionalisées, conjuguant une haute résolution spatiale et une variabilité temporelle réaliste des températures et des précipitations. Les écarts entre modèles climatiques, méthodes de régionalisation (anomalies, désagrégation statistique...) et modèles d'impacts se conjuguent pour augmenter les incertitudes (chapitre 2). De plus, les modèles actuels d'impact ne rendent pas bien compte des seuils climatiques pour des processus essentiels tels que la phénologie, la reproduction sexuée, les interactions biotiques (biologie du sol et des pathogènes) ainsi que les interactions entre changements atmosphériques (CO_2, ozone) et changements climatiques (Tubiello *et al.*, 2007). Actuellement, les modèles déterministes du fonctionnement des couverts végétaux ne permettent donc pas d'évaluer de façon complète et satisfaisante les modifications qui résulteront des changements climatiques, quels que soient les agro-écosystèmes (grandes cultures, périmètres maraichers, arboriculture fruitière et vigne, prairies, forêts).

Les stratégies d'adaptation dans les domaines agronomiques, écologiques, socio-économiques et politiques doivent à la fois considérer les échelles locales et globales. Ainsi, la stratégie française devra intégrer une dimension européenne, qui devra elle-même s'articuler avec des stratégies internationales. En particulier il s'agira de prendre en compte les relations Nord-Sud, transatlantiques et avec les nouveaux pays industrialisés.

▸▸ Impacts et besoins d'adaptation

Les grandes cultures annuelles des zones tropicales et subtropicales

Les premières manifestations négatives du changement climatique sur l'agriculture en zone tropicale, qui à l'époque n'étaient pas encore attribuées au changement climatique, furent les grandes sécheresses du Sahel dans les années 1970.

Aujourd'hui nous savons que ces catastrophes s'inscrivent dans une tendance lourde de diminution des pluies annelles de la mousson africaine au cours des 50 ou 60 années précédentes. Cette tendance est associée à une variabilité croissante inter- et intra-annuelle des pluies.

Globalement, le changement climatique se traduira par une fragilisation des systèmes de culture en zone tropicale. À l'échelle continentale, il faut s'attendre à une extension des zones désertiques, une réduction des zones humides et des déplacements d'aires de répartition spatiale des cultures (Kurukulasuriya et Rosenthal, 2003). Augmentation des températures, variabilité des pluies, sécheresses, tempêtes et tornades, bouleversement des bioagresseurs et des maladies et élévation du CO_2 sont les principaux facteurs qui influenceront les cultures. Ces facteurs auront des effets spécifiques sur la culture et l'écosystème concernés, et leur impact économique réel local dépendra de leur résilience, de leurs capacités d'adaptation et du niveau d'intensification. Dans les tropiques africains, l'agriculture de subsistance est majoritaire. En Afrique subsaharienne, la plupart des systèmes de culture tropicaux se basent sur la biodiversité naturelle et cultivée, et sur la pluriactivité agriculture/élevage pour minimiser les risques et diversifier les sources de revenu et d'alimentation. Ces agriculteurs ont un accès limité aux marchés, à la mécanisation et aux intrants. Leur stratégie de gestion des risques est construite sur des bases d'extensification et de diversification. Cette stratégie est progressivement devenue inopérante par l'accroissement démographique (raccourcissement des jachères, etc.). L'intensification devient alors une solution nécessaire (utilisation d'engrais, de pesticides, de variétés plus productives), mais la durabilité des systèmes n'est pas pour autant assurée (appauvrissement des sols, déséquilibres écologiques augmentant la pression des bioagresseurs, etc.). Ces systèmes sont les plus vulnérables au changement climatique car leur capacité d'adaptation est limitée. *In fine*, si les conditions climatiques deviennent insupportables, la migration des populations les plus jeunes vers des fronts pionniers aux écosystèmes favorables, ou l'exode rural, seront les seules alternatives.

Le cas des systèmes de culture fortement liés aux marchés

Certains systèmes de culture sont fortement liés aux marchés (bassin arachidier au Sénégal, systèmes à base coton de la zone soudanienne, Cerrados du Brésil). L'accès au crédit et aux conseils agricoles rendent ces systèmes plus résistants aux accidents climatiques ponctuels. Ils absorbent plus facilement la perte d'une ou de plusieurs récoltes successives en les compensant par une meilleure valorisation des « bonnes années ». Ce constat explique l'intérêt actuel accordé aux systèmes d'assurance agricole basés sur des indices climatiques, ainsi qu'aux prévisions climatiques saisonnières permettant à l'agriculteur d'ajuster ses décisions aux risques annoncés. Ces approches d'adaptation couramment privilégiées par nombre de bailleurs de fonds et laboratoires s'adressent surtout aux risques de sécheresse dans les zones semiarides et subhumides tropicales, où la variabilité des pluies est la première source de la variabilité des rendements et des crises alimentaires. C'est également le cas pour les recherches sur l'adaptation génétique des cultures, notamment céréalières. Des études sont menées sur la tolérance à la sécheresse :
– tolérance physiologique,

– évitement (système racinaire profond, efficience de la transpiration...),
– échappement (phénologie, notamment le photopériodisme ou la précocité),
– tolérance agronomique par amélioration de l'efficience d'utilisation de l'eau de pluie par limitation du ruissellement ou de l'évaporation (utilisation de mulchs*, modifications des densités, travail minimum du sol, cloisonnement des billons, cultures associées),
– prototypages de systèmes de cultures annuels (utilisant la modélisation). Des efforts et des investissements importants sont en cours au niveau international sur les grandes céréales tropicales (maïs, riz pluvial, sorgho, mil) et dans certains cas sur des légumineuses (arachide, niébé, pois chiche...).

Des recherches récentes menées sur le mil et le sorgho concernant l'évolution de l'agro-biodiversité ont mis en évidence un raccourcissement du cycle des variétés locales au Niger au cours des 20 dernières années. La cause directe est de nature génétique, probablement le résultat d'une sélection paysanne face au raccourcissement progressif de la saison des pluies.

Le changement climatique augmentera la vulnérabilité des systèmes agricoles aux aléas hydrologiques, non seulement dans les zones sèches, mais également dans des zones d'altitude alimentées par la fonte saisonnière des glaciers (Andes,...) et des zones basses alimentées par des fleuves originaires des hautes montagnes (plaines Indo-gangétiques,...). Dans ces cas, la hausse des températures est directement responsable de la vulnérabilité des systèmes agricoles.

Le deuxième facteur de risque climatique, après la pluviométrie et les ressources hydriques en général, est la température. Le réchauffement de l'atmosphère accélère le développement des plantes, généralement limitant leur production de biomasse et souvent leurs rendements. Ce phénomène interagit de façon mal connue avec le photopériodisme, notamment chez les variétés traditionnelles. Mais les mécanismes génétiques du photopériodisme et de la précocité sont bien connus, et la sélection des variétés de phénologie modifiée ne pose pas de problèmes particuliers.

Un autre processus connu pour sa sensibilité aux températures élevées est la respiration de maintenance, un processus de perte de carbone qui dépend fortement de la température. C'est en grande partie à cause de ce processus que l'efficience d'utilisation du rayonnement intercepté (RUE) des plantes annuelles est inférieure en milieu tropical (env. 2,0 g/MJ chez les céréales de type C3) par rapport au milieu tempéré (env. 2,5 g/MJ). Le réchauffement climatique diminuera donc généralement le rendement de biomasse du rayonnement absorbé par la plante.

Une grande incertitude concerne les effets de la concentration atmosphérique de CO_2 sur les cultures tropicales. En général, des effets positifs sur la photosynthèse et sur l'économie d'eau à l'échelle de la plante sont attendus chez les plantes en C3* (riz, arachide, oton, manioc, blé, etc.), un effet largement absent chez les plantes en C4* (maïs, sorgho, canne à sucre, etc). Les effets réels au champ (simulés par les dispositifs FACE* très coûteux) donnent des résultats très différents par rapport aux chambres de culture. Malheureusement, des dispositifs FACE ne sont pas disponibles en milieu tropical, et tout modèle de prévision des effets du CO_2 sur les plantes tropicales reste donc potentiellement faux. Des concentrations élevées de CO_2 ont d'ailleurs comme effet secondaire de réchauffer le couvert par une réduction de la transpiration, amplifiant les effets adverses de la chaleur.

Un microclimat généré par les végétaux

Finalement, il convient de souligner que les processus reproducteurs (méiose, stade de microspore, pollinisation, fécondation...) sont souvent très sensibles aux températures sous et supra-optimales, provoquant la stérilité ou l'avortement des organes floraux et une baisse dramatique des rendements. L'ampleur de ce phénomène n'est pas facile à prédire pour des scénarios climatiques car la température des tissus concernés est souvent très différente de la température atmosphérique grâce au microclimat généré par le peuplement végétal lui-même ; en effet, les organes floraux sont capables de se refroidir par leur propre transpiration. Ce refroidissement peut atteindre - 6 °C chez le riz, permettant des bons rendements même en situation de température ambiante supra-optimale mais au prix d'une forte consommation en eau. Ce mécanisme d'évitement est peu connu chez les autres grandes cultures tropicales, et nous ne disposons pas encore des modèles fiables pour prédire son efficacité sous des scénarios climatiques futurs.

Il va de soi que la combinaison des facteurs thermiques, de la pluviométrie, du rayonnement solaire et des fortes concentrations en CO_2 est complexe. Les impacts sur les cultures tropicales sont peu prévisibles même avec les meilleurs modèles, car souvent les données nécessaires pour calibrer et valider ces modèles n'existent pas. Les nombreuses études de traduction des scénarios climatiques en impact agronomique (rendements) laissent donc une très grande incertitude pour les tropiques, multipliée encore par l'incertitude inhérente des prévisions climatiques.

Les études prospectives des effets des changements climatiques sur le fonctionnement des espèces tropicales cultivées à l'échelle de la plante ou de l'organe paraissent indispensables. Toutefois, lorsqu'il s'agit d'améliorer la résilience des systèmes de culture des zones tropicales dans un futur proche, il conviendra d'investir le domaine de l'agronomie systémique. Les équipes de recherche systèmes auront un rôle déterminant à jouer pour accroître la résilience des systèmes de culture en zone tropicale. En améliorant par exemple la capacité de rétention en eau des sols (systèmes de culture à base de couverture végétale permanente), en diminuant la demande évaporatoire des couverts (choix variétaux, densité, cultures en couloir, cultures associées), en adaptant les cycles de culture aux nouvelles conditions hydriques (variétés à cycles court, à enracinement profond), on améliorera la durabilité des systèmes de culture.

Finalement, la pression des bioagresseurs et l'équilibre de la microflore du sol sont des facteurs importants pour la productivité des cultures, et généralement très sensibles aux conditions climatiques. Leur modélisation est très difficile, et en général, nos connaissances sur les impacts du changement climatique sont encore plus fragmentaires pour les contraintes biotiques que pour les stress abiotiques.

Quelle stratégie choisir selon le contexte local ou régional ? Stratégie traditionnelle d'extensification/diversification d'une part (mais comment la concilier avec le développement démographique ?), ou bien l'intensification raisonnée, assistée par des outils performants de prévision climatique, par des outils d'aide à la décision, par un système d'assurance contre les risques climatiques ?

L'insertion dans les filières commerciales

La recette unique n'existe pas, sauf peut-être le développement économique et social. Malgré leur panel de connaissances, de variétés et de pratiques culturales, la majorité des agriculteurs africains traditionnels se trouve dans un état de précarité face aux changements climatiques. Cette situation est aggravée par l'accroissement démographique et par l'émergence d'une compétition entre les besoins alimentaires et énergétiques des sociétés. L'intensification écologique, l'accès aux marchés et aux technologies, la prise raisonnée des risques tamponnés par des systèmes d'assurance et de crédits, etc. sont des éléments essentiels d'une stratégie efficace de lutte contre l'insécurité alimentaire face aux changements climatiques, notamment en zones de pluviométrie précaire. En somme, le développement accéléré du secteur agricole dans les pays du Sud, menant de la subsistance à l'insertion dans des filières commerciales performantes, est probablement la meilleure stratégie. Faute de quoi, la paupérisation des milieux ruraux, les migrations de population, les émeutes de la faim, et toutes les conséquences sociales et politiques qui peuvent découler de ces bouleversements, coûteront cher non seulement à ces agriculteurs et à l'ensemble de leurs sociétés, mais également à la communauté internationale.

▶▶ Les grandes cultures annuelles des zones tempérées et méditerranéennes

Constats actuels et enseignements passés : une phénologie accélérée

La température étant le principal moteur de l'organogenèse, on a constaté une anticipation significative des stades clés pour l'ensemble des cultures (floraison, récolte).

Cette accélération du développement s'est effectuée avec des degrés différents selon les espèces. Pour les espèces semées à l'automne et à cycle long (céréales d'hiver, colza, pois d'hiver, notamment), l'anticipation est plus faible, par exemple de l'ordre de 8 à 10 jours pour l'épiaison des blés en 20 ans. Cette situation s'explique par le second facteur déterminant du développement : la durée du jour. Les températures d'automne et d'hiver ont de ce fait moins d'impact, du fait des jours courts, et ce d'autant plus que la variété est photosensible. Un troisième facteur influence le développement de ces cultures : la vernalisation* (une plus forte proportion de températures supra-optimales augmente la phase végétative, se traduisant par un nombre de feuilles produit par tige plus grand). C'est globalement pour les espèces semées au printemps (maïs, tournesol) que l'anticipation s'est avérée la plus pertinente en raison de l'absence de températures limitantes et d'un cycle plus tardif en saison plus exposée à des températures élevées.

Le raccourcissement du cycle a un impact négatif sur la production, notamment pour les espèces plus dépendantes de la quantité de rayonnement intercepté pendant leur cycle, comme le tournesol ou le maïs. Concernant cette dernière espèce, on peut souligner que l'augmentation des températures s'est accompagnée d'une adaptation du système de culture par l'emploi de variétés plus tardives dans de nombreuses régions. Actuellement, on observe une tendance à l'augmentation des rendements nationaux depuis 10-15 ans, expliquée par les zones méridionales et centrales de la France. Les choix variétaux des producteurs (avec en conséquence des semis plus précoces) ont été accompagnés de températures plus optimales pour la photo-synthèse, alors qu'elles avaient tendance à être sub-optimales dans le passé.

Pour les céréales à paille, on observe qu'en dépit de l'avancement des stades phéno-logiques, l'occurrence de conditions climatiques défavorables pendant des phases sensibles (floraison, remplissage des grains) a augmenté dans la plupart des pays. S'agissant du blé, on note en France une augmentation de l'intensité des déficits hydriques pendant la montaison et le remplissage ainsi qu'une augmentation des températures excessives post-floraison conduisant à des grains plus petits. Ainsi, le rendement stagne en France depuis 1995, malgré un progrès génétique qui s'est maintenu (0,9 quintal/ha/an).

Pour les légumineuses (pois, protéagineux), une même analyse peut être faite. Cet accroissement des conditions défavorables résulte de la sensibilité de la voie de fixa-tion symbiotique de l'azote aux stress abiotiques (thermiques et hydriques) de fin de cycle. La voie d'assimilation de l'azote minéral ne pouvant alors compléter les besoins en azote de la plante par un manque d'accessibilité aux ressources azotées ou une limitation des capteurs impliqués (racines peu développées).

Dans le cas du colza, les constats sont plus proches de ceux observés sur les céréales. Toutefois, la sensibilité du rendement de cette culture au quotient photo-thermique (rayonnement cumulé intercepté/somme des températures) la rend relativement résistante à une augmentation des températures pour peu qu'elle soit concomitante à une augmentation du rayonnement.

En ce qui concerne le maïs, la substitution par des variétés plus tardives et le recours à l'irrigation dans les régions plus exposées à la sécheresse a permis de garantir une production élevée. Dans le cas de la betterave, on n'observe pas de stagnation des rendements. Cette particularité pourrait s'expliquer par leur localisation géogra-phique (nord, sol profond, parfois de l'irrigation), un progrès génétique soutenu, mais aussi par un mode d'élaboration du rendement spécifique (pas d'étapes sensibles de reproduction et une première partie du cycle qui a bénéficié de l'éléva-tion des températures et du rayonnement).

Pour l'ensemble des espèces, l'augmentation des risques « phénoclimatiques » (sécheresse, excès de température) s'accompagne d'une élévation de conditions extrêmes, et d'une augmentation de la nature des facteurs climatiques limitants (faibles rayonnements, températures basses sans endurcissement préalable, excès d'eau en fin de cycle…). Ces aléas rendent les stratégies d'esquive plus que jamais nécessaires. Elles correspondent le plus souvent à des choix de semis précoces et se heurtent parfois à l'élévation parallèle d'autres risques, abiotiques comme l'oc-currence de températures sub-optimales (maïs et tournesol), et biotiques par une augmentation des bioagresseurs, tels que les adventices, les pucerons et les maladies cryptogamiques.

Pour le futur

À l'échelle française, des projets, notamment COS ACTA et l'ANR Climator, ont permis de dégager des tendances. L'anticipation des stades se poursuit, selon une fonction linéaire en fonction des scénarios climatiques proposés. Dans les périodes 2030-2050, il apparaît que l'anticipation des stades phénologiques compensera en partie, mais de manière significative, l'élévation des risques. Après cette période, en dépit d'une accélération de l'arrivée des stades, les risques phénoclimatiques augmenteront beaucoup plus fortement, quelles que soient les espèces. L'échaudage thermique augmentera et le confort hydrique diminuera. Pour la période post 2050, il apparaît important de concevoir de nouveaux profils phénologiques pour limiter les impacts. Les marges de progrès les plus nettes sont atteignables en améliorant le degré de tolérance des espèces aux températures extrêmes. Ceci est particulièrement vrai pour les effets des fortes températures lors du remplissage des grains. Enfin, les jours disponibles pour l'implantation et la récolte des cultures (humidité des sols) augmentent, permettant donc des modifications de dates de semis et de précocité.

Les axes de recherche à privilégier

Les impacts du climat futur sur la production sont estimés par des modèles le plus souvent consanguins en termes de formalisme.

Il semble important d'intensifier l'expérimentation, en particulier d'expérimenter en situations à fortes contraintes climatiques et en peuplement, les effets conjoints des hautes températures et de l'augmentation du CO_2 sur le développement et la croissance des cultures. Par ailleurs, dans l'objectif d'optimiser les choix d'espèces, il semble important de disposer de plateformes de phénotypage permettant de comparer différentes espèces, sur de larges gammes d'environnement.

La pertinence d'une démarche de phénotypage impose de comprendre les mécanismes physiologiques mis en jeu et de les hiérarchiser. Ceci est, par exemple, particulièrement vrai pour l'échaudage thermique pour lequel la hiérarchie des fonctions reste encore mal connue (photo-respiration, respiration nocturne, sensibilité thermique d'activités enzymatiques, régulation stomatique, état redox*, etc.) ce qui ne permet pas de sélectionner des indicateurs de phénotypage pertinents et de rendre compte des interactions avec l'élévation du CO_2.

L'augmentation des aléas climatiques pose aussi la question du risque face à l'incertitude : quelle stratégie proposer à un producteur pour atténuer les impacts potentiels du climat sur ses cultures ?

Les informations offertes par la génétique doivent être intégrées dans les modèles de développement pour identifier des idéotypes* adaptés. Il conviendrait aussi de vérifier les bornes des températures cardinales* permettant le développement.

La réduction de certains risques, comme le gel hivernal, offre de nouvelles opportunités. Par exemple, l'orge de printemps pourrait être semée à l'automne dans de nombreuses situations. Si le risque de gel diminue, on ne peut néanmoins pas conclure que les dégâts seront systématiquement plus modérés car la plante aura peut-être moins de capacité à subir ces stress au froid. Une sélection spécifique pourra viser la résistance au froid, aux maladies cryptogamiques et aux virus.

▶▶ Les cultures horticoles des zones tempérées, méditerranéennes et tropicales

Les cultures « horticoles » constituent un ensemble très diversifié tant au niveau des produits commercialisés (fruits, légumes, vins, fleurs, etc.) que des espèces cultivées dans des conditions climatiques contrastées (biologies et pratiques culturales très diverses) ainsi qu'au niveau de l'organisation des filières souvent complexes (Jeannequin *et al.*, 2005). Par ailleurs, les productions de fruits et légumes sont au cœur des enjeux mondiaux de sécurité alimentaire et de santé publique, voire de lutte contre la pauvreté comme en régions tropicales.

Des cultures relativement vulnérables au changement climatique

En premier lieu, le caractère de pérennité d'un bon nombre d'espèces horticoles (arbres fruitiers, vignes, diverses espèces légumières et ornementales) constitue indirectement un facteur de vulnérabilité par des choix d'espèces et variétés sélectionnées sur un long terme impliquant souvent d'importants investissements (matériel végétal, équipements culturaux). Il peut en résulter une faible capacité adaptative face au changement climatique. En outre, sur le plan physiologique, les espèces pérennes horticoles se caractérisent par des cycles de développement relativement longs et complexes (juvénilité et maturité vers l'état adulte, dormance des bourgeons, biologie florale diversifiée, dynamique complexe des réserves carbonées et azotées). Cette complexité est sous l'influence de multiples facteurs climatiques si l'on considère toutes les phases déterminantes au cours d'un cycle annuel. En particulier, de multiples influences de la température sur des processus essentiels (dormance, croissance, floraison, fructification, maturation) constituent autant de sources d'impacts avérés ou potentiels du réchauffement climatique sur les cultures pérennes. Des exemples caractéristiques en ont été fournis, par exemple une avancée de floraison et de maturité chez les arbres fruitiers et la vigne, due à des phénologies accélérées par le réchauffement climatique (Duchêne et Schneider, 2005 ; Guédon et Legave, 2008) (figure 6.1 planche V). Par ailleurs, l'ensemble des cultures horticoles se caractérise par un recours massif à l'irrigation, notamment en zones méditerranéennes et tropicales, du fait de besoins en eau généralement importants pour satisfaire des demandes commerciales de rendements et qualités élevés. Les cultures horticoles apparaissent ainsi très vulnérables face à une réduction des ressources en eau, même pour des espèces réputées peu exigeantes (olivier). Si la vigne est actuellement cultivée en situation de déficit hydrique modéré pour maîtriser le rendement et la qualité, davantage de sécheresse pourrait nécessiter des pratiques d'irrigation. Inversement des sensibilités aux excès de pluviométrie (asphyxie racinaire, baisse de qualité du fruit) et d'humidité atmosphérique (parasitisme) constituent d'autres facteurs de vulnérabilité chez les cultures horticoles (arbres fruitiers en particulier). En définitive, face à de multiples impacts de la température et de la pluviométrie (intégrant les effets d'un parasitisme possiblement aggravé), les caractères de régularité de production et de qualité des produits (calibre, aspect, saveur) apparaissent particulièrement vulnérables, alors qu'ils sont déterminants pour conserver des marchés et maintenir les prix agricoles à un niveau suffisamment rémunérateur pour les producteurs.

La vulnérabilité des cultures horticoles est en outre accrue par des systèmes de culture impliquant des infrastructures et équipements onéreux nécessitant eux-mêmes des durées longues d'amortissement (cultures légumières et florales sous serres et abris). Face à des phénomènes climatiques extrêmes plus fréquents, il peut en résulter des destructions réduisant les capacités de production durant plusieurs années. Indirectement, des systèmes de production basés sur des amortissements de long terme tendent également à freiner l'adaptation des systèmes de culture en fonction des évolutions climatiques. Par ailleurs, sur le plan des choix commerciaux, le lieu de production (région/terroir) est souvent valorisé comme argument de vente, notamment pour les cultures dont les produits sont identifiés par une appellation d'origine (cultures viticoles mais aussi fruitières/légumières). Un tel lien entre produit et aire géographique pourrait constituer un handicap (freins socio-économiques et réglementaires) dans un contexte climatique où des déplacements de cultures d'ampleur notable deviendraient impératifs. De plus, les productions horticoles sont principalement destinées à satisfaire des besoins en produits frais (fruits, légumes, fleurs) tandis que la part des productions transformées par l'industrie reste encore très faible pour certains produits (fruits) et certaines zones climatiques (méditerranéennes, tropicales). Une faible orientation commerciale vers des débouchés industriels contribue indirectement à plus de vulnérabilité puisque toute insuffisance annuelle de production par impact climatique défavorable ne peut être compensée par du stockage antérieur d'une partie de la production.

Des besoins et stratégies d'adaptation pour limiter des risques et saisir des opportunités

Les facteurs de vulnérabilité des productions horticoles précédemment évoqués ont conduit à s'interroger sur des besoins et stratégies d'adaptation pour limiter ou éviter des risques, mais aussi pour saisir des opportunités. À l'échelle globale, les orientations techniques et économiques des systèmes de culture horticoles sont très contrastées en raison de grandes différences climatiques et sociales des conditions de culture. Certains systèmes sont caractérisés par une forte intensification des outils de production avec une tendance de spécialisation sur des espèces majeures (cultures sous serre en régions méditerranéennes) alors qu'à l'inverse, d'autres sont caractérisés par une très faible mécanisation sur de petites surfaces comprenant de multiples espèces (jardins familiaux en Europe, potagers/vergers de tropiques). Les besoins d'adaptation seront donc à l'évidence de nature et d'intensité différentes suivant les caractéristiques des systèmes de culture (surface cultivée, niveau de technologie, contexte régional climatique et socio-économique). À l'échelle européenne, des études suggèrent que les exploitations de grande taille à haut niveau de technologie, situées notamment dans le nord-ouest de l'Europe, seraient vulnérables (possibles conséquences désastreuses d'évènements climatiques extrêmes). Inversement, des exploitations du sud de l'Europe situées en conditions plus chaudes pourraient être paradoxalement mieux adaptées, notamment par une meilleure résilience à la sécheresse et une meilleure adaptation à l'économie de l'eau. En régions tropicales où les cultures fruitières et légumières sont soumises à de fortes contraintes (parasitisme, extrêmes climatiques, pauvreté), on peut souligner qu'une stratégie d'adaptation permanente s'est souvent développée, se traduisant par une grande diversité de productions (jardins créoles) et ainsi une capacité à nourrir des populations rurales et urbaines.

Sous l'angle de la physiologie des plantes cultivées, la caractéristique de pérennité de bon nombre d'espèces horticoles doit notamment être prise en compte. Pour les arbres fruitiers et la vigne en particulier, il paraît nécessaire d'anticiper sans attendre l'adaptation des variétés cultivées puisque bon nombre de vignes et vergers sont généralement mis en place pour plusieurs décennies. Concernant les espèces horticoles annuelles (légumes et fleurs propagés par graines), l'anticipation paraît moins impérieuse du fait de possibilités annuelles de changement de culture, bien que l'amortissement des infrastructures et des équipements de ces productions limite souvent ces possibilités à des substitutions entre espèces proches (cas des cultures sous serres). Dans tous les cas, les caractéristiques des variétés adaptées (idéotypes variétaux) devront être définies à différents horizons de temps. Les systèmes de culture devront parallèlement évoluer afin d'optimiser l'adaptation variétale et conduire à des choix intégrés de variétés et de techniques (idéotypes culturaux) par bassin de production. L'utilisation de modèles de culture associée à des scénarios climatiques est susceptible de répondre à ces besoins, comme cela a été initié pour la vigne à l'échelle de la France (Garcia de Cortazar Atauri, 2006).

Plus précisément, les adaptations porteront sur les caractères soumis à des impacts susceptibles de conséquences agronomiques majeures. Notamment, les phénologies accélérées chez les arbres fruitiers et la vigne, tant des bourgeons que des organes consommés (fruits, légumes feuilles, etc.), ont avancé les périodes de pollinisation, de fécondation et de récolte en Europe depuis la fin des années 1980. Pour les arbres fruitiers par exemple, les conséquences de ces modifications sont potentiellement multiples vis-à-vis de la régularité et de la qualité des productions (gel printanier, pollinisation insuffisante, étalement excessif de maturité, bouleversement des calendriers de récolte (Domergue *et al.*, 2004)). Le plus souvent, ces modifications apparaissent comme des risques, mais des opportunités régionales pourraient en résulter (nouvelles cultures, plus de proximité des grands lieux de consommation). Dans le cas de la vigne, une plus grande précocité de la maturité offrirait des opportunités d'amélioration des rendements et de la qualité des vins pour certaines régions septentrionales ou situées en altitude (Duchêne et Schneider, 2005). Par contre, en régions méditerranéennes, les avancées de maturité constituent une raison de préoccupation concernant la qualité des vins, en situant la maturation des baies et la vendange à une période plus chaude, durant laquelle des températures nocturnes élevées sont défavorables aux teneurs recherchées en acides et à la qualité aromatique des moûts.

D'une façon générale, l'adaptation à des températures élevées (à partir de 30 °C) pourrait devenir un besoin majeur car celles-ci peuvent perturber d'importants processus biologiques (dormance, fructification, coloration et saveur), tant pour les arbres fruitiers et la vigne que pour les espèces légumières. De même, l'adaptation aux stress hydriques constitue d'ores et déjà un domaine actif, notamment par utilisation de porte-greffes (arbres fruitiers) et une meilleure valorisation de l'eau (irrigation de précision). Enfin une possible intensification du parasitisme, notamment des ravageurs (augmentation des générations, migrations), pourrait conduire à un autre domaine majeur d'adaptation, compte tenu de la multitude des parasites rencontrés en horticulture, notamment en zones tropicales humides. Cependant, des conditions climatiques plus sèches pourraient également être moins favorables au développement de maladies cryptogamiques, en particulier pour les fruits et légumes.

▸▸ Perspectives de recherche et zones prioritaires

Recherches prioritaires

L'adaptation des cultures au changement climatique constitue un challenge inédit du fait de la diversité et de l'ampleur des pistes de recherches vers lesquelles s'engager. Il existe d'ores et déjà de nombreux projets et rapports concernant plus ou moins directement l'adaptation des cultures au changement climatique (rapports Agence européenne de l'environnement, livre vert UE, livre blanc UE, actions Onerc*, Plan national d'adaptation au changement climatique, PNACC, etc.).

Pour définir de nouveaux programmes de recherche conduisant à des stratégies opérationnelles d'adaptation, valorisant et articulant au mieux tous les acquis, un préalable important est de conduire une réflexion sur la méthode d'approche et sur l'organisation des actions entre les partenaires. Des actions plus globales (multi échelles et filières) et des partenariats plus importants entre organismes de recherche sont à préconiser. Un besoin de méthode se fait donc sentir pour construire des stratégies globales d'adaptation des cultures.

Développement de méthodes, d'outils et de connaissances

De telles actions sont susceptibles de conduire à des optimisations au niveau de la plante, de l'exploitation, du bassin de production et de la région. Concernant la recherche de méthodes et de connaissances, des études comparatives entre espèces voisines, voire éloignées (annuelles/pérennes), sont à privilégier pour disposer de données réellement utilisables pour opérer des choix d'adaptation.

Sous forme de programmes intégrant différentes échelles et biomes, ces développements d'outils, méthodes et connaissances pourraient concerner notamment les priorités thématiques déjà évoquées :
— le phénotypage et le traitement de données. Développement des méthodes et des moyens disponibles (haut débit, en conditions de culture, dispositif FACE), maintien des domaines expérimentaux pour les réseaux d'observation en conditions réelles de culture ;

– l'amélioration et la validation des modèles de culture. Des comparaisons et validations de résultats des modélisations sont actuellement insuffisamment développées pour définir des objectifs et stratégies d'adaptation en fonction des scénarios, notamment en climats tropicaux. Des plateformes permettant des études comparatives de modèles d'impact et d'adaptation ainsi que de larges réseaux d'observation/validation doivent donc être développés ;

– le déterminisme et la plasticité des caractères phénologiques. Manques importants de connaissances (action du photopériodisme, paramètres génétiques, relations avec l'adaptation) ;

– la sensibilité aux principaux stress abiotiques. Vaste domaine à enrichir en connaissances, mais sur des sujets inégalement pris en compte (projets stress hydrique/sécheresse relativement nombreux ; excès d'eau, températures élevées, basses températures très insuffisamment abordées) ;

– la dynamique racinaire. Connaissances très insuffisantes (incluant les plantes pérennes ; ses relations avec la phénologie, les stress abiotiques et le CO_2) ;

– la stratégie/méthodologie de l'adaptation génétique. Approfondissements des connaissances (choix des stratégies) et développement des moyens disponibles (expérimentaux pour comparaisons méthodologiques, capacités de phénotypage) ; liens très étroits à établir avec les recherches sur la phénologie, la sensibilité au stress abiotiques et biotiques (parasitisme), la dynamique racinaire ;

– la comparaison des différentes voies adaptatives. Développement d'expérimentations par filière/espèce ou par thématique inter-espèces (phénologie, sensibilité au stress, etc.), approche sans doute très intégrative mais susceptible de fournir des innovations.

Investissement sur l'adaptation aux pressions parasitaires et aux modifications des services écologiques

C'est probablement un des maillons de connaissance les plus faibles, bien que des changements de biodiversité commencent à être décrits (chapitre 3). On ne peut pas proposer de stratégies d'adaptation des cultures sans prendre en compte les risques liés à l'évolution du parasitisme et des services écologiques dont la pollinisation. Dans la réflexion sur la méthode d'approche des adaptations des cultures, des pathologistes/zoologistes/épidémiologistes devront être associés et s'investir dans les relations biodiversité/cultures. D'ores et déjà, on peut concevoir la mise en place d'observations de ces relations à long terme. Cela pourrait être réfléchi et organisé en association avec les réseaux de phénotypage, concernant notamment la phénologie.

On doit en particulier s'attendre à des désynchronisations très variées entre plantes et phytophages/pollinisateurs, entre hôtes et parasites (avec de multiples conséquences sur les cultures), car les facteurs des cycles saisonniers sont très variables d'une espèce à l'autre. Notamment, les réactions biologiques et spatio-temporelles des insectes aux conditions climatiques sont complexes et méritent un fort investissement en relation avec le développement des cultures.

➤➤ Zones prioritaires

Régions méditerranéennes

Des observations et des études de plus en plus nombreuses confirment la vulnérabilité des cultures dans l'ensemble du bassin méditerranéen, y compris dans sa partie la plus septentrionale concernant l'Europe du Sud. À titre d'exemple, la production de céréales à paille dans le sud de la France est d'ores et déjà très soumise au risque de sécheresse (baisse de production) et de températures excessives (échaudage).

Pour les productions horticoles très exigeantes en eau et souvent irriguées comme les productions légumières, le risque de limitation des disponibilités en eau devient préoccupant. La question d'irrigation des vignobles commence également à se poser. Bien que sensiblement plus réduite en surface, l'arboriculture fruitière est également en position de vulnérabilité compte tenu de l'importance de l'irrigation sur la régularité de production et sur la qualité des fruits.

Les arbres fruitiers sont également de plus en plus souvent exposés à des températures trop élevées très préjudiciables à l'intensité et la qualité de la floraison (besoin en froid pour lever la dormance ; nocivité pour les organes floraux).

Régions sahéliennes

Dans ces régions, les très faibles pluviométries, les températures élevées et l'importance des variations saisonnières constituent des conditions de très grande vulnérabilité pour toutes les principales cultures assurant la sécurité alimentaire. Cette situation éminemment prioritaire est connue depuis longtemps mais doit être rappelée. Dans ces régions, les cultures de légumes traditionnellement développées (vivrières, exportation) sont également menacées.

Régions tempérées septentrionales

Dans une moindre mesure, plus d'humidité et de précipitations combinées à des hausses de températures dans ces régions sont susceptibles d'augmenter les risques phytosanitaires (maladies, ravageurs). Les avancées phénologiques associées aux hausses de température tendent également à augmenter les risques de gel.

Ce texte s'inspire largement des travaux de l'ARP ADAGE auquel ont contribué les personnes suivantes, que nous tenons à remercier : François Balfourier (Inra), Christian Gary (Inra), David Gouache (Arvalis), Jean Roger-Estrade (AgroParisTech), Joël Rochard (IFV), Christophe Salon (Inra), Jorge Sierra (Inra).

➤➤ Références bibliographiques

Brisson N., Levrault F., 2012. Changement climatique, agriculture et forêt en France : simulations d'impacts sur les principales espèces. Le livre vert du projet Climator (2007-2010), Ademe, 336 p.

Brisson N., Gate P., Gouache D., Charmet G., Oury F-X., Huard F., 2010. Why are wheat yields stagnating in Europe? A comprehensive data analysis for France. *Field Crops Research*, 119, 201-212.

Domergue M., Legave J.M., Calleja M., Moutier N., Brisson N., Seguin B., 2004. Réchauffement climatique et conséquences sur la floraison (abricotier, pommier, olivier). *L'Arboriculture Fruitière*, 578, 27-33.

Duchêne E., Schneider C., 2005. Grapevine and climatic changes: a glance at the situation in Alsace. *Agron. Sustain. Dev.* 25, 93-99.

Garcia De Cortazar Atauri I., 2006. Adaptation du modèle STICS à la vigne (vitis vinifera L.) Utilisation dans le cadre d'une étude d'impact du changement climatique à l'échelle de la France. Doctorat École Nationale Supérieure Agronomique, Montpellier, 292 p.

Gate P., 2007. Face au stress climatiques - les mécanismes physiologiques en jeu. *Perspectives Agricoles*, 336, 20-23.

Gate P., 2007. Évolution du climat et production du blé - des contrastes régionaux marqués. *Perspectives Agricoles*, 336, 24-31.

Gate P., 2007. Esquive et adaptation - les solutions de demain. *Perspectives Agricoles*, 336, 32-37.

Guédon Y., Legave J.M., 2008. Analyzing the time-course variation of apple and pear tree dates of flowering stages in the global warming context. *Ecological Modelling*, 219, 189-199.

Jarvis A., Ramirez J., Anderson B., *et al.*, 2010. Scenarios of climate change within the context of agriculture. *In : Climate Change, crop production* (Reynolds M.P., ed.), CABI Climate change series, Oxfordshire, UK.

Jeannequin B., Dosba F., Amiot-Carlin J., 2005. *Fruits et légumes : caractéristiques et principaux enjeux*, éditions Inra, Paris.

Kouressy M., Dingkuhn M., Vaksmann M., Heinemann A.B., 2008. Adaptation to diverse semi-arid environments of sorghum genotypes having different plant type and sensitivity to photoperiod. *Agricultural and Forest Meteorology*, 148, 357-371.

Kurukuliya P., Rosenthal S., 2003. Climate change and agriculture : a review of impacts and adaptations, Environment Department Papers, Paper 91, World Bank, Washington DC.

Lavalle C., Micale F., Houston T.D., Camia A., Hiederer R., Lazar C., Conte C., Amatulli G., Genovese G., 2009. Climate change in Europe. 3. Impact on agriculture and forestry. A review. *Agron. Sustain. Dev.*, 29, 433-446.

Lobell D.B., Schlenker W., Costa-Roberts J., 2011. Climate trends and global crop production since 1980. *Science,* 333, 616-620.

Luquet D., Dingkuhn M., Kim H.K., Tambour L., Clément-Vidal A., 2006. EcoMeristem, a Model of Morphogenesis and Competition among Sinks in Rice. 1. Concept, Validation and Sensitivity analysis. *Functional Plant Biology*, 33, 309-323.

Malézieux E., Seguin B., 2004. Changement climatique et adaptation des agrosystèmes, *In : colloque Enjeux et perspectives de la recherche agronomique des pays en développement*, 13 octobre 2004, Paris.

Malézieux E., Seguin B., 2004. Changement climatique et agriculture : évolution ou révolution ?, *In : Journée du développement durable* (JDD 2004), 18 juin 2004, Montpellier, restitution des conférences et débats sur « Le changement climatique : risques ou opportunités », www.agropolis.fr/jdd2004.

Chapitre 7

Élevages et filières animales

Didier RICHARD, Jean-Yves DOURMAD,
Jean-Baptiste COULON, Catherine PICON-COCHARD

▸▸ Contexte et enjeux

L'élevage joue un rôle majeur pour améliorer la sécurité alimentaire et réduire la pauvreté : à l'échelle de la planète, 19 milliards d'animaux domestiques contribuent à l'emploi de 1,3 milliard de personnes. Il a par ailleurs une grande importance dans l'occupation des sols et les usages des ressources alimentaires. Il occupe directement et indirectement 30 % des terres émergées libres de glace ; un tiers des céréales produites dans le monde, soit 670 millions de tonnes, est destiné aux animaux (Steinfeld *et al.,* 2009). Par ses produits, il assure des apports en protéines et en micro-nutriments indispensables à l'équilibre nutritionnel de l'homme, tout en contribuant à d'autres fonctions : énergie pour les travaux agricoles, contribution à l'économie des ménages, liens sociaux et culturels. Au cours des dernières années, il a connu des évolutions considérables (Delgado *et al.,* 1999 ; FAO, 2009) : augmentation massive de la demande, bouleversement de l'organisation des exploitations, des filières et des marchés, développement d'importants progrès techniques dans les différentes filières.

Dans les quarante années à venir, à l'échelle mondiale, l'élevage devra faire face à un double défi :
– d'une part, contribuer à satisfaire la demande croissante en produits animaux prévue dans différentes prospectives, dont celles de la FAO (FAO, 2006 ; Steinfeld *et al.,* 2006), qui prévoient le doublement d'ici 2050 de la consommation de lait et de viandes, essentiellement dû aux consommateurs des pays émergents et du Sud ;
– d'autre part, réduire ses impacts environnementaux négatifs (production de gaz à effet de serre, érosion des sols, pollution des eaux, etc.) et augmenter sa contribution à l'aménagement du territoire (Steinfeld *et al.,* 2009 ; Steinfeld *et al.,* 2010) : les surfaces utilisées notamment par les herbivores assurent en effet aussi des services environnementaux décrits dans le rapport du Millenium Ecosystem Assessment (2005) ; sources directes de la production primaire et de la biodiversité, elles contribuent à fournir l'alimentation de base des herbivores, maintenir la qualité de l'eau, assurer la fertilité des sols, permettent de lutter contre l'érosion, les inondations ou les maladies, mais aussi de limiter les impacts du changement climatique en

stockant le carbone dans le sol. Par ailleurs, les animaux assurent la valorisation et le recyclage de quantités très importantes de coproduits de l'alimentation humaine ou de l'industrie.

L'adaptation des systèmes d'élevage d'herbivores et de monogastriques au changement climatique est donc un enjeu majeur à moyen terme pour la durabilité des exploitations et des filières correspondantes, la transformation des produits d'origine animale ayant elle-même des impacts environnementaux importants (Steinfeld *et al.*, 2009). Cette adaptation est complémentaire à la réduction des émissions de gaz à effet de serre (GES) dans la lutte contre le changement climatique[1]. Elle se décline différemment selon les situations géographiques et les espèces considérées. Elle dépendra des évolutions du climat et sera ainsi plus nécessaire dans un scénario de stabilisation à 1000 ppm équivalent CO_2 (soit une élévation de température pouvant atteindre 8 °C), que dans un scénario à 450 ppm équivalent CO_2 (GIEC, 2007).

Tous les animaux d'élevage sont sensibles au changement climatique soit directement par un effet de la température sur les individus (Bouraoui *et al.*, 2002 ; Yahav *et al.*, 2005 ; Renaudeau *et al.*, 2007), soit indirectement par la modification de la disponibilité et de la qualité des ressources alimentaires, par l'évolution des principales maladies, et plus globalement par les modifications d'organisation des marchés et des filières sous l'effet du changement climatique (Thornton, 2009).

Les principaux impacts du changement climatique portent ainsi sur (Thornton, 2009) :
– les ressources alimentaires[2] (disponibilité, valeur alimentaire, dynamique de végétation) ;
– les ressources (caractéristiques génétiques et physiologiques) et les performances animales (productions, reproduction, travail, etc.) ;
– la santé des animaux ;
– les modifications des fonctions des surfaces agricoles, des milieux et de l'environnement dont les services sociaux et environnementaux rendus par l'élevage ;
– la nature des systèmes d'élevage et les structures des filières (marchés, consommation, organisation des producteurs, industries de transformation, impact sur les cahiers des charges).

Les impacts du changement climatique sont plus ou moins connus sur ces différents points et leur importance peut varier selon les zones géographiques considérées. Les voies d'adaptation possibles de l'élevage au changement climatique relèvent de différents niveaux (ressource alimentaire, animal, troupeau, système d'élevage, territoire) et mettent en jeu des leviers différents (génétique, conduite d'élevage, logement, gestion de la santé, technologie alimentaire, etc.). Certaines de ces voies sont connues, d'autres non. Certaines sont plus ou moins pertinentes selon le milieu et/ou les espèces considérées. Elles nécessitent d'une part de préciser pour les espèces élevées et leur environnement, les impacts prévisibles directs ou indirects

---

1. Mais elle n'en est pas indépendante : les changements choisis pour atténuer le changement climatique ou le besoin en eau auront des effets sur les systèmes d'élevage.
2. Pour les ressources et les performances, il est essentiel de tenir compte des impacts à la fois sur les niveaux mais aussi sur les variations, intra et inter annuelles.

du changement climatique sur les différentes composantes du système d'élevage, de l'environnement local et global, et de la filière, d'autre part d'identifier des voies d'adaptation possible pour faire face à ces impacts.

▸▸ Impacts du changement climatique sur l'élevage

Ressources alimentaires

Les ressources alimentaires utilisées pour l'alimentation des animaux sont très variées. Elles concernent principalement les fourrages naturels (prairies et parcours) et cultivés destinés aux herbivores, les graines végétales (céréales, légumineuses, etc.) et leurs coproduits agro-industriels (paille, tourteaux, drèches, sons, etc.) distribués tant aux herbivores qu'aux monogastriques.

Pour les premières, leur évolution et l'adaptation des systèmes fourragers correspondants au cours des trente dernières années sont en partie renseignées dans la plupart des régions du monde[3] (Reynolds et Frame, 2005 ; Toutain *et al.,* 2009), notamment en France (Huyghe, 2009), et des travaux décrivant la dynamique de végétation des écosystèmes prairiaux et des espèces invasives suite à des événements critiques sont disponibles (Alard et Balent, 2007). En revanche, la réponse du biome prairie aux effets combinés des différents facteurs du changement climatique est encore peu renseignée (Tubiello *et al.,* 2007). Il a été montré sur prairie permanente de milieu tempéré que l'enrichissement en CO_2 de l'air augmentait la quantité de fourrages produits et la teneur en sucre, alors que la teneur en azote diminuait (Picon-Cochard *et al.,* 2004 ; Ainsworth et Long, 2005). Cependant, ces effets directs du CO_2 pourraient être modifiés par le réchauffement et la sécheresse. Pour une espèce végétale donnée, l'augmentation de température se traduit par un accroissement de la teneur en parois du fourrage, et donc une diminution de la valeur énergétique. Toutes choses étant égales par ailleurs, l'accroissement de la température a un effet légèrement positif sur la digestibilité des rations (Morand-Ferh et Doreau, 2001). Divers travaux ont été réalisés ou sont en cours sur la résistance à la sécheresse et l'efficience hydrique de graminées et légumineuses fourragères, notamment des recherches de QTL de tolérance à des stress abiotiques dont la sécheresse (Barre et Julier, 2005).

Pour les aliments concentrés (céréales, protéagineux, sous-produits des oléagineux et des céréales, etc.), l'augmentation de la demande à l'échelle mondiale tant pour les hommes que pour de nouveaux usages (agrocarburants, etc.) et les risques climatiques intra et inter annuels peuvent modifier leur destination au détriment des productions animales. Cela pose également des questions sur les zones de production et de consommation de ces aliments, leur coût et leur impact sur l'environnement, mais aussi sur la compétition avec l'alimentation humaine puisqu'une partie de ces aliments peuvent aussi être consommés par l'homme. Le changement climatique,

---

3. Cependant les études à l'origine des informations disponibles sont réalisées essentiellement selon des approches disciplinaires (climatologie, pédologie, écologie végétale…) et se limitent le plus souvent à des écorégions à chaque fois spécifiques.

avec ses effets sur les niveaux de production, et l'accroissement de la demande risquent donc d'entraîner des fluctuations croissantes dans les disponibilités et les prix des matières premières et des aliments concentrés. La question est alors posée de la capacité d'adaptation des systèmes d'élevages à ces importantes fluctuations. La recherche de nouvelles ressources alimentaires moins sensibles au changement climatique constitue aussi une voie à explorer.

En ce qui concerne les besoins en eau, ils augmentent fortement avec la température ambiante dès que celle-ci dépasse 20 °C chez les bovins et 25 °C chez les volailles et les porcs. Chez les bovins, les consommations sont 2 fois plus élevées à 30 °C qu'à 10 °C, et trois fois plus à 35 °C (Arias et Mader, 2011), en raison d'une régulation thermique qui s'effectue à travers les poumons et surtout à travers la peau. Cette augmentation dépend cependant fortement du génotype : chez les bovins, à 35 °C et à mêmes quantités ingérées, les animaux *Bos taurus* consomment 40 % de plus d'eau que les *Bos Indicus* (NRC, 1981). Elle dépend aussi de la pluviométrie et de l'ensoleillement (Coulon, 1984). Mais les systèmes d'élevage sont aussi consommateurs indirects d'eau (Doreau *et al.*, 2012). Si l'eau d'abreuvement ne représente qu'une faible part de la consommation totale d'eau, comparativement à la quantité nécessaire à la production des fourrages et des aliments, elle peut rapidement devenir un facteur limitant. C'est le cas par exemple dans les zones arides ou semi arides mais aussi dans les systèmes intensifs d'élevage, du fait de la grande concentration d'animaux, parfois à proximité de grandes agglomérations.

Ressources animales

Les espèces animales utilisées par l'homme sont nombreuses et au sein d'une espèce les races sont plus ou moins diversifiées et généralement adaptées à un milieu. Si les races élevées dans les pays tempérés sont bien décrites pour leurs performances selon le stade physiologique et les conditions d'élevage, les animaux élevés en régions chaudes, notamment ceux de races locales, sont moins connus (FAO, 2007) tant pour leurs performances de production que pour leurs caractéristiques génétiques. Il existe encore peu de travaux de génétique quantitative et encore moins de génétique moléculaire permettant de connaître et comprendre, intra-race, le déterminisme génétique des caractères adaptatifs et leurs relations avec les caractères de production.

Chez les ruminants, les principaux travaux concernent les meilleures capacités d'adaptation des races de zébu (*Bos indicus*) par rapport aux races taurines (*Bos taurus)*, en termes de résistance à la chaleur (Kennedy, 1995) et aux parasites (Prayaga *et al.*, 2006), et l'intérêt de croisements *B. taurus* × *B. indicus* (Prayaga *et al.*, 2006 ; Regitano *et al.*, 2006) en matière d'adaptation et de performances de production ou de reproduction. L'utilisation des marqueurs moléculaires à haute densité a permis d'associer plusieurs régions du génome aux aptitudes particulières des races bovines de l'Afrique de l'Ouest (Gautier *et al.*, 2009). Des travaux américains concernent également l'adaptation des vaches laitières Holstein aux températures élevées (Ravagnolo et Misztal, 2000, Menendez et Mandonnet, 2006), ainsi que des comparaisons de performances de croissance et de composition corporelle entre les races à viande des zones tempérées et tropicales (Ferrel et Jenkins, 1998).

Concernant les petits ruminants, la chaleur et les apports alimentaires fluctuants semblent avoir moins de conséquences sur leurs performances que sur celles des bovins, du fait de capacités d'adaptation particulières, notamment chez la chèvre, bien qu'il soit difficile de généraliser cette affirmation (Alexandre et Mandonnet, 2005). Il existe en effet aussi des interactions entre génotype et environnement dans ces espèces. Peu de choses sont connues sur l'adaptation des équidés à la chaleur. On peut penser qu'ils y sont moins sensibles, en raison de leur forte capacité d'ingestion, sauf peut-être pour les équidés ayant un fort besoin énergétique pour la traction. Chez les monogastriques, les effets de la chaleur tant sur les productions que sur les moyens d'atténuer les impacts des températures élevées et/ou de s'y adapter ont été largement décrits et un certain nombre de références existent (Picard *et al.*, 1993 ; Renaudeau *et al.*, 2004). Cela tient vraisemblablement aux risques significatifs que peuvent entraîner des modifications de milieu sur des groupes importants d'animaux généralement élevés dans des conditions de forte densité.

D'une manière générale, les impacts d'une augmentation de la chaleur sont des baisses de consommation alimentaire et en conséquence de performances, quelle que soit l'espèce (Young, 1987 ; Berbigier, 1988 ; Bouraoui *et al.*, 2002 ; Renaudeau *et al.*, 2007 ; Mandonnet *et al.*, 2011). Chez les herbivores, l'impact sur la production laitière (fort) et la composition du lait (faible) a été largement étudié, mais celui sur la croissance et la production de viande l'a été beaucoup moins. Les études les plus rigoureuses ont été menées en chambre climatisée, sur quelques génotypes, et ont permis de définir les températures critiques au-delà desquelles le métabolisme des animaux est affecté. La diminution de production laitière est liée à une diminution d'ingestion, conséquence de la difficulté à éliminer la chaleur. À cela s'ajoute l'effet de la diminution en qualité et en quantité des ressources fourragères. La sous-alimentation entraîne de nombreuses adaptations métaboliques de l'animal, à court terme (diminution des besoins d'entretien) et à plus long terme (mobilisation/reconstitution des réserves corporelles) (Mandonnet *et al.*, 2011). De nombreux essais ont porté sur l'effet de différentes pratiques sur la limitation des effets de la chaleur et de l'ensoleillement, en particulier les conditions de logement (ventilation) ou d'abri au pâturage, ainsi que des techniques visant à limiter la thermogenèse (brumisation). Un moyen de limiter les baisses d'ingestion est d'utiliser des rations plus riches en concentré. L'animal s'adapte partiellement à la chaleur en modifiant la répartition de ses activités alimentaires au cours de la journée (Richard *et al.*, 1997). L'augmentation de température entraîne en outre une augmentation de la production de chaleur (Kennedy, 1995) et du besoin en minéraux.

Chez les monogastriques, comme chez les ruminants, on note un effet majeur des températures élevées sur l'ingestion d'aliment. La capacité des animaux à éliminer la chaleur produite par le métabolisme devient alors le principal facteur limitant la consommation d'énergie. Du fait de capacités de sudation très limitées ou inexistantes chez ces animaux, la principale voie d'élimination de la chaleur est l'accroissement du rythme respiratoire. Mais ces possibilités sont limitées et le plus efficace pour l'animal est alors de réduire sa consommation d'aliment. Ceci conduit à une réduction de la croissance et, dans certains cas, à une détérioration des performances de reproduction. Chez la truie, on a ainsi mis en évidence un effet direct de la température sur la production laitière, indépendamment de la consommation alimentaire. Il existe par ailleurs des interactions génétique/environnement importantes en matière de réaction des animaux à la chaleur comme le montrent les travaux réalisés sur le poulet (Cahaner *et al.*, 2008) ou le porc (Renaudeau *et al.*, 2006). Chez le poulet, plusieurs gènes à effets majeurs sur le plumage ou la morphologie sont connus depuis longtemps pour améliorer la thermotolérance, comme le gène Cou Nu (Mérat, 1986 ; Cahaner *et al.*, 1993), mais aucun n'est encore utilisé en sélection industrielle. De nombreuses études ont été conduites ces dernières années pour mettre en œuvre des pratiques de conduite, d'alimentation ou de logement permettant de mieux faire face à des situations de chaleur forte ou extrême. Des travaux ont ainsi été conduits sur des systèmes de ventilation ou de refroidissement de l'air. La modification de la nature de la ration a également été envisagée afin de réduire l'extra chaleur. D'autres travaux de nature plus analytique ont également été conduits afin de mieux préciser les déterminants physiologiques de la réponse des animaux et leurs capacités d'adaptation à court ou à long terme. Ils concernent par exemple les performances des porcs en croissance en environnement dégradé (Renaudeau *et al.*, 2008 ; Renaudeau, 2009) ou les mécanismes de conditionnement précoce à la chaleur chez le poulet (Collin *et al.*, 2007).

L'effet de la température élevée sur la reproduction a été largement étudié (Kennedy, 1995 ; Turner, 1982). Elle perturbe les sécrétions hormonales et la croissance folliculaire, ce qui entraîne une moins bonne expression des chaleurs et un accroissement de la mortalité embryonnaire précoce. La cause principale est la diminution de l'ingestion qui entraîne une baisse de l'état corporel. Il existe des techniques permettant de contrer cet effet sur la reproduction : les techniques mentionnées ci-dessus pour limiter la diminution de l'ingestion, l'utilisation de l'effet mâle chez les petits ruminants pour réduire la durée d'anoestrus, etc.

Environnement sanitaire

La santé reste un facteur essentiel de la maîtrise des performances animales. Si de grands progrès ont été réalisés pour lutter contre les maladies « pasteuriennes », et si les risques des maladies dites pluri-factorielles ont été en partie analysés, les changements vont influer tant sur les populations microbiennes et parasitaires, que sur les contacts entre les pathogènes et les hôtes avec ou sans vecteurs. Les conséquences du changement climatique sur la santé des animaux peuvent être très complexes (Thornton, 2009) car ils sont le résultat de nombreux effets : soit directs des conditions climatiques sur les animaux et notamment sur leur réponse immunitaire, soit des modifications de leur exposition à des agents pathogènes, notamment ceux qui sont transmis par l'environnement ou par des vecteurs, dont l'aire d'activité peut être modifiée (Wittmann et Baylis, 2000 ; Baylis et Githeko, 2006). Les effets directs envisagés sont généralement considérés comme moins importants que les effets indirects. La survie (voire la réémergence ou la multiplication) des agents pathogènes et des parasites (Mandonnet *et al.*, 1997) dans l'environnement peut être largement dépendante des conditions de température, d'humidité et de leurs variations. La capacité des vecteurs d'agents pathogènes à s'établir dans un biotope, leur abondance, leur capacité à transmettre les agents pathogènes sont également dépendantes à la fois des facteurs climatiques et des biotopes (qui évolueront). Ceci s'applique à la fois aux vecteurs invertébrés (insectes, arthropodes, mollusques) ou vertébrés (notamment la faune sauvage).

Par ailleurs, les évolutions des modes d'élevage peuvent conduire à des modifications des contacts entre animaux (par exemple, le rassemblement de troupeaux sur un nombre de points d'eau plus réduits). De telles évolutions des structures de contact entre individus dans les populations peuvent modifier de façon très importante la fréquence, la persistance et les conséquences d'une maladie dans une population.

Pour les maladies qui peuvent être transmises à l'homme (zoonoses), les évolutions consécutives au changement climatique peuvent également entraîner une évolution des expositions, à la fois du fait de la présence des agents pathogènes ou vecteurs, et d'évolutions des contacts entre l'homme et les animaux (ou d'évolutions des capacités à maîtriser la sécurité des denrées alimentaires).

Environnement local et global

Une proportion élevée des terres est consacrée aux élevages sous des formes très variées allant des steppes arides avec de faibles charges de ruminants, à des prairies cultivées à haut rendement et charge élevée, et à des cultures de céréales, protéagineux et oléagineux dont une partie de la production sert à fournir des aliments concentrés aux animaux. Dans les pays du Sud, le Brésil étant emblématique, des espaces ont été déforestés pour mettre en place des prairies ou des cultures destinées aux animaux provoquant alors des émissions importantes de CO_2 (2,4 milliards T CO_2/an). Entre 1961 et 1991, les surfaces de pâturages ont ainsi progressé de 0,6 %/ an en Amérique latine et de 0,8 % dans les pays asiatiques en développement, cet accroissement s'étant poursuivi à un rythme moindre, respectivement 0,3 et 0,1 %, entre 1991 et 2001. En Océanie, en Afrique subsaharienne et en Amérique latine, plus de 30 % des terres sont utilisées pour l'élevage (Steinfeld, 2009). Une partie de ces pâturages est considérée dégradée sans qu'il soit toujours possible de différencier les causes entre sécheresse (liée au changement climatique) et pratiques d'élevage, notamment la surcharge animale.

Néanmoins, suivant les pressions d'utilisation, dans la perspective des évolutions climatiques, les ressources fourragères naturelles peuvent être fortement altérées (Suttie *et al.*, 2005). Le Sahel est ainsi une vaste région géographique typiquement confrontée à cette situation depuis 35 ans (Brooks, 2006). Des recherches ont été entreprises pour tenter d'établir des références sur les interrelations ressources-éleveurs-climat (Rota *et al.*, 2007 ; Sidahmed, 2008). Toutefois, les fréquentes perturbations météorologiques, caractéristiques des zones intertropicales, rendent les analyses délicates à interpréter, et il reste difficile d'intégrer ces perturbations pour atténuer leurs effets sur les élevages et favoriser l'émergence de systèmes adaptatifs de gestion des ressources fourragères (Reynolds et Frame, 2005). De plus, ces évènements s'inscrivent dans des évolutions climatiques et structurelles critiques en étroite synergie avec des dynamiques de forte pression anthropique ; le cas est particulièrement saillant en Amazonie (Smith *et al.*, 1995 ; Soares-Filho *et al.*, 2006).

À l'échelle mondiale, les consommations d'eau liées à l'élevage font l'objet d'estimations contradictoires. Si les besoins nécessaires à l'abreuvement et à l'entretien des animaux sont relativement limités (0,6 % de toute l'eau douce utilisée), les valeurs proposées peuvent devenir très importantes quand on tient compte de l'ensemble de l'eau nécessaire à la production animale, notamment celle utilisée pour la production des aliments (cf. chapitres 6 et 13) et surtout de l'évapotranspiration des surfaces utilisées par les animaux (Doreau *et al.*, 2012). Elles dépendent alors fortement des zones géographiques et des systèmes considérés. Les impacts du changement climatique pourront donc parfois être sensibles, notamment dans les systèmes utilisant des aliments à fort besoin en eau, dans les zones arides où les risques de sécheresse peuvent augmenter et dans des situations locales où la transformation des produits animaux, consommatrice d'eau, est concentrée. La question se pose également pour les zones très concentrées en élevage qui se développent à proximité de certaines grandes agglomérations.

Sur l'environnement global, l'élevage contribue de manière importante à la production des GES (Steinfeld *et al.*, 2009). Mais son rôle tant direct (production, usage des milieux) qu'indirect (transformation par ouverture des milieux, contribution au maintien de la biodiversité, etc.) doit aussi être pris en compte en matière de services environnementaux. Pour ces derniers, des travaux récents menés sur des écosystèmes pâturés ont montré qu'une augmentation de la diversité végétale (Tilman *et al.*, 2006 ; Fornara et Tilman, 2008 ; Steinbeiss *et al.*, 2008) et qu'un enrichissement en CO_2 de l'atmosphère (Pendall *et al.*, 2004) peuvent contribuer à un stockage à court terme du carbone dans le sol. En revanche, un réchauffement de l'air, des sécheresses édaphiques ou des gestions contrastées peuvent contrebalancer ces effets directs sur la biodiversité et le stockage à court terme du carbone dans le sol (Tubiello *et al.*, 2007). Des travaux théoriques mettent en avant le rôle de la bio-diversité dans la vulnérabilité des écosystèmes terrestres face au changement climatique (hypothèse d'assurance, Loreau *et al.*, 2001). Plus le nombre d'espèces est élevé, moins les écosystèmes seraient vulnérables à cause de la redondance des espèces pour assurer les processus écosystémiques. Cependant, la dégradation constatée des écosystèmes herbagers des zones chaudes lorsqu'ils sont soumis à des régimes de perturbation irréguliers, notamment liés au climat, entraîne le développement d'espèces indésirables voire envahissantes. Ces espèces exotiques ou locales ne sont pas une source de biodiversité mais représentent une menace pour la durabilité même des pâturages et des milieux environnants (parfois à forte valeur biologique) (Isaac *et al.*, 2007 ; Blanfort et Orapa, 2008 ; Huguenin, 2008).

Dans les zones chaudes, la plus faible diversité végétale des biomes pourrait conduire à court et moyen terme à une perte des espèces dominantes et à leur remplacement par des espèces invasives peu ou pas consommées par les herbivores. Avec l'apparition d'évènements extrêmes (vague de chaleur combinée à une sécheresse importante), tels que celui enregistré en Europe en 2003, les écosystèmes terrestres européens ont été source de carbone, conduisant à une perte de carbone correspondant à quatre années de stockage (Ciais *et al.*, 2005 ; Leary et Kulkarni, 2007). On peut faire l'hypothèse que les impacts du changement climatique devraient affecter de manière très marquée les principaux services environnementaux des écosystèmes terrestres : production primaire, qualité, biodiversité, stockage du carbone, qualité et disponibilité de l'eau, maintien des sols, notamment à cause d'une augmentation de la vulnérabilité des écosystèmes terrestres.

La majorité des biomes/régions du Sud présente des situations où les changements climatiques sont amplifiés. Des perturbations sévères sont en effet déjà apparues depuis 30 ans compte tenu de l'antériorité des crises climatiques notamment en régions méditerranéenne et sahélienne (Dixon *et al.*, 2003). De plus, contrairement aux régions du Nord, le Sud se trouve confronté à une très forte augmentation de la pression anthropique (démographie et développement industriel).

Plusieurs auteurs proposent de rétribuer ces services environnementaux, afin de maintenir des sociétés d'éleveurs principalement fondées sur l'exploitation de ressources pastorales (Steinfeld *et al.*, 2006).

Systèmes d'élevage et filières

Les systèmes d'élevage d'herbivores sont très diversifiés et ont fait l'objet de nombreuses descriptions et analyses, notamment dans les pays du Sud (Séré et Steinfeld, 1995 ; Kruska *et al.*, 2003). Ces travaux ont servi de base à plusieurs démarches pour adapter les outils de conseil et l'environnement biophysique et socio-économique des éleveurs.

Très peu d'études d'impact du changement climatique sur les systèmes d'élevage ont été réalisées et ce sont principalement des recommandations et des hypothèses qui sont avancées. Il est en effet difficile d'isoler le facteur climatique dans l'évolution des systèmes d'élevage qui sont influencés aussi par le développement démographique des pays du Sud, la globalisation des échanges, l'urbanisation, les enjeux socio-économiques, et les options culturelles des producteurs et consommateurs (Thornton *et al.*, 2009).

Il est cependant très probable que le changement climatique influencera les trajectoires de bon nombre d'entre eux par les impacts sur les ressources alimentaires, les animaux, et le contexte des élevages, comme le suggère les travaux de Harle *et al.* (2007) sur l'avenir de la filière ovine en Australie à l'horizon 2030. Il est donc nécessaire de proposer des systèmes innovants conduisant notamment à maintenir, voire à augmenter, la productivité dans les conditions climatiques difficiles (principalement pour les Suds) (Mandonnet *et al.*, 2011).

Pour l'ensemble des filières, le changement climatique peut avoir des conséquences sur la compétitivité des animaux ou de leurs produits et sur la gestion de l'environnement, ces deux volets devenant indissociables. Ainsi, Steinfeld *et al.* (2009) posent la question de la concentration des élevages et prônent leur dispersion pour limiter la concentration de déchets, ce qui aura des répercussions sur l'organisation des filières et leur intégration dans un territoire. Surtout, le changement climatique peut avoir des conséquences économiques en rendant aléatoires la production des ressources alimentaires, les performances animales et en conséquence les coûts de production et les investissements des acteurs de la filière, et en particulier ceux de la collecte et de la transformation (cf. chapitre 14).

Pour les filières de monogastriques et les filières intensives de ruminants, c'est sûrement la question de la disponibilité des ressources alimentaires qui sera la plus déterminante. Actuellement, ces systèmes se développent un peu partout dans le monde, en grande partie sur la base de matières premières disponibles sur le marché mondial, qui viennent compléter des ressources produites localement. Les évènements récents ont montré que la disponibilité de ces ressources était très sensible aux fluctuations climatiques, à l'arrivée de nouvelles technologies (biocarburants), et plus généralement à la situation globale de l'économie. Ceci a entraîné des fluctuations importantes des prix des aliments exacerbées par des phénomènes spéculatifs. Il est vraisemblable que cette situation devrait s'accentuer dans l'avenir dans un contexte climatique plus changeant. La recherche de systèmes de production plus robustes, moins dépendants de l'extérieur et/ou disposant de mécanismes de réajustement individuels ou collectifs constitue donc une voie particulièrement intéressante à explorer, en considérant à la fois les dimensions techniques, organisationnelles et économiques.

Le second point important pour l'ensemble des filières est la question du recyclage et de la valorisation des déjections. Afin de réduire les impacts environnementaux, les filières de gestion des effluents devront limiter autant que possible les émissions de gaz nocifs pour l'environnement (NH_3, N_2O, CH_4, etc.), et préserver et valoriser au mieux les éléments fertilisants. La bonne valorisation des déjections est en effet un levier d'action majeur pour améliorer l'efficacité écologique de l'élevage (y compris dans les systèmes extensifs). Dans un contexte d'accroissement du prix des fertilisants et de limitation de leur disponibilité, cette démarche devrait aussi être intéressante au plan économique. En quelque sorte, il convient de rechercher des filières de gestion permettant de restaurer le cycle traditionnel des nutriments qui associe élevage et agriculture, tout en minimisant les fuites vers l'environnement (Bonneau *et al.*, 2008b). La question est de savoir à quelle échelle géographique on souhaite construire ces cycles. Ceci n'est envisageable au niveau d'une exploitation que si l'on dispose de surfaces d'épandage suffisantes pour valoriser les effluents, ce qui n'est que rarement le cas dans les exploitations des porcs ou de volailles. On peut aussi envisager d'associer plusieurs exploitations voisines d'une même petite région agricole. L'intérêt de cette approche sur le plan économique et environnemental a été confirmé, mais sa mise en place peut se heurter à des questions d'acceptabilité locale et nécessite une construction collective. La complémentarité entre exploitations d'élevage et exploitations céréalières peut aussi être recherchée à une échelle géographique plus large. Mais ceci nécessite de développer des technologies permettant de réduire le volume d'effluents afin de pouvoir les transporter sur de plus longues distances (Bonneau *et al.*, 2008a). La désodorisation et l'hygiénisation de ces effluents sont également des aspects importants à considérer.

Enfin, il est certain que le changement climatique aura des impacts sur les prix des produits animaux et que des politiques publiques devront être formulées à différentes échelles pour encadrer le développement prévu des productions animales.

▸▸ Voies d'adaptation possibles et principaux travaux envisagés

Comme cela a été exposé ci-dessus, des connaissances plus ou moins importantes existent sur les effets du changement climatique, notamment relatifs à l'effet de la température sur les animaux et leurs ressources alimentaires et en conséquence sur leurs performances. Mais elles nécessitent encore bon nombre de compléments, principalement en physiologie et génétique végétales et animales, en santé animale, sur les modes de gestion des ressources et des troupeaux, sur l'optimisation de nouveaux systèmes de production et sur la socio-économie des filières animales. Elles doivent permettre de lever les principaux verrous mentionnés ci-après et contribuer à l'élaboration de systèmes d'élevage écologiquement intensifs (Griffon, 2006).

Ressources alimentaires

En ce qui concerne les ressources alimentaires, l'écophysiologie et la génétique des plantes devront être mobilisées pour mieux connaître leurs capacités d'adaptation au changement climatique, obtenir des variétés peu sensibles aux variations du climat et analyser les dynamiques des écosystèmes prairiaux difficiles à apprécier compte tenu des facteurs multiples en jeu et en synergie. On peut aussi envisager d'avoir recours à de nouvelles ressources alimentaires : la production intensive d'algues est ainsi envisagée dans certains travaux récents.

Ces nouveaux aliments, ainsi que les rations qu'ils constitueront, chez les herbivores comme chez les monogastriques, devront ensuite être caractérisés (productivité, composition chimique, valeurs nutritionnelles, etc.) et évalués (mode de conservation et d'utilisation par les animaux, effets sur les performances, effets sur l'environnement, etc.).

À un niveau plus général, il sera nécessaire de mieux connaître les capacités des milieux agro-sylvo-pastoraux à absorber les variations du changement climatique (seuils de rupture, techniques pouvant repousser ces seuils et piloter les successions de végétation), ainsi que les invariants fonctionnels de ces écosystèmes agro-sylvo-pastoraux au changement climatique, et les effets à diverses échelles sur les plantes/peuplements/écosystèmes (après évènements climatiques extrêmes) en matière de tolérance et de résilience. On note également l'absence, dans de nombreuses régions, de données diachroniques sur l'évolution des couverts herbacés[4]. De telles séries, agrégeant de multiples facteurs, sont pourtant nécessaires pour apprécier et modéliser les réponses des végétations/écosystèmes fourragers aux stress induits par des perturbations climatiques fréquentes et aux changements tendanciels nettement prononcés.

Ressources animales

Pour les performances animales, il reste à approfondir les interactions génotype × chaleur sur l'ingestion, les métabolismes (thermogenèse) et la reproduction, ainsi que la connaissance des impacts directs du changement climatique chez les bovins et chez les monogastriques en conditions extrêmes (températures supérieures à 30 °C) et l'établissement des lois de réponse des performances à l'augmentation de la température. Les mécanismes d'adaptation (ingestion, digestion, métabo-

---

4. Il en existe en France pour certaines espèces fourragères, mais très peu sur les écosystèmes pâturés.

lisme) des animaux à des ressources faibles et variables (quantification des effets) et les voies d'adaptation possibles (modification des régimes, pratiques d'alimentation, génétique, logement, contrôle de l'environnement, *i.e.* aspersion, ventilation) doivent aussi faire l'objet de travaux.

En terme d'amélioration génétique, il y a peu de connaissances tant biotechniques que socio-économiques pour mettre en œuvre des programmes de sélection durable pour les populations animales locales en milieux difficiles. Il y a un manque de connaissances sur le déterminisme génétique des caractères adaptatifs des *Bos taurus* alors que le changement climatique en Europe (avec par exemple l'apparition des tiques dans les élevages de bovins français) comme les besoins de produire plus en zones tropicales (utilisation de races *Bos taurus*) renforcent l'intérêt de développer de tels travaux rapidement, à l'exemple de ceux initiés par Gautier *et al.* (2009). Il est à noter également que les grands projets internationaux de sélection animale (comme Interbull) concernent assez peu les pays tropicaux, et limitent donc l'assise de ces projets à des situations typiques de ceux du Nord. De manière générale, les interactions génotype × milieu y apparaissent dès lors relativement faibles, car les conditions y sont peu variables. Pourtant, que ce soit pour les bovins, les ovins ou les caprins, l'incidence des interactions génotype × milieu est probablement très forte lorsque l'on se place dans des contextes très contrastés et fluctuants. Des notions de plasticité/robustesse devraient probablement prendre plus d'importance à l'avenir dans les programmes d'amélioration génétique. L'avancée des travaux de génétique moléculaire devrait permettre également de préciser les mécanismes déterminant les caractères d'adaptation, à condition que les données de phénotypage soient disponibles sur un panel diversifié de races, de milieux et de systèmes d'élevage, de manière harmonisée.

La voie génétique est assez largement explorée chez les monogastriques, en particulier chez les volailles, et différentes solutions sont envisageables pour atténuer les effets négatifs du climat chaud et, en particulier, la possibilité de sélectionner des animaux thermotolérants. Cette approche consiste à produire des animaux moins sensibles au stress thermique et/ou ayant une thermorégulation plus efficace. Une des principales difficultés est de comprendre les mécanismes physiologiques impliqués dans l'adaptation à la chaleur et la nature des antagonismes entre les caractères de production et d'adaptation (Renaudeau, 2004). Des optimums nouveaux de performances, en termes de croissance ou de reproduction, sont aussi à rechercher pour ces nouvelles conditions de production. Des interactions génotype × milieu ont ainsi clairement été mises en évidence. Des approches de type épigénétique peuvent également être envisagées, comme par exemple élever les souches maternelles dans des conditions de températures élevées ou soumettre les œufs ou les jeunes à des stress thermiques ponctuels.

Environnement sanitaire

Les principaux verrous à lever pour maîtriser la santé des animaux portent sur la capacité de survie des agents pathogènes dans un environnement variable et leur persistance et multiplication selon les conditions de milieu rencontrées en élevage et les pratiques des éleveurs. Ces verrous concernent :

– la biologie et l'écologie des agents pathogènes avec les évolutions de leur comportement (survie, multiplication) dans l'environnement naturel (sol, eau) ou dans les aires de vie des animaux (bâtiments d'élevage et déjections, par exemple), et la prédiction de l'évolution de l'extension spatiale des vecteurs, ou des modifications de dynamiques temporelles (saison d'activité par exemple) ;
– la prévision des conséquences des évolutions de modes de conduite d'élevage sur l'exposition des animaux aux agents pathogènes et aux vecteurs ;
– l'évolution des résistances chez l'hôte avec le déterminisme de la résistance et de la résilience des animaux à de nouveaux bioagresseurs, ainsi que les moyens éventuels de les améliorer, et l'étude de la résistance aux antihelminthiques.

Il est aussi nécessaire de développer et d'évaluer les systèmes d'alerte et d'intervention en cas d'émergence de maladies.

Environnement local et global

En ce qui concerne les services environnementaux, l'un des verrous majeurs concerne le manque de connaissances sur les impacts d'évènements extrêmes pour les principaux services environnementaux des écosystèmes terrestres au Nord et au Sud, notamment ceux en interaction avec l'élevage. Un autre concerne l'adaptation des écosystèmes par des pratiques de gestion pour maintenir les bénéfices des services environnementaux. Enfin, un dernier correspond à la rémunération des services. Dans le domaine social, un verrou important concerne les conséquences à long terme du changement climatique sur les sociétés très structurées par l'élevage (Sud). Elles font l'objet de spéculations, mais peu de modèles ont été développés. La connaissance des savoirs locaux des populations pastorales sur l'adaptation à court, moyen et long terme au changement climatique mériterait aussi d'être étudiée (chapitre 10).

Quant à l'environnement global et à la limitation de production des GES pour et par les élevages, ce seront des approches conceptuelles intégrant des actions sur l'animal, les ressources alimentaires, les systèmes de production et les filières, qui devront être développées pour identifier des modèles de production/transformation limitant la contribution au changement climatique.

Systèmes d'élevage et filières

Pour les systèmes d'élevage, la priorité de recherche est la conception et l'évaluation de systèmes innovants permettant de répondre durablement aux enjeux de l'adaptation au changement climatique. Une attention particulière doit être portée aux systèmes de polyculture-élevage. L'enjeu est de contribuer à l'élaboration d'outils d'aide à la décision. Cela nécessite :
– de développer des travaux sur l'évaluation multicritère de changements et notamment sur la construction d'indicateurs fiables ayant entre autres objectifs celui de l'intensification écologique des élevages,

– de mieux comprendre les interactions entre élevage et environnement biophysique (en tenant compte de la perception des éleveurs des diverses dimensions de l'environnement),
– d'étudier l'insertion territoriale des systèmes d'élevage et donc leur rôle dans l'aménagement du territoire,
– de développer des modèles bio-économiques permettant, à différentes échelles d'étude (parcelles, exploitations, territoires, régions, bassins de production...), de prédire les performances des systèmes dans différentes situations climatiques.

Cela passe notamment par des travaux d'ordre méthodologique sur la collecte d'informations, la synthèse et l'agrégation de données multiples.

Les filières devront être abordées sur des approches territoriales, d'organisation des producteurs et de compétitivité. Steinfeld *et al.* (2009) considèrent qu'il faut limiter les concentrations des animaux à l'origine de nombreux impacts sur l'environnement local. Mais les modèles compétitifs et aux effets restreints sur l'environnement pour l'organisation de la production, de la transformation et de la distribution restent à élaborer. La question de l'agriculture territorialisée est à traiter pour toutes les zones éco-climatiques.

Ces différents verrous apparaissent à lever en priorité, en se référant aux zones agroclimatiques et aux principaux systèmes d'élevage, dans les situations suivantes :
– pour les pays du Nord : pays méditerranéens des rives nord et sud (sécheresses de plus en plus prononcées, augmentation des gels de printemps en estive, végétations des terres de parcours altérées autant au Maghreb que dans la péninsule Ibérique),
– pour les pays du Sud : les systèmes pastoraux et agropastoraux d'Afrique, au sud et au nord du Sahara (sécheresses prolongées en zone sahélienne), les systèmes d'agriculture-élevage de la ceinture cotonnière d'Afrique de l'Ouest et du Centre, les systèmes herbagers des zones humides (Amazonie). Dans ces zones humides, la fréquence des évènements El Niño augmente ainsi que la durée des saisons sèches, phénomènes également rencontrés aux Antilles.

Une attention particulière devra être portée aux contextes iliens du fait de leurs spécificités en matière de contraintes environnementales et de gestion de l'espace.

▸▸ Conclusion

Compte tenu de l'état des connaissances répertoriées et des verrous identifiés, les principales priorités de recherche concernent :
– la disponibilité des ressources alimentaires, leur évolution (nouveaux aliments) et la concurrence avec l'alimentation humaine,
– la maîtrise de la santé animale dans des situations où le changement climatique conduira à un développement de maladies vectorielles et du parasitisme,
– la conception et l'évaluation de systèmes innovants, en rupture avec l'existant, intégrant pleinement les contraintes du changement climatique et permettant de faire face à la demande croissante de produits animaux, notamment dans les pays du Sud.

Ces nouveaux systèmes seront notamment permis par une meilleure connaissance des ressources génétiques, des ressources alimentaires et des interactions génétique

× milieu. Ces priorités seront à étudier en tenant compte d'une part des situations géographiques prioritaires, en raison de leur plus grande fragilité et/ou sensibilité au changement climatique, et d'autre part des types de systèmes d'élevage. Il est ainsi primordial de distinguer les systèmes dépendant directement des ressources prairiales et/ou pastorales de ceux, généralement plus intensifiés, dépendant prioritairement des cultures et sous-produits de l'alimentation humaine.

Enfin, l'analyse des impacts et des voies d'adaptation devra tenir compte des interactions avec les autres grandes évolutions possibles du contexte des productions animales dans les décennies à venir : importance croissante des impacts environnementaux de l'élevage, développement des agrocarburants, relocalisation éventuelle des bassins de production et de consommation des produits animaux, volatilité des prix des matières premières destinées à l'alimentation animale.

Ce texte s'inspire largement des travaux de l'ARP ADAGE auquel ont contribué les personnes suivantes que nous tenons à remercier : Harry Archimède (Inra), Claude Aubert (Itavi), Denis Bastianelli (Cirad), Vincent Blanfort (Cirad), Isabelle Bouvarel (Itavi), Michel Doreau (Inra), François Gastal (Inra), Christine Fourichon (ENVN), Johann Huguenin (Cirad), Philippe Lecomte (Cirad), Philippe Lescoat (Inra), Jean-Christophe Moreau (Institut de l'Élevage), Catherine Picon-Cochard (Inra).

▸▸ Références bibliographiques

AFP, 2007. Aléas climatiques et systèmes d'élevage pastoraux, *In : Rencontre de l'Association Française de Pastoralisme*, AFP, SupAgro, Institut de l'Élevage.

Ainsworth E.A., Long S.P., 2005. What have we learned from 15 years of free-air CO_2 enrichment (FACE)? A meta-analytic review of the responses of photosynthesis, canopy properties and plant production to rising CO_2. *New Phytol.*, 165, 351-372.

Alard D., Balent G., 2007. Sécheresse : quels impacts sur la biodiversité en systèmes prairiaux et pastoraux ? *Fourrages*, 190, 197-206.

Alexandre G., Mandonnet N., 2005. Goat meat production in harsh environments. *Small Ruminant Research*, 60, 53-66.

Arias R.A., Mader T.L., 2011. Environmental factors affecting daily water intake on cattle finished in feedlots. *J. Anim. Sci.*, 89, 245-251.

Barre P., Julier B., 2005. Recherche de QTL chez les espèces fourragères pérennes des régions tempérées. *Fourrages*, 183, 405-418.

Baylis M., Githeko A.K., 2006. The effect of climate change on infectious diseases of animals. Report for the foresight project on detection of infectious diseases. Department of trade and industry, UK government, 35 p.

Bedrani L., Berri C., Grasteau S., Jégo Y., Yahav S., Everaert N., Jlali M., Joubert R., Métayer Coustard S., Praud C., Temim S., Tesseraud S., Collin A., 2009. Effects of embryo thermal conditioning on thermotolerance, parameters of meat quality and muscle energy metabolism in a heavy line of chicken, *In : Proceedings of The 4th Workshop on Fundamental Physiology and Perinatal Development in Poultry*, September 10-12 2009, Bratislava, Slovak Republic, p. 10.

Berbigier P., 1988. Bioclimatologie des ruminants domestiques en zone tropicale, Inra, Paris.

Blanfort V., Orapa W., 2008. Ecology, impacts and management of invasive plant species in pastoral areas. Ecologie, *In : Proceedings of the Regional Workshop on Invasive Plant Species in Pastoral Areas*, 24-28 november 2003, Koné, New Caledonia, IAC/SPC, Suva, 201 p.

Bonneau M., Beline F., Dourmad J.-Y., Hassouna M., Jondreville C., Loyon L., Morvan T., Paillat J.-M., Ramonet Y., Robin P., 2008a. Connaissance du devenir des éléments à risques dans les différentes filières de gestion des effluents porcins. *Inra Prod. Anim.*, 21 (4), 325-344.

Bonneau M., Dourmad J.Y., Lebret B., Meunier-Salaün M.C., Espagnol S., Salaün Y., Leterme P., Van Der Werf H., 2008b. Évaluation globale des systèmes de production porcine et leur optimisation au niveau de l'exploitation. *Inra Prod. Anim.*, 21 (4), 367-386.

Bouraoui R., Lahmar M., Majdoub A., Djemali M., Belyea R., 2002. The relationship of temperature-humidity index with milk production of dairy cows in a Mediterranean climate. *Anim. Res.*, 51, 479-491.

Brooks N., 2006. Changement climatique, sécheresse et pastoralisme au sahel — Question sur l'adaptation, IMPD, 12 p., http://data.iucn.org/wisp/fr/documents_french/climate_changes_fr.pdf

Cahaner A., Deeb N., Gutman M., 1993. Effect of the plumage-reducing naked-neck (Na) gene on the performance of fast-growing broilers at normal and high ambient temperatures. *Poult. Sci.*, 72, 767-775.

Cahaner A., Ajuh J.A., Siegmund-Schultze M., Azoulay Y., Druyan S., Valle Zarate A., 2008. Effects of the genetically reduced feather coverage in naked neck and featherless broilers on their performances under hot conditions. *Poult. Sci.*, 87, 2517-2527.

Campbell B.D., Stafford Smith D.M., McKeon G.M., 1997. Elevated CO_2 and water supply interactions in grasslands: a pastures and rangelands management perspectives. *Global Change Biology*, 3, 177-187.

Ciais P., Reichstein M., Viovy N., Granier A., Ogee J., Allard V., Aubinet M., Buchmann N., Bernhofer C., Carrara A., Chevallier F., De Noblet N., Friend A.D., Friedlingstein P., Grunwald T., Heinesch B., Keronen P., Knohl A., Krinner G., Loustau D., Manca G., Matteucci G., Miglietta F., Ourcival J.M., Papale D., Pilegaard K., Rambal S., Seufert G., Soussana J.F., Sanz M.J., Schulze E.D., Vesala T., Valentini R., 2005. Europe-wide reduction in primary productivity caused by the heat and drought in 2003. *Nature,* 437, 529-533.

Collin A., Berri C., Tesseraud S., Requena F., Cassy S., Crochet S., Duclos M.J., Rideau N., Tona K., Buyse J., Bruggeman V., Decuypere E., Picard M., Yahav S., 2007. Effects of Thermal Manipulation during Early and Late Embryogenesis on Thermotolerance and Breast Muscle Characteristics in Broiler Chickens. *Poult. Sci.*, 86, 795-800.

Coulon J.B., 1984. Consommation d'eau de boisson par des bovins d'origine européenne en milieu tropical humide *Rev. Elev. Méd. Vét. Pays Trop.*, 37, 102-107.

Delgado C., Rosegrant M., Steinfeld H., Ehui S., Courbois C., 1999. Livestock to 2020: the next food revolution. Food, Agriculture and the Environment Discussion Paper 28. CD, IFPRI/FAO/ILRI, Washington,

Dixon R.K., Smith J., Guill S., 2003. Life on the edge: Vulnerability and adaptation of african ecosystems to global climate change - Mitigation and Adaptation Strategies for Global Change, V 8 N 2, 93-113.

Doreau M., Corson M.S., Wiedemann S.G., 2012. Water use by livestock: a global perspective for a regional issue ? *Anim. Frontiers*, 2, 9-16.

FAO, 2006. *World Agriculture : toward 2030/2050*, interim report, Rome, Italy.

FAO, 2007. *The state of the word's animal genetic resources for food and agriculture. L'état des ressources zoogénétiques pour l'élevage et l'agriculture dans le monde*, FAO, Rome, 557 p. + annexes.

FAO, 2009. La situation mondiale de l'alimentation et de l'agriculture. Le point sur l'élevage. FAO, Rome, 147 p.

Ferrell C.L., Jenkins T.G., 1998. Body composition and energy utilization by steers of diverse genotypes fed a high-concentrate diet during the finishing period: II. Angus, Boran, Brahman, Hereford, and Tuli sires. *J. Anim. Sci.*, 76, 647-657.

Fornara D.A., Tilman D., 2008. Plant functional composition influences rates of soil carbon and nitrogen accumulation. *Journal of Ecology*, 96, 314-322.

Gautier M., Fiori L., Riebler A., Jaffrezic F., Laloé D., Gut I., Moazami-Goudarzi K., Foulley J.-L., 2009. A whole genome Bayesian scan for adaptive divergence in West African cattle. *BMC Genomics*, 10, 550.

GIEC, 2007. *Bilan 2007 des changements climatiques*, Contribution des Groupes de travail I, II et III au quatrième Rapport d'évaluation du Groupe d'experts intergouvernemental sur l'évolution du climat (Pachauri R.K., Reisinger A., eds.) GIEC, 103 p., http://www.ipcc.ch/pdf/assessment-report/ar4/syr/ar4_syr_fr.pdf.

Griffon M., 2006. *Nourrir la planète, pour une révolution doublement verte*, Odile Jacob, Paris, 456 p.

Harle K.J., Howden S.M., Hunt L.P., Dunlop M., 2007. The potential impact of climate change on the australian wool industry by 2030. *Agric. Syst.*, 93, 61-89.

Huguenin J., 2008. Gestion des prairies amazoniennes contre les adventices en Guyane française suivant les conditions biophysiques, les pratiques agricoles, et l'organisation du système pâture, thèse de doctorat : Agronomie, Inra/Cirad, Paris, école doctorale ABIES/AgroParis-Tech, 422 p.

Isaac P., Beringer J., Hutley L., Wood S., 2007. Modelling Australian Tropical Savannas: current tools and future challenges, *In : Centre for Australian Weather and Climate Research (CAWCR) inaugural annual Modelling Workshop*, 27-29 November 2007, Bureau of Meteorology, Melbourne.

Kennedy P.M., 1995. Comparative adaptability of herbivores to tropical environments. *In : Recent developments in the nutrition of herbivores* (Journet M., Grenet E., Farce M.H., Thériez M., Demarquille C., eds.), Inra éditions, Paris, 308-328.

Kruska R.L., Reid R.S., Thornton P.K., Henninger N., Kristjanson P.M., 2003. Mapping livestock-orientated agricultural production systems for the developing world. *Agricultural Systems*, 77, 39-63.

Leary N., Kulkarni J., 2007. Climate change vulnerability and adaptation in developing country regions, Report AIACC, 208 p.

Loreau M., Naeem S., Inchausti P., Bengtsson J., Grime J.P., Hector A., Hooper D.U., Huston M.A., Raffaelli D., Schmid B., Tilman D., Wardle D.A., 2001. Biodiversity and Ecosystem functioning: Current knowledge and future challenges. *Science*, 294, 804-808.

Mandonnet N., Aumont G., Fleury J., Gruner L., Bouix J., Khang J.V.T., Varo H., 1997. Genetic resistance to gastro-intestinal parasitism in Creole goats: Effects of tropical environments on genetic expression of the trait. *Inra Prod. Anim.*, 10, 91-98.

Mandonnet N., Tillard E., Faye B., Collin A., Gourdine J.L., Naves M., Bastianelli D., Tixier-Boichard M., Renaudeau D., 2011. Adaptation des animaux d'élevage aux multiples contraintes des régions chaudes. *Inra Prod. Anim.*, 24, 41-64.

Menendez Buxadera A., Mandonnet N., 2006. The importance of the genotype × environment interaction for selection. and breeding programmes in tropical conditions. *CAB Reviews: Perspectives in Agriculture, Veterinary Science, Nutrition and Natural Resources*, 1, 026.

Mérat P., 1986. Potential usefulness of the Na (Naked Neck) gene in poultry production. *World's Poultry Science Journal*, 42, 124-142.

Millennium Ecosystem Assessment, 2005. *Ecosystems and Human Well-being: Synthesis*, Island Press, Washington, DC.

Morand-Fehr P., Doreau M., 2001. Effects of heat stress on feed intake and digestion in ruminants. *Inra Prod. Anim.*, 14 (1), 15-27.

Pendall E., Bridgham S., Hanson P.J., Hungate B., Kicklighter D.W., Johnson D.W., Law B.E., Luo Y., Megonigal J.P., Olsrud M., Ryan M.G., Wan S., 2004. Below-ground process responses to elevated CO_2 and temperature: a discussion of observations, measurement methods, and models. *New Phytol.*, 162, 311-322.

Picard M., Sauveur B., Fenardji F., Angulo I., Mongin P., 1993. Ajustements technico-économiques possibles de l'alimentation des volailles dans les pays chauds. *Inra Prod. Anim.*, 6, 87-103.

Picon-Cochard C., Teyssonneyre F., Besle J.M., Soussana J.F., 2004. Effects of elevated CO_2 and cutting frequency on the productivity and herbage quality of a semi-natural grassland. *European Journal of Agronomy*, 20, 363-377.

Prayaga K.C., Barendse W., Burrow H.M., 2006. Genetics of tropical adaptation, *In : 8th World Congress on Genetics Applied to Livestock Production*, August 13-18 2006, Belon Horizonte, M.G., Brasil.

Ravagnolo O., Misztal I., 2000. Genetic component of heat stress in dairy cattle, parameter estimation. *J. Dairy Sci.*, 83, 2126-2130.

Reginato L.C.A., Martinez M.L., Machado M.A., 2006. Molecular aspects of bovine tropical adaptation, *In : 8th World Congress on Genetics Applied to Livestock Production*, August 13-18 2006, Belon Horizonte, M.G., Brasil.

Renaudeau D., 2009. Effect of housing conditions (clean vs. dirty) on growth performance and feeding behavior in growing pigs in a tropical climate. *Tropical animal Health and Production*, 41 (4), 559-563.

Renaudeau D., Mandonnet N., Tixier-Boichard M., Noblet J., Bidanel J.P., 2004. Atténuer les effets de la chaleur sur les performances des porcs : la voie génétique. *Inra Prod. Anim.*, 17, 93-108.

Renaudeau D., Giorgi M., Silou F., Weisbecker J.M., 2006. Effect of breed (lean or fat pigs) and sex on performance and feeding behaviour of group housed growing pigs in a tropical climate. *J. Anim. Sci.*, 19, 593-601.

Renaudeau D., Huc E., Noblet J., 2007. Acclimation to high ambient temperature in Large White and Carribean Creole growing pigs. *J. Anim. Sci.*, 85, 779-790.

Renaudeau D., Gourdine J.L., Silva B.A.N., Noblet J., 2008. Nutritional routes to attenuate heat stress in pigs. *Livestock and Global Climate Change*, 17-20/05/08 Hammamet, Tunisia.

Renaudeau D., Kerdoncuff M., Anais C., Gourdine J.L., 2008. Effect of temperature level on thermal acclimation in Large White growing pigs. *Animal*, 2 (11), 1619-1626.

Reynolds S.G., Frame J., 2005. *Grasslands: developments, opportunities, perspectives*, FAO, Sc. Publishers, 539 p.

Richard P., Vilarino M., Faure J.M., Leon A., Picard M., 1997. Étude du comportement du poulet de chair dans un élevage intensif tropical au Venezuela. *Rev. Elev. Méd. Vét. Pays trop.*, 50, 1, 65-74.

Roelants G.E., 1986. Natural resistance to African trypanosomiasis. *Parasite Immunol.*, 8, 1-10.

Rota A., Chuluunbaatar D., Calvosa C., Fara K., 2007. *Livestock and Climate Change*, IFAD, 26 p., http://www.ifad.org/lrkm/events/cops/papers/climate.pdf

Séré C., Steinfeld H., 1995. World livestock production systems: current status, issues and trends. FAO, Rome, FAO Animal production and health paper, 127, 58 p.

Sidahmed A., 2008. Livestock and Climate Change: Coping and Risk Management Strategies for a Sustainable Future, *In : Livestock and Global Climate Change conference proceeding*, May 2008, Tunisia.

Smith N.J.H., Serrão E.A.S., Alvim P.T., Falesi I.C., 1995. *Amazonia - Resiliency and Dynamism of the Land and its People*, United Nations University Press, 268 p., http://www.unu.edu/unupress/unupbooks/80906e/80906E00.htm#Contents

Soares-Filho B.S., Nepstad D.C., Curran L.M., Cerqueira G.C., Garcia R.A., Ramos C.A., Voll E., Lefebvre P., Schlesinger O., 2006. Modelling conservation in the Amazon basin. *Nature*, 440, 520-523.

Steinbeiss S., Beßler H., Engels C., Temperton V., Buchmann N., Roscher C., Kreutziger Y., Baade J., Habekost M., Gleixner G., 2008. Plant diversity positively affects short-term soil carbon storage in experimental grasslands. *Global Change Biology*, 14, 2937-2949.

Steinfeld H., Gerber P., Wassenaar T., Castel V., Rosales M., De Haan C., 2006. *Livestock's long shadow. Environmental issues and options*, FAO, Rome, 390 p.

Steinfeld H., Gerber P., Wassenaar T., Castel V., Rosales M., De Haan C., 2009. *L'ombre portée de l'élevage. Impacts environnementaux et options pour leur atténuation*, FAO, Rome, 464 p.

Steinfeld H., Mooney H.A., Schneider F., Neville L.E., 2010. *Livestock in a changing landscape. Vol. 1: drivers, consequences and responses*, Island Press, Washington, USA, 396 p.

Suttie J.M., Reynolds S.G., Batello C., 2005. Grasslands of the world, FAO Plant Production and Protection Series, 34, 538 p., ftp://ftp.fao.org/docrep/fao/008/y8344e/y8344e.zip

Thornton P.K., van de Steeg J., Notenbaert A., Herrero M., 2009. The impacts of climate change on livestock and livestock systems in developing countries: a review of what we know and what we need to know. *Agricultural Systems*, 101, 132-137.

Tilman D., Reich P.B., Knops J.M.H., 2006. Biodiversity and ecosystem stability in a decade-long grassland experiment. *Nature*, 441, 629-632.

Tubiello F., Soussana J.F., Howden S.M., 2007. Crop and pasture response to climate change. 2007. *Proc. Natl Acad. Sci. USA*, 104, 19686-19690.

Turner H.G., 1982. Genetic variation in rectal temperature in cows and its relationship to fertility. *Anim. Prod.*, 38, 417-427.

Wittmann E.J., Baylis M., 2000. Climate change: effects on culicoides-transmitted viruses and implications for the UK. *Vet. Res.*, 160, 107-117.

Yahav S., Shinder D., Tanny J., Cohen S., 2005. Sensible heat loss: the broiler's paradox. *World's Poultry Science Journal*, 61 (3), 419-434.

Young B.A., 1987. The effect of climate upon food intake, *In : The nutrition of herbivores* (Hacker J.B., Ternouth J.H., eds.), Academic Press, Sydney, 163-190.

Chapitre 8

Les forêts, leurs biens et leurs services

Nathalie BRÉDA, Bernard MALLET

Le climat contrôle à la fois la distribution et la productivité des forêts, principalement à travers les températures et les précipitations. Ces deux facteurs majeurs limitent à la fois l'extension en latitude et en altitude des biomes forestiers. À une échelle d'espace plus fine, les facteurs climatiques conditionnent la composition en espèces, la diversité et la productivité. Par ailleurs, la variabilité inter-annuelle du climat, en un lieu donné, se traduit par une forte hétérogénéité temporelle de la croissance, voire de l'état sanitaire des arbres.

Les impacts des changements climatiques sur les écosystèmes forestiers ont été mis en évidence en premier lieu sur les forêts tempérées, en particulier en France, où des modifications de fonctionnement à long terme ont été établies par Becker dans les années 1980 (Becker, 1989). C'est en effet en raison de la longévité des arbres et de l'existence, en zone tempérée, d'anneaux annuels de croissance, que les approches rétrospectives de la dendrochronologie ont permis d'étudier les variations à long terme de la croissance des arbres. La croissance radiale montrait une tendance positive, pour toutes les essences étudiées et quelle que soit la région, en raison d'une part des effets bénéfiques de l'augmentation de la température, et d'autre part de l'effet stimulant sur la croissance de l'augmentation de la teneur en CO_2 atmosphérique et en azote disponible dans les sols. Cependant, ces effets positifs ne perdurent que si le confort hydrique ne se détériore pas, ce qui est aujourd'hui une hypothèse de moins en moins réaliste. En forêt tropicale, la question n'est pas tant de savoir si la productivité est améliorée par l'évolution du climat, que de maintenir le rôle de la forêt dans le cycle du carbone de la biosphère, rôle fragilisé par les actions de déforestation. Par ailleurs, si les fonctions d'atténuation des changements globaux par les écosystèmes forestiers ne sont pas développées dans ce chapitre (cf. chapitre 12), il n'en demeure pas moins que cet enjeu est majeur pour les forêts tropicales naturelles et plantées, au même titre que la conservation d'un gisement de biodiversité (cf. chapitre 3). Quels que soient les biomes forestiers et les filières associées considérés, peu de travaux relèvent à ce jour de l'étude spécifique des potentiels et voies d'adaptation. Concernant la vision de la filière bois en Europe, la plateforme technologique du secteur forestier a élaboré une stratégie de recherche et d'innovation visant une meilleure adaptation de la sylviculture et de la filière aval (transformation, utilisation du matériau bois et produits associés) qui n'est pas reprise ici (Forest Based Sector, 2007). Une réflexion similaire avait été menée au Canada (McKinnon et Webber, 2005). Les enjeux et lacunes de connaissances pour évaluer les marges possibles et options d'adaptation sont discutés dans ce chapitre et quelques pistes de recherches sont proposées.

▸▸ Contexte, enjeux, défis et importance de la filière

Les forêts, avec près de 4 milliards d'hectares, représentent 31 % de la surface terrestre émergée (FAO, 2009). Elles constituent une source de revenus pour plus d'un milliard et demi de personnes dont 350 millions qui dépendent fortement des forêts, et 60 millions parmi les populations autochtones qui en sont presque totalement dépendantes. L'industrie forestière emploie environ 50 millions de personnes dans le monde (Banque mondiale, 2004 ; Banque mondiale, 2008).

La surface de forêts tropicales, de zones sèches comme de zones humides, est en diminution, avec un taux de déforestation net de près de 7 millions d'hectares par an. Les forêts humides couvrent environ 800 millions d'hectares, les plus grands massifs forestiers étant situés respectivement dans le bassin de l'Amazone, dans le bassin du Congo et en Indonésie (FAO, 2009). Bien qu'elle ne représente que moins de 10 % de la surface terrestre émergée, la forêt tropicale abrite entre 50 et 90 % de la biodiversité terrestre actuelle et fournit de très nombreux services écosystémiques aussi bien à l'échelle locale que globale (Locatelli *et al.*, 2008).

Les forêts des zones tempérées représentent 13 % de la surface forestière mondiale (± 520 millions d'hectares). Elles constituent une énorme source mondiale de bois industriel et de produits non ligneux, ainsi que de services récréatifs et écologiques. Très marquées par l'activité humaine, les forêts tempérées sont majoritairement feuillues dans les plaines océaniques, mélangées en feuillus et résineux en plaine continentale, tandis que les résineux prédominent en montagne. La société se préoccupe de la façon dont les ressources des forêts tempérées sont gérées et utilisées. Cette préoccupation concerne surtout la qualité, la santé et la vitalité des forêts ; les politiques forestières, les méthodes d'aménagement et les régimes fonciers s'efforcent en effet de concilier la qualité des forêts avec les besoins concurrentiels en bois d'œuvre, emplois, conservation de la faune sauvage, ressources aquatiques, paysages et avantages récréatifs.

Qu'ils proviennent de forêts tempérées ou tropicales, les services écosystémiques sont attendus du local au global. Tout d'abord, au niveau local, les forêts fournissent des ressources en bois (bois d'œuvre ou industriel, bois de chauffage ou bois énergie), en fourrage pour les animaux, en nourriture (principales sources de protéines) pour les populations, en ressources médicinales, etc., et contribuent à fournir des emplois et des revenus ; elles ont aussi souvent une valeur spirituelle et un rôle culturel pour ces communautés locales en zone tropicale, et font l'objet d'un attachement de la société en forêt tempérée. À un niveau plus régional, les forêts rendent également des services hydrologiques (régulation des inondations et des sécheresses, maintien de la qualité de l'eau par exemple), ou encore participent à limiter l'érosion des sols, etc. Enfin, à un niveau global, elles contribuent, en fixant davantage de CO_2 qu'elles n'en libèrent, à la réduction de l'effet de serre (Locatelli *et al.*, 2008) et à la régulation du climat régional (cycle de l'eau). La déforestation serait ainsi responsable de près de 18 % des émissions de GES au niveau mondial, mais pour certains pays en développement, la déforestation peut représenter jusqu'à 50 % des émissions de GES. Les fonctions de la forêt dans l'atténuation du changement climatique (atténuation des GES notamment) ne sont pas développées dans ce chapitre et sont traitées de manière systémique (chapitre 12 interactions entre adaptation, atténuation et utilisation non alimentaire de la biomasse).

L'ensemble des services liés à la forêt subit bien évidemment des pressions associées aux activités humaines autres que le changement climatique seul, telles que le changement d'usage des sols ou la surexploitation des ressources. Mais outre ses impacts directs sur la forêt (modulation du puits de carbone, augmentation de la mortalité, disparition d'espèces, etc.), le changement climatique exacerbe ces différentes pressions, diminuant ainsi fortement les services qu'elle peut rendre (Locatelli *et al.*, 2008).

Ainsi, l'adaptation des forêts, de leur gestion et de leur exploitation face au changement climatique est un enjeu majeur à moyen terme pour la durabilité des populations qui en dépendent et pour les filières correspondantes (bois et fibres), dans un contexte économique et environnemental où la demande en produits bois pour les marchés de la construction et de l'énergie est de plus en plus forte. De plus, les forêts devront continuer à garantir des services clés tels que le maintien de la biodiversité ou les autres services écosystémiques, avec des impacts économiques importants, en particulier dans les forêts de montagne, les ripisylves ou en zone méditerranéenne (régulation d'eau, purification de l'eau, récréation, protection des sols, régulation des écoulements, contrôle des feux, régulation climatique régionale, etc.). Pour chaque situation géographique et écosystème considéré, à partir de l'analyse des impacts du changement climatique sur les différentes fonctions des écosystèmes (protection sol-eau, biodiversité, production, récréation) et des filières, il convient d'identifier des voies d'adaptation possible pour limiter les impacts tout en conservant la multifonctionnalité des forêts.

Les enjeux sont différents selon qu'il s'agisse :
– de forêts tropicales primaires ou secondaires, ou plantées,
– ou de forêts tempérées de plaine (océanique ou continentale) ou sous contrainte (forêts méditerranéennes, de montagne ou ripisylves).

Concernant les forêts tropicales naturelles ou forêt tempérées faiblement anthropisées (zone de montagne en particulier), les enjeux majeurs portent d'une part sur le développement d'aménagements forestiers visant à une gestion durable de ces massifs forestiers sur le long terme, et d'autre part sur la prise en compte des fonctions environnementales de ces forêts et la valorisation possible de leurs services. L'effort de recherche actuel porte sur l'acquisition de connaissances :
– sur leur biodiversité (végétale, animale), sur leur dynamique en réponse à l'exploitation, sur le fonctionnement de l'écosystème en relation avec les cycles biogéochimiques et le climat, et sur la modélisation de ces processus pour apporter des connaissances aux gestionnaires, par exemple sur une exploitation à faible impact ;
– sur la compréhension et la quantification du rôle des forêts tropicales humides dans le puits de carbone biosphérique, point central eu égard à leur rôle dans l'atténuation.

Dans un contexte de concurrence pour l'espace entre les forêts et d'autres usages des sols potentiellement plus rentables (culture de palmier à huile, café ou cacao, activités de loisirs, etc.), le maintien de surfaces forestières supposera à la fois des volontés politiques fortes, la possibilité d'une rémunération des biens et services fournis par ces forêts et une implication des populations directement concernées.

Les forêts « plantées » sont en régression en zone tempérée (au profit de forêts régénérées naturellement), et en fort développement en zone tropicale, en particulier en

Amérique latine et en Asie. Les objectifs concernent à la fois la production de pâte, de bois d'œuvre et de bois pour l'énergie, mais également la protection des milieux. Le développement des plantations va dépendre de l'évolution des régimes pluviométriques. Mais sur un horizon de 40-50 ans, il peut être envisagé, en liaison avec les attentes relatives aux forêts naturelles (carbone, biodiversité, etc.), les enjeux de certification, l'évolution des marchés, l'augmentation vraisemblable des volumes de bois certifiés, l'uniformisation des produits attendus, etc. Une part croissante des produits utilisés par l'industrie du bois viendra de plantations, et non plus de ressources naturelles. Par exemple, des plantations assez intensives qui fournissent l'essentiel de la biomasse cohabiteront avec des forêts naturelles à vocation de sauvegarde de la biodiversité, de stockage du carbone, avec exploitation uniquement de bois à très haute valeur, etc. Les plantations devraient donc se développer de manière importante, même dans des zones moins favorables, mais avec un enjeu majeur en termes de politique d'aménagement du territoire, et de potentielles compétitions entre plantations forestières, cultures agricoles et forêts naturelles.

Dans les forêts tempérées de production, les enjeux concernent le maintien et la diversification de la production de bois d'œuvre et d'industrie, malgré l'augmentation des risques de dépérissements attribués à des conjonctions d'aléas climatiques (tempête, sécheresse) et biotiques (scolytes, défoliations, maladies émergentes). L'augmentation récente des demandes en bois énergie dynamise les récoltes de bois secondaires et de petits diamètres, mais pourrait aussi entrer en concurrence avec certaines terres agricoles sous forme d'installation de taillis à courtes ou très courtes rotations. Les enjeux concernent leur gestion durable, la protection des sols, malgré une intensification de la mécanisation, les négociations autour des services écosystémiques (protection de l'eau, zone de récréation, biodiversité).

Enfin, dans les forêts méditerranéennes, les enjeux concernent principalement la protection des sols contre l'érosion. Des impacts significatifs sont également attendus sur le dépérissement, la régression et la substitution d'espèces, tandis que les risques d'incendies seront accrus et des mesures préventives sont à mettre en place (Resco de Dios *et al.*, 2007). La fixation de carbone dans ces écosystèmes méditerranéens, déjà faible, devrait être fortement diminuée voire même s'inverser en source de carbone sous l'augmentation de la contrainte hydrique.

▸▸ Impact des changements climatiques et pistes d'adaptation

Les scientifiques du domaine forestier ont été parmi les premiers à mettre en évidence les impacts du changement climatique par analyse des tendances à long terme de la croissance des arbres par étude dendroécologique* (Becker, 1989). Ensuite, les travaux ont porté sur les impacts des scénarios climatiques de différentes générations et sur des recherches cognitives sur les processus écophysiologiques de réponse aux contraintes climatiques (Bréda *et al.*, 2006). Les recherches récentes s'intéressent à la caractérisation, quantification et modélisation de la vulnérabilité au changement climatique. Cependant, un état de l'art des recherches, à travers les différents programmes achevés ou en cours, met en évidence un nombre très restreint de travaux portant sur l'adaptation (Seppälä *et al.*, 2009). Ceux qui mentionnent explicitement ce concept sont récents et concernent principalement l'adaptation spontanée.

Les conclusions de ces travaux permettent de regrouper les impacts à attendre des changements climatiques sur les écosystèmes forestiers en quatre grandes catégories (Seppälä *et al.*, 2009) :
– modification du fonctionnement des espèces ; modifications de la phénologie (Menzel *et al.*, 2006), changements de productivité sous l'effet du réchauffement, de l'augmentation de la concentration en CO_2 (effet positif) (Loustau *et al.*, 2005) et de la dégradation du bilan hydrique (effet négatif) (Ciais *et al.*, 2005) ;
– modification de la répartition spatiale des couverts (Peñuelas et Jump, 2000) ; remontée des espèces en altitude en zone de montagne, régression aux marges sud et extension des limites nord attendues des aires de répartition suivant les conditions climatiques (Cheaib *et al.*, 2012) ;
– modification des équilibres écologiques, et notamment des relations hôtes-bioagresseurs (Desprez-Loustau *et al.*, 2006) ;
– augmentation des épisodes de crises biotiques ou abiotiques (suites aux évènements climatiques extrêmes) (Rouault *et al.*, 2006 ; Cooke *et al.*, 2007), augmentation des risques d'incendie (extension vers le nord des zones de risques) et des risques d'érosion en zone méditerranéenne et de montagne.

Les différences entre biomes ou sous-biomes portent sur des différences de vulnérabilité et d'intensité de ces impacts (Lindner *et al.*, 2010), ainsi que sur les stratégies d'adaptation nécessairement différentes selon l'importance respective des divers enjeux (tableau 8.1).

Les impacts directs concernent notamment :
– la durabilité de la forêt (régénération, biodiversité, santé, stock de carbone),
– les niveaux et la variabilité à moyen et long terme de la productivité,
– et la valeur des services marchands et non marchands associés à la forêt.

Tableau 8.1. Hiérarchie des enjeux liés au changement climatique selon les biomes forêts, classés du plus important (+ + +) au moins important (+) pour chaque sous-biome.

Biome	Forêts tempérées			Forêts tropicales		
Sous-biome	de plaine océanique et continentale	méditerra-néennes	de montagne et ripisylve	naturelles sèches	naturelles humides	plantées
Services de production (bois d'œuvre, bois énergie, autres produits)	+ + +		+ +	+ +	+ +	+ + +
Services de protection (érosion, eau)	+ +	+ + +	+ + +	+ + +	+	+ +
Conservation de la biodiversité	+ +	+	+ +	+	+ +	+
Rôle social et culturel : Récréation, paysage, valeur non marchande	+	+	+	+ +	+	+

Les voies d'adaptation possibles relèvent d'actes techniques (sylviculture, choix d'essences, matériel végétal sélectionné, etc.) ou d'incitations et priorités politiques (nature des biens et services produits, politiques publiques). Les producteurs et utilisateurs peuvent agir sur différents leviers (génétique, biodiversité, plantations, gestion de la santé, technologies de transformation, organisation des filières, etc.), en particulier pour les essences plantées à croissance rapide et à vocation de production. Un obstacle à l'adaptation et à l'innovation est de nature sociologique : tout changement est mal accepté en forêt. Un autre obstacle peut être réglementaire (forêts certifiées, zones protégées, etc.). Par ailleurs, une tendance en cours qui pourrait s'amplifier est une plus grande attention aux services « non directement marchands » de la forêt et la demande d'une meilleure quantification de ces services.

Enfin, il semble important de tenir compte, dans l'analyse des impacts et des voies d'adaptation, des interactions potentielles avec les autres grandes évolutions potentielles du contexte de production de bois et fibres dans les décennies à venir : prise en compte croissante des énergies renouvelables, développement des biocarburants, relocalisation éventuelle des bassins de production et de consommation des produits bois, adaptation de la filière à des accidents (tempête, dépérissements, etc.) et des irrégularités d'approvisionnement (qualité et quantité).

L'état de l'art a permis d'identifier des verrous de connaissances pour l'adaptation qui peuvent être regroupés en trois grandes catégories, relevant d'une part de l'écologie et de l'écophysiologie, de la génétique et de la diversité fonctionnelle, et d'autre part, des sciences économiques, humaines et sociales.

Adaptation de nature écologique, biologique et écophysiologique

Processus et interactions mal compris

De très nombreux mécanismes mal connus peuvent impacter l'adaptation des arbres aux évolutions climatiques : allocation du carbone entre compartiments (feuilles, tronc, racines, fruits) et fonctions (stockage, croissance, respiration, reproduction), mortalité, vieillissement, phénologie y compris fructification et sa plasticité, régénération, racine-rhizosphère, interaction eau-CO_2-température, ou ozone et azote. De plus, les réponses différentielles des composantes de l'écosystème : arbre, champignons et insectes et ennemis naturels (tous cortèges) sont à analyser et à relier à la diversité fonctionnelle. Notre méconnaissance des interactions entre facteurs, entre fonctions, entre hôte, agresseur et cortèges d'espèces associés est grande. Or l'étude de dépérissements forestiers ou d'invasions biologiques révèle l'importance de ces interactions (Walther *et al.*, 2009). Cependant, l'investigation des interactions biotiques et abiotiques, des relations de compétition, facilitation, hôte-bioagresseur (insecte, pourridié, scolytes) nécessite des expérimentations lourdes et pluriannuelles.

Fonctionnement et modification de la compétition entre espèces

Les processus régissant les équilibres compétitifs entre espèces sont insuffisamment connus pour anticiper les adaptations possibles vers de nouveaux équilibres. Les écosystèmes actuels vont être modifiés, avec la pénétration de nouvelles espèces dans des zones bioclimatiques dont elles étaient absentes (Leuschner *et al.*, 2009). Comme on sait qu'il n'y aura pas une translation généralisée des cortèges d'espèces (cf. chapitre 3), l'analyse de la compétition végétal néo-colonisateur *versus* végétal autochtone, animal (insecte) néo-colonisateur *versus* animal (insecte) autochtone doit être étudiée, à l'instar de ce que l'on commence à réaliser pour les espèces exotiques invasives.

La réduction des incertitudes quant aux évolutions possibles des puits de carbone des forêts tropicales en réponse aux changements climatiques nécessite de combler les lacunes sur (1) la nutrition minérale des arbres tropicaux, son évolution sous l'effet des changements environnementaux et ses répercussions sur d'autres fonctions physiologiques (fixation du carbone, relations hydriques, croissance, etc.) et (2) l'influence des conditions environnementales (sécheresse, engorgement) sur les différentes composantes de la respiration de l'écosystème, sur la photosynthèse, sur la croissance des arbres, etc.

Pas de temps et échelles spatiales diverses

Les processus avec réponse à court terme *versus* à long terme, en particulier la prise en compte du caractère cyclique et aléatoire de nombreux phénomènes climatiques et surtout biotiques, sont actuellement peu étudiés. On ne peut travailler sur les mécanismes adaptatifs sans l'aborder. Par ailleurs, les impacts des modifications du climat ne sont pas nécessairement univoques. Par exemple, l'étude des mécanismes d'adaptation au changement climatique chez le mélèze ne peut être séparée de celle de la réponse des populations de son ravageur principal à des pullulations cycliques (8-10 ans) comme celle de la tordeuse du mélèze. Or des travaux récents tendent à montrer que la tordeuse répond au réchauffement en montant en altitude, avec un cycle s'estompant dans la zone principale du mélèze (subalpin), et donc avec un moindre impact sur ces forêts.

Enfin, les processus à différentes échelles temporelles et spatiales sont également peu intégrés : comment les processus à court terme bien étudiés en physiologie interagissent-ils et produisent-ils des réponses à moyen ou long terme, par des ajustements plus lents ? L'apport de réflexions plus formalisées, s'appuyant par exemple sur la théorie des hiérarchies, pourrait apporter un cadre aux difficultés de conceptualisation des changements d'échelles (O'Neill et Smith, 2002).

Adaptation de nature génétique et de la diversité

Ce volet est traité plus en détail dans le chapitre 2 ; seuls quelques points spécifiques aux forêts et relativement génériques entre les biomes forêts (tempérées, tropicales, méditerranéennes) sont mentionnés ici.

Traits fonctionnels et adaptatifs

Un très net déficit de travaux sur les caractères adaptatifs, au-delà de la diversité neutre, a été identifié tant pour les arbres forestiers autochtones, tempérés et tropicaux, que pour les essences exotiques et/ou variétés améliorées. L'ensemble des travaux réalisés en génomique pour les plantations et les clones tel que le travail de séquençage sur le peuplier ou l'eucalyptus, la cartographie du génome, des gènes d'intérêt, la biosynthèse de la lignine, le fonctionnement hydrique, etc., est sous-exploité en termes de compromis favorisant l'adaptation au changement climatique. En forêts denses humides ou tempérées, les flux de gènes dans les peuplements forestiers et l'évolution de ces flux suite aux interventions sylvicoles (Valadon, 2009) et aux exploitations forestières sont méconnus, ce qui ne permet pas d'anticiper des effets à long terme tels que les risques d'appauvrissement et de dérive génétique. De même, l'intérêt génétique des populations en limite d'aire de répartition, ou des reliques au front de colonisation n'est pas connu. Les mécanismes de l'adaptation locale et sa vitesse sont à mieux appréhender chez les arbres, afin d'anticiper les recours à la migration assistée. L'évolution de la structuration génétique des espèces, par exemple le risque de perte de diversité ou de perte de ressource génétique lorsque l'on prélève quelques grands arbres comme l'Iroko, questionne la mise au point d'une stratégie d'adaptation des populations face aux changements climatiques. Cela pose la question de l'identification des caractères ou traits conférant un avantage adaptatif : phénologie, résistance à la sécheresse, etc. Enfin, les processus démographiques, de sélection, etc. permettant d'expliquer la biodiversité observée en forêt naturelle ou peu anthropisée (biodiversité végétale, fongique, bactérienne, animale) sont encore mal compris et ces lacunes limitent l'identification des conditions de son maintien (Williams, 2000).

Effet de la variabilité intra- et inter-population sur leur vulnérabilité aux changements climatiques et aux évènements extrêmes

La question posée ici est de savoir comment raisonner l'adaptation à ces chocs. Il s'agit d'anticiper les risques en adaptant la gestion. Par exemple, dans les zones cycloniques ou à risques de tempête, les principes de précaution de gestion privilégieraient les rotations courtes et les arbres courts. Pour les feux, il faut considérer l'organisation spatiale des plantations, les pare-feux, mais aussi le traitement social des feux, en stimulant l'intérêt des populations pour que les plantations ne brûlent pas. De tels exemples existent en Côte d'Ivoire. L'extension potentielle des zones à risques d'incendies des zones méditerranéennes vers des régions tempérées pourrait concerner des écosystèmes dont l'inflammabilité, la vulnérabilité et la résilience n'ont pas été à ce jour étudiées (Chatry *et al.*, 2010).

Adaptation en termes de sciences humaines et sociales

Dynamiques des sociétés et innovations

En zone tropicale, les sociétés sont directement dépendantes de la forêt pour la nourriture, l'habitat, le bois énergie, et indirectement dépendantes pour les interactions forêts/agricultures. La question de leur capacité d'adaptation et d'innovation dans des contextes de changement climatique et de phénomènes extrêmes est donc cruciale. De telles situations ont déjà été rencontrées en Afrique sahélienne, où on a pu observer au cours des décennies passées des sécheresses majeures et une extension au sud de la zone sahélienne, impliquant une adaptation forcée des populations agricoles et pastorales (Nyong *et al.*, 2007). Cette adaptation des sociétés et des populations pose des questions sur les politiques, les choix économiques, les modalités organisationnelles de l'adaptation (Mortimore, 2010). Il y a là des sujets de recherche majeurs.

En zones tempérées, peu de recherches ont porté sur l'accompagnement social et politique du changement en forêt. Des résistances, voire des oppositions, de la société à des modifications « visibles » en forêt sont apparues. Certaines options d'adaptation, en particulier par transformation, sont actuellement interdites, comme l'introduction d'essences exotiques en forêts certifiées. De même, des contraintes réglementaires doivent évoluer pour tenir compte des évolutions inéluctables des écosystèmes sous influences climatiques et anthropiques : c'est le cas des politiques de conservation de l'existant, comme les zones Natura 2000 (chapitre 11).

Cycle du carbone, modélisations intégrées

La prise en compte du rôle des forêts dans les grands cycles du carbone a généré de nombreuses questions d'ordre biologique, mais également socio-économiques. La création par exemple de « marchés du carbone » (processus de Kyoto, marchés volontaires, etc.) pose de nombreuses questions et nécessite des recherches dans les champs du politique, de l'économique, du social, de l'institutionnel, si l'on veut que ces mécanismes contribuent à un développement durable des pays, comprenant des options écologiquement durables, économiquement viables et socialement équitables. Par ailleurs, la disponibilité de scénarios d'impacts sur les ressources physiques et biologiques réalistes limite actuellement l'analyse économique, en particulier l'étude de l'économie des évènements extrêmes (cyclones, tempêtes) ou tendanciels (dépérissements récurrents). À terme, ces outils de modélisation devront intégrer les dimensions socio-économiques pour les services non marchands de la forêt dont l'économie doit être développée (taxe carbone, fonctions de protection des sols, de l'eau, le l'air, contre les incendies, les inondations, les avalanches, etc.). L'étude économique de ces fonctions non encore marchandes, ainsi que l'économie du risque, doivent être amplifiées pour permettre une réflexion chiffrée autour des options d'adaptation des différents acteurs.

Utilisation des sols, conflits d'usage

Sous la pression des changements climatiques, des conflits et des changements d'usage entre les terres forestières et agricoles doivent être anticipés devant la pression croissante des besoins en bioénergies, agrocarburants et besoins alimentaires, contraints notamment par l'augmentation des sécheresses. Des pressions de plus en plus fortes se feront également sentir sur la consommation en eau des plantations, avec là aussi des conflits d'usage.

En zone tropicale, le cas des populations de « cueilleurs chasseurs » (chapitre 10), peu nombreuses (quelques millions), totalement dépendantes de la forêt, et pour lesquelles la pression majeure vient des autres populations qui ont des intérêts dans la forêt, doit être différencié de toutes les autres populations (quelques centaines de millions) qui peuvent entrer dans les forêts, y faire des cultures (soja, palmiers à huile, etc.). Ces changements d'usages des sols vont *a priori* avoir le plus d'impacts, en liaison avec les prix mondiaux et les marchés, et être à l'origine de conflits pour l'accès au foncier. Il serait donc important de se pencher davantage sur le lien entre déforestation, macro-évènements, prix, etc., et utilisation des terres, lien sur lequel aucun projet de recherche n'a encore été mis en place. L'adaptation des populations pourrait ainsi avoir un impact sur la forêt à un horizon beaucoup plus court, et sûrement beaucoup plus fort que celui du changement climatique seul.

➤➤ Perspectives de recherches

L'enjeu est de combiner des recherches sur les impacts du changement climatique et sur l'adaptation en fonction des vulnérabilités écologiques, biologiques, sociales et économiques. Face à l'importance des interactions et rétroactions, l'interdisciplinarité est une priorité. Un cadre transversal de scénarios de référence d'évolution des écosystèmes forestiers, naturels ou gérés, pourrait aider à structurer les réflexions.

Recherches dans chaque voie d'adaptation

Caractériser et spatialiser la vulnérabilité

Quels systèmes sont actuellement les plus vulnérables ? Les recherches récentes se sont intéressées à l'étude des impacts avérés sur les forêts, conditionnés par la distribution des aléas climatiques extrêmes (sécheresse, cyclone, tempête, etc.) ou des tendances particulièrement sensibles en altitude ou en limite d'aire de distribution. L'étude systématique de la vulnérabilité n'a pas encore débutée et nécessite l'élaboration d'indicateurs, de métrique de la vulnérabilité sous l'angle des processus et intégrant la dimension de l'écosystème (arbres et cortèges biotiques* associés). La prévision des aléas biotiques est encore insuffisante pour envisager des scénarios d'interaction climatiques et biotiques, pour intégrer le caractère stochastique de l'apparition des maladies et ravageurs émergents. Leur imprévisibilité est une difficulté : en zone tempérée, la veille phytosanitaire alerte et déclenche les programmes d'épidémiologie. Cette veille n'existe pas en zone tropicale, et aucune stratégie d'adaptation en temps réel n'est possible. Il faut également souligner que l'étude de la vulnérabilité se heurte à des difficultés d'expérimentation : des manipulations d'écosystèmes, conçues pour moduler la vulnérabilité de l'arbre et comprendre sa réponse face à d'autres contraintes (bioagresseurs, température, nutrition, disponibilité en eau, pollutions, etc.), sont extrêmement délicates à mettre en œuvre aux échelles d'intérêt et sont souvent aléatoires en termes de succès. Une autre difficulté est d'ordre conceptuel. Une hypothèse de base est que la diversité serait garante d'une moindre vulnérabilité et d'une meilleure résilience des écosystèmes. Se pose alors la question de la conception de démarches scientifiques pour valider cette hypothèse de base.

Améliorer notre capacité de prédiction

La mise à disposition de scénarios climatiques affinés, régionalisés (chapitre 2) n'est pas suffisante pour améliorer la simulation des conséquences des évolutions attendues sur les écosystèmes forestiers. Les capacités réelles de nos modèles d'impacts sont limitées par leur aptitude à assembler des phénomènes à différents pas de temps (de l'instantané à la durée de vie des arbres) et par nos connaissances insuffisantes de certains mécanismes clés. Des recherches cognitives devraient ainsi être développées sur la dynamique des populations, les mécanismes de compétition, l'allocation du carbone et de l'azote, la mortalité, le vieillissement, les effets physiologiques différés, les mécanismes de résistance aux bioagresseurs... Par ailleurs, d'autres démarches sont à encourager telles que l'élargissement des connaissances empiriques ou phénoménologiques élaborées en foresterie dans des environnements stationnaires (lois dendrométriques, relations stations-production, autécologie, etc.), pour développer de nouveaux modèles plus génériques de dynamique de peuplements, tenant compte des accidents (mortalité, dépérissement), de nouveaux itinéraires sylvicoles (mélange, rotations courtes, etc.) (Lindner, 2000). Ainsi, nos modèles actuels souffrent d'une certaine incapacité à reproduire des dynamiques écologiques et des stades transitoires. Par exemple, la connaissance des mécanismes contrôlant la répartition géographique d'une espèce permettrait d'affiner notre capacité à prédire le comportement aux limites d'aires, aussi bien en zone de régression que d'extension : déterminisme de la mortalité, processus de recrutement, contrôle par les interactions biotiques, migrations, déterminisme climatique, génétique, démographique, compétitif, etc. Enfin, il reste aussi à développer des modèles et outils aux différentes échelles pertinentes de la décision (de la parcelle à la ressource régionalisée ou nationale) en faisant dialoguer des données à différentes échelles (inventaires, placettes permanentes, sites instrumentés, etc.).

Adapter de manière opérationnelle

Pour les aspects opérationnels, il peut être utile de décliner l'adaptation à trois échelles de temps, trois horizons qui orienteront des stratégies d'adaptation selon la vulnérabilité car la prospective n'est pas tout à fait la même à court, moyen ou long terme, les incertitudes non plus :
— à échéance 2020-2030, il s'agit d'adapter des systèmes actuels pour les rendre plus résistants aux chocs ; le principal verrou tient au fait que l'on connaît mal le niveau de résistance, résilience et tolérance des systèmes actuels ;
— vers 2050, une période de transition s'installe, où cohabiteront des peuplements devenus inadaptés et des peuplements dont on aura réussi l'adaptation (dans des stades jeunes de peuplements installés) pour répondre aux nouveaux défis ;
— à plus long terme, 2080-2100, l'anticipation consiste à concevoir et mettre en place aujourd'hui les peuplements qui seront matures à cette date. Tout changement de rupture est alors envisageable.

Pour les questions de recherche, ce découpage en fenêtre temporelle est apparu inutile, les verrous de connaissance à lever étant génériques (Spittlehouse et Stewart, 2003 ; Spittlehouse, 2005). Les principales questions sont relatives :
— au chiffrage économique des scénarios et coût de l'inaction. Comment raisonner les compromis ?
— au modèle d'évolution des ressources, facteurs de forçages économiques *versus* écologiques et climatiques ;

– à la spatialisation des territoires et des impacts économiques, avec à terme l'ambition de disposer d'outils de simulation prospective de l'évolution d'une ressource ;
– à l'élaboration d'outils d'aide à la décision pour les gestionnaires, la filière, évaluant l'impact des décisions de gestion ou de politiques sur la dynamique des écosystèmes soumis aux changements climatiques, identifiant les scénarios possibles de gestion, de demande de services et de produits.

Transformer les écosystèmes et les filières

Lorsque l'adaptation semble dépassée par l'ampleur ou la rapidité des changements, une option peut être de transformer les écosystèmes et les filières. Cette stratégie nécessite l'élaboration d'outils d'aide à la décision attendus par les gestionnaires, les filières, les sociétés. À titre d'exemple, si la stratégie consiste à substituer une essence autochtone par une exotique, comment s'entourer des meilleures garanties de réussite ? Dans les transformations déjà réalisées, même sous d'autres contraintes que le changement climatique, peut-on identifier ce qui fait qu'une introduction d'espèce réussit ou échoue ? Peut-on imaginer un cahier des charges d'une introduction réussie ? C'est une question importante pour le forestier mais aussi pour le décideur (politiques incitatives). Par exemple, les relations phylogénétiques avec des espèces natives peuvent déterminer un cortège potentiel de bioagresseurs.

Dans quelles situations prioritaires étudier l'adaptation ?

Parmi les situations prioritaires à étudier, au moins à court terme, citons les fronts d'expansion, là où se situe l'étude des arbres colonisateurs, ceci renvoyant à l'adaptation : l'expansion procède-t-elle d'un tirage au hasard dans la population ou bien d'une catégorie particulière d'individus ? Peut-on caractériser ces individus sur leur morphologie, leur physiologie, leur génétique ? Quelle pression de sélection dans la zone de front d'expansion et quelles adaptations se font en conséquence ? Quelques modèles *ad hoc* d'arbres (ex. chêne vert) comme d'insectes (ex. processionnaire) sont aisément identifiables. Les compétitions nouvelles entre colonisateurs et préexistants devraient être ciblées, qu'il s'agisse de compétitions intra-communautés (mélanges d'espèces d'arbres) ou inter-communautés (insectes/maladies et arbres).

L'analyse de la diversité fonctionnelle des réponses adaptatives aux aléas climatiques et aux ravageurs en peuplements mélangés est un vaste champ d'investigation. Des stratégies de réponses à une contrainte donnée existent souvent au sein d'un même écosystème (résistance, évitement, tolérance) sans qu'il soit actuellement possible de dégager la stratégie « gagnante » en termes d'adaptation aux changements climatiques. Si la diversité est souvent annoncée comme garante d'une meilleure résilience des écosystèmes naturels, des recherches pluridisciplinaires sont nécessaires pour vérifier, quantifier et prédire les interactions favorables pouvant s'établir entre communautés, entre espèces, sous climat perturbé et sous influence d'une gestion elle aussi évolutive (Eastaugh, 2008). Il est important d'insister sur le fait que, si ces questions se posent actuellement pour des écosystèmes « autochtones », elles se poseront dans un avenir très proche à des systèmes forestiers constitués par des essences allochtones (nouvelles essences ou essences encore peu utilisées) et par des essences considérées actuellement comme secondaires. Dans les deux cas, le champ d'investigation est encore plus grand et il sera nécessaire de s'appuyer sur des réseaux d'observation installés initialement à d'autres fins (plantations comparatives, arboretums, etc.).

Les ripisylves sont des zones tampons dont le fonctionnement et la vulnérabilité aux modifications climatiques sont peu étudiés. Elles constituent pourtant des zones de protection physique, d'épuration et des refuges de biodiversité, y compris pour des maladies au mode de dispersion très spécifique, contrôlées par les caractéristiques physico-chimiques et microclimatiques des cours d'eau. Plusieurs voies de recherche sont possibles pour anticiper les capacités d'adaptation de ces écosystèmes particuliers : typologie, inventaires de biodiversité, fonctionnement hydrique et bio-géochimique couplé entre arbre et cours d'eau, rôle épurateur, épidémiologie des maladies, vitesse de dissémination, apparition de résistance, etc.

En zone tropicale humide, une région prioritaire et de grand intérêt sur l'adaptation est la région amazonienne dont la Guyane française : celle-ci dispose d'un massif forestier majeur en termes de biodiversité, de stock de carbone, mais aussi en termes de risque de déforestation et de dégradation. La France a fortement investi en Guyane et a signé en septembre 2008 deux accords de partenariat avec le Brésil sur le développement durable du biome amazonien et sur la création du Centre franco-brésilien de la biodiversité amazonienne (CFFBA). Le Bassin du Congo, second grand massif forestier des tropiques humides, riche en biodiversité comme en « carbone », présente des enjeux forts de développement agricole — donc potentiellement de déforestation — afin de permettre le développement des pays concernés dans un contexte d'augmentation démographique forte.

En zone tropicale sèche, l'Afrique sèche (forêts du Sénégal, du Mali, du Burkina Faso, mais aussi systèmes agroforestiers, sylvo-pastoraux plus complexes...), où les recherches françaises ont été fortement développées dans le passé mais avec un désinvestissement, nécessiterait d'être à nouveau analysé dans un contexte agro-sylvo-pastoral. Les forêts sèches ne sont pas perçues comme un réservoir de bio-diversité ni de carbone, et le dispositif REDD[1] est essentiellement appliqué aux forêts humides, alors que les taux de déforestation en Afrique sèche sont également très forts. La situation difficile des organismes de recherche africains n'a pas renforcé la volonté des organismes français de se positionner sur la thématique. De plus, les grands financements mondiaux se sont fortement ralentis après les grandes sécheresses des années 1980.

Les dynamiques en cours en Asie du Sud-Est font ressortir l'importance pour des dynamiques de transitions dans ces régions, avec une forêt remplacée par des plantations de palmier, hévéas, acacias et eucalyptus, etc. en relation avec les enjeux de développement économique affichés par les pays concernés.

La biologie et l'épidémiologie des bioagresseurs, actuellement présents ou pouvant émerger, sont importantes alors que les compétences sont faibles. Le déterminisme climatique des synchronisations — ou désynchronisations phéno-

---

1. *Reducing Emissions from Deforestation and Forest Degradation*, initiative internationale lancée en 2008 dans le cadre des négociations internationales sur le climat et visant à réduire la deforestation tropicale et les emissions de GES associées.

logiques entre hôte-agresseur-cortèges associés (parasitoïdes), les adaptations possibles vers une meilleure coïncidence ou, au contraire, un évitement sont autant de champs d'investigation à renforcer pour mieux appréhender les mécanismes d'adaptation.

Le développement de modélisations conceptuelles issues des systèmes complexes et la mise en place progressive de plates-formes opérationnelles de modèles phénoménologiques ou mécanistes sont importants afin de constituer un référentiel d'outils de simulation capables de reproduire les interactions entre facteurs, le couplage entre fonctions, les interdépendances entre les arbres et leurs bioagresseurs, ainsi que la plasticité des réponses aux contraintes. Il s'agit d'associer des compétences de plusieurs disciplines : écophysiologie, bioclimatologie, pathologie, entomologie, écologie de communautés, mais aussi biogéochimie et chimie de l'atmosphère, climatologie, pédologie et physique du sol. Les investigations interdisciplinaires sont indispensables et des concepts novateurs doivent être trouvés : plate-forme de modélisation orientée assemblage, incitation au rapprochement des modélisateurs des systèmes complexes, développement de l'interdisciplinarité et assemblage des différentes composantes de l'écosystème (modèles de niches croisés biotique, abiotique, niche et climat).

En terme d'infrastructures, les recherches sur l'adaptation devront s'appuyer sur des réseaux de surveillance, sur des expérimentations multifactorielles et manipulations d'écosystèmes ambitieuses, afin d'appréhender les seuils de rupture (par exemple réchauffement, vulnérabilité à des bioagresseurs et sécheresse).

Ce texte s'inspire largement des travaux de l'ARP ADAGE auquel ont contribué les personnes suivantes que nous tenons à remercier : Thierry Ameglio (Inra), Vincent Badeau (Inra), Hervé Cochard (Inra), Pierre Dizengremel (Univ. Nancy), Meriem Fournier (AgroParisTech), Xavier Gauquelin (ONF), Antoine Kremer (Inra), Myriam Legay (Inra), Bruno Locatelli (Cirad), Denis Loustau (Inra), Benoît Marçais (Inra), Patrice Mengin (ONF), Laurent Misson (CEFE CNRS), Olivier Picard (CNPPF), Alain Roques (Inra).

▸▸ Références bibliographiques

Banque Mondiale, 2004. *Sustaining forests, a development strategy*, Washington, États-Unis, 99 p.

Banque Mondiale, 2008. *Forests sourcebook, practical guidance for sustaining forests in development cooperation*, Washington, États-Unis, 402 p.

Becker M., 1989. The role of climate on present and past vitality of silver fir forests in the Vosges mountains of north-eastern France. *Canadian Journal of Forest Research*, 19, 1110-1117.

Bréda N., Granier A., Huc R., Dreyer E., 2006. Temperate forest trees and stands under severe drought: a review of ecophysiological responses, adaptation processes and long-term consequences. *Annals of Forest Sciences*, 63 (6), 625-644.

Chatry C., Le Gallou J.-Y., Le Quentrec M., Lafitte J.-J., Laurens D., Creuchet B., 2010. Changement climatique et extension des zones sensibles aux feux de forêts. Rapport de la mission interministérielle, 190 p.

Cheaib A., Badeau V., Boé J., Chuine I., Délire C., Dufrêne E., François C., Gritti E., Legay M., Pagé C., Thuiller W., Viovy N., Leadley P., 2012. Climate change impacts on tree ranges: model intercomparison facilitates understanding and quantification of uncertainty. *Ecology Letters*, 15 (6), 533-544.

Ciais P., Viovy N., Granier A., Ogée J., Allard V., Aubinet M., Buchmann N., Bernhofer C., Carrara A., Chevallier F., de Noblet-Ducoudre N., Friend A.D., Friedlingstein P., Grünwald T., Heinesch B., Keronen P., Knohl A., Krinner G., Loustau D., Manca G., Matteucci G., Miglietta F., Ourcival J.M., Papale D., Pilegaard K., Rambal S., Seufert G., Soussana J.F., Sanz M.J., Schulze E.D., Vesala T., Valentini A., 2005. Europe-wide reduction in primary caused by the heat and drought in 2003. *Nature*, 437, 529-533.

Cooke B.J., Nealis V.G., Régnière J., 2007. Insect defoliators as periodic disturbances in northern forest ecosystems, *In : Plant Disturbance Ecology: The Process and the Response* (Johnson E.A., Miyanishi K., eds.), Elsevier, Burlington, Massachusetts, USA, 720 p., 487-525.

Desprez-Loustau M.L., Marçais B., Nageleisen L.M., Piou D., Vannini A., 2006. Interactive effects of drought and pathogens in forest trees. *Annals of Forest Sciences*, 63, 597-612.

Eastaugh C., 2008. Adaptations of forests to climate change: a multidisciplinary review. IUFRO Occasional Paper World Series No. 21, 83 p.

FAO, 2009. *Situation des forêts du monde*, Rome, Italie, 152 p.

Forest Based Sector, Technology Platform, 2007. A Strategic Research Agenda for innovation, Competitiveness, and Quality of Live, 27 p.

Forest Based Sector, Technology Platform, 2007. Annex: Extended Description of Research Areas, 31 p.

Lecocq F., 2008. Impacts économiques du changement climatique pour la forêt et le secteur bois en France, Revue de la littérature, 11 p.

Leuschner C., Kockemann B., Buschmann H., 2009. Abundance, niche breadth, and niche occupation of Central European tree species in the centre and at the margin of their distribution range. *Forest Ecology and Management*, 258, 1248-1259.

Lindner M., 2000. Developing adaptive forest management strategies to cope with climate change. *Tree Physiology*, 20, 299-307.

Lindner M., Maroschek M., Netherer S., Kremer A., Barbati A., Garcia-Gonzalo J., Seidl R., Delzon S., Corona P., Kolström M., Lexer M.J., Marchetti M., 2010. Climate Change impacts, adaptative capacity, and vulnerability of European Forests. *Forest Ecology and Management*, 259, 698-709.

Locatelli B., Kanninen M., Brockhaus M., Pierce Colfer C.J., Murdiyarso D., Santoso H., 2008. Facing an uncertain future. How forests and people can adapt to climate change, Forest perspectives n° 5, CIFOR, Bogor, Indonesia, 86 p.

Loustau D., Bosc A., Colin A., Ogée J., Davi H., François C., Dufrêne E., Dequé M., Cloppet E., Arrouays D., Le Bas C., Saby N., Pignard G., Hamza N., Granier A., Bréda N., Ciais P., Viovy N., Delage F., 2005. Modeling climate change effects on the potential production of French plains forests at the sub-regional level. *Tree Physiology*, 25 (7), 813-823.

McKinnon G.A., Webber S.L., 2005. Climate change impacts and adaptation in Canada: is the forest sector prepared? *The Forestry Chronicle*, 81, 653-654.

Menzel A., Sparks T.H., Estrella N., Koch E., Aasas A., Ahass R., Alm-Kubler K., 2006. European phenological response to climate change matches the warming pattern. *Global Change Biology*, 12, 1969-1976.

Mortimore M., 2010. Adapting to drought in the Sahel: lessons for climate change. *WIREs Clim. Change*, 1, 134-143.

Nyong A., Adesina F., Osman Elasha B., 2007. The value of indigenous knowledge in climate change mitigation and adaptation strategies in the African Sahel. *Mitigation Adaptation Strategy Global Change*, 12, 787-797.

O'Neill R., Smith M., 2002. Scale and Hierarchy Theory. *In: Learning Landscape Ecology*, Section 1, 1-8, Springer, New York.

Peñuelas J., Jump A.S., 2000. Running to stand still: adaptation and the response of plants to rapid climate change. *Ecology Letters*, 8, 1010-1020.

Ravindranath N.H., 2007. Mitigation and adaptation synergy in forest sector. *Mitigation Adaptation Strategy Global Change*, 12, 843-853.

Resco de Dios V., Fischer C., Colinas C., 2007. Climate change effects on mediterranean forests and preventive measures. *New Forests*, 33, 29-40.

Rouault G., Candau J.N., Lieutier F., Nageleisen L.M., Martin J.C., Warzée N., 2006. Effects of drought and heat on forest insect populations in relation tothe 2003 drought in Western Europe. *Annals of Forest Sciences.* 63, 613-624.

Seppälä R., Buck A., Katila P., 2009. *Adaptation of forests and people to climate change. A Global Assessment Report.* IUFRO World Series, 22, 224 p.

Spittlehouse D.L., 2005. Integrating climate change adaptation into forest management. *The Forestry Chronicle*, 81, 691-695.

Spittlehouse D.L., Stewart R.B., 2003. Adaptation to climate change in forest management. *BC Journal of Ecosystems and Management*, 4 (1), 1-11.

Valadon A., 2009. *Effets des interventions sylvicoles sur la diversité génétique des arbres forestiers. Analyse bibliographique*, Office National des Forêts Eds., Collection dossiers forestiers, n° 21.

Vanasch M., Vantienderen P.H., Holleman L.J.M., Visser M.E., 2007. Predicting adaptation of phenology in response to climate change, an insect herbivore example. *Global Change Biology*, 13, 1596-1604.

Walther G.R., Roques A., Hulme P.E., Sykes M.T., Pysek P., Kühn I., Zobel M., Bacher S., Botta-Dukát Z., Bugmann H., Czúcz B., Dauber J., Hickler T., Jarosík V., Kenis M., Klotz S., Minchin D., Moora M., Nentwig W., Ott J., Panov V. E., Reineking B., Robinet C., Semenchenko V., Solarz W., Thuiller W., Vilà M., Vohland K., Settele J., 2009. Alien species in a warmer world: risks and opportunities. *Trends in Ecology and Evolution*, 24, 686-693.

Williams J.E., 2000. The biodiversity crisis and adaptation to climate change: A case study from Australia's forests. *Environmental Monitoring and Assessment*, 61 (1), 65-74.

Chapitre 9

Les hydrosystèmes, la pêche et l'aquaculture

Jean-Luc BAGLINIÈRE, Daniel GERDEAUX, François MÉDALE,
Didier GASCUEL, Olivier LE PAPE, Didier PONT

Ce chapitre est structuré en trois parties qui recouvrent la diversité des hydrosystèmes et des filières de pêche et d'aquaculture qui leurs sont associés :
– hydrosystèmes continentaux (pêche, lacs et cours d'eau),
– hydrosystèmes océaniques (pêche côtière et hauturière),
– aquaculture.

▸▸ Hydrosystèmes continentaux : filière pêche lacs et cours d'eau

Les écosystèmes d'eau douce jouent un rôle important au regard de plusieurs enjeux : biodiversité terrestre, services écologiques, régulation et épuration de l'eau, énergie renouvelable, etc. Si les conventions internationales et les directives européennes protègent certains types d'espèces et d'habitats, la directive cadre eau (DCE) demande le retour au bon état écologique (qualité et connectivité) de toutes les masses d'eau d'ici 2015. Ces mesures (maintien des régimes hydrologiques, renaturation des cours d'eau, réhabilitation et conservation des zones humides) devraient permettre aux hydrosystèmes de supporter les impacts du changement global. Néanmoins, il est également important de pouvoir évaluer la capacité adaptative des espèces et de résilience des hydrosystèmes afin d'aller au-delà de la simple évaluation de l'impact du changement climatique. Ainsi, un certain nombre de recherches prioritaires ont été identifiées : amélioration de la précision des modèles reliant températures eau/air et hydrologie/thermie dans différents contextes géographiques et à des échelles spatiales pertinentes pour la gestion ; développement des connaissances en écophysiologie par un couplage d'approches terrain/expérimentation en intégrant le contexte génétique ; élaboration d'indicateurs du bon état écologique.

D'autres priorités concernent les recherches cognitives (approche systémique et fonctionnelle, diversité génétique) et, d'autre part, le fonctionnement des zones humides, milieux très sensibles à l'impact du changement climatique et essentiels dans la continuité écologiques des hydrosystèmes.

Contexte, enjeux et objectifs

Les écosystèmes d'eau douce constituent d'importants réservoirs de biodiversité et sont, à ce titre, extrêmement sensibles au changement global (Heino *et al.*, 2009). Parmi ceux-ci, les zones humides, du fait de leur capacité d'adaptation limitée, font partie des écosystèmes les plus vulnérables au changement climatique (Bates *et al.*, 2008). Ces zones présentent les plus fortes productivités et diversités floristiques et faunistiques. Ce sont actuellement les milieux les plus menacés et dégradés de la planète. Les zones humides ont un rôle essentiel dans le fonctionnement hydrologique et biologique des cours d'eau synthétisé notamment sous le développement du *Flood pulse concept* (Junk *et al.*, 1989). D'autres concepts ont été développés pour comprendre, à une échelle multidimensionnelle, l'influence des variations climatiques et hydrologiques sur le fonctionnement de ces zones : *Wetland Continuum concept* (Euliss *et al.*, 2004) permettant de mettre en évidence les différentes adaptations des organismes inféodés à ces zones.

Des enjeux multiples dans un cadre international

Outre l'intérêt propre des écosystèmes d'eau douce, les enjeux qui s'y rattachent sont multiples : importance pour le maintien de la biodiversité terrestre, services écologiques (régulation et épuration de l'eau, et énergie renouvelable notamment) et engagements réglementaires. En effet, aux conventions internationales et directives européennes protégeant certains types d'espèces et d'habitats (RAMSAR, CITES, Directives Habitats Faune Flore, etc.) s'ajoute la DCE*. Le concept de connectivité pris en compte par la DCE pour les masses d'eau permet de décrire une continuité de structure et de fonction à travers les trois dimensions de l'espace et le temps (Amoros et Bornette, 2002). Il est considéré comme un indicateur de l'état de santé du cours d'eau puisque la perte de connectivité se traduit par une forte érosion de la biodiversité (Bannerman, 1997).

Pressions locales et changement climatique

Dans le cas des écosystèmes d'eau douce, il est particulièrement difficile de distinguer les effets du changement climatique de ceux des pressions anthropiques locales. Ainsi, les aménagements humains au sein des réseaux hydrographiques (barrages, artificialisation des berges, prélèvements d'eau, pollution, eutrophisation, sédimentation, etc.) vont dans la plupart des cas conduire à une aggravation de certains des processus entraînés par le changement climatique, comme l'augmentation de la température de l'eau et la modification des débits, la dégradation des zones humides riveraines et littorales (McCormick *et al.*, 2009 ; Scheurer *et al.*, 2009). Il est ainsi relativement délicat de déterminer la part de chacun de ces facteurs (global *vs* local) dans les pressions que subissent ces écosystèmes (Baglinière *et al.*, 2010).

Qualité des eaux, qualité des aliments

La filière pêche continentale (professionnelle et amateur) en France métropolitaine et dans les collectivités d'outre-mer est relativement peu importante sur le plan économique, les problèmes de pollution et les nouvelles normes de qualité des aliments (PCB*) ont récemment porté atteinte à l'activité professionnelle (7 000 pêcheurs au début des années 1970 à 666 en 2007) et notamment sur de grands bassins comme ceux de Rhône-Saône et de la Seine. Indépendamment des impacts du changement climatique, la filière pêche continentale sera sans doute de plus en plus réduite à l'activité de loisirs qui représente en France environ 2 millions de pêcheurs. Le poisson est un des indicateurs de la qualité écologique selon la DCE. L'indice poisson rivière (IPR) est également un des indicateurs de la stratégie nationale pour la biodiversité ; il en est de même pour le futur indice poisson estuaire (IPE) en cours de développement au niveau national.

La DCE impose des mesures de réhabilitation des masses d'eau qui sont pour la plupart des mesures d'adaptation potentielle aux effets du changement climatique :
— maintien des régimes hydrologiques des cours d'eau pour prévenir les risques d'assec* et limiter les effets des crues,
— restauration de l'espace de liberté des cours d'eau (reméandrage, réhabilitation des berges, défragmentation et rétablissement de la connectivité du cours d'eau, etc.),
— réhabilitation et conservation des zones humides,
— reconquête de la qualité physico-chimique des eaux (matières en suspension, polluants),
— retour au bon état écologique basé sur les compartiments poissons, macro-invertébrés, macrophytes, phytoplancton.

Ces mesures « sans regret » du retour au bon état écologique devraient permettre aux hydrosystèmes de supporter les impacts du changement climatique et de continuer à fournir les services rendus au « bien-être humain » tels qu'ils ont été définis par l'initiative du Millenium Ecosystem Assessment (services récréatifs, épuration, irrigation, protection contre les événements extrêmes, etc.).

Impacts du changement climatique et pistes d'adaptation

Le réchauffement des eaux, conséquences sur la structure et le fonctionnement des hydrosystèmes

Le changement climatique provoque un réchauffement estival des eaux des rivières d'amplitude variable suivant l'altitude du bassin versant de la rivière et son type d'alimentation. Poirel *et al.* (2009) notent une augmentation moyenne annuelle de 1,5 °C sur le bassin du Rhône entre 1977 et 2006. Ces augmentations sont plus élevées sur le Rhône aval et sur ses affluents chauds. L'effet est plus marqué au printemps et en été. Il en est de même sur la Loire où, sur le cours moyen, est observé un échauffement estival tendanciel de 0,5 °C de 1947-1949 à 2003 (Gosse *et al.*, 2008). En Suisse, l'écart de température entre les périodes 1978-1987 et 1988-2002 varie de 1,2 °C à zéro depuis les rivières du plateau suisse aux torrents alimentés par les glaciers. Dans le lac Léman, la température moyenne annuelle au fond (309 m) a augmenté de plus de 1 °C en 40 ans (www.cipel.org). La température hivernale de la masse d'eau lacustre est passée de 4,5 °C en 1963 à 5,15 °C en 2006. La température de l'eau des tributaires* des lacs, issue de la couche superficielle, peut atteindre des seuils létaux (25 °C) pour certaines espèces comme les ombres communs dans le Rhin en aval du lac de Constance en 2003. Les changements hydrologiques sont moins bien documentés. D'une manière générale, les modifications climatiques prévues dans le cadre des scénarios actuels (augmentation de la température de l'eau et amplification de la variabilité saisonnière des débits) devraient avoir de profondes conséquences sur la structure et le fonctionnement des hydrosystèmes, les conditions extrêmes jouant un rôle prépondérant (Schindler, 2001).

Deux conséquences peuvent être prioritairement dégagées.

Changements dans l'abondance et la répartition des espèces, remplacement d'espèces

Au cours des 15 à 25 dernières années, le suivi de grands fleuves montre un accroissement significatif des proportions des poissons méridionaux et thermophiles et de la richesse spécifique au sein de communautés attribuable au changement climatique. Inversement, l'équitabilité* a diminué, soulignant une domination graduelle des peuplements par un nombre réduit d'espèces (Daufresne et Boët, 2007 ; Daufresne, 2008). D'une manière générale, ces changements se traduisent par une augmentation de l'abondance, une modification dans la structure de taille des communautés (les espèces comme les individus les plus petits étant favorisés), et par une modification de la répartition spatiale sur le bassin. Cette même observation est faite aussi chez les invertébrés aquatiques (Daufresne *et al.*, 2004). Ainsi, les espèces d'eau chaude colonisent progressivement l'amont des fleuves au détriment des espèces d'eau plus froide. Ces déplacements vers l'amont seront facilités par le rétablissement de la connectivité du cours d'eau. Dans le bassin du Rhône à hauteur du Bugey, les espèces thermophiles comme le barbeau et la vandoise pour les poissons ou les taxons d'invertébrés thermophiles (e.g. *Athricops*, *Potamopyrgus*) remplacent progressivement en amont les espèces d'eau plus froide comme le chevesne ou des taxons d'invertébrés comme *Chloroperla*, *Protoneumura* (Daufresne *et al.*, 2004). Par ailleurs, les études réalisées sur les populations de poissons des grands fleuves montrent bien l'importance des effets du changement climatique même dans les sites perturbés par des pressions non climatiques (Daufresne, 2008).

Les aires de répartition des espèces se déplacent vers le nord ou vers les plus hautes altitudes. Les populations les plus méridionales de beaucoup d'espèces vont probablement disparaître ou du moins être très réduites. Ces modifications traduisent les normes de réaction et de capacité adaptative des espèces aux changements thermiques et hydrologiques. Ainsi, la reproduction du saumon a lieu en dessous d'un seuil critique de la température de l'eau aux alentours de 11,5-12 °C (De Gaudemar et Beall, 2003). Au-dessus de ce seuil, la femelle ne pondrait pas. La fenêtre temporelle de frai est ainsi réduite dans les cours d'eau réchauffés. Toutefois les études conduites sur les saumons de la Nivelle ne mettent pas en évidence de préférence des femelles pour les températures les plus fraîches. Est-ce un signe d'adaptation ? De même, des changements profonds sont observés dans les traits d'histoire de vie du saumon, sans qu'ils soient mis clairement en évidence une probable relation avec le réchauffement. Une part importante des jeunes saumons mâles arrivent à maturité précocement sans migrer en mer. Ces individus de taille très inférieure à celles des mâles adultes participent efficacement au succès reproducteur. Néanmoins, ce succès reproducteur reste avant tout fonction de la survie des œufs qui semble diminuer avec l'augmentation de la température. Par ailleurs, on constate également un « raccourcissement » du cycle biologique du saumon, bien mis en évidence dans les rivières de Bretagne et Basse-Normandie à partir d'observations faites sur 30 ans. Les jeunes saumons migrent plus tôt en mer à un an ce qui semble lié à la fois à l'augmentation de la température de l'eau mais également à l'augmentation de la productivité primaire liée aux pressions anthropiques sur les bassins versants, deux facteurs conditionnant l'augmentation de croissance observée (Baglinière *et al.*, 2010). De plus, la composante des gros saumons (poissons de plusieurs hivers en mer) a soit disparu soit fortement diminué en lien à la fois avec la réduction du taux de survie marine et une exploitation sélective des gros individus. La durée d'un cycle biologique (5-4 → 3-2 ans) s'accompagne de variations interannuelles plus fortes augmentant la sensibilité des populations aux facteurs environnementaux (Baglinière *et al.*, 2004). Si ces changements dans les traits d'histoire de vie du saumon constituent une adaptation au changement climatique, seront-ils assez rapides et suffisants pour maintenir ces populations méridionales ?

Quelques études proposent des projections d'aire de répartition des espèces à partir d'une approche macroécologique et statistique des aires de répartition actuelle dont les espèces à intérêt halieutique (Pont *et al.*, 2006 ; Lassalle *et al.*, 2008 ; Buisson et Grenouillet, 2009). Ainsi, dans leur étude, Lassalle *et al.* (2008) montrent une diminution vers le sud et une extension vers le nord de l'aire de distribution de la grande alose en 2100, extension qui semble déjà se dessiner avec la (re)colonisation des petits fleuves français des côtes de la Manche (Baglinière *et al.*, 2003) (figure 9.1 planche V). De même, Buisson et Grenouillet (2009) prédisent la distribution future de 35 espèces de poissons de rivière en extrapolant les modèles de distribution actuelle de sept espèces. Les changements prédits dans la diversité sont plus importants en amont et en milieu des cours que dans les parties en aval. Enfin, dans une autre étude, Lassalle et Rochard (2009) montrent sous le scénario climatique A2 en 2100 que sur 22 espèces diadromes, 14 verront leur aire de répartition se réduire, 5 ne verront aucun changement et 3 espèces verront leur aire de distribution s'agrandir, confirmant la très forte sensibilité des poissons diadromes aux modifications de leur environnement.

Espèces envahissantes

D'autres espèces, qui étaient très rares dans certains milieux, deviennent envahissantes parce que favorisées par les nouvelles conditions sans qu'il y ait réellement un changement dans leur aire de répartition. C'est le cas de la cyanobactérie *Cylindrospermopsis raciborskii* considérée comme tropicale (optimum de croissance vers 30 °C), trouvée sur le bassin parisien puis dans trois régions de France. Tous les sites sont des milieux peu profonds très chauds en été. Les souches trouvées en France ne sont pas issues d'un transfert récent depuis les régions tropicales, elles seraient issues de sites refuges en Europe (Briand *et al.*, 2004 ; Gugger *et al.*, 2005). Les atouts compétitifs de cette espèce (tolérance thermique et lumineuse étendue, résistance à de fortes concentrations en éléments minéraux dissous, tolérance à l'absence d'azote minéral dissous, accumulation de réserves en phosphore) lui permettent de se diviser plusieurs fois dans un milieu carencé. En revanche, l'élévation des températures ne semble pas être le seul facteur de succès de l'espèce (pas d'efflorescence relevée en 2003). Ces phénomènes invasifs concernent également des populations d'espèces de crustacés dont certaines ont colonisé le Rhône moyen en 20 ans, en plusieurs vagues, en liaison avec un réchauffement de l'eau et d'importants épisodes de crue et de canicule. Cette invasion s'est soldée par une diminution des populations de crustacés autochtones (Dessaix et Fruget, 2008). Dans d'autres cas, des espèces, introduites intentionnellement dans certains milieux, deviennent invasives car plus tolérantes que les espèces natives à la dégradation des conditions de milieux (élévation de la température de l'eau, pollution, fragmentation de l'habitat ; Marchetti *et al.*, 2004). Ces introductions concernent avant tout les poissons d'eau douce qui sont les espèces dulçaquicoles les plus fréquemment introduites en Europe (Garcia-Berthou *et al.*, 2005). On peut citer deux exemples : celui du poisson chat introduit dans les années 1930 dans le marais de Brière dont l'extension semble un facteur limitant à la diversité du peuplement piscicaire (Cucherousset, 2006) et celui des deux carpes asiatiques introduites dans la rivière Illinois et en instance de colonisation du lac Michigan (Pimentel, 2005).

Impact accru des parasites

Le réchauffement des eaux favorisera également des parasites dont l'impact sera accru. Le parasite myxozoaire *Tetracapsuloïdes bryosalmonae* qui provoque la maladie proliférative des reins (*Proliferative Kidney Disease*) cause des mortalités chez les salmonidés. Ce parasite a un cycle à deux hôtes, un bryozoaire et un salmonidé. En Suisse, Wahli *et al.* (2008) ont montré qu'il y a une bonne corrélation entre la prévalence de ce parasite et l'altitude ou la température de l'eau.

Actuellement, le parasite n'est pas présent au-dessus de 800 m, mais il se propagera vers l'amont si les températures augmentent, mettant en péril des populations de truite.

Dans les eaux de transition, la baisse des débits conjuguée à l'élévation du niveau marin conduit globalement à une marinisation des estuaires avec pour conséquence l'augmentation des espèces marines aux dépens de migrateurs amphihalins (Delpech, 2007).

Changements phénologiques de fonctionnement des systèmes

Exemple du lac Léman

Le réchauffement climatique modifie la phénologie de la plupart des processus écologiques. Dans le Léman, la mise en place de la stratification thermique a été avancée en 30 ans d'environ un mois. Cette couche d'eau chaude superficielle est d'autant plus stable qu'elle se réchauffe fortement. La dynamique saisonnière du phytoplancton suit ce décalage thermique. La production primaire débute dès fin mars (Anneville et Gammeter, 2005). Le zooplancton herbivore (Daphnies) présente un maximum printanier avancé également d'un mois. Ce plancton consomme massivement le phytoplancton, provoquant une forte diminution de la biomasse algale se traduisant par une phase des eaux transparentes avancée de juin à mai. L'avancée dans la dynamique de la production et la stratification thermique du lac, la dynamique du phosphore, modifient la structure des assemblages d'espèces. Le phosphore disponible dans la couche d'eau superficielle est plus rapidement consommé par la production primaire. Il devient très tôt facteur limitant de la production primaire alors qu'il reste en concentration favorable dans la couche d'eau profonde, froide et moins éclairée du lac. Ces conditions sont favorables au cortège d'algues « automnales » qui se développent ainsi dès l'été dans les couches profondes. Ces algues ne participent pas ou peu au transfert d'énergie vers les échelons supérieurs du réseau trophique car filamenteuses pour la plupart et difficiles à consommer par le zooplancton. Les transferts trophiques sont ainsi fortement modifiés dans le lac.

Reproduction des poissons

Les espèces de poisson ne réagissent pas de façon identique. Le gardon, cyprinidé d'eau chaude, a sa reproduction avancée d'un mois environ, alors que la perche n'a pas ou peu changé sa date de reproduction. Les relations interspécifiques de partage de la ressource nutritive zooplanctonique et de prédation sont modifiées. Leurs conséquences sur la dynamique des espèces restent à explorer. Le corégone et l'omble chevalier, espèces d'eau froide, réagissent différemment au réchauffement des eaux. Leur reproduction a lieu en hiver quand la photopériode et la température des eaux diminuent. La reproduction du corégone (*Coregonus lavaretus*) est ainsi retardée en décembre de deux semaines environ. La durée du développement embryonnaire est raccourcie par les eaux un peu plus chaudes en hiver. L'éclosion des larves est seulement avancée de quelques jours alors que la dynamique du plancton est, elle, avancée d'un mois. Les larves se trouvent dans des eaux plus chaudes qu'il y a 30 ans avec une ressource nutritive dont la dynamique est anticipée. Il est probable que leur survie soit meilleure et qu'elle explique la très bonne dynamique de la population de corégone dont les captures sont passées de moins de 50 tonnes dans les années 1970 à plus de 300 tonnes depuis 1997 (Gerdeaux, 2004). L'impact descendant de cette population de corégone sur le réseau trophique n'a pas encore été étudié.

Migration du saumon

De même, dans les cours d'eau canadiens et américains, on assiste à des changements dans la phénologie de la migration du saumon atlantique se traduisant par des dates plus précoces de montaison des adultes. Ces changements de dates, corrélés à des changements à long terme de température et de débit, peuvent représenter une réaction au changement climatique (Juanes *et al.*, 2004). Des changements dans la phénologie de migration des adultes sont également observés sur les rivières françaises mais ils se traduisent par un retard à la migration couplée à une diminution de taille des poissons (Bal, 2011). Il semble donc apparaître des réponses différentes à ces changements en liaison avec les contextes géographiques et les caractéristiques écologiques et génétiques des espèces, populations et/ou communautés.

D'une manière générale, les conséquences du réchauffement et des modifications des régimes hydrologiques sur le fonctionnement global des écosystèmes aquatiques restent à explorer.

Perspectives de recherches

Priorités de recherche

Elles doivent s'orienter selon plusieurs axes qui approfondissent les connaissances déjà acquises ou bien abordent de nouvelles thématiques :
– Améliorer la précision des modèles prévisionnels en hydrologie et en thermie à différentes échelles. L'incertitude des projections climatiques (chapitre 2) et hydrologiques aux échelles pertinentes pour les hydrosystèmes continentaux (Grands bassins : Seine, Rhône, Loire, Garonne, etc.) reste trop grande pour évaluer les impacts futurs et mettre en œuvre les stratégies d'adaptation. C'est en particulier le cas pour les prédictions en termes de précipitations et leurs incidences sur l'hydrologie. L'amélioration de la précision des modèles doit aller jusqu'aux échelles spatiales pertinentes pour la gestion : au moins à un niveau de district[1] au sens de la DCE, c'est-à-dire à un niveau où les opérationnels programment leurs mesures correctrices. Les relations entre la température de l'air, l'hydrologie et la température de l'eau, et ce à l'échelle du territoire national et dans différents contextes (altitudinal, régional, interactions avec différents types de masses d'eau souterraines, etc.), devront être mieux analysées. La mise en place récente des réseaux de suivis des températures de l'eau (rivières et lacs) constituera une base de données indispensable.
– Actualiser les connaissances en écophysiologie de nombreuses espèces. L'objectif est de pouvoir ajuster des modèles pour évaluer les possibilités d'adaptation des espèces ; cela nécessite de répondre à plusieurs questions : 1) Pour une espèce donnée, quelle est la relation entre les gammes de préférences écologiques et la répartition latitudinale ou altitudinale des populations et leurs caractéristiques génétiques ? 2) Quels sont les risques associés à l'arrivée d'espèces thermophiles (exotiques ou pas) ? 3) Quels sont les risques de retour d'épizooties plus ou moins latentes et d'apparition de nouvelles épizooties et comment les évaluer ? Sur ce point, il est nécessaire de coupler les approches terrain et expérimentales en prenant en compte le contexte génétique. L'ampleur de la tâche nécessitera probablement de se focaliser sur un petit nombre de modèles biologiques.
– Étudier les modifications dues au changement climatique de la dynamique des transferts d'éléments chimiques et de polluants.
– Affiner les modèles d'évolution d'aire de répartition des espèces (chapitre 3). Ces modèles reposent pour l'instant sur des méthodes statistiques. Ces travaux doivent être compris comme des évaluations des changements potentiels des distributions des habitats favorables aux espèces, et ne sont que des approches préliminaires qui peuvent néanmoins fournir une image des altérations possibles des communautés des cours d'eau à large échelle. Ils doivent être poursuivis en cherchant à définir les réponses des espèces aux paramètres environnementaux (dont le climat) à l'échelle des aires de distributions, c'est-à-dire le plus souvent l'Europe mais à une échelle plus large pour certaines espèces (bassin méditerranéen, continent nord américain). Une meilleure connaissance de la capacité d'adaptation des espèces est indispensable pour affiner les modèles qui devraient s'appuyer sur une approche plus fonc-

---

1. En clair, un district égale un grand bassin (Rhône, Loire, etc.) soit plusieurs 10 000 km².

tionnelle et proche des processus éco-physiologiques. Il faut donc intégrer dans cette approche l'identification de normes de réaction des espèces à la modification des conditions environnementales (Reyjols *et al.,* 2009) tant en termes physico-chimiques (température, nutriments, salinité, xénobiotiques), mésologiques (habitats) que biologiques (espèces invasives). Les autres impacts anthropiques comme la fragmentation et les mesures de restauration de la connectivité seront pris en compte simultanément.

– Élaborer des indicateurs du bon état écologique plus proches des fonctions (traits biologiques et écologiques). Les objectifs actuels de la DCE sont focalisés sur le bon état écologique mais pas sur le bon fonctionnement. Le bon état écologique est dans son concept entendu comme représentatif d'un bon fonctionnement des systèmes mais actuellement son évaluation repose essentiellement sur des indicateurs de structure. Le manque d'indicateurs de fonctionnement rend difficile le suivi des tendances d'évolution des systèmes, l'estimation de la qualité des services rendus et l'évaluation économique des services rendus (évaluation coût-bénéfice des mesures de gestion et d'adaptation) tant pour les écosystèmes d'eau douce permanents que pour les zones humides. L'élaboration d'indicateurs recourant à des outils de modélisation permettra de prendre en compte les conditions climatiques (précipitations, températures) dans l'évaluation de l'écart à l'état de référence (Pont *et al.,* 2006). L'application ou la finalisation de ces recherches doit tendre, sous couvert d'une analyse beaucoup plus fonctionnelle, vers l'identification et la caractérisation des processus clé indispensables aux services attendus pour développer des indicateurs de fonctionnement. Ce qui implique de :

• développer une analyse économique et dynamique des services écologiques rendus par ces hydrosystèmes dans le cadre de l'impact du changement climatique (aucune étude française et peu au niveau international : Ahn *et al.,* 2000 ; Fausch, 2007 ; Butler *et al.* 2009) ;

• bien lier les réseaux opérationnels et la recherche de façon à ce que ces réseaux, en les complétant si besoin est, puissent répondre aux questions concernant le changement climatique (stratification, données prises en compte, bancarisation, accessibilité de la donnée, temps de validation et de mise à disposition, rapprochements thématiques, outils d'aide à la décision) ;

• faire émerger une masse critique de chercheurs permanents jeunes sur le sujet ;

• consolider et pérenniser les systèmes opérationnels de récolte de données sur le long terme ; en France métropolitaine, de longues chroniques d'état écologique (données environnementales et biologiques) sont disponibles, de nouvelles sont mises en place dans le cadre de la DCE.

Dans cette optique d'application, deux outils doivent être privilégiés :

• la modélisation (individus-centrée, populationnelle déterministe ou stochastique). Son développement dans un cadre statistique bayésien* doit permettre de mieux représenter et quantifier l'incertitude (chapitre 2) et d'utiliser de sources multiples d'informations rendant les modèles plus performants ;

• le maintien/renforcement ou la mise en place de systèmes d'observation et d'expérimentation au long terme pour la recherche en environnement qui sont labellisés par l'alliance des organismes de recherche pour l'environnement, AllEnvi[2].

---

2. http://www.allenvi.fr/?page_id=412.

Par ailleurs, la mise en place ou l'utilisation d'installations expérimentales liées à ces services d'observation, d'expérimentation et de recherche en environnement (SOERE) doit permettre le couplage d'observation *in vivo* et *in vitro* et, ainsi, d'analyser plus précisément les mécanismes mis en jeu au cours des processus étudiés et des tendances observées.

Situations prioritaires

Elles concernent des études à engager impérativement ou à renforcer dans le domaine cognitif et sur des milieux très sensibles à l'impact du changement climatique :
– Développer une approche plus systémique et plus fonctionnelle en se focalisant sur quelques bassins pilotes. Cela implique de dépasser les seules projections des distributions contemporaines des espèces et la vision mono-groupe biologique pour relier des évolutions biologiques mesurées avec les facteurs de forçage climatiques et anthropiques des bassins versants. Cet objectif suppose en préalable un effort collectif pour la définition d'une méthodologie adaptée. Une des priorités françaises des dernières décennies a porté sur les poissons migrateurs et l'indice poisson rivière ce qui positionne très bien la France au niveau européen. Mais il importe d'aller plus loin en prenant en compte la biodiversité globale (végétaux, invertébrés et poissons) des différents milieux aquatiques (cours d'eau, zones humides et de transition). La DCE fait que le réseau de contrôle et surveillance du SIE constitue un observatoire privilégié de la biodiversité aquatique. Plus spécifiquement, il importe de privilégier les études sur les populations en limite d'aire de répartition géographique (front de colonisation) et les espèces faisant l'objet de mesures de protection particulières. Des efforts doivent également être portés sur les milieux et les espèces des DOM-TOM en raison d'une certaine spécificité, voire vulnérabilité, liée au caractère insulaire et endémique.
– Mieux appréhender la plasticité phénotypique des espèces (voir chapitres 4 et 7). L'amélioration des connaissances sur la diversité génétique des espèces des organismes aquatiques est nécessaire pour analyser leurs normes de réaction et leur capacité adaptative au changement climatique et modifier en conséquence les modalités de leur gestion (conservation et exploitation).
– Étudier les zones humides du point de vue de l'impact du changement climatique sur l'extension/diminution et le fonctionnement des zones humides riveraines dispersées au sein des paysages agricoles ; de leur capacité de résilience en termes de modification de la qualité et de la quantité des eaux de surface et du niveau d'échanges biologiques avec les cours d'eau ; et de leur capacité à réduire le coût de l'adaptation des hydrosystèmes.

▶▶ Hydrosystèmes océaniques : filière pêche hauturière et côtière

L'impact du changement climatique (températures plus chaudes et acidification des eaux) vient aggraver les déséquilibres et les dysfonctionnements déjà présents (surpêche, dégradation des milieux, habitat, qualité de l'eau, etc.), entraînant une baisse de la productivité globale du milieu marin. L'enjeu majeur pour la filière pêche océanique est d'évaluer ses potentialités d'adaptation au changement climatique compte tenu des conditions de pressions anthropiques excessives et de la nécessité de baisser de 3 à 4 fois la pression de pêche actuelle.

Les recherches actuelles abordent toujours les effets majeurs de la surexploitation et de la dégradation du milieu. Les impacts climatiques sont plus souvent étudiés sous l'angle du diagnostic que sous celui de la réponse évolutive des ressources marines et des pêcheries. Le principal aspect pour comprendre et prévoir les conditions d'adaptation de ces pêcheries concerne la connaissance de ces impacts sur les fonctions des écosystèmes marins, en particulier les changements d'abondance, de composition spécifique des espèces cibles, de productivité des écosystèmes et d'environnement physique et biologique.

Les recherches prioritaires identifiées dans ce chapitre doivent permettre de comprendre et de prévoir les réponses adaptatives du milieu et de ses ressources biologiques au changement climatique pour évaluer et anticiper leur évolution et moduler leur niveau d'exploitation. Une des difficultés résulte de la superposition entre variabilités naturelle et d'origine anthropique. Des situations prioritaires ont été identifiées en fonction de leur importance et de leur niveau de sensibilité au changement : des pêcheries fragilisées, les écosystèmes littoraux (incluant les estuaires) et les écosystèmes coralliens.

Contexte, enjeux et objectifs

Les océans et les mers représentent une surface de plus de 361 millions de km² soit 71 % de la surface du globe. Ils constituent l'essentiel de la ressource en eau disponible (97 % contre 3 % pour l'eau terrestre) soit un total de 1 320 millions de km³ d'eau de mer plus 24 millions de km³ de glace.

Compte tenu de l'étendue et du volume d'eau qu'ils représentent, les océans constituent le moteur et le régulateur principal des cycles hydriques. De plus, ils représentent 1 200 fois la capacité calorifique de l'atmosphère et jouent un rôle significatif dans la régulation du climat mondial et régional et dans la modération des systèmes de chaleur. L'Europe, qui a l'un des plus longs traits de côte, est particulièrement soumise à l'influence des océans. Quant à la France, elle dispose de la seconde zone économique marine (ZEE) au monde en surface (11 035 milliers de km², après les États-Unis et devant l'Australie), ce qui lui confère une responsabilité particulière en matière de gouvernance mondiale des océans.

Surexploitation...

La biomasse animale et végétale marine est estimée à 30 milliards de tonnes. Par rapport à la biomasse terrestre, c'est 200 fois moins (et 1 000 fois moins par unité de surface). Mais en raison d'un très court cycle de vie pour la majeure partie des espèces marines, la production annuelle en mer est estimée à 430 milliards de tonnes par an, soit environ la moitié de la production globale de la planète. 90 % du monde marin animal et végétal vit en zone côtière, 97 % de la biomasse de la faune benthique se situant à moins de 350 km des côtes et 58 % à moins de

200 m de profondeur. Du fait de cette richesse en ressources biologiques, les mers et les océans font l'objet d'une forte exploitation qui sous-tend un secteur socio-économique très important au niveau mondial, intégrant la pêche hauturière et côtière, et l'aquaculture marine.

Les pêches maritimes mondiales produisaient 82 millions de tonnes en 2006 (FAO, 2009), soit 15 % des protéines animales destinées à la consommation humaine et plus que la production mondiale de bovins (80 millions de tonnes). La valeur de première vente de la production de pêches de capture mondiale est de l'ordre de 65,25 milliards d'euros dont 2,43 milliards d'euros pour le poisson destiné à la transformation (FAO, 2009). Au niveau des pays industrialisés, ces pêches marines intéressent 860 000 pêcheurs, ce nombre ayant chuté de 24 % depuis 1990 (FAO, 2009).

La mise en exploitation des océans à l'échelle mondiale est une histoire récente puisque elle est restée localisée à quelques zones côtières (principalement européennes), avec des volumes de production inférieurs à 5 millions de tonnes jusqu'à la fin du XIXe siècle. La croissance devenue très forte durant quasiment tout le XXe siècle, avec la mise en exploitation progressive des différents océans mondiaux, s'est stoppée dans la période récente. Ainsi, la production mondiale des captures marines est restée très stable depuis le début des années 1990 et a même diminué depuis 15 ans lorsqu'on exclut du total l'anchois du Pérou (forte influence des phénomènes écologiques et climatiques). Cette évolution traduit une situation de pleine exploitation, voire de surexploitation des potentiels de production des océans mondiaux (FAO, 2009).

Actuellement, les stocks mondiaux sont très fortement exploités : 78 % sur- et pleinement exploités et 22 % sous-exploités. L'Atlantique Nord-Est est parmi les grandes zones de pêche (elle est la 5e parmi les 10 grandes zones dont la production dépasse 2 millions de tonnes) est une des plus exploitées (FAO, 2009). En dépit des nombreuses mesures de gestion établies au sein de l'Union européenne (ex : les totaux autorisés de captures mono spécifiques et annuels), les stocks ne se rétablissent pas, menaçant à la fois les ressources et les hommes qui en dépendent (Worm *et al.*, 2006). La situation des espèces démersales* est particulièrement préoccupante, avec une division par 10 des abondances de la plupart des grands stocks exploités par la pêche, comparativement à l'état vierge (Myers et Worm, 2003 ; Devine *et al.*, 2006).

... et dégradation des milieux marins

À cet impact de la surexploitation s'ajoute celui de la dégradation des milieux marins (modification des habitats et qualité de l'eau). L'augmentation des flux des diverses formes d'azote provenant des rivières a notamment conduit à un enrichissement excessif en nutriments des zones côtières et estuariennes et à des zones en situations d'anoxie dans de nombreux secteurs côtiers et estuariens (Caraco et Cole, 1999 ; Green *et al.*, 2004). À cette situation se superpose une réduction de la surface des habitats côtiers et estuariens (Coleman *et al.*, 2008) et d'une manière générale leur pollution (Halpern *et al.*, 2008) se traduisant par une baisse de leur capacité à produire. Ces deux pressions anthropiques majeures (surexploitation et dégradation de la qualité des secteurs côtiers) sont actuellement responsables d'importants changements dans les milieux océaniques, entraînant une baisse de la productivité globale du système.

Gérer durablement les ressources...

Devant ce constat alarmant et afin de permettre une exploitation durable des ressources marines, deux démarches ont été développées. La première, initiée à partir de 1995 par la FAO est l'approche écosystémique des pêches. Elle vise à dépasser la classique gestion stock par stock en prenant en compte les interactions entre espèces, les différents impacts de la pêche à l'échelle des écosystèmes, et réciproquement les impacts anthropiques autres que ceux de la pêche sur les ressources exploitées. Cette approche écosystémique se traduit par un profond renouvellement de la recherche et a déjà des implications très directes sur la gestion des pêches, notamment en Europe. Elle conduit notamment à changer les objectifs de gestion et à l'affirmation du principe de minimisation de l'impact de la pêche sur le fonctionnement des écosystèmes (Gascuel, 2009). Dans cette optique, les engagements pris par la France (et par l'Europe) dans le cadre du sommet de Johannesburg impliquent des changements considérables. L'objectif annoncé (retour d'ici 2015 à des niveaux d'exploitation correspondant au « rendement maximum durable ») suppose en effet de diminuer par 3 ou 4 la pression de pêche exercée sur la plupart des grands stocks européens.

La seconde démarche est encore plus globale. Elle s'inscrit dans le prolongement de l'évaluation des écosystèmes pour le millénaire (Millenium Ecosystem Assesment conduit sous l'égide de l'ONU) et vise à préserver l'ensemble des services rendus par les écosystèmes marins. La traduction la plus directe de cette démarche est l'adoption de la directive cadre « Stratégie pour le milieu marin », validée en 2007 par la communauté européenne et qui constitue le pilier environnement de la mise en place d'une politique maritime intégrée. Cette directive a pour objectif d'atteindre un bon état écologique des eaux marines en 2020 et devrait se traduire par une protection environnementale marine accrue en Europe. Elle complète la directive cadre sur l'eau qui prend déjà en compte les eaux côtières et estuariennes depuis 2000. La motivation principale de la directive est de lutter contre les « nombreuses menaces pesant sur le milieu marin, telles que l'appauvrissement ou la dégradation de la diversité biologique et les modifications de sa structure, la disparition des habitats, la contamination par les substances dangereuses et les nutriments, et les répercussions du changement climatique ». De plus, l'importance des zones côtières en Europe, compte tenu des services et activités associées et de leur sensibilité plus forte aux changements climatiques, nécessite de développer une réelle gestion intégrée (*e.g.* Anonyme, 2009).

... dans un contexte de changement climatique

À ces diverses contraintes s'ajoute maintenant l'effet du changement climatique (températures plus chaudes et acidification des eaux marines) sur les écosystèmes marins. Ces changements, de par leurs multiples impacts observés ou envisagés, renforcent les déséquilibres et dysfonctionnements déjà présents. La modification des conditions environnementales et de la capacité d'accueil des écosystèmes marins impacte en retour la distribution spatiale des espèces et des communautés et perturbe certaines des grandes fonctions du cycle biologique des organismes marins (reproduction et alimentation), avec comme possible conséquence une réduction de la biodiversité marine. Par ailleurs, la surpêche et la concurrence entre pêcheurs conduisent à la fois à une réduction des rendements des navires, à une moindre efficacité économique et à une recherche de moyens de pêche toujours plus puissants et toujours plus consommateur d'énergie. Cette évolution participe à l'émission de gaz à effet de serre. Le rapport moyen carburant/émissions de dioxyde de carbone pour les pêches de capture a été estimé à 3 téragrammes (10^{12} g) de CO_2 par million de tonnes de combustible utilisé (FAO, 2009) soit un niveau sensiblement équivalent à celui de l'aviation.

Dès lors, un challenge majeur se pose pour la pêche marine dans le futur : Comment peut-elle s'adapter au changement climatique compte tenu des conditions de pressions anthropiques excessives, de la nécessité de diminuer fortement la pression de pêche actuelle, des engagements de Johannesburg et des implications de la directive cadre « Stratégie pour le milieu marin » ?

Impacts, adaptation et verrous à lever

Les changements climatiques provoquent deux modifications importantes de la structure physico-chimique du milieu marin à savoir l'augmentation de la température de l'eau et l'acidification du milieu.

Ainsi dans le golfe de Gascogne, le réchauffement touche toute la colonne d'eau sur le plateau : entre 1970 et 2000, un réchauffement de 1,5 °C est observé dans la masse d'eau comprise entre 0 et 50 mètres de fond et de 0,8 °C dans la masse d'eau comprise entre 50 et 200 mètres de fond (Blanchard et Vandermeirsch, 2005). Ce réchauffement est particulièrement sensible après 1987/1988. De même, la quantité de carbone a augmenté dans les océans proportionnellement à l'élévation des concentrations atmosphériques en CO_2 (38 % depuis l'ère pré-industrielle à 2009) (IPCC, 2007). Cette augmentation a entraîné dans le même temps celle des ions hydrogène (30 %, Raven *et al.*, 2005) conduisant à une diminution du pH (0,1 unité depuis l'ère pré-industrielle) et donc une acidification du milieu marin (IPCC, 2007). Le développement de ce phénomène est envisagé sur une échelle de temps plus grande que celle du changement climatique.

Les scénarios semblent montrer que les changements climatiques se traduisent ou devraient se traduire par différents types d'impacts. Certains d'entre eux ont déjà été observés, voire décrits, d'autres se mettent en place mais leur importance spatio-temporelle et les processus impliqués ont été encore peu étudiés. Leur étude revient à tenter d'estimer l'état de vulnérabilité (impact potentiel et capacité d'adaptation) de l'écosystème marin comme cela a été fait pour l'écorégion marine du plateau continental du Nord-Est Atlantique (Baker, 2005).

Une plus grande instabilité des écosystèmes et une rapidité des processus de changement

La surexploitation des écosystèmes marins conduit à des modifications de leur fonctionnement trophique et à un accroissement global de leur instabilité (*e.g.* Gascuel et Pauly, 2009). Les changements climatiques apparaissent comme relativement rapides et contribuent à aggraver l'instabilité des écosystèmes. En particulier, les écosystèmes en déséquilibre constituent des milieux de vie rapidement colonisables et colonisés par des espèces tolérantes et ubiquistes. Parmi ces espèces invasives, certaines sont pathogènes ou toxiques (cas des algues dinoflagellés). Plus généralement, l'arrivée de nouvelles espèces dans le système modifie les interactions biologiques existant entre les populations et les communautés, ce qui peut avoir des répercussions sur le fonctionnement de l'écosystème dans son ensemble. Il importe donc de connaître la vitesse à laquelle se font les changements et d'identifier les meilleurs bio-indicateurs ou bio-traceurs de cette instabilité et de la rapidité des processus du changement.

Une évolution du fonctionnement de la chaîne trophique

Un des constats mettant en cause le changement climatique est la modification de la géographie de la production primaire (phytoplancton) notamment sa diminution aux basses latitudes du fait de l'augmentation de la stratification thermique des eaux (Behrenfeld *et al.*, 2006) (figure 9.2 planche VI). De ce fait, il apparaît que les zones tropicales stratifiées et très pauvres d'un point de vue de la productivité biologique vont s'étendre (Polovina *et al.*, 2008). Cette situation concerne notamment les systèmes d'*upwelling* qui représentent 20 à 30 % de la production mondiale en ressources marines (pour 3 % de la surface océanique). Ces zones sont caractérisées par des remontées d'eaux profondes, riches et froides vers la surface, remontés qui induisent de très forte productivité. La disparition de certains *upwellings* et le renforcement d'autres risquent donc de modifier considérablement la localisation et l'étendue des zones à haute productivité. Ces modifications de production auront des conséquences importantes sur les ressources vivantes marines et leur exploitation. Ainsi par exemple, le réchauffement de la mer depuis le début des années 1980, en modifiant la production marine, a entraîné une diminution de la survie en mer des leptocéphales et des juvéniles d'anguille européenne pendant leur trajet entre la mer des Sargasses et leur arrivée sur les côtes européennes (Bonhommeau *et al.*, 2008). Cet impact sur la phase marine a contribué à faire passer l'anguille à un statut d'espèce en danger. Plus généralement, la production halieutique est liée directement aux capacités de production des écosystèmes et donc au niveau de production primaire (Chassot *et al.*, 2010). La biogéographie des pêches mondiales sera donc affectée par le réchauffement climatique, avec des conséquences importantes notamment pour les régions tropicales dépendantes de la pêche (Cheung *et al.*, 2010) (figure 9.3 planche VI).

Cette situation de dysfonctionnement concerne également les zones sous influence des panaches estuariens avec notamment de fortes concentrations actuelles en nutriments et en xénobiotiques*. Ces concentrations pourraient s'élever encore, en fonction de l'évolution des pratiques agricoles résultant du changement climatique. Elles sont le déterminant majeur des phénomènes d'eutrophisation en zone côtière, qui peuvent classiquement prendre deux grands types d'apparence, selon que les algues proliférantes sont planctoniques ou macrophytiques (Menesguen *et al.*, 2001). D'autre part, ces mêmes systèmes subissent des apports importants de substances polluantes ainsi que de profondes modifications physiques (Halpern *et al.*, 2008) qui affectent leurs fonctions écologiques. Ce constat soulève deux questions : Comment le changement climatique agit-il sur le maillon d'entrée de la chaîne trophique et comment modifie-t-il l'organisation de cette chaîne (relation entre stratification thermique, régime des vents, efficacité du transfert et dynamique trophique) ?

Des réponses adaptatives des organismes marins

On observe actuellement une migration d'espèces des eaux tempérées vers les eaux froides. On peut citer deux exemples. Le Rouget barbet est devenu une ressource exploitée importante dans les pêcheries de la Manche Est alors que l'espèce était inexistante il y a 20 ans. De même, l'abondance des populations de morue dans les parties froides de leur aire de répartition a tendance à augmenter avec la hausse des températures, tandis que celles vivant dans les eaux plus chaudes ont tendance à avoir des effectifs en baisse lorsque les températures augmentent (Planque et Frédou, 1999). D'une manière générale, le remplacement d'espèces subpolaires par des espèces subtropicales est général et rapide, comme en atteste la situation des poissons plats dans le golfe de Gascogne (Hermant *et al.*, 2010). Ceci signifie un changement non seulement dans la répartition et donc dans l'abondance spatiale, mais également dans les stratégies démographiques et d'histoire de vie (âge de première maturité, phénotype et génotype). D'une manière plus concrète, cette évolution entraîne une baisse du potentiel d'exploitation halieutique car les espèces méridionales sont généralement de plus petite taille que les espèces septentrionales qu'elles remplacent, et par conséquent d'un intérêt commercial moindre (Pauly, 1994). Ces modifications structurelles et fonctionnelles chez les peuplements exploités pourront être amplifiées par des conditions d'exploitation non adaptées à la « nouvelle » productivité des stocks. Tout dépendra alors de la capacité adaptative des espèces prélevées. Ces modifications s'observent également pour des espèces diadromes* comme le saumon atlantique pour lequel la baisse de productivité marine et la forte exploitation par pêche à la ligne sur les plus gros individus ont diminué la taille moyenne individuelle et l'abondance des stocks (Quinn *et al.*, 2006). Se posent alors deux questions : Quelles sont les normes de réaction thermique des espèces et quelle est l'importance de la niche thermique et des autres facteurs d'habitat dans cette nouvelle répartition ?

Des changements de la physiologie des organismes et une diminution de leur survie

L'acidification du milieu transforme la chimie du milieu marin en diminuant les ions carbonatés. Or ces ions sont nécessaires à l'élaboration du squelette de nombreuses espèces planctoniques benthiques et des coraux. Le changement climatique peut alors affaiblir les processus nécessaires au maintien des structures dures qui sont notamment à la base du fonctionnement des écosystèmes récifaux. Par ailleurs, cette diminution du pH du milieu marin peut se traduire par des modifications des taux de survie de certains stades clés dans le cycle biologique et du recrutement des espèces notamment. Enfin, cet effet de l'acidification, qui peut induire en retour des impacts sur le climat, viendra se rajouter au réchauffement de l'eau, voire à l'augmentation de la présence de xénobiotiques en milieu marin.

Une fragilisation d'habitats essentiels

De nombreux habitats essentiels tels que les zones de nourriceries, les estuaires, les mangroves, les récifs coralliens, se fragilisent en raison d'une modification de leur structure physique et trophique liée à l'élévation du niveau marin et l'augmentation des flux de nutriments et de xénobiotiques. Le niveau de la mer s'est élevé de 17 cm au cours du xxᵉ siècle et de 3 mm par an entre 1993 et 2003, soit le double de la moyenne enregistrée durant tout le xxᵉ siècle (US EPA, 2009). La diminution des apports d'eau douce en zone littorale suite à la diminution des débits fluviaux et les modifications inhérentes (réduction et/ou concentration) des flux terrigènes (MES, nutriments, xénobiotiques) va impacter fortement le fonctionnement des zones de transition entre les milieux eau douce et marin.

Ainsi, la connaissance de ces impacts et des réponses fonctionnelles et adaptatives de l'écosystème ou des organismes constitue le verrou à lever pour prédire les évolutions majeures. Il s'agit ainsi d'évaluer la capacité d'adaptation des écosystèmes marins et des exploitations halieutiques au changement climatique. Cette connaissance passe par l'identification et l'analyse des normes de réaction du milieu et de ses ressources biologiques, et des conditions de résilience/résistance en conditions d'exploitation. Une des difficultés de cette estimation résulte de la superposition et des interactions entre variabilité naturelle et variabilité d'origine anthropique, cette dernière étant elle-même issue de l'impact de différentes contraintes humaines majeures sur le milieu marin (destruction d'habitats, surexploitation et pollution) (Goulletquer, 2008). Une telle analyse fonctionnelle de ces impacts doit permettre d'éviter que les changements opérés dans les systèmes naturels conduisent à augmenter la vulnérabilité au changement climatique.

Perspectives de recherche

On identifie ici, d'une part, les priorités de recherche et d'autre part, les chantiers jugés prioritaires parce qu'ils demandent des réponses sur le très court terme.

Priorités de recherches

Quatre priorités de recherche peuvent être identifiées pour accompagner l'adaptation des pêches au changement climatique. Elles se construisent à partir des enjeux écologiques et économiques auxquels les pêcheries sont confrontées.
— Minimiser les impacts écologiques, dans un contexte de forte variabilité climatique, en répondant aux objectifs finaux des deux directives cadres DCE et DCSM (ressources et écosystèmes en bonne santé) selon trois axes :
  • la modification des règles actuelles de gestion monospécifique, en passant de la mortalité par pêche (Fpa) à celle optimisant la capture (FMSY) (approche plus précautionneuse),
  • le développement d'indicateurs et de modèles qui permettent de déterminer les paramètres de résilience des écosystèmes en tenant compte de la biodiversité et des réseaux trophiques,
  • la réduction des impacts sur les habitats.

– Améliorer la viabilité économique des pêcheries dans un contexte de forte variabilité des quantités, des produits, etc. Ceci signifie de mobiliser les sciences sociales pour répondre à des questions concernant :
- l'adaptabilité des métiers, des flottilles et de la puissance de pêche, des marchés,
- le type de régulations et leur échelle de temps et d'espace.

– Répondre à la demande de produits aquatiques et valoriser un produit de plus en plus rare en :
- analysant la complémentarité possible entre pêche et aquaculture (ce qui implique des localisations favorables et la domestication d'un plus grand nombre d'espèces),
- développant de nouveaux produits (algues) et en réorientant les marchés en fonction des attentes des consommateurs ou des objectifs de développement durable (limiter la consommation de poisson sauvage pour l'aliment en aquaculture),
- élaborant des technologies innovantes avec notamment l'utilisation des co-produits de la pêche (produits médicaux, extraits de protéines et d'oméga-3, etc.) ?

– Améliorer la gouvernance dans un monde changeant en mettant en œuvre une gestion adaptative impliquant les acteurs (co-expertise, co-gestion, etc.) et en renforçant l'organisation régionale des pêches qui semble être la pierre angulaire de la gestion internationale (FAO, 2009).

L'ensemble de ces recherches doit permettre d'identifier, de comprendre et de prévoir les réponses adaptatives des écosystèmes et de leurs ressources biologiques, pour anticiper leur évolution spatio-temporelle et moduler les niveaux d'exploitation. Leur mise en œuvre implique le développement complémentaire de trois types de démarches et outils permettant d'élaborer des outils d'aide à la décision et des stratégies alternatives de gestion :

– l'élaboration d'indicateurs pour caractériser et suivre l'évolution de l'état de santé des communautés de poissons et invertébrés exploitées et des écosystèmes marins (Bertrand *et al.*, 2005) ;

– la modélisation prédictive avec la mise en œuvre de modèles d'évaluation des stocks intégrant une dimension spatiale et les interactions ressources/habitat, mais surtout avec le développement des modèles écosystémiques intégrant les interactions entre espèces, les comportements des pêcheurs et l'impact des phénomènes extrêmes (température, acidification) ;

– le développement des aires marines protégées (AMP) comme systèmes d'observation (SO) et d'évaluation de l'évolution de l'écosystème marin. Ces AMP peuvent notamment concerner des zones sensibles (habitats essentiels, zones à forte biodiversité, etc.). La possibilité de moduler l'exploitation sur ces zones permet à la fois des observations indirectes (suivi des pêcheries commerciales) et directes (pêches expérimentales, observations acoustiques et visuelles). De même, la mise en place ou le maintien/renforcement d'observatoires de recherche en environnement reste à privilégier.

Situations prioritaires

Ces situations prioritaires concernent :
– certaines pêcheries fragilisées telles celles du thon rouge, de l'anchois et de la morue ;

– les écosystèmes littoraux y compris les estuaires et les mangroves. Ces écosystèmes abritent les zones de nourriceries de nombreuses espèces et jouent un rôle essentiel dans la distribution et l'abondance des espèces de poissons. Actuellement, ces milieux côtiers et estuariens connaissent des phénomènes d'eutrophisation et de pollution grandissants qui pourraient éventuellement s'accélérer, suite notamment à l'apparition de nouvelles pratiques agricoles résultant du changement climatique. À cette modification de la qualité du milieu pourrait se surajouter à terme une augmentation du niveau de la mer, une possible réduction de la pluviométrie et un accroissement des ponctions d'eaux fluviales au détriment du débit naturel des fleuves se traduisant par une modification de la structure morpho-hydrodynamique des zones côtières, une plus grande salinité des estuaires et une limitation des échanges entre le milieu marin et continental ;
– certains milieux plus fragiles tels que les écosystèmes coralliens pour lesquels la France a le 4e rang mondial en superficie (soit 10 % des récifs mondiaux). L'écosystème corallien est, avec la forêt tropicale, l'un des milieux abritant la plus grande biodiversité faunistique et floristique (90 % des 30 000 espèces de poissons marins et 25 % des espèces marines). Ce milieu très fragile aux relations entre compartiments physiques et biologiques très complexes a une grande importance socio-économique (concerne 500 millions de personnes). Sa sensibilité aux contraintes anthropiques multiples (pollutions liées aux cultures et élevage intensifs, érosion des sols, pêche) fait que plus des 30 % des récifs coralliens ont déjà disparu et que leur disparition complète est annoncée dans 50 ans.

▸▸ Aquaculture

Si la France se place en tête des pays européens pour la conchyliculture et occupe le troisième rang mondial pour la production de truites, l'approvisionnement du marché français est fortement dépendant des importations, en particulier venant d'Asie. L'enjeu actuel est le développement de l'aquaculture française malgré le changement climatique.

Cet objectif nécessite des adaptations à la fois des systèmes de production, des animaux et de la législation ainsi que l'évaluation de la durabilité des solutions envisagées. La majorité de la production aquacole française est réalisée en systèmes ouverts, vulnérables aux intempéries et aux variations des niveaux d'eau. Le développement des élevages aquacoles est actuellement limité par la compétition pour l'occupation de l'espace, et les contraintes environnementales liées à la directive cadre sur l'eau.

Les aspects à étudier concernent l'évaluation et la hiérarchisation des risques liés au changement climatique, la faisabilité d'innovations technologiques qui permettraient de produire au large, en eaux profondes ou en circuits fermés, et leur acceptation par les producteurs et les consommateurs, les capacités d'adaptation des espèces aux modifications du milieu et leur résistance aux agents pathogènes. Ce qui implique de mobiliser des compétences de différentes disciplines : biologie, socio-économie, droit, afin d'aboutir à des mutations technologiques durables des systèmes de production, de permettre le choix raisonné de nouvelles espèces ou l'adaptation de souches plus résistantes aux changements du milieu et aux bioagresseurs ainsi que l'évolution de la législation pour accompagner les nouveaux modes de production et en limiter les risques sanitaires, environnementaux et économiques.

Contexte, enjeux et objectifs

L'aquaculture permet de répondre à la demande croissante en produits aquatiques que les captures de pêche ne peuvent pas couvrir. Au cours des dix dernières années, la production aquacole mondiale a connu une croissance de 8 % par an. Aujourd'hui, près de la moitié (47 % en 2006) des produits aquatiques offerts sur le marché mondial proviennent de l'élevage. La production se répartit entre poissons d'eau douce (54 %), poissons marins (9 %), mollusques (27 %) et crustacés (10 %) (FAO, 2009a). Le maintien d'une croissance continue de l'aquaculture est nécessaire pour répondre à la demande du marché qui augmente avec la population mondiale. L'élevage aquacole est pratiqué principalement en Asie qui fournit 89 % de la production mondiale. Le marché français est fortement dépendant des importations qui alimentent non seulement les étals mais aussi le secteur de la transformation très actif en France (300 entreprises générant 13 500 emplois et 3 milliards d'euros par an).

L'élevage aquacole français se répartit entre métropole et outre-mer. L'aquaculture d'eau douce, principalement métropolitaine, repose sur la truite : 34 000 tonnes sont produites par an par 450 entreprises, en majorité de petite taille. Avec une valeur marchande de 95 millions d'euros, la production française de truites occupe le troisième rang mondial mais elle a baissé de plus de 20 % en 10 ans et le nombre d'exploitations a diminué de moitié. La France produit aussi 8 000 tonnes de poissons d'étangs (GraphAgri, 2009).

L'aquaculture marine est dominée par la production d'huitres (130 000 tonnes) et de moules (64 000 tonnes) ; 3 250 fermes génèrent près de 10 000 emplois équivalents temps plein et 380 millions d'euros de revenus bruts. La France est en tête des pays européens pour la conchyliculture. La production de poissons marins concerne principalement les jeunes stades dont la moitié est exportée. Le grossissement s'est peu développé (8 000 tonnes de bar, daurade, turbot et maigre produits en 2007 par une quarantaine de fermes ; GraphAgri, 2009) notamment en raison de la compétition avec le tourisme pour l'usage de l'espace littoral, des contraintes environnementales et de la concurrence avec des pays méditerranéens (Grèce, Turquie) où la main d'œuvre est moins couteuse et la législation plus favorable. L'élevage de poissons marins tropicaux à croissance rapide — tambour-rouge ou ombrine (*Scianops ocellatus*) et cobia (*Rachycentron canadum*) — a débuté (400 tonnes actuellement) dans les territoires français d'outre-mer comme la Réunion et Mayotte dans l'océan Indien ou encore la Martinique. L'élevage de crevettes est réalisé en Nouvelle-Calédonie depuis 1981. Enfin, signalons la production de perles d'huitres à Tahiti qui occupe 4 000 personnes et constitue la seconde source de revenus de ce territoire après le tourisme.

L'enjeu est de maintenir, voire de développer, l'aquaculture française malgré le changement climatique afin de limiter le recours aux importations pour approvisionner le marché pour la consommation humaine et pour la transformation mais aussi de conserver les emplois et les revenus associés à la production aquacole.

Impacts, adaptations et verrous à lever

Conséquences potentielles du changement climatique en fonction des conditions de production

L'aquaculture se pratique à la fois en eaux douces continentales, en eaux saumâtres et en eaux de mer, aussi toute conséquence du changement climatique sur ces biomes aura-t-elle des répercussions sur la production aquacole. D'après la récente étude publiée par la FAO (2009b), le changement climatique pourrait se traduire par une augmentation de l'occurrence des phénomènes météorologiques instables tels que les tempêtes ou les ouragans, l'élévation du niveau de la mer, la modification de la géomorphologie des zones littorales, l'augmentation de l'amplitude des variations thermiques associée à une hausse générale de la température moyenne des eaux, l'allongement de la durée des étiages des cours d'eau alimentant les piscicultures et le changement des paramètres physico-chimiques (disponibilité en oxygène dissous, pH, salinité), nutritionnels et sanitaires (plancton, flore bactérienne, etc.) des eaux.

Les organismes aquatiques sont particulièrement dépendants du milieu dans lequel ils vivent. Chez ces animaux poïkilothermes, les dépenses énergétiques augmentent avec la température de l'eau, entraînant un accroissement des besoins en oxygène. La limite supérieure de température que chaque espèce peut tolérer dépend de sa capacité à extraire l'oxygène de l'eau et à le transporter vers les tissus. Dans la zone de préférence thermique, l'élévation de température peut avoir un effet positif en stimulant l'appétit et la croissance des animaux. Les modifications des autres paramètres physico-chimiques de l'eau tels que la disponibilité en oxygène, la salinité, le pH (acidification) peuvent affecter les animaux directement en perturbant leur reproduction (fertilité, sex-ratio), leur croissance et leur résistance aux maladies ou indirectement en favorisant le développement de bioagresseurs nouveaux ou plus virulents. Si certains changements concernent tous les systèmes aquatiques, d'autres auront des impacts spécifiques sur certains milieux : par exemple, l'élévation du niveau de la mer affectera principalement les zones littorales, alors que l'allongement de la durée des étiages concernera spécifiquement les élevages en eaux continentales. Les impacts potentiels du changement climatique sur l'aquaculture française doivent donc être analysés pour chacune des productions.

Les huîtres (en majorité huîtres creuses originaires du Pacifique *Crassostrea gigas*) et les moules sont produites principalement le long des côtes atlantiques (de la Basse-Normandie à l'Aquitaine) et méditerranéennes (Languedoc-Roussillon). Le captage de larves d'huîtres en milieu naturel représente encore plus de 50 % de l'approvisionnement de la filière en France, malgré le développement d'écloseries. De récentes études montrent qu'une acidification des océans de seulement 0,5 unité de pH affecterait négativement non seulement la formation de la coquille mais également le développement et la survie larvaire de l'huître (Dove et Sammut, 2007). Les mollusques peuvent être élevés directement sur les fonds en eaux profondes, dans des poches plastiques disposées sur des tables métalliques sur l'estran, ou sur des filières suspendues, des tables ou des pieux (bouchots). Ces dernières sont les techniques d'élevage les plus utilisées en France. La montée des eaux en zones côtières pourrait mettre en péril les élevages sur tables et sur pieux. Pour s'affranchir de ces risques, des évolutions technologiques relevant de l'ingénierie aquacole sont nécessaires. Les mollusques puisent leur nourriture dans le milieu, ils sont donc affectés par les variations d'abondance du plancton et les modifications de composition en éléments minéraux. Le changement climatique se traduit déjà par l'apparition de phénomènes nouveaux tels que la prédation conchylicole par des espèces à préférence thermique plus élevées (daurade) en Méditerranée et une occurrence de plus en plus importante de mortalités estivales des naissains d'huître creuse (35 millions d'indemnités de calamité agricole en 2008) fragilisant la profession et le tissu économique littoral qui en dépend. Les recherches conduites pour développer des approches et des outils permettant de limiter les épisodes de mortalité et d'améliorer la résistance des animaux aux conditions stressantes et aux agents infectieux doivent être intensifiées.

L'élevage de crevettes (principalement *Penaeus stylirostris*) en Nouvelle Calédonie est réalisé dans des bassins en terre qui pourraient être détériorés en cas de montée des eaux. L'augmentation de la salinité dans les zones littorales et estuariennes ainsi que l'acidification des eaux sont susceptibles de perturber la physiologie des animaux. Les capacités d'adaptation de cette espèce, et des crevettes en général, aux changements des paramètres physico-chimiques de l'eau sont mal connues. Par contre, il est avéré que les Pénéides sont particulièrement sensibles aux agents infectieux. Des progrès ont été réalisés au cours des dernières années pour réduire les pertes d'aliment qui contribuent à l'eutrophisation du milieu, favorisant les agents pathogènes ; ils doivent être poursuivis.

Les poissons sont élevés soit en systèmes ouverts, dans des bassins alimentés par des eaux de source, de rivière ou de mer (truite, bar), ou en cages principalement dans les eaux méditerranéennes (bar, daurade) et les zones tropicales (Mayotte-Réunion, ombrine et cobia), soit en circuits recyclés (turbot et jeunes stades de différentes espèces notamment marines). Une des solutions envisagées pour le développement de la pisciculture marine est l'élevage en cages en eaux profondes afin de limiter la compétition avec d'autres usages du littoral. Le développement de systèmes de production (cages, etc.) suffisamment robustes pour résister aux instabilités météorologiques constitue un enjeu de recherche en ingénierie appliquée déterminant pour l'essor des élevages en milieu ouvert. Les élevages en circuits d'eau recyclée épargnent aux poissons et aux structures les conséquences des aléas climatiques mais ils sont peu développés en France. Des efforts restent à réaliser pour les rendre économiquement performants et compatibles avec les objectifs d'atténuation du changement climatique.

L'élevage de poissons et de crevettes en systèmes intensifs ou semi-intensifs nécessite l'apport de nourriture. Les aliments aquacoles contiennent des farines et huiles de poissons fabriquées à partir de poissons fourrage issus de la pêche minotière. L'anchois du Pérou est la principale espèce utilisée pour produire ces ingrédients alimentaires or son abondance est fortement affectée par les phénomènes climatiques tels que El Niño. Des recherches ont permis de réduire (de moitié en 10 ans) les quantités de matières premières d'origine marine dans les aliments aquacoles

(Tacon et Metian, 2008 ; Kaushik et Troell, 2010) en les remplaçant par des produits végétaux (Corraze et Kaushik, 2009 ; Médale et Kaushik, 2009). Cependant, les recherches dans ce domaine doivent être poursuivies car le changement climatique risque de réduire la disponibilité de ces ressources alimentaires alors que l'essor de l'aquaculture mondiale fait augmenter la demande.

Verrous à lever pour l'adaptation des productions aquacoles au changement climatique

Des adaptations sont nécessaires à la fois au niveau des animaux, des structures de production et de la gouvernance de la filière.

Les verrous majeurs identifiés concernent :
– les risques liés au changement climatique : évaluation et hiérarchisation des risques sur les systèmes d'élevage aquacole et les animaux de nature à compromettre la production française métropolitaine et ultra-marine (dimension nationale) et l'approvisionnement du marché (dimension internationale) ;
– les capacités d'adaptation des animaux : conséquence des facteurs physico-chimiques et de leurs interactions sur la physiologie des organismes aquatiques et leur résistance aux perturbateurs et bioagresseurs, différences de capacités d'adaptation aux facteurs du milieu entre espèces et souches ;
– les ressources alimentaires : quelles alternatives efficaces et durables pour s'affranchir de l'emploi des farines et huiles de poissons pour les aliments aquacoles ?
– les conditions de production : les concilier avec les exigences de la directive cadre sur l'eau (DCE) et les adapter pour faire face aux impacts du changement climatique, détecter l'émergence de nouveaux bioagresseurs ou limiter l'augmentation de leur virulence nécessite des innovations technologiques, des évolutions des conduites d'élevage et des adaptations des systèmes de surveillance et de contrôle des échanges d'animaux et de leurs produits dans un cadre réglementaire ;
– la socio-économie de la filière : capacités d'adaptation aux mutations technologiques, notamment des entreprises de faible taille, besoins en termes de politique publique pour accompagner les mutations, évaluation de la durabilité des différents systèmes de production, identification des besoins d'évolution de la législation, acceptabilité des nouveaux produits et modes de production.

Priorités de recherche pour l'adaptation de l'aquaculture au changement climatique

Un programme national a été lancé avec les professionnels pour le développement de la pisciculture. Comme indiqué précédemment, des programmes de recherche sont en cours depuis plusieurs années pour limiter les mortalités estivales des mollusques (huîtres en particulier) et améliorer leur résistance aux stress et aux agents pathogènes. Pour les poissons et les crevettes, l'effort de recherche a principalement porté sur l'adaptation aux conditions d'élevage (domestication), l'intensification de l'aquaculture étant une pratique relativement récente (1970). À notre connaissance, aucun programme n'est spécifiquement dédié à l'analyse des adaptations de ces animaux au changement climatique.

Les recherches nécessaires pour lever les verrous identifiés concernent différents domaines disciplinaires : économiques et juridiques, technologiques et biologiques (physiologie de l'adaptation, génétique, nutrition, pathologie, etc.).

Droit et économie

Analyser les conséquences socio-économiques des mutations technologiques (impacts en termes de restructuration du secteur, d'organisation des marchés, d'acceptabilité par les consommateurs, de politique publique de gestion du domaine public maritime, d'aménagement du littoral et du territoire…).

Évaluer la durabilité des nouveaux systèmes d'élevages.

Développer les connaissances nécessaires à l'évolution de la législation relative à l'environnement, à l'introduction de nouvelles espèces, à la régulation de la circulation transfrontalière des animaux et de leurs produits.

Ingénierie aquacole

Étudier les alternatives aux élevages traditionnels. Explorer la faisabilité des élevages en eau profonde (rentabilité des investissements requis, gestion de l'accès à des concessions au large), susciter des innovations pour des systèmes mieux intégrés dans la frange littorale afin de limiter les conflits d'usage, économes en eau et peu polluants pour répondre aux contraintes environnementales, analyser la durabilité des circuits d'eau recyclée dans les conditions nationales.

Tester des matières premières alternatives aux ressources marines, compatibles avec l'atténuation du changement climatique en fonction du système d'élevage ; analyser les conséquences sur l'efficacité de production, la santé, la qualité des produits et l'environnement.

Biologie

Connaître les seuils de tolérance des espèces et souches à l'égard des facteurs physico-chimiques de l'eau (température, oxygène, salinité, pH) pour des fonctions physiologiques clés telles que la reproduction et la croissance.

Sélectionner des souches plus robustes et/ou très adaptables. Cet objectif nécessite de définir les fonctions biologiques les plus déterminantes pour la survie et le développement harmonieux des animaux afin d'identifier de nouveaux caractères dont le déterminisme génétique devra être évalué.

Identifier de nouvelles espèces : quels critères prioritaires, quels besoins de domestication/adaptations aux conditions françaises, quels risques (notamment au regard de la biodiversité et de la protection sanitaire) ?

Préserver la santé des animaux aquatiques : bien que les bioagresseurs soient différents, les besoins de recherche sont identiques aux autres productions animales. Détection des agents pathogènes, conditions de leur émergence, démonstration de leur implication dans un processus délétère ayant un impact économique, définition des risques (rôle des paramètres physico-chimiques du milieu) et gestion de ces risques (méthodes prophylactiques) impliquant une coordination entre instituts de recherche, services de l'état et professionnels pour une gestion intégrée des élevages aquacoles. Dans ce contexte, le rôle des populations sauvages (zones littorales et estuariennes) comme vecteur de pathogènes doit être évalué.

Les situations à privilégier concernent les deux productions majoritaires en France, la conchyliculture et la production de truites, mais une diversification des espèces et le développement de l'élevage de poissons marins sont nécessaires dans l'objectif de réduire le recours aux importations pour approvisionner le marché national et conserver la biodiversité dans le contexte des changements globaux.

Ce texte s'inspire largement des travaux de l'ARP ADAGE auquel ont contribué les personnes suivantes que nous tenons à remercier : N. Seon-Massin (Onema), Y. Souchon (Irstea), S. Souissi (Univ. Lille), F. Blanchard (Ifremer), R. Sabatié (Agrocampus Ouest), G. Choubert (Inra), M. Dupont-Nivet (Inra), J. Gatesoupe (Inra), P.Y. LeBail (Inra), P. Prunet (Inra), E. Quillet (Inra), J.P. Baud (Ifremer), C. Cahu (Ifremer), N. Devauchelle (Ifremer), S. Girard (Ifremer), A. Huvet (Ifremer), T. Renaud (Ifremer), C. Marijouls (AgroParisTech), P. Fontaine (Univ. Nancy), P. Haffray (SYSAAF).

▶▶ Références bibliographiques

Ahn S., De Steiguer J.E., Palmquist R.B., Holmes T.P., 2000. Economic analysis of the potential impact of climate change on recreational trout fishing in the Southern Appalachian Mountains: An application of a nested multinomial logit model. *Climatic Change*, 45, 493-509.

Amoros C., Bornette G., 2002. Connectivity and biocomplexity in waterbodies of riverine floodplains. *Freshwater Biology*, 47, 761-776.

Anneville O., Gammeter S., Straile D., 2005. Phosphorus decrease and climate variability: mediators of synchrony in phytoplankton changes among European peri-alpine lakes. *Freshwater Biology*, 50, 1731-1746.

Anonyme, 2009. Climate change and Water, Coasts and Marine Issues. Commission staff working document, Commission of the European Communities, Brussels, SEC 386/2, 8 p.

Baglinière J.L., Rivot E., Roussel J.-M., Perrier C., Bal G., Prévost E., Beall E., Piou C., Lassalle G., Rochard E., 2010. Changements climatiques et dynamique de populations de saumon Atlantique (*Salmo salar*), *In : ARP Gestion de l'Incidence du Changement climatique et biodiversité (GICC2-Biodiversité)*, Changement climatique et stratégies démographiques des populations piscicoles (Pont D., ed.), Rapport scientifique de fin de contrat, 135 p.

Baglinière J.L., Sabatié M.R., Rochard E., Alexandrino P., Aprahamian M.W., 2003. The allis shad (*Alosa alosa*): Biology, Ecology, Range, and Status of Populations, *In : Biodiversity, Status and Conservation of the World's Shad* (Limburg K.E., Waldman J.R., eds.), American Fisheries Society Symposium, 35, 85-102.

Baglinière J.L., Denais L., Rivot E., Porcher J.P., Prévost E., Marchand F., Vauclin V., 2004. Length and age structure modifications of the Atlantic salmon (*Salmo salar*) populations of Brittany and Lower Normandy from 1972 to 2002. Technical report, Institut National de la Recherche Agronomique and Conseil Supérieur de la Pêche, Rennes.

Baker T., 2005. Vulnerability assessment of the North East Atlantic shelf marine ecoregion to climat change. Report of workshop to WWF.

Bal G., 2011. Evolution des populations française de saumon atlantique (*Salmo salar* L.) et changement climatique, thèse Université de Rennes I, 165 p.

Bannerman S., 1997. Landscape ecology and connectivity. British Columbia of Forests Research Program, 9 p.

Bates B.C., Kundzewicz Z.W., Wu S., Palutikof J., 2008. Le changement climatique et l'eau. Document technique VI du GIEC, OMM-PNUE, Genève, 228 p.

Behrenfeld M.J., O'Malley R.T. Siegel D.A., McClain C.R., Sarmiento J.L., Feldman G.C., Milligan A.J., Falkowski P.G., Letelier R.M., Boss E.S., 2006. Climate-driven trends in contemporary ocean productivity. *Nature*, 444, 752-755.

Bertrand J., Cochard M.-L., Coppin F., Le Pape O., Mahe J.-C., Morin J., Poulard J.-C., Rochet M.-J., Schlaich I., Souplet A., Trenkel V., Verin Y., 2005. Poissons et invertébrés au large des côtes de France : Indicateurs issus des pêches scientifiques, Bilan 2002, http://archimer.ifremer.fr/doc/00000/1091.

Blanchard F., Thebaud O., Guyader O., Lorance P., Boucher J., Chevaillier P., 2006. Effets de la pêche et du réchauffement climatique sur la coexistence spatiale des espèces de poissons du golfe de Gascogne, Conséquences pour les pêcheries, http://archimer.ifremer.fr/doc/00000/6347/

Blanchard F., Vandermeirsh F., 2005. Warming and exponential abundance increase of the subtropical fish Capros aper in the Bay of Biscay (1973-2002). *Comptes-Rendus de l'Académie des Sciences, Biologies*, 328, 505-509.

Bonhommeau S., Chassot E., Rivot E., 2008. Fluctuations in European eel (*Anguilla anguilla*) recruitment resulting from environmental changes in the Sargasso Sea. *Fisheries Oceanography*, 17, 32-44.

Briand J.F., Leboulanger C., Humbert J.-F., 2004. *Cylindrospermopsis raciborskii* (Cyanobacteria) invasion at mid-latitudes: Selection, wide physiological tolerance, or global warming? *Journal of Phycology*, 40, 231-238.

Buisson L., Grenouillet G., 2009. Contrasted impacts of climate change on stream fish assemblages along an environmental gradient. *Diversity, Distributions*, 15 (4), 613-626.

Butler J.R.A., Radford A., Riddington G., Laughton R., 2009. Evaluating an ecosystem service provided by Atlantic salmon, sea trout and other fish species in the River Spey, Scotland: The economic impact of recreational rod fisheries. *Fisheries Research*, 96, 259-266.

Caraco N.F., Cole J.J., 1999. Human impact on nitrate export: An analysis using major world rivers. *Ambio*, 28, 167-170.

Chassot E., Bonhommeau S., Mélin F., Watson R., Gascuel D., Le Pape O., 2010. (sous presse) World fish catch primary production constrains fisheries catches. *Ecology Letters*, 13, 495-505.

Cheung W.L., Lam V.W.Y., Sarmiento J.L., Kearnez K., Watson R., Zeller D., Pauly D., 2010. Large-scale redistribution of maximum fisheries catch potential in the global ocean under climate change. *Global change biology*, 16, 24-35.

Coleman J.M., Huh O.K., DeWitt B., 2008. Wetland loss in world deltas. *Journal of coastal research*, 24, 1-14.

Corraze G., Kaushik S., 2009. Alimentation lipidique et remplacement des huiles de poisson par des huiles végétales en aquaculture. *Cahiers de l'Agriculture*, 18, 112-118.

Cucherousset J., 2006. Rôle fonctionnel des milieux temporairement inondés pour l'ichtyofaune dans un écosystème sous contraintes anthropiques : approches communautaires, populationnelle et individuelle, thèse doctorat, Université de Rennes 1, 267 p.

Daufresne M., Boët P., 2007 Climate change impacts on structure and diversity of fish communities in rivers. *Global Change Biology*, 13, 1-12.

Daufresne M., 2008. Impacts des pressions climatiques et non climatiques sur les communautés piscicoles de grands fleuves français. *Hydroécologie Appliquée*, 16, 109-134.

Daufresne M., Roger M.C., Capra H., Lamouroux N., 2004. Long-term changes within the invertebrate and fish communities of the Upper Rhône River: effects of climatic factors. *Global Change Biology*, 10, 124-140.

De Gaudemar B., Beall E., 2003. Variation of reproductive behaviour and success of males adopting different tactics in Atlantic salmon. *Journal of Fish Biology*, 63 (Supplement A), 250.

Delpech C., 2007. Évolution à long terme de la structure des communautés piscicoles estuariennes. Effet de la variabilité hydroclimatique, rapport de stage de Master, Université Bordeaux I.

Dessaix J., Fruget J.-F., 2008. Évolution des peuplements de crustacés du Rhône Moyen au cours des 20 dernières années, relation avec la variabilité hydroclimatique. *Hydroécologie Appliquée*, 16, 1-27.

Devine J.A., Baker K.D., Haedrich R.L., 2006. Deep-Sea fishes qualify as endangered. A shift from shelf fisheries to deep sea is exhausting late-maturing species that recover only slowly. *Nature*, 439, 29.

Dove M.-C., Sammut J., 2007. Impacts of estuarine acidification on survival and growth of Sydney rock oysters Saccostrea glomerata (Gould, 1850). *Journal of Shellfish ressources*, 26, 519-527.

Euliss N.H., LaBaugh J.W., Frederickson L.H., Mushet D.M., Laubhan M.K., Swanson G.A., Winter T.C., Rosenberry D.O., Nelson R.D., 2004. The wetland continuum: a conceptual framework for interpreting biological studies. *Wetlands*, 24, 448-458.

FAO, 2009a. La situation mondiale des pêches et de l'aquaculture 2008. Département des pêches et de l'aquaculture de la FAO, Organisation des Nations unies pour l'alimentation et l'agriculture, Rome, 216 p.

FAO, 2009b. Climate changes implications for fisheries and aquaculture. Overview of current scientific knowledge, Rome, 213p.

Fausch K.D., 2007. Introduction, establishment and effects of non-native salmonids: considering the risk of rainbow trout invasion in the United Kingdom. *Journal of Fish Biology*, 71, 1-32.

Garcia-Berthou E., Alcaraz C., Pou-Rovira Q., Zamora L., Coenders G., Feo C., 2005. Introduction pathways and establishment rates of invasive aquatic species in Europe. *Canadian Journal of Fisheries and Aquatic Sciences*, 62, 453-463.

Gascuel D., Pauly D., 2009. EcoTroph: modelling marine ecosystem functioning and impact of fishing. *Ecological Modelling*, 220, 2885-2898.

Gascuel D., 2009. L'approche écosystémique des pêches, une condition pour l'exploitation durable des océans. *Revue POUR. Le défi alimentaire du xxie siècle*, Édition du GREP, Paris, n° 202-203, 199-206.

Gerdeaux D., 2004. The recent restoration of the whitefish fisheries in Lake Geneva: the roles of stocking, reoligotrophication, and climate change. *Annals Zoologici Fennici*, 41,181-189.

Gerdeaux D., 2007. Impacts du changement climatique sur les milieux aquatiques continentaux européens. *RDV Techniques*, hors série n° 3, 21-26, ONF.

Gosse P., Gailhard J., Hendrick F., 2008. Analyse de la température de la Loire moyenne en été sur la période 1949 à 2003. *Hydroécologie Appliquée*, 16, 233-274.

Goulletquer P., 2008. Changement climatique en milieu côtier et littoral : Conséquences sur les peuplements marins, *In : Colloque HydroEcologie*, Communication orale et résumé, 16-17 Octobre 2008, Clamart.

GraphAgri, 2009. http://agreste.agriculture.gouv.fr/reperes/france-graphagri-edition-2009/

Green P.A., Vorosmarty C.J., Meybeck M., Galloway J.N, Peterson B.J., Boyer F.W., 2004. Pre-industrial and contemporary fluxes of nitrogen through rivers: A global assessment based on topology. *Biogeochemistry*, 68, 71-105.

Gugger M., Molica R., Le Berre B., Dufour P., Bernard C., Humbert J.-F., 2005. Genetic diversity of *Cylindrospermopsis* strains (Cyanobacteria) isolated from four continents. *Applied and Environmental Microbiology*, 71, 1097-1100.

Halpern B.S., Walbridge S., Selkoe K.A., Kappel C.V., Micheli F., D'Agrosa C., Bruno J.F., Casey K.S., Ebert C., Fox H.E., Fujita R., Heinemann D., Lenihan H.S., Madin E.M.P., Perry M.T., Selig E.R., Spalding M., Steneck R., Watson R., 2008. A global map of human impact on marine ecosystems. *Science*, 319, 948-952.

Hamon K., Ulrich C., 2007. L'utilisation des FLR dans les évaluations des scénarios de gestion : un choix irréversible ? *In : 8ème forum halieumétrique, Changements réversibles et irréversibles dans les ressources et leurs usages*, 19-21 juin 2007, Communication orale et résumé, La Rochelle.

Heino J., Virkkala R., Toivonen H., 2009. Climate change and freshwater biodiversity: detected patterns, future trends and adaptations in northern regions. *Biological Review*, 84, 39-54.

Hermant M., Lobry J., Poulard J.C., Désaunay Y., Bonhommeau S., Le pape O., 2010. Impact of warming on abundance and occurrence of flatfish populations in the Bay of Biscay (France). *Journal of Sea Research*, 64, 45-53.

IPCC, 2007. Climate change 2007: The Physical Science Basis Contribution of Working Group I to the Fourth Assessment Report of the Intergovernmental Panel on Climate Change (Solomon S., Qin D., Manning M., eds.).

Juanes F., Gephard S., Beland K.F., 2004. Long-term changes in migration timing of adult Atlantic salmon (*Salmo salar*) at the southern edge of the species distribution? *Canadian Journal of Fisheries and Aquatic Sciences*, 61, 2392-2400.

Junk W.J., Bayley P.B., Sparks R.E., 1989. The flood pulse concept in riverfloodplain system, *In :* *Proceedings of the International Large River Symposium (LARS)* (Dodge D.P., ed.), Canadian Special Publication of Fisheries and Aquatic Sciences, Ottawa, Canada, pp. 110-127.

Kaushik S.J., Troell M., 2010. Taking The Fish-In Fish-Out Ratio A Step Further... *Aquaculture Europe*, 35, 15-17.

Lassalle G., Rochard E., 2009. Impact of twenty-first century climate change on diadromous fish spread over Europe, North Africa and the Middle East. *Global Change Biology*, 15, 1072-1089.

Lassalle G., Béguer M., Beaulaton L., Rochard E., 2008. Diadromous fish conservation plans need to consider global warming issues: An approach using biogeographical models. *Biological Conservation*, 141, 1105-1118.

Marchetti M.P., Moyle P.B., Levine R., 2004. Alien fishes in California watersheds: Characteristics of successful and failed invaders. *Ecological Applications*, 14, 587-596.

McCormick S.D., Lerner D.T., Monette M.Y., Nieves-Puigdoller K., Kelly J.T., Björnsson B.T., 2009. Taking It with You When You Go: How Perturbations to the Freshwater Environment, Including Temperature, Dams, and Contaminants, Affect Marine Survival of Salmon. *American Fisheries Society Symposium*, 69.

Médale F., Kaushik S.J., 2009. Les sources protéiques dans les aliments pour les poissons d'élevage. *Cahiers de l'Agriculture*, 18, 103-111

Menesguen A., Aminot A., Belin C., Chapelle A., Guillaud J.F., Joanny M., Lefebvre A., Merceron M., Piriou J.Y., Souchu P., 2001. L'eutrophisation des eaux marines et saumâtres en Europe, en particulier en France. Rapport Ifremer, Direction de l'Environnement et de l'Aménagement du littorale, 64 p.

Myers R.A., Worm B., 2003. Rapid worldwide depletion of predatory fish communities. *Nature*, 423, 280-283.

Pauly D., 1994. A framework for latitudinal comparisons of flatfish recruitment. *Netherlands Journal of Sea Research*, 32, 107-118.

Pimentel D., 2005. Aquatic Nuisance Species in the New York State Canal and Hudson River Systems and the Great Lakes Basin: An Economic and Environmental Assessment. *Environmental Management*, 35, 692-701.

Planque B., Frédou T., 1999. Temperature and the recruitment of Atlantic cod (*Gadus morhua*). *Canadian Journal of Fisheries and Aquatic Sciences*, 56, 2069-2077.

Poirel A., Lauters F., Desaint B., 2009. 1977-2006 : Trente années de mesures des températures de l'eau dans le Bassin du Rhône. *Hydroécologie Appliquée*, 16, 91-213.

Polovina J., Howell E., Abecassis M., 2008. Ocean's least productive water are expanding. *Geophysical letter*, 35.

Pont D., Hugueny B., Beier U., Goffaux D., Melcher A., Noble R., Rogers C., Roset N., Schmutz S., 2006. Assessing river biotic condition at the continental scale: a European approach using functional metrics and fish assemblages. *Journal of Applied Ecology*, 43, 70-80.

Quinn T.P., McGinnity P., Cross T.F., 2006. Long-term declines in body size and shifts in run timing. *Journal of Fish Biology*, 68, 1713-1730.

Raven J., Caldeira K., Elderfield H., Hoegh-Guldberg O., Liss P., Riebesell U., Shepherd J., Turley C., Watson A., 2005. *Ocean acidification due to increasing atmospheric carbon dioxide*, The Royal Society, London, UK.

Reyjols Y., Léna J.P., Hervant F., Pont D., 2009. Effects of temperature on biological and biochemical indicators of the life-history strategy of bullhead (*Cottus gobio* L.). *Journal of Fish Biology*, 75, 2880-2880.

Scheurer K., Alewell C., Bänninger D., Burkhardt-Holm P., 2009. Climate and land-use changes affecting river sediment and brown trout in alpine countries — a review. *Environmental Science and Pollution Research*, 16, 232-242.

Schindler D.W., 2001. Cumulative effects of climate warming and other human stresses on Canadian freshwaters in the new millennium. *Canadian Journal of Fisheries and Aquatic Sciences*, 58, 18-29.

Tacon A.G.J., Metian M., 2008. Global overview on the use of fish meal and fish oil in industrially compounded aquafeeds: trends and future prospects. *Aquaculture*, 285, 146-158.

US EPA, 2009. Synthesis of Adaptation Options for Coastal Areas. Washington, DC, U.S. Environmental Protection Agency, Climate Ready Estuaries Program. EPA 430-F-08-024, January 2009.

Wahli T., Bernet D., Segner H., Schmidt-Posthaus H., 2008. Role of altitude and water temperature as regulating factors for the geographical distribution of *Tetracapsuloides bryosalmonae* infected fishes in Switzerland. *Journal of Fish Biology*, 73, 2184-2197.

Worm B., Barbier E.B., Beaumont N, Duffy J.E., Folke C., Halpern B.S., Jackson J.B.C., Lotze H.K., Micheli F., Palumbi S.R., Sala E., Selkoe K.A., Stachowicz J.J., Watson R., 2006. Impacts of Biodiversity Loss on Ocean Ecosystem Services. *Science*, 314, 787-790.

Chapitre 10

Les sociétés à agriculture de subsistance

Edmond Dounias, Marie-Noël de Visscher,
Alexandre Ickowicz, Pascal Clouvel

Ce chapitre est consacré à l'adaptation au changement climatique de populations rurales qui consomment directement une part significative de leur production. La dépendance de ces sociétés vis-à-vis de leur système écologique est quasi-exclusive, si bien que le niveau d'analyse sera celui du « système socio-écologique ». Dans cette situation, la résilience du système écologique repose autant sur la durabilité de la ressource que sur celle du système social gestionnaire ; l'objectif est ici de voir comment les systèmes socio-écologiques peuvent perdurer, ce qui revient à définir le seuil de résilience pour une société et un système écologique donnés.

On peut se demander quelles seront les conséquences du changement climatique sur la vulnérabilité des sociétés à agriculture de subsistance (SAS), quels en seront les impacts sur leurs réponses adaptatives, et finalement quelles perspectives de développement sont envisageables pour ces sociétés.

Pour pouvoir répondre à ces questions, il faudra améliorer les connaissances des effets du changement climatique, en termes de précipitations par exemple, mieux différencier la part effective du changement climatique par rapport aux autres facteurs de pression, mettre en place des indicateurs permettant de mesurer l'impact des SAS sur leur système écologique et améliorer nos connaissances sur les services écosystèmes, etc.

Sur un plan méthodologique, il faudra être en mesure d'évaluer les services fournis par les SAS, analyser la vulnérabilité en discriminant tous les facteurs et concilier un suivi sur le long terme et une restitution à court terme aux SAS, etc.

▶▶ Quels enjeux, quelle approche ?

Enjeux

À travers le monde persiste aujourd'hui une grande diversité de sociétés humaines vivant en étroite dépendance d'un milieu naturel et des ressources qu'il prodigue. Ces populations rurales dites à agriculture de subsistance consomment directement une part significative de leur production et vivent d'agriculture, d'élevage, de chasse, de cueillette ou de pêche avec peu, voire aucun lien direct avec des marchés internationaux. Elles ont toutefois presque toujours des activités commerciales liées à des filières, mais ces dernières ne sont pas dominantes.

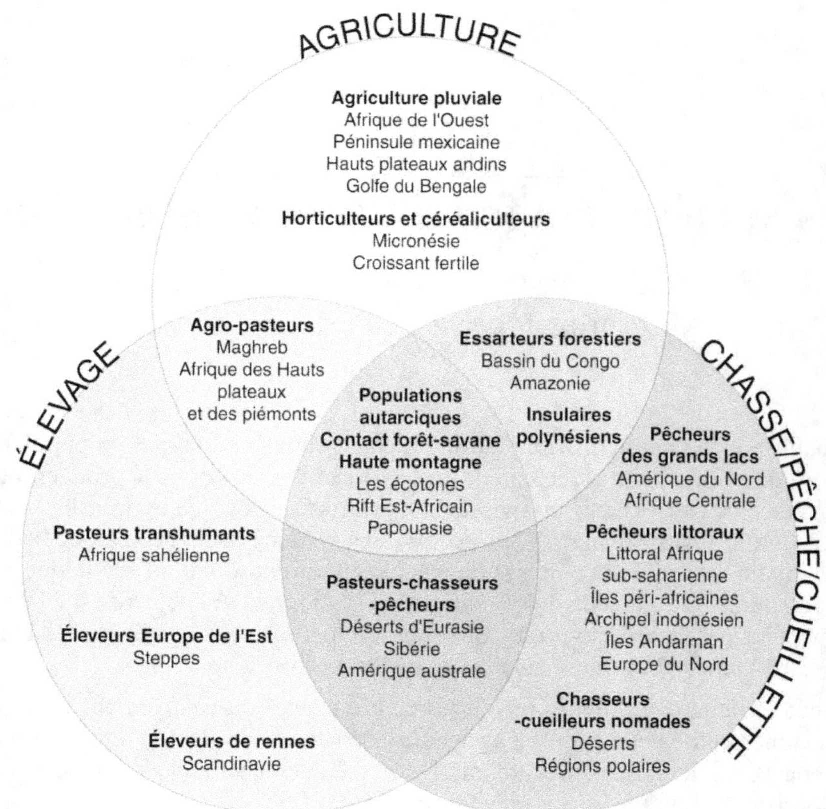

Figure 10.1. Illustration de la diversité des SAS dont les activités s'inscrivent dans une combinaison variable des systèmes de production.

Le fait que ces peuples nous soient contemporains atteste en soi qu'ils ont su ajuster leurs stratégies de subsistance au fil des transformations de leur environnement : loin d'être figés dans un passé immuable, ces peuples, à travers leur persistance, sont des témoins manifestes que ces groupes sociaux et les écosystèmes dont ils dépendent ont participé d'une même dynamique évolutive.

En écho à l'émergence croissante des préoccupations environnementales, la recherche action se doit dorénavant de réévaluer le rôle des interactions entre dynamiques sociales et écologiques à la lumière de nouveaux concepts qui prônent le rôle de l'hétérogénéité des écosystèmes, des perturbations, et des dynamiques sociales dans le maintien et l'évolution des dynamiques écologiques. Des démarches intégratives relativement récentes comme l'« écologie historique » (Crumley, 1994 ; Gremillion, 1997 ; Balée, 1998 ; McKey *et al.*, 2010 ; Ichikawa, 2013) achèvent de fournir la preuve que les pratiques humaines, fondées sur des représentations culturelles et des dynamiques sociales, peuvent contribuer au maintien de la biodiversité, que l'on se situe à l'échelle d'un terroir agricole ou d'une fraction d'écosystème (Posey, 1999). Se posent aujourd'hui la question de l'hétérogénéité des savoirs et des pratiques sur la nature d'une société donnée, celle des conséquences de cette hétérogénéité sur les écosystèmes anthropisés et celle de la durabilité de ces savoirs locaux face aux changements globaux actuels.

Les sociétés vivant en étroite interdépendance avec leur environnement naturel — et que l'on peut, à ce titre, qualifier de « naturalistes » — n'ont pas l'apanage de devoir répondre au changement. En revanche, ce sont certainement celles qui, du fait de leur étroite dépendance vis-à-vis de la nature, ont le plus à perdre à court terme face à la dégradation des milieux naturels et aux dérèglements climatiques. Tout d'abord, elles sont économiquement les plus démunies : leur système économique basé sur la subsistance, leur besoin de prélever la ressource directement sur la nature, et leurs règles d'échanges ancrées dans le collectivisme, leur donnent peu d'emprise sur l'économie de marché. Mais elles sont aussi exposées à d'autres formes de pauvreté, moins tangibles que la précarité économique et plus rarement abordées dans le débat consacré à la lutte contre la pauvreté (Mendelsohn *et al.*, 2006). Il devient crucial aujourd'hui d'explorer ces chemins détournés de la pauvreté, c'est-à-dire les processus plus difficilement quantifiables d'appauvrissement concernant notamment les aspects culturels, religieux et sociaux, la dégradation des écosystèmes assurant la subsistance des plus pauvres, et la violence environnementale, source d'une forme nouvelle d'injustice sociale. De tous les facteurs de mutation auxquels ces sociétés sont aujourd'hui exposées, celui du changement climatique est le moins exploré, même s'il suscite une attention croissante auprès des agences de recherche et de développement (Salick et Byg, 2007 ; USAID, 2007 ; Macchi *et al.*, 2007 ; Salick et Ross, 2009).

Même si leur poids économique est difficile à évaluer, les agricultures de subsistance — par l'importance des populations qu'elles concernent (plusieurs centaines de millions de personnes) et l'étendue des zones qu'elles occupent — sont au cœur d'enjeux majeurs pour la stabilité politique de certains pays, pour la préservation de ressources naturelles et, par extension, pour l'économie globale. Axer notre propos sur l'adaptation au changement climatique de ce type particulier de sociétés se justifie donc de différents points de vue.

Du point de vue scientifique, ces systèmes socio-écologiques diversifiés constituent autant de modèles d'études pour appréhender la complexité des interactions bioculturelles — ou la complexité des interactions en présence — notamment dans des environnements à diversité culturelle et biologique élevés tels que les forêts tropicales humides. Ces sociétés vivant en étroite interdépendance avec leur environnement naturel ont acquis des savoirs et savoir-faire indéniables à l'égard d'une biodiversité propre à leur lieu de subsistance. À l'heure où les préoccupations environnementales suscitent une demande sociétale grandissante, les chercheurs doivent plus que jamais se faire les avocats de ces savoirs qui fondent et reculent aussi rapidement que les glaciers, témoins autrement plus médiatisés de la gravité des changements climatiques en cours (sites internet Extreme Ice Survey[1] et Jean-Louis Etienne[2]).

Du point de vue philosophique, sans vouloir chercher à ériger ces sociétés au rang de nobles sauvages et ainsi éviter toute forme de romantisme béat, ces sociétés n'en

---

1. http://www.extremeicesurvey.org.
2. http://www.jeanlouisetienne.com.

sont pas moins emblématiques de cette réconciliation nécessaire entre l'environnement naturel et notre espèce qui l'altère de manière souvent dramatique, voire irrémédiable. Ni bons sauvages, ni destructeurs de l'environnement, ces sociétés ont en commun la contrainte et souvent la capacité de devoir rapidement ajuster leur subsistance à de nouvelles conditions environnementales, souvent au détriment de leur intégrité culturelle. Par ailleurs, ces peuples aspirent aujourd'hui à la citoyenneté et revendiquent un droit à la santé, à l'éducation, à la reconnaissance de leur patrimoine, à l'accès à l'économie de marché, et à la sécurité foncière ; ces aspirations légitimes ne sont pas toujours en adéquation avec les modes de vie qu'elles souhaitent par ailleurs conserver.

Du point de vue de la sensibilisation et de l'action, jusqu'à un passé récent, ces peuples qui ne suscitaient guère l'intérêt des autorités du fait de leur insignifiance économique telle qu'évaluée par les méthodes classiques (ex : contribution au PIB), focalisent l'attention des organisations de développement en raison de nouveaux enjeux économiques (liés notamment à la déforestation évitée) ou de conservation pesant sur les milieux naturels qu'ils occupent. En empruntant au jargon de l'écologie de la conservation, on pourrait dire qu'il s'agit de « sociétés indicatrices » propres à toucher le grand public et les décideurs nationaux et internationaux.

Du point de vue éthique enfin, ces peuples au devenir incertain risquent de payer, plus chèrement que tout autre, les conséquences du changement climatique sur leur environnement, alors que, comble d'ironie, ils sont ceux qui contribuent le moins aux émissions de gaz à effet de serre.

Approche

Compte tenu de l'interdépendance forte entre ces sociétés d'agriculture de subsistance et leur écosystème, le niveau d'analyse adopté ici est celui du « système socio-écologique » (*social ecological system* ou SES), tel que défini par la Résilience Alliance[3] comme un ensemble d'interactions dynamiques entre facteurs biologiques et sociaux, entre populations, sociétés et environnement. Ces interactions sont génériques et applicables à tout type de société. Néanmoins, la particularité des sociétés considérées réside dans leur dépendance quasi-exclusive vis-à-vis de leur système écologique.

Du fait de son relatif isolement, le système socio-écologique peut, dans les cas des sociétés à agriculture de subsistance, être appréhendé comme principalement gouverné par des dynamiques endogènes au système considéré. Toutefois, l'incidence grandissante des changements globaux — incluant le changement climatique — sur ces sociétés fait ou peut faire évoluer significativement cette situation, exposant ces systèmes aux effets de facteurs exogènes prégnants. L'attractivité des marchés et des biens de consommations, les politiques publiques environnementales, les relations interethniques, les interfaces rural/urbain, les acteurs extérieurs tels que les agro-industries, ou agences et ONG de conservation et de développement, sont autant d'externalités qui pèsent de manière croissante sur les stratégies adaptatives élaborées localement. L'analyse de la « boîte » constituée de ces

---

3. http://www.resalliance.org.

systèmes socio-écologiques suppose bien évidemment de tenir compte de ce qui se passe « à l'extérieur de la boîte ».

L'objectif est donc de voir comment les systèmes socio-écologiques peuvent perdurer, ce qui revient à définir le seuil de résilience pour une société et un système écologique donnés. Le fonctionnement de ces systèmes doit s'envisager à l'échelle du territoire et des règles d'appropriation foncière qui le régissent. Cette entrée a le mérite de privilégier la perception interne (le point de vue « emic ») de la société utilisatrice. Autant idéal que matériel, le territoire est une composante essentielle de la reproduction du groupe social. Il concilie l'espace physique effectivement exploité, les visions locales du monde et la charge identitaire reconnue aux lieux (Cambrézy, 1997). Ce corpus d'interactions exclut de fait de notre champs d'analyse les événements climatiques extrêmes modifiant drastiquement l'écosystème et dont l'ampleur dépasse toute forme de capacité adaptive locale.

État de l'art

Perceptions du climat (ethnoclimatologie)

On ne peut que déplorer que l'étude des réponses culturelles aux contraintes environnementales soit traitée de manière beaucoup trop statique. Lorsqu'elles sont abordées, les perceptions locales du climat et de ses aléas sont rarement envisagées à l'aune du défilement réel du temps (Katz *et al.*, 2002). Surtout, et à de rares exceptions près (Waddell, 1975 ; Christensen et Mertz, 1993), pareilles études ne se préoccupent guère des événements climatiques inhabituels et ne s'intéressent qu'aux interprétations locales de phénomènes climatiques perçus, parfois à tort, comme « normaux ».

On sait très bien analyser l'évolution des stratégies de production au fil des saisons à l'intérieur d'un cycle annuel. Les travaux qui prennent en compte les variations saisonnières intra-annuelles ne manquent pas dans la littérature en ethnobiologie (Sollod, 1990 ; Sillitoe, 1994 ; Huber et Pedersen, 1997 ; Lantz et Turner, 2003 ; West et Vásquez-León, 2003). En revanche, les études qui sont basées sur l'analyse de deux ou trois cycles annuels successifs et qui appréhendent les fluctuations inter-annuelles du climat sont déjà moins nombreuses (Orlove, 2003).

Toutefois, comprendre les réponses des sociétés rurales à des fluctuations à cycles courts n'est guère suffisant si l'on souhaite valoriser ces réponses à travers l'élaboration de modèles de gestion s'inscrivant dans la durée. Certains événements bioclimatiques — notamment ceux qui sont consécutifs à El Niño/Southern Oscillation (ENSO) — sont susceptibles de se reproduire plusieurs fois au cours de la vie d'une personne (Burton, 1997 ; Fagan, 1999 ; Couper-Johnston, 2000 ; Puri, 2007). Comment les communautés locales appréhendent-elles de tels événements, que nous considérions, il n'y a pas si longtemps encore, comme des dérèglements climatiques ? Les réponses s'adressant à des changements environnementaux qui se manifestent sur des pas de temps plus longs restent du domaine de la spéculation, particulièrement lorsque l'on aborde les processus de transmission d'un savoir qui n'est mobilisé que de manière sporadique (Lykke, 2000 ; Orlove *et al.*, 2000 ; Orlove, 2003).

L'étude des réponses locales aux effets du changement climatique reste un champ de recherche fort peu exploré. On conçoit volontiers qu'un phénomène bioclimatique d'une ampleur exceptionnelle et ne se produisant qu'une fois au cours d'une vie humaine — inondation historique, cyclone, tsunami, gel inégalé, vague mémorable de chaleur ou d'aridité — puisse complètement dépasser les moyens d'une communauté locale à y faire face (Lefale, 2010). Ces expressions extrêmes du changement climatique sont fréquemment à l'origine de catastrophes dites « humanitaires » qui engendrent des déplacements massifs de populations et une nouvelle forme de réfugiés environnementaux (Myers, 1993 ; Unruh *et al.*, 2004 ; MacGranahan *et al.*, 2007 ; Piguet, 2008). Les pasteurs sahéliens intègrent depuis longtemps le risque de sécheresse dans leur stratégie d'utilisation des ressources dans le temps et l'espace. Pourtant, après plus d'une décennie favorable de pluviosité dans les années 1950-1960, la sécheresse de 1973-1974 a dépassé leurs capacités de réaction. Beaucoup d'animaux et d'humains sont morts faute d'avoir été mobiles à temps. Par contre, lors de la sécheresse de 1984, les pertes furent moindre suite à une mobilité plus rapide (Ancey *et al.*, 2009 ; Touré, 2010). Mais, par-delà ce que les médias veulent bien amplifier, le changement climatique est un processus lent de type tendanciel dont les conséquences les plus graves s'ébauchent sur la durée et de manière peu spectaculaire. Les réponses locales progressivement élaborées dans ce contexte ne se conçoivent pas dans l'urgence, mais prennent le temps de glaner leur nécessaire légitimité sociale. C'est en cela que leur étude est indispensable.

L'acuité de notre compréhension actuelle des phénomènes liés au changement climatique suit un gradient latitudinal croissant au fur et à mesure que l'on s'éloigne de l'équateur et que l'on gagne en altitude (ACIA, 2005 ; Kerhwald *et al.*, 2008). Ainsi, l'incidence du changement climatique sur les forêts tropicales humides est nettement moins bien appréhendée que pour les autres biomes. Les dérèglements y sont moins évidents, moins tangibles et plus difficilement mesurables ; leur appréciation repose sur un seuil de probabilité moindre et leur occurrence n'est pas aussi extrême que dans les écosystèmes polaires, arides ou montagnards. De plus, d'autres facteurs de changement s'expriment parfois de façon bien plus évidente. Les forêts tropicales sont en effet exposées à des menaces de déforestation immédiates liées à l'exploitation du bois, l'extraction minière, l'agriculture pionnière, les plantations agro-industrielles pour la production de biocarburants, etc. L'ampleur de ces menaces excède largement les risques inhérents au changement climatique. Ce n'est donc pas un hasard si les rares études portant sur les connaissances traditionnelles en matière de changement climatique sont plutôt localisées dans les pôles (Berkes et Jolly, 2001 ; Krupnik et Jolly, 2002 ; Ogilvie et Pálsson, 2003 ; Laidler, 2006 ; Alessa *et al.*, 2008 ; Laidler *et al.*, 2008), en région arides (Benkhe *et al.*, 1993 ; Ribot *et al.*, 1995 ; Sollod, 1990 ; Bollig et Schulte, 1999 ; Ovuka et Lindqvist, 2000 ; Roncoli *et al.*, 2001), en milieu de montagne (Waddell, 1975 ; Vedwan et Rhoades, 2001 ; Orlove *et al.*, 2000, 2002 ; Hageback *et al.*, 2005) et en contexte insulaire (Barnett et Busse, 2002 ; Lefale, 2010).

Quelles pressions environnementales liées au changement climatique ?

Les travaux traitant des conséquences visibles ou prévisibles du changement climatique sur les ressources et le bien-être humain sont très nombreux et n'ont pas lieu d'être détaillés ici. La figure 10.2 planche VII vient illustrer l'ampleur, la diversité et la complexité des pressions engendrées par le changement climatique sur les ressources en général ou sur la santé en particulier. Bien que très général, ce schéma reste pertinent pour les SAS en raison d'une part de la forte dépendance de ces dernières vis-à-vis des ressources naturelles et des dynamiques écosystémiques, et d'autre part, de la diversité élevée des situations socio-écologiques dans lesquelles elles vivent.

Adaptation, vulnérabilité, résilience et risques environnementaux

S'interroger sur la capacité d'adaptation des SAS au changement climatique revient à poser la question de leur vulnérabilité, de leur exposition et de leur résilience face aux risques environnementaux.

Par capacité d'adaptation, nous entendons la capacité d'un groupe d'acteurs donné à maintenir en état de résilience le système socio-écologique dans lequel il évolue. La résilience renvoie à la capacité dudit système à absorber les perturbations ou supporter des changements sans altération de ses fonctions, de sa structure, de son identité et de son fonctionnement[3].

Le système socio-écologique d'une SAS ne justifie de sa résilience que s'il est en mesure d'assurer la durabilité des ressources en même temps que celle du système social mobilisé dans leur gestion. La figure 10.3 planche VIII, très générale, tente de montrer comment les composantes sociales et écologiques, peuvent interagir face au changement climatique indépendamment de la vaste gamme de stratégies de subsistance recensées parmi les SAS. La composante écologique est exposée aux effets du changement climatique et sa sensibilité à ces effets va altérer les services environnementaux et ressources qu'elle dispense. La composante sociale du système, qui a développé une certaine vulnérabilité à l'insatisfaction des services prodigués par l'écosystème, va devoir s'ajuster à l'altération de ces services en élaborant des réponses adaptatives destinées à corriger les effets du changement. Dans ce contexte, la capacité adaptative de la composante sociale permet de pondérer l'exposition de l'écosystème ou de réguler sa sensibilité aux effets du changement climatique. Cette capacité s'apprécie en quelque sorte à travers la possibilité de maintenir ou, le cas échéant, de restaurer les services et ressources prodigués par l'écosystème.

À défaut, le système social s'adaptera pour perdurer mais dans un système transformé, ce qui remet en cause à terme la résilience de ce système social. Jusqu'à quel point le système socio-écologique des SAS peut-il évoluer ? Quel est son seuil de résilience ? Il faut se garder de toute généralité et envisager localement les réponses à ces questions, en tenant compte des particularités intrinsèques de chaque situation.

Dans un monde où la perception des changements, des incertitudes et des risques qui leur sont associés, s'est accrue, la notion de vulnérabilité fait souvent office d'étalon pour établir les priorités en termes de gestion ou de prévention de ces risques. Cette notion n'a toutefois pas toujours le même sens selon le type de risque considéré. Pour Chambers (1990), la vulnérabilité combine la probabilité de manifestation d'un risque et la capacité d'une population à y faire face. On suppose dans ce cas que le risque est un événement doté d'une probabilité d'occurrence mesurable et plutôt associée à l'idée de catastrophe. Pour d'autres auteurs comme Ancey *et al.* (2009)

qui se sont intéressés aux sociétés pastorales, la vulnérabilité est plutôt appréhendée à travers des conditions de vie décrites comme « à risques », le risque étant assujetti à l'accessibilité et la disponibilité des ressources. Dans ce cas, la vulnérabilité se mesure à l'aune de la capacité du groupe social considéré à intégrer « la possibilité du (ou des) risque(s) connu(s) et récurrent(s) » dans sa stratégie de survie ou de développement au quotidien. Cette vision s'accorde bien à l'étude de l'adaptation ou de la vulnérabilité aux changements climatiques tel que proposée plus haut, et comprise comme un processus tendanciel dont les conséquences s'inscrivent dans la durée et la faible ampleur d'expression.

▸▸ Adaptation des SAS au changement climatique : contexte et stratégie

Outre le changement climatique, la pression démographique et la compétition sur l'espace et les ressources peuvent conduire à une réduction drastique des territoires, des terres agricoles, des aires de pâturage et donc du potentiel de ressources exploitables par les SAS. L'analyse des adaptations imputables au seul changement climatique est donc d'autant plus délicate à entreprendre que les SAS sont soumises à bien d'autres facteurs de transformation sociaux, économiques, politiques ou écologiques (Ingold *et al.,* 1988).

Les SAS sont des groupes sociaux généralement marqués par une forte identité sociale et culturelle, une tradition orale et un lien étroit à un ou des écosystèmes particuliers structurant leur territoire. Incidemment, l'organisation de la société subordonne ses capacités d'adaptation tandis que ses relations à la ressource, *sensu lato,* intègrent des aspects culturels qui se prêtent difficilement à la quantification. C'est sur cette base que les SAS ont développé depuis longtemps des stratégies d'adaptation aux fluctuations — y compris d'ordre climatique — de leur environnement.

Le changement climatique, un aspect parmi d'autres des changements globaux auxquels sont soumis les SAS

L'impact du changement climatique sur les SAS peut prendre des formes aussi variées que l'altération des ressources, la réduction drastique du foncier ou la dégradation de l'état sanitaire, d'autant qu'il vient s'ajouter aux effets d'autres changements globaux. Par ailleurs, l'extension des unités agro-industrielles (élevage intensif, oléagineux, etc.) et des exploitations minières (bois, charbon, pétrole, or, etc.) sont également génératrices de tensions sur le foncier et les ressources naturelles, avec des conséquences sociales et politiques non négligeables pour les SAS. Aux considérations géopolitiques portées par la pression internationale sur l'accès aux ressources, se surimposent dorénavant des enjeux de production de biocarburants. Les paiements pour services environnementaux posent également problème tant que leurs conséquences sur les SAS ne sont pas encore clairement appréhendées. Les quelques exemples volontairement contrastés ci-après viennent illustrer la complexité et l'hétérogénéité des situations et soulignent en outre combien l'incidence du changement climatique peut se conjuguer avec des contraintes endogènes et exogènes.

Agriculture de hauts plateaux et forte densité démographique

Les hauts plateaux d'Afrique de l'Est se caractérisent par des densités de populations rurales parmi les plus élevées du continent, dépassant largement 600 habitants au km² dans certains sites, et dont l'ancienneté n'est plus contestée. Les systèmes agricoles sophistiqués élaborés par les Luhya de façon à assurer la production et maintenir la fertilité des sols sur des exploitations dépassant rarement une superficie d'un hectare sont remarquables. Ces systèmes reposent sur des associations culturales des principales céréales vivrières (maïs et sorgho) avec une gamme étendue de cultures (légumineuses, légumes, patates douces, bananes, etc.), de plantes médicinales et d'arbres fruitiers. Une diversité est également recherchée au sein d'une production par l'association de variétés à usages multiples (grain et fourrage), ainsi que par une adaptation des systèmes de culture et des pratiques à de multiples zones écologiques. Par ailleurs, environ le quart des surfaces agricoles est dévolu aux productions de rente, thé, café et haricots verts pour l'exportation (Conelly et Chaiken, 2000). En situation d'extrême pression sur le foncier et de rareté de la ressource en terre, ces sociétés entretiennent des niveaux élevés de diversification à la fois comme stratégie de prévention des risques d'échec d'une des activités, comme moyen de réduire l'incidence des dégâts d'insectes, et comme moyen de réguler la demande en main d'œuvre dans le temps (Netting et Stone, 1996). Malgré cette sophistication des systèmes de production, la taille réduite des exploitations met en danger la sécurité alimentaire de ces sociétés et les rend particulièrement vulnérables au changement climatique (Mati, 2000). Au cours des dernières années, les pluies dans la région ont transité d'un régime bimodal à un régime monomodal, affectant la productivité des terres, tandis que ces sociétés sont par ailleurs sujettes à une forte croissance démographique.

Peuples des milieux polaires et santé

Les populations des régions arctiques sont confrontées à des effets du changement climatique qui se répercutent de façon perceptible sur leur santé mentale et physique. L'exposition à des basculements brutaux d'un extrême à l'autre induit des stress liés au sentiment de froid et de chaleur. Les changements dans la stabilité et la distribution des calottes de glace et dans le volume de neige sont sources d'accidents accrus durant les déplacements et les sorties de chasses, et rendent plus délicate la collecte d'eau potable (exempte de sel). L'exposition plus forte aux UV accroît les risques de cancers de la peau, brûlures, infections cutanées et troubles oculaires. Les conséquences peuvent prendre des chemins détournés, comme ceux liés à la modification nutritionnelle du régime alimentaire : auparavant, l'alimentation des Inuit était pauvre en hydrates de carbone et très riche en graisses polyinsaturées contenues en masse dans la viande de caribou et de mammifères marins. Les protéines, également consommées en quantité, fournissaient les acides aminés nécessaires à la synthèse du glucose. Le régime moderne qui accompagne la raréfaction du gibier est beaucoup plus pauvre en lipide et la viande commercialisée est plus riche en graisses saturées ou mono-insaturées qui sont sources de taux de cholestérol élevés. Le régime s'est enrichi en glucides qui sont convertis et stockés sous forme de graisses (acides gras saturés) dans les tissus adipeux. Ce stockage massif occasionne obésité et accidents cardiovasculaires (Draper, 1977 ; Murphy *et al.*, 1992 ; Furgal *et al.*, 2002).

Les éleveurs mobiles en Afrique de l'Ouest et l'accès au foncier

En situation d'élevage transhumant d'Afrique sub-saharienne, les capacités productives sont fortement conditionnées par la variabilité spatiale et temporelle de la pluviosité. La mobilité est une réponse adaptative à cette variabilité et induit l'utilisation nécessaire d'espace à longue distance pour préserver la santé des troupeaux, notamment lors de crises climatiques. En dépit d'une amélioration de la pluviométrie (cumul annuel et variabilité) depuis la fin des années 1990 au Sahel, on a observé une descente moyenne des isohyètes de 100 km vers le sud dans l'hémisphère nord entre 1973-1995. Elle s'accompagne d'une réduction durable du recouvrement des herbacées vivaces, d'une importance plus grande des herbacées annuelles, d'une dégradation puis d'une régénération des formations ligneuses mais sur la base d'espèces xérophytiques (Diouf *et al.*, 2005). Si les cultures sont devenues rares au nord Sahel, la pression foncière agricole s'accroît au sud Sahel, saturant l'espace, fermant les zones habituelles ou exceptionnelles de mobilité des pasteurs (Bah *et al.*, 2010). Le phénomène est d'autant plus rapide que le foncier pastoral n'est pas reconnu sur le plan législatif, car il n'est pas considéré comme une mise en valeur des terres. Ce sont ainsi tout le système pastoral et ses capacités adaptatives et de mise en valeur de zones impropres à l'agriculture qui sont mis en danger. On sous-estime d'une part ses interactions avec l'environnement par la limitation de la charge animale, la valorisation de ressources végétales et des sous-produits agricoles, et les transferts de fertilité des sols. On sous-évalue d'autre part la contribution économique du pastoralisme par le biais des produits animaux, du salariat ou du confiage d'animaux et sa contribution sociale *via* les échanges de savoir-faire, la solidarité et la sécurité alimentaire.

Incidence de la création d'une aire protégée

En régions tropicales, de nombreux espaces protégés ont été décrétés sans la moindre concertation avec les populations vivant à l'intérieur ou en périphérie immédiate, une large part d'entre-elles appartenant à la catégorie des SAS. Bien souvent situés en zone peu habitée à l'époque où leur protection a été décidée, ces espaces, dont certains remontent à l'époque coloniale, n'ont d'abord posé problème qu'aux seules petites populations qui ont parfois été déplacées hors des aires protégées. Avec l'accroissement de la démographie, la demande croissante en terres agricoles ou le développement des infrastructures, les périphéries de nombre d'espaces protégés sont de plus en plus habitées par des populations vivant en priorité de l'agriculture de subsistance. Dans ces conditions, les espaces protégés sont progressivement perçus par ces agriculteurs ou ces éleveurs (Toutain *et al.*, 2004) comme des « réserves foncières » ou des contraintes à leur survie. Ce sentiment est aggravé par l'introduction de cultures de rente (coton, palmier à huile, céréales, etc.) qui viennent encore accroître les tensions sur le foncier (Binot *et al.*, 2007 ; Toe et Dulieu, 2007). Le changement climatique complique encore le tableau : d'une part, la valeur d'existence des espaces protégés s'accroît au regard des enjeux de fixation de carbone. D'autre part, l'évolution des habitats naturels sous l'effet du changement climatique peut questionner les limites actuelles des espaces protégés au regard de leurs objectifs de conservation (Hannah *et al.*, 2007). La nécessité de constituer des corridors ou des réseaux d'espaces protégés pour favoriser les migrations de la faune et de la flore (Hole *et al.*, 2009) ajoute indéniablement un facteur de tension supplémentaire sur l'environnement et les ressources des SAS.

Quelles stratégies d'adaptations aux fluctuations climatiques propres aux SAS ?

De tous temps et en tous lieux, les SAS ont dû élaborer des mécanismes ou des stratégies d'adaptation aux fluctuations liées au climat (saisonnier ou événementiel) qui sont consubstantielles de leur mode de vie et de production. D'une façon générale, ces sociétés s'appuient sur une connaissance intime du milieu, une flexibilité de leurs pratiques et une relative mobilité.

Connaissance intime du milieu

Les SAS disposent de savoirs naturalistes locaux (*Traditional Ecological Knowledge* ou TEK) qui s'appuient sur des modes de classification, des savoir-faire et des pratiques relatives à la gestion des ressources. Ces savoirs sont mobilisés au travers de règles sociales d'apprentissage et de transmission propres à chaque société.

Le lien étroit entre la société et son écosystème permet d'émettre l'hypothèse que les SAS ont développé une représentation empirique des systèmes biologiques impliqués dans la fourniture de services ou, tout au moins, identifié des indicateurs permettant de relier un certain nombre de traits de l'écosystème à la fourniture de services. C'est ainsi que les savoirs naturalistes locaux permettent de véritables stratégies d'anticipation.

Ainsi, l'une des facettes les plus étonnantes des savoirs naturalistes locaux relatifs au climat concerne les « marqueurs biotemporels » sur la base desquels les sociétés naturalistes structurent le calendrier de leurs activités (Dounias, 2010). La perception de ces signaux, donc la capacité à anticiper un changement de saison, constitue une étape déterminante du processus décisionnel — individuel et collectif — dans la conduite du système de production. De cette perception dépend la gestion du risque inhérent à la fluctuation de la disponibilité des ressources au cours du temps. Ces signaux composent un corpus de *stimuli* — visuels, olfactifs, sonores, tactiles — émis par la nature environnante, chaque signal n'étant qu'un élément parmi d'autres d'un faisceau d'indices convergents que la société va devoir mobiliser pour finaliser ses choix.

L'expression de certains *stimuli* est si ténue que leur perception relève presque du subconscient. Bien souvent, ces sociétés médiatisent l'occurrence de ces signaux à travers le filtre de croyances animistes mettant en scène des forces supranaturelles qui peuvent très vite décontenancer le gestionnaire occidental. Ce dernier n'y voit que superstition et estime, à tort, n'avoir que faire de ces considérations dans le bon déroulement de son action. C'est typiquement la vocation de la démarche en ethnobiologie que de tenter d'établir le lien entre, d'une part, le système de représentations et ses modalités particulières d'expression (mythes fondateurs, contes et autres formes de tradition orale, rituels) et, d'autre part, le fait bioécologique avéré, capté par les sens aiguisés de l'observateur local et révélateur des cycles bioécologiques à l'œuvre.

Les « saltigué », prédicateur-devins chez les Sérer du Sénégal, illustrent bien le lien entre les savoirs et l'organisation mobilisé dans ce type de processus : les divinations, médiatisés par l'intermédiaire des griots, permettent aux paysans d'anticiper sur les conditions climatiques de la campagne agricole à venir et activent un processus de gestion adapté (Manga *et al.*, 2009).

La majeure partie des SAS sont composées de peuples à tradition orale, à savoir que le langage parlé constitue le principal mode de communication et de transfert des connaissances entre générations. Ce mode de transmission vient contingenter la profondeur historique et l'exactitude des événements relatés et risque de limiter la portée de la transmission des savoirs locaux dans le processus d'adaptation. L'étude d'accidents climatiques exceptionnels (ne se produisant guère plus de deux ou trois fois au cours d'une génération) et des modalités de transmission liées à ces événements est particulièrement pertinente pour questionner l'effectivité de cette limite.

Flexibilité des pratiques et des systèmes de production

L'identité culturelle des SAS fondée sur des savoirs, des savoir-faire, sur des pratiques et une forte cohésion sociale témoigne d'une flexibilité fonctionnelle de leurs stratégies de production, comme garante de leur capacité d'adaptation. Ces sociétés s'appuient notamment sur le maintien d'une diversité de gamme d'activités complémentaires les unes des autres, sur une succession raisonnée des productions au fil des saisons marquant les cycles annuels et inter-annuels, ainsi que sur une alternance de phases de mobilité-sédentarité permettant d'optimiser la collecte des ressources dispersées sur le territoire, que celles-ci soient sauvages ou domestiques.

Il ne semble pas que le modèle défendu par Clifford Geertz (1963) — lequel défend une corrélation étroite entre intensification agricole et perte de biodiversité — s'applique au cas des SAS. Face à une augmentation de la pression sur le foncier, Ruthenberg (1976) et Steiner (1982) ont très tôt montré que l'association de cultures représente une forme d'intensification apte à augmenter la production et à réduire les risques. Plus récemment, Netting et Stone (1996) et Conelly et Chaiken (2000) ont défendu l'idée que des niveaux élevés de diversification puissent délibérément être entretenus par les SAS lors des processus d'intensification. Ces sociétés adoptent ainsi une stratégie de prévention des risques d'échec d'une des activités (en lien notamment avec les conditions climatiques), tout en cherchant à réduire l'incidence des dégâts d'insectes et à réguler les besoins en main d'œuvre au cours du temps.

Bien que la pression des changements globaux (marché, environnement, démographie, climat) se soit accrue récemment sur l'ensemble des systèmes d'élevage extensif, y compris sur le pastoralisme en zone aride, ce sont les facteurs locaux, et surtout l'efficacité de stratégies d'adaptation inhérentes à l'existence même de sociétés pastorales, qui conditionnent leurs capacités à y répondre. Au sud du Sahel, le cas des éleveurs Peuls des savanes centrafricaines illustre comment ces systèmes socio-écologiques pastoralistes se sont adaptés aux impacts des grandes sécheresses sahéliennes du début des années 1970 et 1980. Confrontés à des pertes directes et à une réduction drastique de la taille de leurs troupeaux, nombre d'éleveurs ont diversifié leurs troupeaux en y intégrant des petits ruminants au détriment des bovins plus exigeants. À la fois pour subsister mais aussi pour tenter de maintenir ou même reconstituer leurs troupeaux, ils ont en outre diversifié leurs activités. La pratique exclusive de l'élevage tend à disparaître avec l'émergence d'un embryon d'agriculture sur brûlis d'appoint. Ces sociétés se voient astreintes à une sédentarité partielle, qu'elles parviennent toutefois à gérer soit de manière saisonnière soit en permettant à une fraction du groupe résidentiel de perpétuer la conduite de troupeaux de taille plus réduite. Cette diversification adaptative, qui peut aller jusqu'à ouvrir une petite échoppe de commerce, traduit une évolution importante de ces peuples pasteurs dont l'intégrité identitaire et culturelle reste encore fortement associée à la possession d'un troupeau (Arditi, 2009). Au nord Sahel sénégalais (Ferlo), l'évolution des ressources, liée à l'évolution probable des aspirations sociales des pasteurs (santé, éducation, autres services), a sensiblement modifié les pratiques d'élevage depuis les dernières grandes sécheresses. La mobilité traditionnelle des bovins sous forme de grande transhumance a souvent été réduite faute d'espace plus au sud, de main d'œuvre et pour permettre aux familles de se sédentariser en intensifiant l'achat d'aliment bétail. La mobilité s'est reportée sur les petits ruminants (ovins, caprins). Ils sont accompagnés par de jeunes hommes bergers dont le double objectif est d'améliorer les performances de reproduction des animaux sur les parcours du sud mieux adaptés à ces espèces et d'augmenter les opportunités de commercialisation directe sur les marchés des zones agricoles (Touré, 2010).

Mobilité et migrations

La mobilité, généralement intrinsèque aux SAS (voir encadré 10.1), et la migration, plutôt induite par des contraintes exogènes, font partie de leurs mécanismes internes d'adaptation. À côté du nomadisme plutôt saisonnier, des flux démographiques moins réversibles peuvent aussi être la résultante de contraintes de plus grande ampleur et, la plupart du temps, exogènes au système socio-écologique : guerre, sécheresse, aménagement urbain, barrage hydroélectrique, coupe industrielle du bois, agro-industrie, exploitation minière, aires protégées, plan gouvernemental de réallocation des terres, migrants pionniers, prosélytisme religieux, développement de services de santé (induisant une baisse significative de la mortalité), etc., sont autant d'événements générateurs de précarité et susceptibles de provoquer des migrations. Celles-ci peuvent être partielles comme pour les jeunes actifs allant tenter leur chance en ville ou à l'étranger, ou totale, comme dans le cas de déplacements de familles ou communautés entières en quête de nouvelles terres d'accueil.

À contre-courant de la mobilité adaptative, l'augmentation de la mobilité dans l'espace et dans le temps, imputable par exemple à une raréfaction des ressources ou une restriction spatiale du territoire, peut se traduire par l'émigration de l'excédent de population qui finit par sortir du système sociologique. On parlera alors de mal-adaptation consécutive à un dysfonctionnement du système socio-écologique, pouvant aller jusqu'à sa disparition. En revanche, dans les sociétés fondamentalement nomades comme certains chasseurs-cueilleurs, le renoncement à la mobilité par l'entremise d'une sédentarisation contrainte suit une dynamique diamétralement inverse, mais toute aussi dommageable à la pérennité du système socio-écologique de ces peuples nomades (Dounias et Froment, 2006).

Encadré 10.1. Mobilité des Punan conditionnée par les déplacements de sanglier et la fructification massive des *Dipterocarpaceae*

En tant qu'anciens chasseurs-cueilleurs, les Punan sont de gros consommateurs de viande de brousse. Leur ressource carnée principale est le sanglier barbu, *Sus barbatus barbatus* (Müller) Suidae, qui assure à lui seul 97 % de la biomasse de viande consommée par les Punan (Dounias, 2007). La chasse au sanglier sur Bornéo est attestée depuis 35 000 ans et la dépendance alimentaire des Punan vis-à-vis de cette ressource justifie de leur part une valorisation culturelle prééminente de cet animal, le sanglier assurant notamment une fonction de médiateur symbolique entre les hommes et les esprits pourvoyeurs des ressources de la forêt. Le sanglier barbu a la particularité d'être, à l'image de ceux qui le chassent, un nomade. Seul ou en horde pouvant réunir plusieurs centaines d'individus, le sanglier est contraint de parcourir un périple de plusieurs centaines de kilomètres et étalé sur plusieurs années pour obtenir sa nourriture. En effet, il est un friand consommateur de fruits qui sont produits par les *Dipterocarpaceae*, la famille d'arbres qui compose l'essentiel du peuplement arboré des forêts de basse altitude de Bornéo. Ces espèces ont élaboré une stratégie évolutive conjointe de reproduction visant à réguler le succès reproducteur de leurs prédateurs : la fructification massive.

À intervalles très irréguliers de deux à quinze ans, les espèces de *Dipterocarpaceae* — de même qu'un certain nombre d'espèces de *Fagaceae* qui leur sont associées et qui produisent des glands riches en lipides — produisent leurs fruits simultanément, durant une période limitée n'excédant pas quelques semaines. Ce sont parfois plus de 90 % des espèces d'arbres d'une même portion de forêt, qui vont fructifier simultanément. Du point de vue de la biologie évolutive, une telle fructification localisée dans l'espace et le temps, a pour but de submerger les prédateurs potentiels, selon une stratégie dite de « satiété du prédateur » ou de « protection par le nombre ». Comme le phénomène se produit de manière asynchrone entre les différentes micro-unités de la mosaïque forestière, les prédateurs sont contraints de se déplacer d'une zone de fructification à l'autre pour tenter de maximiser leur consommation en fruits. En contraignant le sanglier au nomadisme, les *Dipterocarpaceae* lui confèrent une fonction écologique déterminante : celle de disséminateur de graines, qui est combinée au fait que le sanglier est un formidable fouisseur et donc contribue au remaniement de la couche superficielle des sols de sous-bois sur de vastes étendues. Le sanglier barbu cumule donc le statut de clé de voûte écologique — déterminant pour l'entretien des forêts de Bornéo — et culturelle (Dounias *et al.*, 2007, Dounias et Mesnil, 2007) — déterminant pour le maintien du mode de subsistance et de l'intégrité culturelle des Punan.

Ce système d'interactions bioculturelles est compromis par les pressions exercées par les autorités indonésiennes pour sédentariser les Punan. Par ailleurs, les essences les plus convoitées par l'industrie du bois sont justement des *Dipterocarpaceae* ; leur surexploitation industrielle se répercute également sur l'ensemble du massif forestier. Même si la sensibilité (en termes de risques d'extinction) de ce mammifère à la coupe

...

du bois reste faible (Meijaard *et al.*, 2008), le sanglier barbu ne peut plus assurer convenablement sa fonction de propagateur de graines et de « jardinier » de ces forêts. Dernier point, mais non des moindres : les mécanismes écologiques qui favorisent le déclenchement du phénomène si particulier de fructification massive sont un peu mieux compris : les sécheresses remarquables semblent avoir un effet inducteur et de récentes études ont démontré que ces sécheresses sont consécutives à El Niño/ Southern Oscillation (Curran *et al.,* 1999). Il devient particulièrement important de revisiter les connaissances acquises par les Punan à l'aune de ces nouveaux acquis scientifiques et d'explorer avec eux les signaux biotemporels leur permettant d'anticiper les déplacements des sangliers. Le cas des Punan révèle le potentiel d'une fonction précieuse que l'on peut octroyer aux sociétés naturalistes vivant dans des régions du monde encore mal connues : celui de sentinelles du changement climatique.

▸▸ Étude de l'adaptation des SAS au changement climatique : limites et contraintes

Compte tenu des facteurs d'adaptation et de vulnérabilité déjà identifiés pour ces groupes sociaux, on est en droit de se demander quelles seront les conséquences du changement climatique sur la vulnérabilité des SAS, quels en seront les impacts sur leurs réponses adaptatives, et quelles perspectives de développement sont envisageables pour ces sociétés. Le présent chapitre ne peut prétendre répondre à ces questions. En effet, avant d'envisager de les traiter convenablement, il conviendrait de lever une série de verrous et de contourner certaines limites conceptuelles qui sont de diverses natures et que nous allons nous efforcer d'énumérer.

Scénarios de changement climatique et adaptation des SAS

L'incertitude sur les scénarios pour les zones tropicales, notamment en termes de pluviosité, ne permet pas de concevoir des réponses modulées selon un gradient de situations dans le temps et l'espace qui serait fonction des scénarios climatiques proposés par le GIEC et compromet incidemment l'élaboration de scénarios d'adaptation correspondants. De plus, nous avons déjà souligné que les SAS sont exposés aux effets d'autres évolutions de leur environnement parfois bien plus incidentes que le changement climatique ; les effets sur le système socio-écologique qui seraient spécifiquement provoqués par le changement climatique sont particulièrement difficiles à évaluer. Contrairement aux SAS vivant en milieux froids ou tempérés, les SAS résidant en milieux forestiers tropicaux doivent par exemple bien plus s'adapter aux effets directs de la déforestation, ou indirects liés aux agro-industries extractives, qu'à des événements climatiques ou météorologiques encore très peu ressentis.

La combinaison de ces facteurs de vulnérabilité exogènes aux SAS avec les facteurs endogènes de vulnérabilité ou d'adaptation propres à ces groupes sociaux ne permet pas de discriminer aisément le poids relatif des uns ou des autres dans les scénarios possibles d'adaptation de ces systèmes socio-écologiques. Par exemple, une raréfaction marquée des pluies n'aura évidemment pas la même importance pour des pasteurs de zones arides que sur des petits agriculteurs de fronts pionniers amazoniens. L'analyse de l'impact du changement climatique et des mécanismes d'adaptation des SAS passe donc par des études très intégratives mais localisées ou focalisées sur des groupes bien identifiés où le changement climatique est un élément parmi d'autres pour comprendre leur évolution.

La nécessité d'une démarche fondamentalement localisée ne dispense pas pour autant d'une réflexion plus générique traitant des hypothèses, questions de recherche, et outils d'analyse à développer, ainsi que de l'utilisation des résultats obtenus (voir p. 187).

Spécificités des SAS

La plupart des SAS sont des groupes sociaux qui projettent leurs décisions à court et moyen termes. De plus, ce sont, dans leur grande majorité, des sociétés à tradition orale. La transmission orale rend très difficile l'analyse de la profondeur historique de la transmission au-delà de deux générations. Ces deux contraintes appliquées au changement climatique limitent fortement l'étude des réponses sociales élaborées, et éventuellement transmises, concernant des événements climatiques erratiques et exceptionnels.

Dans la mesure où les travaux portent sur leurs perceptions et réponses locales, les SAS sont partenaires de ces études. Se pose la question éthique de concilier une restitution à court terme des résultats de la recherche avec des dispositifs de suivi sur le long terme (notamment à travers la mise en place d'observatoires).

Comment enfin valoriser de nombreux acquis épars et historiques sur les SAS au service des questions d'adaptation au changement climatique ? Il existe en effet de nombreuses bases de données anciennes élaborées avant que le changement climatique ne devienne une question de recherche brûlante.

Une science agronomique peu adaptée aux SAS

Bien que des générations d'agronomes aient travaillé sur la simplification des systèmes de production, les approches productivistes longtemps privilégiées ont tendu à une simplification des systèmes peu regardante des logiques socio-culturelles sous-jacentes. Il en résulte que l'on est encore mal outillé pour évaluer et comprendre les systèmes des SAS dont la complexité et la pertinence ne sont enfin reconnues que depuis peu (Dounias *et al.*, 2001). À l'appui de l'identification de stratégies de valorisation alternatives, force est de reconnaître que l'agronomie n'est donc pas encore en mesure de concevoir des systèmes de production susceptibles de répondre à la pluralité de services requis par les SAS. Dans l'état actuel des connaissances, la recherche agronomique peut surtout proposer des changements dans les pratiques, dans les systèmes de culture ou d'élevage, mais pris isolément. Il est donc indispensable de revoir les approches de la production en tenant compte de cette complexité avant de prétendre imaginer et proposer des stratégies d'adaptation pertinentes en regard du changement climatique.

▸▸ Perspectives de recherche

Deux axes prioritaires de recherche

Le changement climatique induit incontestablement de nouveaux dispositifs socio-environnementaux internationaux qui font intervenir une multitude d'acteurs, chacun étant porté par des légitimités et des intérêts divergents. En décidant de concentrer leurs priorités sur les conséquences économiques et environnementales du réchauffement climatique, les décideurs justifient ainsi un processus décisionnel descendant qui accorde fort peu de place à l'analyse et au soutien d'initiatives locales. Pourtant, il ne faut pas mésestimer les retombées politiques de l'étude des réponses adaptatives des SAS. Suivant une démarche résolument ascendante, la compréhension des stratégies adaptatives locales devrait être mieux prise en compte dans l'élaboration de mécanismes internationaux d'adaptation aux différents scénarios climatiques.

Si la typologie des modes de subsistance actuels et passés des SAS peut être considérée comme acquise, une approche résolument plus dynamique doit être proposée pour en suivre le devenir. Elle consisterait à analyser les trajectoires de ces sociétés d'un double point de vue — rétrospectif et prospectif — sous la contrainte des changements, notamment climatiques, auxquels elles sont exposées.

Les changements auxquels les SAS ont été massivement soumises au cours des trois dernières décennies, et les réponses adaptatives qu'elles ont alors dû élaborer, sont fragmentairement compris. Les études consacrées aux capacités adaptatives des diverses SAS au changement climatique doivent se poursuivre et devraient pour cela s'articuler autour de deux axes complémentaires :
– identifier les impacts de certains paramètres climatiques majeurs : en dépit des incertitudes inhérentes aux divers scénarios climatiques, il faut tenter d'identifier, au moins pour certains paramètres comme les précipitations et la température, leurs impacts et conséquences probables sur les ressources ou plus généralement sur les services prodigués par les écosystèmes dont dépendent si étroitement les SAS ;
– caractériser les réponses adaptatives de ces groupes sociaux : cela doit préalablement passer par l'identification des mécanismes, leviers et facteurs d'adaptabilité actuels et/ou prévisibles. L'acquisition de cette information est un pré-requis indispensable à la mise en place d'une phase d'analyse plus prospective et consacrée aux limites, degrés de résilience et seuils d'une évolution irréversible vers d'autres systèmes.

Trois étapes temporelles

Les propositions de recherche sur l'adaptation des SAS devraient ainsi s'organiser non seulement autour de deux axes mais aussi en trois temps : présent, futur proche, futur lointain. L'analyse du présent vise à comprendre les mécanismes d'adaptation mobilisés par le système social pour restituer la fonctionnalité — déjà compromise par ailleurs — de son système socio-écologique ; le futur proche permet de se poser la question de l'adaptation de ces mécanismes et des SAS aux changements en cours ou annoncés ; un exercice encore plus prospectif consiste à s'interroger sur le devenir à plus long terme de ces groupes sociaux en cas de défaillance de la résilience de l'écosystème ou de profonde transformation sociale des SAS.

Présent

L'hypothèse sous-jacente à l'étude du présent veut que la compréhension des mécanismes d'adaptation sur des situations actuelles serve à concevoir les trajectoires possibles et la capacité de résilience des SAS.

Dans ce cadre, l'étude de la capacité et des modalités d'adaptation devra s'intéresser aux savoirs mobilisés et à la façon de le faire. De même, il est essentiel d'identifier les acteurs qui anticipent le changement et sur quelles bases s'appuient leurs décisions. Quels sont les outils ou stratégies d'anticipation utilisés, à quelles échéances et dans quelles limites spatiales sont autant de questions à résoudre pour compléter l'analyse des mécanismes d'adaptation.

En termes méthodologiques se pose la question des méthodes et outils de recherche les plus pertinents à mobiliser : faut-il plutôt conduire des études diachroniques ou mettre en place des observatoires à long terme ? Comment distinguer les changements respectivement imputables aux facteurs exogènes et endogènes de vulnérabilité et d'adaptation ?

Dans le cadre de dispositifs nécessairement interdisciplinaires, quelles compétences mobiliser et comment intégrer des résultats couvrant le spectre du biophysique au culturel ?

Futur proche

Cette seconde phase se concentre sur la façon dont vont évoluer les systèmes socio-écologiques — en particulier les ressources et les services requis par ces groupes sociaux — compte tenu des scénarios plausibles de changement. Elle s'appuie sur les résultats obtenus lors de la démarche analytique de la phase précédente relative au « présent », qui doivent être formalisés afin de disposer d'un ensemble d'outils de prospection (modélisation).

Un deuxième volet d'analyse porte sur les alternatives — internes au système ou suscitées de l'extérieur — dont disposeraient les SAS face à ces évolutions et la manière dont elles vont se les approprier.

En termes méthodologique ou d'outils de recherche, cette phase pose plus clairement la question des observatoires qui permettent de tester sur le long terme les dynamiques pressenties sur les évolutions sociales et économiques des SAS. Les TEK ne sont nullement figés mais la manière de les appréhender — sous forme d'instantanés réalisés lors de programme de recherche dont la durée n'excède pas 3-4 ans — est beaucoup trop statique pour permettre d'en capter la dynamique de manière probante. Comment identifier, construire et maintenir des observatoires qui offrent la possibilité de suivre les changements opérés par le système socio-écologique, notamment en termes d'ajustement des structures socio-politiques garantes de la gestion des ressources et des prises de décision sociétales ? Comment concilier la nécessaire inscription de l'observatoire sur le temps long avec les attentes légitimes des populations de pouvoir bénéficier à court terme des résultats de la recherche ? Au-delà des questions techniques et financières, les observatoires de processus sociaux soulèvent de complexes interrogations d'ordre moral. L'instauration d'observatoire ne peut faire l'économie de l'élaboration d'une charte éthique révisant la posture du chercheur et redéfinissant le rôle des populations locales dans le processus d'acquisition des données (cf. *Code of Ethics*, site internet de l'International Society of Ethnobiology[4]). Le respect des populations est un des gages de pérennité de l'observatoire et un préambule trop souvent escamoté.

Futur lointain

Cette troisième phase s'envisage sur une échelle de temps plus lointaine, au-delà de 2030, lorsque les projections sur le fonctionnement intrinsèque des SAS et des systèmes socio-écologiques envisagés deviennent beaucoup plus hypothétiques. Ce pas de temps permet toutefois d'aborder le « scénario du pire » dans l'hypothèse où les limites de résilience des systèmes socio-écologiques seraient dépassées. Ce scénario du pire peut être analysé sous plusieurs angles :
— Comment les seuils de rupture sont-ils atteints, quelles conséquences tout au long de cette trajectoire ? Identifier les conditions qui conduiraient ces groupes sociaux au point de rupture implique de pouvoir identifier les paramètres clés de fonctionnement et leur valeurs seuils, indicatrices de perte de résilience Cette rupture peut se manifester de façons diverses, le système socio-écologique pouvant disparaître, se diluer dans un ensemble plus vaste ou émerger sous une forme nouvelle. Plus spécifiquement, la trajectoire qui conduirait à cette rupture aura des impacts au niveau social, économique, environnemental, politique qui pourront accroître ou non la vulnérabilité du système.
— Quel rôle pour les savoirs et les moyens dans cette trajectoire ? Pour accompagner ou affronter ce risque de rupture, il faut pouvoir identifier les savoirs et les moyens financiers, technologiques et humains qui doivent être mobilisés. Seront-ils d'origine endogène ou exogène et à quelles conditions les SAS se les approprieront-elles localement ?
— Dans un contexte global, à une échelle bien plus vaste, les conséquences d'une rupture des SAS sur l'agriculture mondiale sont très mal connues de même que les effets conjugués (synergies, antagonismes) des changements globaux autres que ceux imputables au climat sur les trajectoires des SAS.

▸▸ Conclusion

Bien que les systèmes socio-écologiques des SAS soient considérés comme principalement gouvernés par des dynamiques endogènes, l'influence de nombreux facteurs exogènes intervenant sur le fonctionnement de ces systèmes ne doit pas être négligée en tant qu'externalités pesant sur les dynamiques internes. Ces pressions exogènes ne sont pas nécessairement en défaveur de réponses adaptatives élaborées et peuvent même souvent être source d'innovations individuelles et collectives en réponse à une perception de l'altération des services dispensés par l'écosystème.

En formulant la question de l'adaptation des SAS à travers leurs relations à un écosystème pourvoyeur de services environnementaux, notre réflexion se situe dans

---

4. http://www.ethnobiology.net.

le double champ des sciences biophysiques et sociales. Elle préconise implicitement une posture d'observation et d'action axée sur les modes de gestion dynamique fondés sur les modifications des systèmes écologiques (*Ecosystem Based Management*). Ce type de gestion fédère des objectifs écologiques, sociaux et économiques et reconnaît les activités humaines comme consubstantielles du fonctionnement des écosystèmes. Cette approche intègre la double complexité des processus naturels et des systèmes sociaux, et conduit à l'adoption d'une gestion adaptative (*Adaptive Management Approach*) qui soit mieux réactive aux incertitudes.

L'étude dynamique des réponses adaptatives locales au changement climatique se heurte encore à bien des limites méthodologiques et conceptuelles qui supposent d'innover dans la manière de conduire nos recherches. L'interdisciplinarité entre sciences de la vie et sciences de la société est fondamentale pour appréhender la réactivité du système socio-écologique au changement climatique, et ne doit plus se satisfaire d'une simple convenance d'énoncé. La posture du chercheur est également ment interpellée à travers une nécessaire révision de l'implication des populations locales, lesquelles ne constituent plus de simples objets d'étude mais devraient bel et bien être des partenaires de recherche. Le changement climatique n'influence pas seulement le devenir des SAS, il bouscule indéniablement notre pratique de la recherche et nous exhorte à réviser en profondeur la manière de financer et d'organiser les recherches dans les pays en voie de développement.

Ce texte s'inspire largement des travaux de l'ARP ADAGE auquel a contribué Tévécia Ronzon (Inra) que nous tenons à remercier.

▸▸ Références bibliographiques

ACIA, 2005. *Arctic Climate Impact Assessment Impact,* Cambridge University Press, 1042 p.

Alessa L., Kliskey A., Williams P., Barton M., 2008. Memory, water and resilience: Perception of change in freshwater resources in remote Arctic resource-dependent communities. *Global Environmental Change,* 18, 153-164.

Ancey V., Ickowicz A., Toure I., Wane A., Tamsir Diop A., 2009. la vulnérabilité pastorale au Sahel : portée et limite des systèmes d'alerte basés sur des indicateurs, *In : L'élevage, richesse des pauvres* (Duteurtre G., Faye B., eds.), éditions Quae, pp. 117-132.

Balée W., 1998. *Advances in historical ecology.* New York, Columbia University Press, 448 p.

Arditi C., 2009. La paupérisation des éleveurs de RCA, *In : L'élevage, richesse des pauvres* (Duteurtre G., Faye B., eds.), éditions Quae, pp. 37-49.

Bah A., Toure I., Fourage C., Gaye D.I., Leclerc G., Soumare M.A., Ickowicz A., Diop A.T., 2010. Un modèle multi-agents pour étudier les politiques d'affectation des terres et leurs impacts sur les dynamiques pastorales et territoriales au Ferlo (Sénégal). *Cah. Agric.,* 19 (2), 118-126.

Barnett J., Busse M., 2002. *Ethnographic perspectives on resilience to climate variability in Pacific Island countries,* Asia-Pacific Network (APN) Secretariat (ed.) APN, Asia-Pacific network for global change research, projects 2001/2002. Kobe, Japan, pp. 45-48.

Behnke R.H., Scoones I., Kerven C., 1993. *Range Ecology at Disequilibrium,* ODI, IIED, London, 248 p.

Besancenot J.-P., 2000. Le réchauffement climatique et la santé. *Les cahiers du MURS,* 39, 37-48.

Berkes F., Jolly D., 2001. Adapting to climate change: socio-ecological resilience in a Canadian Western Arctic Community. *Conservation Ecology,* 5 (2), 18.

Binot A., Hanon L., Ndotal Tatila I., Joiris D.V., 2007. L'aménagement de territoires multi-usages en périphérie d'une aire protégée africaine : entre enjeux de conservation et de développement. Le cas du parc national de Zakouma (Sud-Est du Tchad), *In : Gestion participative en Afrique centrale : quatre études de cas* (Assenmaker P., ed.), Bruxelles, Université Libre de Bruxelles, pp. 7-52.

Bollig M., Schulte A., 1999. Environmental change and pastoral perceptions: Degradation and Indigenous knowledge in two African pastoral communities. *Human Ecology*, 27 (3), 493-514.

Burton I., 1997. Vulnerability and adaptive response to the context of climate and climate change. *Climatic change*, 36, 185-196.

Cambrézy L., 1997. Visions du monde et divisions du monde. Facettes de territoire, *In : Le territoire, lien ou frontière ? Identités, conflits ethniques, enjeux et recomposition territoriale* (Bonnemaison J., Cambrézy L., Quinty-Bourgeois L., eds.), Paris, Orstom, Collection Colloques et Séminaires, CD-Rom.

Chambers R., 1990. Editorial introduction : vulnerability, coping, and policy. *IDS Bulletin*, 20 (2), 1-7.

Christensen H., Mertz O., 1993. The risk avoidance strategy of traditional shifting cultivation in Borneo. *Sarawak Museum Journal*, 44 (65), 1-18.

Conelly W.T., Chaiken M.S., 2000. Intensive farming, agro-diversity, and food security under conditions of extreme population pressure in western Kenya. *Human Ecology*, 28 (1), 19-51.

Couper-Johnston R., 2000. *El Niño. The weather phenomenon that changed the world.* London Hodder, Stoughton.

Crumley C.L., 1994. *Historical ecology. Cultural knowledge and changing landscapes.* Santa Fe, School of American Research Press, 284 p.

Curran L.M., Caniago I., Paoli G. D., Astianti D., Kusneti M., Leighton M., Nirarita C.E., Haeruman H., 1999. Impact of El Niño and logging on canopy tree recruitment in Borneo. *Science*, 286, 2184-2188.

Diouf J.C., Akpo L.E., Ickowicz A., Lesueur D., Chotte J.-L., 2005. Dynamique des peuplements ligneux et pratiques pastorales au Sahel (Ferlo, Sénégal). Atelier 2 : Agriculture et biodiversité. Actes de la Conférence International sur la Biodiversité, Sciences et Gouvernance, Paris, 24-28 janvier 2005. MNHN, Paris, 319 p et CD-Rom.

Dounias E., 2007. De sacrés cochons ! Ou pourquoi les Punan courent-ils après les sangliers migrateurs de Bornéo ? *In : Le symbolisme des animaux. L'animal, « clef de voûte » de la relation entre l'homme et la nature ?* (Dounias E., Motte-Florac E., Dunham M., eds.), Paris, IRD, Collection Colloques et Séminaires, pp. 1068-1096.

Dounias E., 2010. Perception du changement climatique par les sociétés des forêts tropicales. *In : Changement climatique et biodiversité* (Barbault R., Foucault A., eds.). Vuibert-AFAS, Paris, pp. 243-255.

Dounias E., Froment A., 2006. When forest-based hunter-gatherers become sedentary: consequences for diet and health. *Unasylva*, 224, 57 (2), 26-33.

Dounias E., Mesnil M., 2007. De l'animal « clef de voûte » à l'animal « de civilisation », *In : Le symbolisme des animaux. L'animal, « clef de voûte » de la relation entre l'homme et la nature ?* (Dounias E., Motte-Florac E., Dunham M., eds.), Paris, IRD, Collection Colloques et Séminaires, pp. 75-97.

Dounias E., Tzerikiantz F., Carrière S., McKey D., Grenand F., Kocher-Schmid C., Bahuchet S., 2001. La diversité des agricultures itinérantes sur brûlis, *In : Les peuples des forêts tropicales aujourd'hui. Volume II- Une approche thématique* (Bahuchet S., ed.), Avenir des Peuples des Forêts Tropicales, Bruxelles, pp. 67-108.

Dounias E., Selzner A., Koizumi M., Levang P., 2007. From sago to rice, from forest to town. The consequences of sedentarization on the nutritional ecology of Punan former hunter-gatherers of Borneo. *Food and Nutrition Bulletin*, 28 (2), S294-S302.

Draper H.H., 1977. The aboriginal Eskimo diet in modern perspective. *American Anthropologist*, 79 (2), 309-316.

Fagan B., 1999. *Floods, famines and Emperors: El Niño and the fate of civilizations,* New York, Basic Books, 284 p.

Furgal C., Martin D., Gosselin P., 2002. Climate change and health in nunavik and labrador: Lessons from inuit knowledge', *In : The earth is faster now: Indigenous observations of Arctic environmental change* (Krupnik I., Jolly D., eds.), Arctic Research *Consortium* of the United States in cooperation with the Arctic Studies Center, Smithsonian Institution, Fairbanks, pp. 266-299.

Gremillion K.J., 1997. *People, plants, and landscapes. Studies in paleoethnobotany.* Tuscaloosa, University of Alabama Press, 271 p.

Hannah L., Midgley G., Andelman S., Araujo M., Hughes G., Martinez-Meyer E., Pearson R., Williams P., 2007. Protected areas needs in a cahging climate. *Front. Ecol. Environ.* 5, 131-138.

Hageback J., Sundberg J., Ostwald M., Chen D., Xie Y., Knutsson P., 2005. Climate variability and land-use change in Danangou watershed, China — Examples of small-scale farmers' adaptation. *Climatic Change*, 72, 189-212.

Hole D.G., Willis S.G., Pain D.J., Fishpool L.D., Butchart S.H.M., Collingham Y.C., Rahbek C., Huntley B., 2009. Projected impacts of climate change on a continent-wide protected area network. *Ecology letters*, 12, 420-431.

Huber T., Pedersen P., 1997. Meteorological knowledge and environmental ideas in traditional and modern societies: the case of Tibet. *Journal of the Royal Anthropological Institute* (N.S.), 3, 577-598.

Ichikawa M., 2013. Problems in the study of man-nature relationships in the central african forests: An anthropological perspective, *In : Tropical Forests: Mediating Ecological Knowledge and Local Communities.*

Ingold T., Riches D., Woodburn J., 1988. *Hunters and gatherers, Vol I: History, evolution and social change,* Oxford, Berg, 242 p.

IPCC, 2007. Climate change 2007: Impacts, adaptation and vulnerability. Contribution of working Ggroup II to the fourth assessment report of the intergovernmental panel on climate change (Parry M.L., Canziani O.F., Palutikof J.P., van der Linden P.J., Hanson C.E., eds.), Cambridge University Press, Cambridge, 976 pp.

Katz E., Lammel A., Goloubinoff M., 2002. *« Entre ciel et terre » : Climat et sociétés*, Ibis Press/IRD, Paris, 512 p.

Kehrwald N.M., Thompson L.G., Tandong Y., Mosley-Thompson E., Schotterer U., Alfimov V., Beer J., Eikenberg J., Davis M.E., 2008. Mass loss on Himalayan glacier endangers water resources. *Geophys. Res. Lett.*, 35, L22503.

Krupnik I., Jolly D., 2002. *The Earth is Faster Now — Indigenous Observations of Arctic Environmental Change*, Arctic Research Consortium of the United States, Fairbanks, Alaska.

Laidler G.J., 2006. Inuit and scientific perspectives on the relationship between sea ice and climate change: the ideal complement? *Climatic Change*, 78, 407-444.

Laidler G.J., Dialla A., Joamie E., 2008. Human geographies of sea ice: freeze/thaw processes around Pangnirtung, Nunavut, Canada. *Polar Record*, 44 (231), 335-361.

Lantz T.C., Turner N.J., 2003. Traditional phenological knowledge of Aboriginal Peoples in British Columbia. *Journal of Ethnobiology*, 23 (2), 263-286.

Lefale P.F., 2010. Ua 'afa le Aso Stormy weather today: traditional ecological knowledge of weather and climate. The Samoa experience. *Climatic Change*, 100, 317-335.

Locatelli B., Kanninen M., Brockhaus M., Colfer C.J.P., Murdiyarso D., Santoso H., 2008. Facing an uncertain future: How forests and people can adapt to climate change. Forest Perspectives no. 5. CIFOR, Bogor, Indonesia, 97 p.

Lykke A.M., 2000. Local perception of vegetation change and priorities for conservation of woody-savanna vegetation in Senegal. *Journal of Environmental Management*, 59, 107-120.

Macchi M., Oviedo G., Gotheil S., Cross K., Boedhihartono A., Wolfangel C., Howell M., 2007. *Indigenous and traditional peoples and climate change*, Gland, IUCN Issues Paper.

MacGranahan G., Balk D., Anderson B., 2007. The rising tide: assessing the risks of climate change and human settlements in low elevation coastal zones. *Environment and Urbanization*, 19 (17), 17-37.

Manga V.K., 2009. Stability analysis for grain yield in pearl millet under arid environment. *Annals of Plant Physiology*, 23 (1), 48-50.

Mati B.M. The influence of climate change on maize production in the semi-humid-semi-arid areas of Kenya. *Journal of Arid Environments*, 46 (4), 333-344.

McKey D., Rostain S., Iriarte J., Glaser B., Birk J.J., Holst I., Renard D., 2010. Pre-Columbian agricultural landscapes, ecosystem engineers, and self-organized patchiness in Amazonia. *Proc. Natl Acad. Sci. USA*, 107, 7823-7828.

Meijaard E., Sheil D., Marshall A.J., Nasi R., 2008. Phylogenetic age is positively correlated with sensitivity to timber harvest in Bornean mammals. *Biotropica*, 40 (1), 76-85.

Mendelsohn R., Dinar A., Williams L., 2006. The distributional impact of climate change on rich and poor countries. *Environment and Development Economics*, 11, 159-178.

Murphy N.J., Schraer C.D., Bulkow L.R., Boyko E.J. Lanier A.P., 1992. Diabetes Mellitus in Alaskan Yup'ik Eskimos and Athabascan Indians after 25 yr. *Diabetes Care,* 15 (10), 1390-1392.

Myers N., 1993. Environmental refugees in a globally warmed world. *Bioscience,* 43, 752-761.

Netting R.M., Stone M.P., 1996. Agro-diversity on a farming frontier: Kofyar smallholders on the Benue plains of central Nigeria. *Africa*, 66 (1), 52-70.

Ogilvie A.E.J., Pálsson G., 2003. Mood, magic and metaphor: Allusions to weather and climate in the Sagas of Icelanders, *In : Weather, climate, culture* (Strauss S., Orlove B.S., eds.), Oxford, Berg, pp. 251-74.

Orlove B.S., 2003. How people tame seasons, *In : Weather, climate, culture* (Strauss S., Orlove B., eds.), Oxford, Berg, pp. 121-140.

Orlove B.S., Chian J., Cane M., 2000. Forecasting Andean rainfall and crop yield from the influence of El Niño on Pleiades visibility. *Nature*, 403, 68-71.

Orlove B.S., Chiang J.C.H., Cane M.A., 2002. Ethnoclimatology in the Andes. A cross-disciplinary study uncovers a scientific basis for the scheme Andean potato farmers traditionally use to predict the coming rains. *American Scientist*, 90 (5), 428.

Ovuka M., Linqvist S., 2000. Rainfall variability in Murang'a District, Kenya: Meteorological data and farmers' perception. *Geografiska Annaler*, 82 A, 107-119.

Piguet E., 2008. *Climate change and forced migration. New Issues in Refugee Research,* UNHCR Research Paper 153, 13 p.

Posey D.V., 1999. *Cultural and Spiritual Values of Biodiversity,* Intermediate Technology Publications, London, 730 p.

Puri R.K., 2007. Responses to medium term stability in climate: El Niño droughts and coping mechanisms of foragers and farmers in Borneo, *In : Modern crises and traditional strategies : Local ecological knowledge in island Southeast Asia* (Ellen R., ed.), Oxford, Berghahn Books, pp. 46-83.

Ribot J.C., Magalhães A.R., Panagides S.S., 1995. *Climate variabilitiy, climate change and social vulnerability in the semi-arid tropics*, Cambridge University Press.

Roncoli C., Ingram K., Kirshen P., 2001. The costs and risks of coping with drought: livelihood impacts and farmers' responses in Burkina Faso. *Climate Research,* 19, 119-132.

Ruthenberg H., 1976. *Farming systems in the tropics*, Clarenton Press, Oxford, Ed. 2, xviii+366 pp.

Salick J., Byg A., 2007. *Indigenous peoples and climate chang,* Tyndall Centre for Climate Change Research, Oxford, 32 p.

Salick J., Ross N., 2009. Traditional Peoples and Climate Change. *Global Environmental Change*, Special Issue 19.

Silitoe P., 1994. Whether rain of shine: Weather regimes from a New Guinea perspective. *Oceania*, 64, 246-270.

Sollod A.E., 1990. Rainfall variability and Twareg perceptions of climate impacts in Niger. *Human Ecology*, 18, 267-281.

Toe P., Dulieu D., 2007. *Ressources naturelles entre conservation et developpement : vers une activité agricole alternative dans la périphérie du Parc Régional W (Burkina Faso)*, L'Harmattan Collection Etudes africaines, Paris, 114 pages.

Touré O., 2010. Études de cas sur la vulnérabilité et l'adaptabilité des éleveurs face aux événements dans la commune de Tessékré au Sénégal, Projet ANR ECLIS, IRAM, Montpellier, 105 p.

Toutain B., de Visscher M.N., Dulieu D., 2004. Pastoralisme and protected areas: lessons learned from Western Africa. *Human dimension of Wildlife*, 9, 287-295.

Unruh J.D., Krol M.S., Kliot N., 2004. *Environmental change and its implications for population migration*, Dordrecht, Kluwer, Advances in global change research, Vol. 20, 316 p.

USAID, 2007. *Adapting to climate variability and change. A guidance manual for development planning*, USAID, Washington D.C., 30 p.

Vedwan N., Rhoades R.E., 2001. Climate change in the Western Himalayas of India: a Study of local perception and response. *Climate Research*, 19, 109-117.

Waddell E., 1975. How the Enga cope with frost: Responses to climatic perturbations in the Central Highlands of New Guinea. *Human Ecology*, 3, 249-273.

West C.T., Vásquez-León M., 2003. Testing farmers' perceptions of climate variability: a case study from Suphure Springs Valley, Arozina. *In : Weather, climate, culture* (Strauss S., Orlove B., eds.), Oxford, Berg, pp. 233-250.

Chapitre 11

Les aires protégées continentales

Michel BAGUETTE, Bruno LOCATELLI

Les aires protégées font partie des stratégies de réponse au problème de l'érosion de la biodiversité, envisagée dans ce texte comme la diversité génétique, d'espèces et d'écosystèmes. Les aires protégées (parcs nationaux, réserves naturelles et aires de conservation à usages multiples) couvrent plus de 18 millions de km^2 dans le monde, soit plus de 12 % des terres, et 85 000 km^2 en France, soit environ 15 % des terres (WDPA, 2009).

Les aires protégées ont été mises en œuvre principalement comme mesure de conservation des espaces naturels, des paysages et de la biodiversité, mais apportent également une réponse au problème du changement climatique. Elles participent à l'atténuation du changement climatique en protégeant les stocks de carbone dans les écosystèmes. Elles fournissent aussi des services écosystémiques à forte importance socio-économique dans le contexte des modifications du climat : par exemple leurs écosystèmes protègent les zones côtières de la force des tempêtes ou des vagues, ou favorisent la recharge des nappes phréatiques, qui sont utiles en période de déficit de pluie.

Cependant, le changement du climat aura des répercussions importantes sur la biodiversité (chapitre 3) et les aires protégées. Cette menace vient s'ajouter à d'autres pressions, comme la pollution ou la déforestation. Il est donc nécessaire de mieux comprendre les impacts potentiels du changement climatique et la réponse des espèces et des écosystèmes, de même que les mesures d'adaptation qui peuvent réduire les impacts négatifs. Il est également important de replacer la discussion sur l'adaptation des aires protégées dans un cadre plus large, qui dépasse les limites de ces aires.

L'objectif de ce chapitre est de présenter les impacts possibles du changement climatique sur les aires protégées et leur biodiversité, ainsi que les mesures d'adaptation possibles, tant d'un point de vue technique qu'institutionnel. Le chapitre se termine par la proposition de perspectives de recherche en la matière.

▸▸ Impacts du changement climatique sur la biodiversité et les aires protégées

Des impacts déjà observés

De nombreuses études ont montré que le changement climatique global a déjà des effets sur les écosystèmes, leur fonctionnement et les espèces qui les constituent

(Hughes, 2000 ; Parmesan et Yohe, 2003 ; Root *et al.*, 2003 ; Parmesan, 2006). Ainsi, le changement climatique a modifié la distribution et l'abondance de certaines espèces (Thomas *et al.*, 2006). Il s'agit par exemple de papillons dans la Sierra de Guadarrama en Espagne (une montagne en partie en aire protégée) qui sont montés de 200 m en altitude en moyenne entre les années 1970 et les années 2000, avec une augmentation des températures moyennes de l'ordre de 1,3 °C pendant cette période (Wilson *et al.*, 2005). Des extinctions ont également été attribuées au changement climatique. Par exemple, des espèces de grenouille ont disparu d'un parc national de montagne au Costa Rica, probablement à cause d'un pathogène dont le développement dans les zones d'altitude est lié à l'augmentation des températures nocturnes et la diminution des températures diurnes, toutes deux observées (Pounds *et al.*, 1999).

Des méta-analyses ont combiné les résultats d'études individuelles et mis en évidence que des espèces animales et végétales répondent aux changements climatiques régionaux. Des doutes subsistaient quant au rôle des activités humaines dans ce changement, en comparaison avec la variation naturelle du climat. Pour tester l'hypothèse que les changements climatiques induits par l'homme sont responsables d'impacts sur la biodiversité, Root *et al.* (2005) ont cherché des corrélations entre les réponses phénologiques de plantes et d'animaux et les données produites par des modèles climatiques prenant en compte : seulement la variation naturelle du climat (due par exemple à l'activité solaire ou les éruptions volcaniques), seulement la variation due aux activités humaines (émissions de gaz à effet de serre et d'aérosols), les deux sources de variation. L'étude a montré que les corrélations entre les réponses des espèces et le climat étaient plus fortes lorsque les effets des activités humaines sur le climat étaient pris en compte, ce qui soutient fortement l'hypothèse d'un effet du changement climatique anthropogénique sur la biodiversité (Root et Schneider, 2006).

Vulnérabilité et impacts : un cadre conceptuel

Suivant la définition donnée par le GIEC (McCarthy *et al.*, 2001), la vulnérabilité d'une espèce ou d'un écosystème au changement climatique peut se décomposer en trois facteurs : exposition, sensibilité et capacité adaptative. L'exposition représente les facteurs externes de changement, comme l'augmentation du CO_2 atmosphérique et des températures, les changements de précipitation ou de saisons, les tempêtes et cyclones. Cette exposition doit être évaluée avec une résolution fine car les changements régionaux du climat peuvent être amortis localement par l'effet du micro-habitat et de la topographie (Willis et Bhagwat, 2010). La sensibilité concerne par exemple les changements dans les processus physiologiques de croissance et de productivité d'une plante, dans la structure de l'écosystème, ou dans les régimes de perturbations comme les incendies ou les maladies. La capacité adaptative passe par exemple par la plasticité phénotypique, la micro-évolution ou le déplacement des individus vers des sites où les conditions environnementales sont plus favorables.

La connaissance des deux premiers facteurs (exposition et sensibilité) permet de caractériser les impacts potentiels du changement climatique. Les impacts sur les espèces (physiologie, phénologie, distribution) entraînent des changements dans les interactions entre espèces, comme le mutualisme, la compétition ou le parasitisme (Hughes, 2000 ; Williams *et al.*, 2008). Les changements au niveau des espèces et de leurs interactions impliquent des modifications à l'échelle des écosystèmes (figure 11.1), en termes de structure et composition (recomposition des communautés, remplacement d'espèces spécialistes par des espèces généralistes) et de distribution, comme le déplacement vers les pôles et en altitude (Devictor *et al.*, 2008a, 2008b). Des mesures d'adaptation peuvent être planifiées pour faciliter ou renforcer l'adaptation autonome des espèces et des écosystèmes, par exemple en réduisant les pressions humaines, en renforçant la connectivité du paysage et en assistant le déplacement d'espèces (figure 11.1).

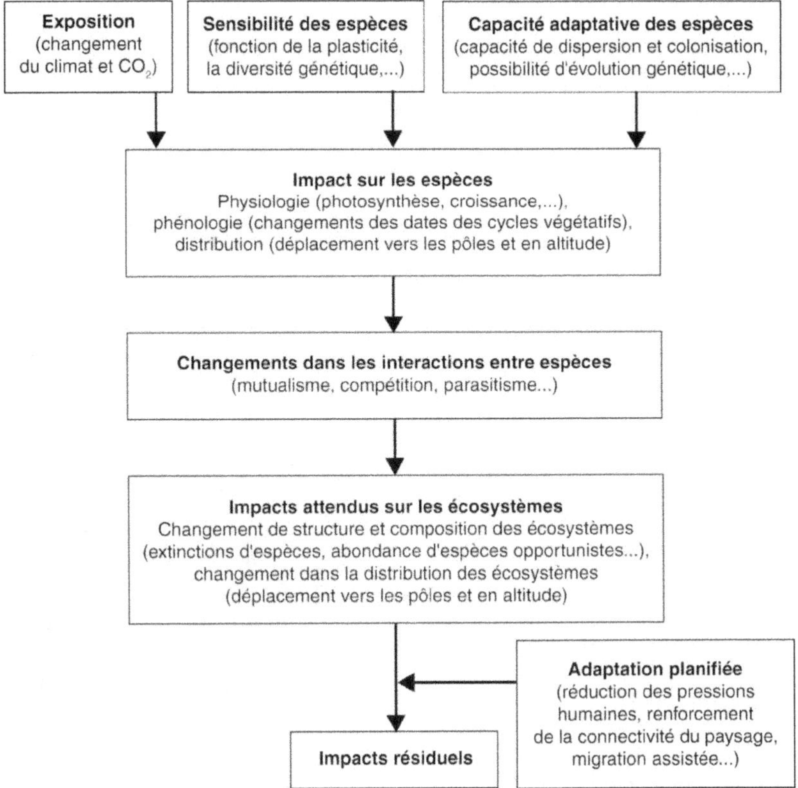

Figure 11.1. Cadre conceptuel pour analyser les impacts du changement climatique sur la biodiversité (adapté de Hughes, 2000).

Importance de la capacité adaptative

Dans une situation où les espèces et écosystèmes sont exposés et sensibles au changement climatique, c'est leur capacité adaptative qui peut réduire les impacts. Comprendre la capacité adaptative est fondamental pour analyser la vulnérabilité et définir des mesures d'adaptation qui viseront à augmenter cette capacité ou compenser le manque de capacité par d'autres mesures (par exemple la migration assistée pour des espèces aux faibles capacités de migration).

Actuellement, la capacité adaptative des espèces et des écosystèmes reste assez mal connue. Néanmoins, de nombreux auteurs estiment qu'elle pourrait être insuffisante pour faire face au changement climatique. Par exemple, les modifications du climat pourraient nécessiter des capacités de déplacement des espèces bien supérieures à celles estimées pour la fin de la dernière période glaciaire (Gitay *et al.*, 2002 ; Seppala *et al.*, 2009).

Trois obstacles principaux limitent la capacité adaptative des espèces (Walther *et al.*, 2002 ; Parmesan et Yohe, 2003 ; Araújo *et al.*, 2004 ; Parmesan, 2006). D'abord, leur diversité génétique peut être insuffisante pour permettre l'adaptation. Ensuite, des barrières dans le paysage (habitats fragmentés, montagnes, rivières) peuvent limiter leur déplacement. Enfin, les recompositions de communautés et les nouvelles interactions (par exemple, l'apparition d'espèces invasives opportunistes) peuvent réduire leur capacité d'adaptation.

Changement climatique et autres menaces pour la biodiversité

La biodiversité et les aires protégées sont menacées par d'autres pressions que le changement climatique. Dans les situations où les pressions humaines sont actuellement fortes sur les aires protégées (par exemple coupe de bois, déforestation, braconnage), le changement climatique peut être (en comparaison) un souci mineur.

De nombreuses études ont porté sur les facteurs influençant la biodiversité à l'échelle globale. Les typologies sont différentes, par exemple Sala *et al.* (2000) considèrent les changements d'utilisation du sol, les concentrations en CO_2 atmosphérique, les dépôts azotés et les pluies acides, le changement climatique et les échanges biotiques (introduction délibérée ou accidentelle de plantes ou d'animaux dans un écosystème). Une autre étude prend en compte les facteurs influençant l'abondance d'espèces dans les écosystèmes : fragmentation (liée au changement d'utilisation du sol), climat, dépôts azotés, infrastructures (par exemple l'effet des routes sur la biodiversité aux alentours), foresterie et agriculture (Alkemade *et al.*, 2009). Les différentes études montrent que le changement climatique est actuellement une menace mineure par rapport au changement d'utilisation du sol et à la fragmentation des écosystèmes, mais que cette menace deviendra plus importante dans le futur (figure 11.2).

Une remarque importante est faite par Brook *et al.* (2008) à propos des synergies, ou des rétro alimentations amplificatrices, entre les facteurs de changement de la biodiversité. La vulnérabilité des écosystèmes au changement climatique est exacerbée par d'autres pressions anthropiques, comme la destruction ou la transformation des milieux naturels ou leur surexploitation. La fragmentation du paysage réduit les possibilités de déplacement des espèces et donc la capacité adaptative des écosystèmes (Hannah *et al.*, 2007) Une surexploitation des écosystèmes et certaines pratiques de gestion non durable contribuent également à réduire leur capacité adaptative (Root et Schneider, 2006 ; Thomas *et al.*, 2004).

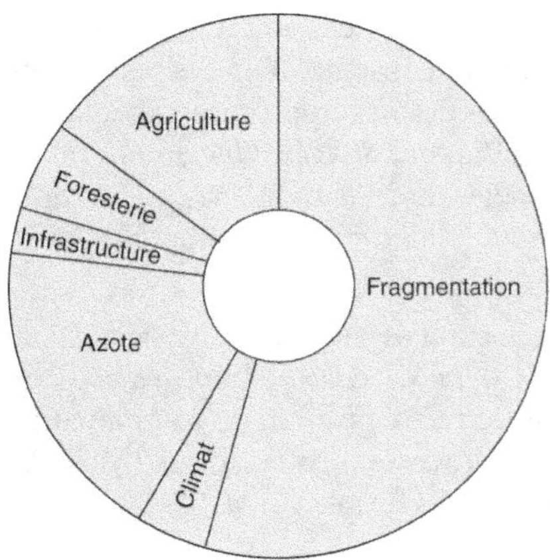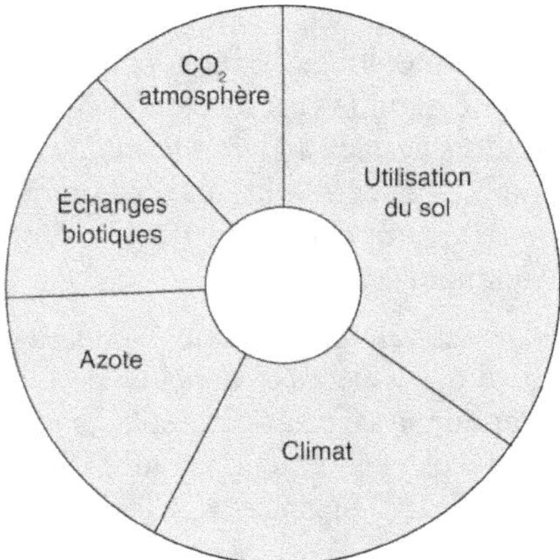

Contribution relative des facteurs principaux de perte d'espèces en 2000 (Alkemade *et al.*, 2009)

Contribution relative des facteurs principaux de changement dans la biodiversité en 2100 (Sala *et al.*, 2000)

Figure 11.2. Contribution relative de facteurs influençant la biodiversité en 2000 et 2100 selon deux études (Alkemade *et al.*, 2009 ; Sala *et al.*, 2000).

Impacts indirects du changement climatique

Le changement climatique peut aussi avoir des impacts indirects sur la biodiversité et les aires protégées, par le biais d'impact sur d'autres secteurs : par exemple, des populations humaines locales dont l'agriculture est affectée par un évènement climatique comme une sécheresse peuvent se déplacer et transformer des écosystèmes dans les aires protégées (par exemple en déboisant pour cultiver de nouvelles terres).

Les mesures prises pour lutter contre le changement climatique peuvent aussi influencer la biodiversité. Des mesures d'atténuation du changement climatique peuvent favoriser la conservation de la biodiversité (par exemple le mécanisme pour la réduction des émissions de la déforestation et de la dégradation forestière, REDD) ou, au contraire, lui nuire (par exemple la mise en œuvre de plantations monospécifiques à grande échelle dans un but de séquestrer du carbone). Les mesures d'adaptation au changement climatique peuvent aussi avoir un effet sur la biodiversité. Ainsi une digue destinée à protéger une zone côtière de la montée du niveau des mers peut entraîner des changements drastiques dans les écosystèmes côtiers.

Vulnérabilité de la biodiversité : les défis scientifiques

L'évaluation de la vulnérabilité de la biodiversité et des aires protégées au changement climatique est confrontée à de nombreux défis méthodologiques. Les études d'impact utilisent généralement des approches biogéographiques, par exemple avec des modèles d'enveloppes climatiques d'espèces particulières (Thomas *et al.*, 2004). La connaissance de la distribution actuelle d'une espèce permet d'établir les conditions climatiques qui lui sont appropriées et d'évaluer comment l'aire de distribution de l'espèce pourrait évoluer dans le futur. Ceci permet de comparer les aires protégées et les aires de distribution d'espèces importantes.

Si cette approche paraît simple en principe, elle pose de nombreux problèmes méthodologiques (Araújo *et al.*, 2004). Par exemple, l'absence d'une espèce en un lieu ne signifie pas forcément que le climat ne lui est pas approprié car d'autres facteurs liés aux activités humaines et aux paysages jouent un rôle. Une amélioration notable peut être obtenue en combinant des modèles de dynamique des populations spatialement explicites à ces modèles d'enveloppe climatique (Keith *et al.*, 2008 ; Anderson *et al.*, 2009).

D'autres défis scientifiques viennent du manque de connaissance sur la capacité adaptative des espèces : capacités de déplacement et donc de colonisation des espèces, effet du paysage sur ces déplacements, processus de recomposition de communautés d'espèces et interactions entre espèces lors de ce processus, entre autres (Malcolm *et al.*, 2002 ; Higgins *et al.*, 2003a, 2003b ; Pearson, 2006 ; Brooker *et al.*, 2007).

▶▶ Quelles mesures d'adaptation ?

Les impacts du changement climatique sur la biodiversité et les aires protégées sont une source de préoccupation pour ceux qui en dépendent ou les gèrent, par exemple les populations locales, les organisations de conservation de la nature ou les gouvernements. Divers travaux (par exemple Noss, 2001 ; Spittlehouse et Stewart, 2003 ; Hansen *et al.*, 2003 ; Millar *et al.*, 2007 ; Fischlin *et al.*, 2007 ; Guariguata *et al.*, 2008 ; Ogden et Innes, 2007, Schliep *et al.*, 2008) ont présenté des mesures d'adaptation pour les écosystèmes qui peuvent être regroupées en quatre catégories : réduire les pressions humaines, gérer les perturbations liées au climat, gérer à l'échelle du paysage et promouvoir la diversité génétique et spécifique. Les acteurs impliqués ou concernés directement par l'adaptation des écosystèmes au changement climatique peuvent contribuer à la mise en œuvre de ces mesures d'adaptation comme on peut le voir pour l'Amazonie (encadré 11.1).

Encadré 11.1. Planifier face au changement climatique en Amazonie

Le fait que le changement climatique puisse renforcer la sècheresse en Amazonie est une préoccupation majeure pour la société aux échelles locale, régionale et globale. Malhi *et al.* (2008) proposent plusieurs éléments clé d'un programme de développement, de conservation et d'adaptation pour accroître la capacité d'adaptation du système socio-écologique de l'Amazonie : 1) maintenir la déforestation au-dessous d'un seuil ; 2) contrôler l'utilisation des feux, grâce à l'éducation et à la règlementation ; 3) conserver de larges corridors pour la migration des espèces ; 4) conserver les corridors de rivières comme refuges humides et pour la migration ; 5) conserver le centre du nord-ouest de l'Amazonie intact. Malhi *et al.* (2008) débattent des questions de gouvernance et de financement associées à ce programme, ainsi que du rôle des zones protégées, des populations autochtones, des petits propriétaires, des agro-industries et des gouvernements.

Deux objectifs différents pour l'adaptation

En suivant Smithers et Smit (1997), nous faisons la distinction entre deux grands objectifs pour l'adaptation de la biodiversité et des aires protégées. Le premier objectif est d'amortir les perturbations, en augmentant la résistance et la résilience de l'écosystème face aux changements. Le deuxième objectif est de faciliter l'évolution ou la transition de l'écosystème vers un nouvel état adapté aux futures conditions climatiques. Dans l'exemple de l'Amazonie (encadré 11.1), les mesures proposées peuvent permettre d'atteindre l'un ou les deux objectifs de l'adaptation.

Se focaliser sur le premier objectif peut conduire à mettre en œuvre des mesures qui ne sont pas une panacée et peuvent être efficaces seulement à court terme. Pour atteindre le deuxième objectif, les mesures ne cherchent pas à résister au changement ou à conserver l'écosystème dans son état actuel mais plutôt à faciliter son évolution vers un état adapté au futur climat et acceptable pour la société, ce qui est probablement plus viable à long terme.

Réduire les pressions humaines

Certaines mesures d'adaptation contribuent à la fois à protéger le système contre les perturbations et à faciliter les évolutions, en réduisant d'autres pressions, comme la pollution, l'exploitation non durable des ressources, la destruction de l'habitat, la fragmentation et la dégradation des écosystèmes (Noss, 2001 ; Hansen *et al.,* 2003 ; Malhi *et al.,* 2008).

En tant que menace, le changement climatique s'ajoute à d'autres pressions, dont certaines sont actuellement plus urgentes que le climat. Compte tenu des effets synergétiques entre le changement climatique et les autres pressions, réduire ces pressions fait partie de l'adaptation au changement climatique. Un écosystème mieux protégé et plus diversifié est plus à même de résister ou de s'adapter au changement climatique

Si les autres pressions ne sont pas abordées, il se peut que l'adaptation ne présente aucun intérêt ou qu'elle ne soit qu'une question académique (Markham, 1998). Par exemple, dans beaucoup de pays tropicaux, la biodiversité des aires protégées est menacée par la déforestation, la dégradation ou le braconnage. L'adaptation de ces aires protégées au changement climatique ne pourra être envisagée que si les menaces actuelles sont réduites.

Gérer les perturbations liées au climat

Des mesures d'adaptation visent à empêcher les perturbations liées au climat, comme les incendies (par exemple, en gérant la matière inflammable, en empêchant ou en maîtrisant les incendies), supprimer ou empêcher l'entrée d'espèces invasives favorisées par le changement climatique, et maîtriser les insectes et les maladies (par exemple en appliquant des traitements phytosanitaires dans les forêts). Une autre option consiste à gérer activement l'écosystème après une perturbation, en favorisant l'établissement d'espèces auxquelles un degré de priorité a été donné, dans un programme de régénération.

Pour le cas des incendies, Barlow et Peres (2004) proposent deux stratégies pour contrôler les incendies : réduire l'inflammabilité (par exemple, en adoptant une gestion qui réduit la quantité de matière inflammable et conserve l'humidité du sol), et empêcher les incendies d'atteindre les écosystèmes inflammables (par exemple, à l'aide de coupe-feu, de l'éducation, d'une législation et d'incitations financières). Des controverses portent sur la gestion des feux. Certains auteurs soutiennent que les régimes de perturbation naturels (comme les incendies) doivent être maintenus, car des programmes de réduction d'incendies peuvent défavoriser des espèces végétales rares (Noss, 2001 ; Hansen *et al.*, 2003). Pourtant, il est aussi reconnu que les incendies déclenchés par les hommes sont un danger pour bon nombre d'écosystèmes. Un bon équilibre doit être établi entre éviter les incendies, laisser les incendies naturels brûler, et utiliser le brûlage dirigé, pour réduire le risque d'incendies de forte intensité.

Pour protéger les aires protégées contre les perturbations, il se peut que les mesures soient très onéreuses et au-dessus des moyens économiques de la majorité des pays, en particulier en développement (Barlow et Peres, 2004). En outre, certaines mesures peuvent avoir des répercussions nuisibles sur l'environnement (comme les herbicides) ou ne pas être durables. Par exemple, éviter les incendies peut être contreproductif à long terme, lorsque le climat change (Hulme, 2005).

Gérer à l'échelle du paysage

Afin de faciliter une transition ou une évolution de l'écosystème, des mesures d'adaptation consistent à accroître la surface des aires protégées, renforcer la connectivité des paysages et réduire la fragmentation, car la connectivité entre habitats accroît l'aptitude des espèces à migrer (CBD, 2003). Des corridors établis en direction du gradient climatique pourraient aider les espèces à s'adapter au changement climatique (Noss, 2001). Des travaux ont porté sur la priorisation de corridors spatiaux (entre aires protégées) et temporels (pour permettre le déplacement « temporel » entre un état actuel et un état futur) dans des scénarios de changement climatique (Rose et Burton, 2009).

Une autre mesure consiste à déterminer les zones à conserver en priorité, dans le cadre de scénarios de changement climatique. La sélection optimale d'aires protégées dans un contexte de changement climatique est une question importante (Araújo *et al.*, 2004 ; Coulston et Riitters, 2005). En raison des incertitudes concernant la vulnérabilité de divers écosystèmes, une bonne stratégie consiste à conserver des écosystèmes le long de gradients environnementaux ou dans des régions à forte biodiversité, pour leur valeur et leur capacité d'adaptation *a priori* plus élevée (Noss, 2001).

Promouvoir la diversité génétique et spécifique

Comme la diversité génétique et spécifique est essentielle pour la capacité adaptative des écosystèmes, certains auteurs proposent des mesures pour la conserver ou la renforcer dans les écosystèmes gérés, par exemple *via* le choix d'espèces et de génotypes appropriés et porteurs d'une diversité génétique suffisante en cas de réintroductions (Guariguata *et al.*, 2008). La connectivité des paysages joue également un rôle clé dans la régulation de la diversité génétique, en raison des flux de gènes entre populations.

Certains auteurs ont fait état de la conservation *ex situ* comme mesure d'adaptation. Bien qu'il ne s'agisse pas directement de l'adaptation de l'écosystème, cette mesure peut aider à conserver la diversité génétique en danger d'extinction. Des collections végétales ou animales peuvent permettre la réintroduction d'espèces à l'avenir (Hansen *et al.*, 2003). Le déplacement assisté d'espèces vers des régions où il est prévu que le climat leur sera approprié est une mesure controversée, en raison du risque éventuel que la translocation d'espèces assistée par l'homme introduise des espèces envahissantes (Mueller et Hellmann, 2008).

▸▸ Comment choisir des mesures d'adaptation ?

Comme la biodiversité et les aires protégées sont vulnérables au changement climatique, les pratiques de gestion ou de conservation doivent intégrer les menaces qu'il engendre et viser à réduire la vulnérabilité. À partir de la liste de mesures possibles pour l'adaptation de la biodiversité, comment choisir l'outil adéquat pour un écosystème ou une aire protégée en particulier ? Choisir les mesures techniques d'adaptation n'est pas chose simple, car le choix dépend de divers facteurs contextuels comme les types d'écosystèmes, les changements climatiques attendus localement et les pressions humaines. Le choix des mesures d'adaptation dépend également des variables d'intérêt pour la société, par exemple selon que l'adaptation des aires protégées vise à conserver certaines espèces de grande valeur ou à conserver des services écosystémiques particuliers.

Le problème de l'incertitude

Même quand des études d'impact et de vulnérabilité sont disponibles pour les espèces, écosystèmes ou aires protégées, il se peut que les incertitudes intrinsèques aux modèles d'écosystèmes et aux scénarios de climat empêchent les gestionnaires ou les décideurs de les utiliser (Millar *et al.*, 2007). Par exemple, les projections des valeurs de précipitations aux échelles locale et régionale restent incertaines, notamment pour les tropiques.

Dans bien des cas, les modèles ne peuvent pas déterminer les impacts potentiels avec certitude mais permettent seulement d'envisager différents scénarios de changement avec lesquels les gestionnaires doivent travailler pour définir des mesures d'adaptation. Au-delà des impacts potentiels, la faiblesse des connaissances sur la capacité adaptative ajoute un grand degré d'incertitude (Noss, 2001 ; Midgley *et al.*, 2007).

Gestion adaptative

Compte tenu des incertitudes, des approches souples et diversifiées doivent être adoptées. Dans la plupart des cas, le degré d'incertitude justifiera la sélection d'un ensemble de mesures pour réduire le risque de choisir une mesure inadéquate.

De nombreux auteurs plaident pour une gestion adaptative où diverses mesures sont mises en œuvre, suivies et évaluées, ce qui permet d'ajuster la gestion si nécessaire (Seppala *et al.*, 2009). Qu'il soit réalisé par des scientifiques, par des acteurs locaux ou par les deux groupes, le suivi est essentiel pour permettre des évaluations continues et un ajustement dans la gestion en fonction des enseignements tirés (Spittlehouse et Stewart, 2003 ; Millar *et al.,* 2007).

Exemples de gestion adaptative

En Colombie Britannique (Canada), Campbell *et al.* (2009) proposent, pour l'adaptation au changement climatique, de mettre en œuvre des expériences de plantations ou de pratiques d'aménagement forestier pour tester des approches de gestion qui accroissent la résilience ou facilitent les changements dans les écosystèmes.

Dans les montages du sud des Appalaches en Amérique du Nord, il est proposé de mettre en œuvre une gestion adaptative de la conservation, en testant des hypothèses sur la réponse des populations d'oiseaux au changement climatique et des hypothèses sur les effets des mesures d'adaptation. Les hypothèses sur la réponse sont, par exemple, que le changement climatique va déplacer les populations le long de gradient altitudinaux et latitudinaux ou qu'il va affecter la synchronisation entre les périodes de nidification et la phénologie des insectes. Les mesures d'adaptation à tester sont différentes améliorations de la connectivité du paysage, à comparer à une situation de *statu quo* (Conroy *et al.*, 2011).

▸▸ Enjeux institutionnels

Un défi dans la mise en place de mesures d'adaptation de la biodiversité et des aires protégées au changement climatique réside dans la définition et la mise en œuvre de politiques facilitant ces mesures. Comme l'adaptation doit être ajustée aux conditions socio-économiques et écologiques locales, les politiques devraient permettre de la construire localement, en lien avec les acteurs concernés.

Une diversité d'acteurs

Dans une perspective allant de l'échelle mondiale à l'échelle locale, un grand nombre d'institutions et de secteurs sont concernés par l'adaptation de la biodiversité : entre autres, les fonds internationaux pour l'adaptation, les fonds pour l'atténuation et les mécanismes pour la protection du carbone séquestré dans les écosystèmes, les fonds internationaux pour la biodiversité, les agences nationales engagées dans la prévention de catastrophes ou la réduction de la pauvreté, les

ONG chargées de la conservation et du développement, le secteur privé béné-
ficiant des aires protégées ou de la biodiversité pour l'écotourisme, ou de l'eau
propre à des fins industrielles, et les utilisateurs locaux de l'eau et des produits
des écosystèmes. Un enjeu est de développer des partenariats entre ces différents
acteurs, institutions et secteurs.

À l'échelle locale autour des aires protégées, les populations et leurs connaissances
traditionnelles ont un rôle majeur à jouer dans la mise en place de ces mesures. Les
institutions locales devraient être renforcées et leurs droits et responsabilités dans
la mise en place de mesures d'adaptation devraient être définis en interaction avec
d'autres échelles de gouvernance, surtout nationale.

À l'échelle internationale, les organisations intergouvernementales et les ONG ont
un rôle à jouer. Par exemple, en février 2008, lors du troisième congrès mondial sur
les réserves de biosphère à Madrid, le thème du changement climatique a été placé
comme l'une des priorités majeures du programme MAB (Man and Biosphere) de
l'Unesco (Schliep *et al.*, 2008). Ceci va permettre de démarrer des projets visant à
atténuer le changement climatique et de s'y adapter dans les réserves de biosphère.

La participation des acteurs concernés

Les services écosystémiques des aires protégées contribuent considérablement aux
modes de vie des populations locales, au développement national et régional, et à la
communauté internationale. Les secteurs tributaires de ces services écosystémiques
participent rarement à la gestion de la biodiversité, encore moins à son adaptation
au changement climatique. La gestion des ressources naturelles est souvent assurée
par des acteurs qui n'ont guère de liens (voire même aucun) avec ceux qui retirent
un avantage des services écosystémiques ou qui subissent les impacts de la perte des
services écosystémiques.

De plus, les aires protégées produisent des services écosystémiques importants
pour l'adaptation de la société au changement climatique. Les aires protégées en
zone côtière protègent ces zones de l'impact des tempêtes ou des vagues, qui pourraient devenir plus fortes avec le changement climatique ou la montée du niveau
des mers. Elles protègent les sols de l'érosion et limitent les impacts négatifs de
l'érosion sur site ou en aval. Ce rôle pourrait devenir plus important si l'intensité des
pluies augmente. Dans les pays du Sud, les aires protégées dont la gestion implique
les populations locales procurent des biens et des revenus à ces populations, leur
permettant d'assurer ou de diversifier leurs moyens de vie, ce qui réduit leur
vulnérabilité aux évènements climatiques, par exemple en cas de mauvaise récolte
agricole liée au climat (Locatelli *et al.*, 2008).

La participation d'acteurs non impliqués directement dans la gestion de la biodiversité peut prendre diverses formes, comme la participation à la prise de décision, le
renforcement des capacités locales, le suivi et le financement (Barber *et al.*, 2004).
La participation du grand public, *via* des projets de science (inventaire) et d'action
participative (gestion d'écosystème) permettrait une appropriation sociétale de la
démarche. Des instruments incitatifs, comme les paiements pour des services environnementaux (PSE), pourraient avoir un effet positif sur les initiatives de conser-

vation et de gestion durable, et contribuer à l'adaptation des écosystèmes et des utilisateurs des services écosystémiques.

Penser au-delà des aires protégées ou des corridors

Un verrou socio-économique pour l'adaptation de la biodiversité et des aires protégées est la dualité entre espaces protégés et zones de production. Cette déclinaison entraîne la mise en bocal de la biodiversité dans des territoires désignés, ce qui est absolument contraire à l'aspect dynamique des stratégies de conservation. Les corridors ne constituent en fait qu'une extension de ce principe de mise en bocal, dans la mesure où on concède un peu plus d'espaces à la biodiversité en joignant les espaces protégés. L'attractivité des corridors écologiques est cependant plus liée à leur aspect cosmétique qu'à une vision fonctionnelle des populations dans l'espace.

Il faut plutôt arriver à faire évoluer cette vision dichotomique de notre environnement, et à privilégier radicalement l'objectif d'harmonie entre biodiversité et activités humaines, quelles qu'elles soient. Dans ce cadre, privilégier les activités de fusion, comme les mesures agro-environnementales, est résolument une priorité. Mais ces activités de fusion devraient être construites en partenariat étroit entre les acteurs de terrain concernés, et non conçues de loin et de haut. Décentralisation et dialogue devraient être les maîtres-mots visant à faire sauter ce verrou, dans un fort contexte d'interdisciplinarité.

Rôle des politiques nationales

Les politiques nationales pour faciliter l'adaptation de la biodiversité et des aires protégées au changement climatique doivent poursuivre des objectifs multiples à définir en fonction du contexte. Comme il a été mentionné plus haut, l'adaptation doit commencer par réduire les pressions actuelles sur les aires protégées, si ces pressions mettent en péril les écosystèmes. Dans ces cas, les politiques nationales peuvent chercher à réduire les pressions humaines sur les écosystèmes, comme le changement d'utilisation des terres, la fragmentation ou la dégradation causée par une exploitation non durable. Les politiques peuvent encourager une prise de décision à l'échelle du paysage, en incluant dans la réflexion les écosystèmes en dehors des aires protégées (Hansen *et al.*, 2003).

Les politiques de conservation peuvent placer le changement climatique comme un élément prioritaire dans la planification (Hannah *et al.*, 2002 ; Killeen et Solórzano, 2008). Par exemple, la conception de systèmes nationaux d'aires protégées et des corridors biologiques devrait tenir compte de la vulnérabilité des écosystèmes et du rôle des corridors pour faciliter le déplacement d'espèces dans des scénarios de changement climatique (IUCN, 2003).

Information et renforcement de capacités

Les politiques nationales ou les initiatives locales peuvent encourager l'échange d'information sur l'adaptation et mettre en place des systèmes de suivi des impacts du changement climatique sur la biodiversité. Le grand public doit être inclus comme partenaire dans la dissémination de l'information et la sensibilisation (Spittlehouse, 2005). Pour les aires protégées, la perception des risques liés au changement climatique par les gestionnaires joue un rôle central dans la mise en œuvre de mesures et la communication avec d'autres acteurs (Schliep *et al.*, 2008). Les interactions entre scientifiques et preneurs de décision sont primordiales pour renforcer les capacités et développer des scénarios d'adaptation (Brooke, 2008).

En France, la mise en pratique de la Trame Verte et Bleue suppose que les collectivités territoriales inférieures (départements, régions) effectuent le travail de désignation des corridors et du maillage écologique dans un futur rapproché. Cette phase est clairement en décalage par rapport aux connaissances disponibles sur les conséquences du changement climatique sur la biodiversité — comme d'ailleurs sur la connectivité des paysages et la viabilité des populations. Il y a là un hiatus dangereux, qui risque de déboucher sur la mise en place de structures incohérentes et paralysantes. Le verrou est la prise de conscience par les décideurs à tous les niveaux de l'effort de recherche préalable à toute désignation concrète de structure paysagère.

▶▶ Perspectives de recherche

Il y a plusieurs verrous conceptuels et méthodologiques à lever pour intégrer les effets du changement climatique sur les différents niveaux de biodiversité dans les zones protégées. Comment vont se comporter les écosystèmes rares ou fragiles, ou les espèces emblématiques, patrimoniales ou endémiques ? Comment aménager ou gérer les aires protégées, les agro-écosystèmes et les systèmes anthropisés en conséquence ?

Identifier et tester des organismes indicateurs

Il n'y a pas de réponses générales au changement climatique : certaines espèces modifient leur aire de distribution, d'autres s'adaptent de façon évolutive, d'autres encore disparaissent. Des analyses (chapitre 3) croisant les caractéristiques écologiques et démo-génétiques des espèces appartenant à chacun de ces trois groupes sont absolument indispensables avant toute généralisation ou prédiction. Ces analyses supposent l'utilisation de bases de données existantes mais nécessitent aussi le recours à l'expérimentation.

Des questions prioritaires concernent les réponses d'espèces spécialistes et généralistes, d'espèces à populations différenciées génétiquement *vs.* espèces plastiques ou flexibles, et d'espèces différant par leur capacité de dispersion. L'objectif est de comparer les réponses en termes de déplacement ou d'adaptation de ces organismes indicateurs, afin de tenter de dégager des constantes permettant de prédire la dynamique des systèmes populationnels et de leur potentiel évolutif sur la base de leurs caractéristiques structurelles et fonctionnelles. Il est évident qu'il est impossible de tester toutes les espèces : le recours à des indicateurs de catégories écologiques et éco-génétiques est indispensable, en privilégiant les taxons pour lesquels des données à long terme sont disponibles, ainsi que les modèles biologiques à court temps de génération.

Élaborer des modèles pour comparer différentes stratégies d'adaptation

Les données sur les réponses des espèces pourront servir de base à des travaux de modélisation visant à comparer différentes stratégies d'adaptation en fonction du potentiel évolutif et donc du degré d'adaptabilité des espèces et des scénarios de changement climatique (et les incertitudes associées à toutes ces variables). Le critère à tester est la probabilité d'extinction sous chaque stratégie en fonction des scénarios et de l'incertitude associée, ce qui rejoint le champ des analyses de viabilité de populations.

Ces analyses permettent de comparer des scénarios de gestion de métapopulations, en y intégrant de la variabilité démographique, génétique et environnementale. Le développement de modèles individus-centrés est actuellement à la pointe de ce champ disciplinaire car il permet de coupler hétérogénéité individuelle et dynamique adaptative en fonction des modifications environnementales.

L'aspect de généralisation de la prédiction des modèles est fondamental. Transférer les prédictions de modèles obtenus sur une espèce dans un cadre géographique donné soit à un cadre géographique différent, soit à une entité biologique différente, nécessite de pratiquer des analyses de sensibilité et des vérifications expérimentales dont les contours méthodologiques sont à dessiner.

Étudier le comportement des communautés

Prédire comment le changement climatique va modifier les espèces au sein de communautés est actuellement peu envisageable, suite à la complexité des processus impliqués. Ces processus vont par exemple de la dynamique adaptative et spatiale des invasives potentielles à la dynamique des populations de compétiteurs potentiels ou à la résilience des communautés-cible dépendant par exemple de la saturation du réseau trophique. Il est dès lors prioritaire d'envisager de travailler sur des communautés modèles simples en conditions contrôlées afin de mettre au point les modèles requis et de tester leur efficacité. Une question prioritaire est d'évaluer comment la dynamique spatiale d'un écosystème peut être prédite à partir de celle des espèces qui le constituent.

Le nombre d'interactions augmentant exponentiellement avec le nombre d'espèces, la prédiction fiable du comportement de communautés réelles est actuellement peu envisageable. La non-concordance entre les glissements d'aires observées et les prédictions des modèles de niche est indicatrice d'un « effet communauté » et confirme la difficulté de prédiction du comportement de ces systèmes complexes. Pour avancer dans cette voie, le recours à des communautés expérimentales en microcosmes (écotron) permettra de mettre au point les outils de modélisation requis et de tester leur efficacité.

Définir et évaluer des stratégies d'adaptation

Les stratégies d'adaptation doivent être définies et évaluées, par exemple en termes d'aménagement du territoire (où implanter des zones protégées ou des corridors ?) ou de modulation des activités humaines (quels agro-écosystèmes ?). Des questions spécifiques peuvent porter sur les déplacements assistés en particulier pour des espèces patrimoniales ne pouvant franchir certaines barrières : quand et comment renforcer des populations par des translocations d'individus ou des déplacements assistés ?

Un verrou très important est d'arriver à un niveau de généralisation acceptable. Les notions de connectivité des paysages et de taille de population viable sont particulières à chaque espèce, et même à chaque groupe de populations dans un cadre géographique donné.

Établir des liens entre biodiversité et activités humaines

Les priorités sont l'évaluation économique et sociale des impacts du changement climatique sur les aires protégées, leur biodiversité et leurs services écosystémiques et l'appropriation de ces évaluations par le grand public. Dans ce cadre, il faut étudier les mécanismes financiers de rétribution des services écosystémiques dont les revenus pourraient servir à financer les mesures d'atténuation ou d'adaptation au changement climatique évoquées plus haut.

Situations à étudier prioritairement

La recherche devrait porter en priorité sur les écosystèmes fragiles et les espèces patrimoniales menacées par le changement climatique (comme les tourbières et les espèces boréo-alpines piégées dans des refuges altitudinaux), les espèces à forte valeur en termes de service écologique (pollinisateurs, transporteurs, ingénieurs écologiques, surtout si ce sont des clés de voûte des écosystèmes) et les espèces modèles pour lesquelles des données à long terme sont disponibles.

Ce texte s'inspire largement des travaux de l'ARP ADAGE auquel ont contribué les personnes suivantes que nous tenons à remercier : Amandine Desetables (WWF), Jean-Yves Georges (Univ. Strasbourg), Fatima Laggoun-Defarge (Univ. Orléans), Francis Muller (Pôle Tourbières), Nirmala Seon-Massin (Onema), Lionel Vilain (FNE).

▸▸ Références bibliographiques

Alkemade R., van Oorschot M., Miles L., Nellemann C., Bakkenes M., Ten Brink B., 2009. GLO-BIO3: a framework to investigate options for reducing global terrestrial biodiversity loss. *Ecosystems*, 12, 374-390.

Anderson B.J., Akcakaya H.R., Araujo M.B., Fordham D.A., Martinez-Meyer E., *et al.*, 2009. Dynamics of range margins for metapopulations under climate change. *Proc. R. Soc. B-Biol. Sci.*, 276, 1415-1420.

Araújo M.B., Cabeza M., Thuiller W., Hannah L., Williams P.H., 2004. Would climate change drive species out of reserves? An assessment of existing reserve-selection methods. *Global Change Biology*, 10, 1618-1626.

Barber C.V., Miller K.R., Boness M., 2004. Securing protected areas in the face of global change: Issues and strategies, Gland, IUCN — The World Conservation Union.

Barlow J., Peres C.A., 2004. Ecological responses to El Niño-induced surface fires in central Brazilian Amazonia: management implications for flammable tropical forests. *Phil. Trans. R. Soc. Lond. B Biol. Sci.*, 359, 367.

Brook B.W., Sodhi N.S., Bradshaw C.J.A., 2008. Synergies among extinction drivers under global change. *Trends in Ecology, Evolution*, 23, 453-460.

Brooke C., 2008. Conservation and adaptation to climate change. *Conservation Biology*, 22, 1471-1476.

Brooker R.W., Travis J.M.J., Clark E.J., Dytham C., 2007. Modelling Species' Range Shifts in a Changing Climate: The Impacts of Biotic Interactions, Dispersal Distance and the Rate of Climate Change. *Journal of Theoretical Biology*, 245, 59-65.

Campbell E., Saunders S., Coates D., Meidinger D., MacKinnon A., O'Neill G., MacKillop D., DeLong C., Morgan D., 2009. Ecological resilience and complexity: a theoretical framework for understanding and managing British Columbia's forest ecosystems in a changing climate. Technical Report-Ministry of Forests and Range, Forest Science Program, British Columbia.

CBD, 2003. Inter-linkages between biological diversity and climate change. Advice on the integration of biodiversity considerations into the implementation of the United Nations Framework Convention on Climate Change and its Kyoto Protocol. CBD (Secretariat of the Convention on Biological Diversity), Technical Series no. 10. Montreal, SCBD.

Conroy M.J., Runge M.C., Nichols J.D., Stodola K.W., Cooper R.J., 2011. Conservation in the face of climate change: The roles of alternative models, monitoring, and adaptation in confronting and reducing uncertainty. *Biological conservation*, 144, 1204-1213.

Coulston J.W., Riitters K.H., 2005. Preserving biodiversity under current and future climates: a case study. *Global Ecology and Biogeography*, 14, 31-38.

Devictor V., Julliard R., Clavel J., Jiguet F., Lee A., Couvet D., 2008a. Functional biotic homogenization of bird communities in disturbed landscapes. *Global Ecology and Biogeography*, 17 (2), 252-261.

Devictor V., Julliard R., Couvet D., Jiguet F., 2008b. Birds are tracking climate warming, but not fast enough. *Proc. R. Soc. Lond. B: Biol. Sci.*, 275 (1652), 2743-2748.

Fischlin A., Midgley G.F., Price J., Leemans R., Gopal B., Turley C., Rounsevell M., Dube P., Tarazona J., Velichko A., 2007. Ecosystems, their properties, goods and services, *In : Climate Change 2007: Impacts, Adaptation and Vulnerability. Contribution of Working Group II to the Fourth Assessment Report of the Intergovernmental Panel on Climate Change* (Parry M.L., Canziani O.F., Palutikof J.P., Linden P.J., Hanson C.E., eds.), Cambridge University Press, Cambridge, UK, pp. 211-272.

Gitay H., Suarez A., Watson R.T., Dokken D.J., 2002. *Climate change and biodiversity,* A Technical Paper of the IPCC (Intergovernmental Panel on Climate Change), Geneva, Switzerland.

Guariguata M.R., Cornelius J.P., Locatelli B., Forner C., Sánchez-Azofeifa G.A., 2008. Mitigation needs adaptation: tropical forestry and climate change. *Mitigation and Adaptation Strategies for Global Change*, 13, 793-808.

Hannah L., Midgley G., Andelman S., Araújo M., Hughes G., Martinez-Meyer E., Pearson R., Williams P., 2007. Protected area needs in a changing climate. *Front Ecology Environment*, 5, 131-138.

Hannah L., Midgley G.F., Lovejoy T., Bond W.J., Bush M., Lovett J.C., Scott D., Woodward F.I., 2002. Conservation of biodiversity in a changing climate. *Conservation Biology,* 16, 264-268.

Hansen L.J., Biringer J.L., Hoffman J.R., 2003. Buying time: a user's manual for building resistance and resilience to climate change in natural systems. WWF Climate Change Program.

Higgins S.I., Clark J.S., Nathan R., Hovestadt T., Schurr F., Fragoso J.M.V., Aguiar M.R., Ribbens E., Lavorel S., 2003a. Forecasting plant migration rates: managing uncertainty for risk assessment. *Journal of Ecology*, 91, 341-347.

Higgins S.I., Lavorel S., Revila E., 2003b. Estimating plant migration rates under habitat loss and fragmentation. *Oikos*, 101, 354-366.

Hughes L., 2000. Biological consequences of global warming: is the signal already apparent? *Trends in Ecology and Evolution*, 15, 56-61.

Hulme P.E., 2005. Adapting to climate change : is there scope for ecological management in the face of a global threat? *Journal of Applied Ecology*, 42, 784-794.

IUCN, 2003. *Climate Change and Nature: Adapting for the Future*, IUCN, Gland, Switzerland, p. 6.

Keith D.A., Akcakaya H.R., Thuiller W., Midgley G.F., Pearson R.G., Phillips S.J., Regan H.M., Araújo M.B., Rebelo T.G., 2008. Predicting extinction risks under climate change: coupling stochastic population models with dynamic bioclimatic habitat models. *Biol. Letters*, 4, 560-563.

Killeen T.J., Solórzano L.A., 2008. Conservation strategies to mitigate impacts from climate change in Amazonia. *Phil. Trans. R. Soc. B Biol. Sci.*, 363, 1881-1888.

Locatelli B., Kanninen M., Brockhaus M., Colfer C.J.P., Murdiyarso D., Santoso H., 2008. *Facing an uncertain future: How forests and people can adapt to climate change*. Forest Perspectives no. 5. CIFOR, Bogor, Indonesia, 97 p.

Malcolm J.R., Markham A., Neilson R.P., Garaci M., 2002. Estimated migration rates under scenarios of global climate change. *Journal of biogeography*, 29, 835-849.

Malhi Y., Roberts J.T., Betts R.A., Killeen T.J., Li W., Nobre C.A., 2008. Climate Change, Deforestation, and the Fate of the Amazon. *Science*, 319, 169-172.

Markham A., 1998. Potential Impacts of Climate Change on Tropical Forest Ecosystems. *Climatic Change*, 39, 141-143.

McCarthy J.J., Canziani O.F., Leary N.A., Dokken D.J., White K.S., 2001. *Climate change 2001: impacts, adaptation and vulnerability*, Cambridge University Press, Cambridge, UK.

MEA (Millennium Ecosystem Assessment), 2005. *Ecosystems and human well-being: synthesis*, Island Press, Washington, DC.

Midgley G.F., Thuiller W., Higgins S.I., 2007. Plant species migration as a key uncertainty in predicting future impacts of climate change on ecosystems: progress and challenges, *In : Terrestrial Ecosystems in a Changing World* (Canadell J.G., Pataki D.E., Pitelka L.F., eds.), Springer, New York, pp. 129-137.

Millar C.I., Stephenson N.L., Stephens S.L., 2007. Climate change and forests of the future: managing in the face of uncertainty. *Ecological Applications*, 17, 2145-2151.

Mueller J.M., Hellmann J.J., 2008. An assessment of invasion risk from assisted migration. *Conservation Biology*, 22, 562-567.

Noss R.F., 2001. Beyond Kyoto: Forest management in a time of rapid climate change. *Conservation Biology*, 15, 578-590.

Ogden A.E., Innes J.L., 2007. Incorporating climate change adaptation considerations into forest management planning in the boreal forest. *International Forestry Review*, 9, 713-733.

Parmesan C., 2006. Ecological and evolutionary responses to recent climate change. *Annual Review of Ecology, Evolution, and Systematics*, 37, 637-669.

Parmesan C., Yohe G., 2003. A globally coherent fingerprint of climate change impacts across natural systems. *Nature*, 421, 37-42.

Paterson J.S., Araújo M.B., Berry P.M., Piper J.M., Rounsevell M.D.A., 2008. Mitigation, adaptation, and the threat to biodiversity. *Conservation Biology*, 22, 1352-1355.

Pearson R.G., 2006. Climate change and the migration of species. *Trends in Ecology and Evolution*, 21, 111-113.

Pounds J.A., Fogden M.L.P., Campbell J.H., 1999. Biological response to climate change on a tropical mountain. *Nature*, 398, 611-615.

Root T.L., Schneider S.H., 2006. Conservation and climate change: The challenges ahead. *Conservation Biology*, 20/3, 706-708.

Root T.L., Price J.T., Hall K.R., Schneider S.H., Rosenzweigk C., Pounds J.A., 2003. Fingerprints of global warming on wild animals and plants. *Nature*, 421, 57-60.

Root T.L., MacMynowski D.P., Mastrandrea M.D., Schneider S.H., 2005. Human-modified temperatures induce species changes: joint attribution. *Proc. Natl Acad. Sci. USA*, 102, 7465-7469.

Rose N.-A., Burton P.J., 2009. Using bioclimatic envelopes to identify temporal corridors in support of conservation planning in a changing climate. *Forest Ecology and Management*, 258, 64-74.

Sala O.E., Chapin F.S. III, Armesto J.J., Berlow E., Bloomfield J., Dirzo R., Huber-Sanwald E., Huenneke L.F., Jackson R.B., Kinzig A., Leemans R., Lodge D.M., Mooney H.A., Oesterheld M., Poff N.L., Sykes M.T., Walker B.H., Walker M., Wall D.H., 2000. Global biodiversity scenarios for the year 2100. *Science*, 287, 1770-1774.

Schliep R., Bertzky M., Hirschnitz M., Stoll-Kleemann S., 2008. Changing climate in protected areas? risk perception of climate change by biosphere reserve managers. *GAIA - Ecological Perspectives for Science and Society*, 17 (1), 116-124.

Seppala R., Buck A., Katila P., 2009. Adaptation of forests and people to climate change: a global assessment report. *IUFRO World Series*, 22.

Smithers J., Smit B., 1997. Human adaptation to climatic variability and change. *Global Environmental Change*, 7, 129-146.

Spittlehouse D.L., 2005. Integrating climate change adaptation into forest management. *The Forestry Chronicle*, 81, 691-695.

Spittlehouse D.L., Stewart R.B., 2003. Adaptation to climate change in forest management. *BC Journal of Ecosystems and Management*, 4 (1), 1-11.

Thomas C.D., Cameron A., Green R.E., Bakkenes M., Beaumont L.J., Collingham Y.C., Erasmus B.F.N., Ferreira de Siqueira M., Grainger A., Hannah L., Hughes L., Huntley B., van Jaarsveld A.S., Midgley G.F., Miles L., Ortega-Huerta M.A., Peterson A.T., Phillips O.L., Williams S.E., 2004. Extinction risk from climate change. *Nature*, 427, 145-148.

Thomas C.D., Franco A.M.A., Hill J.K., 2006. Range retractions and extinction in the face of climate warming. *Trends in Ecology, Evolution*, 21, 415-416.

Walther G.-R., Post E., Convey P., Menzel A., Parmesan C., Beebee T.J.C., Fromentin J.M., Hoegh-Guldberg O., Bairlein F., 2002. Ecological responses to recent climate change. *Nature*, 416, 389-395.

WDPA, 2009. Protection statistics by country/territory on the 31st of January 2009. World Database on Protected Areas, http://www.wdpa.org/.

Williams S.E., Shoo L.P., Isaac J.L., Hoffmann A.A., Langham G., 2008. Towards an integrated framework for assessing the vulnerability of species to climate change. *PLoS Biology*, 6, 2621-2626.

Willis K.J., Bhagwat S.A., 2010. Questions of importance to the conservation of biological diversity: Answers from the past. *Climate of the Past*, 6, 759-769.

Wilson R.J., Gutiérrez D., Gutiérrez J., Martínez D., Agudo R., Monserrat V.J., 2005. Changes to the elevational limits and extent of species ranges associated with climate change. *Ecology Letters*, 8, 1138-1146.

Partie 3

Les défis de l'adaptation au changement climatique

Chapitre 12

Ressources en eau et qualité des sols

Bernard Itier, Yves Le Bissonnais, Nadine Brisson,
Philippe Merot, Chantal Gascuel-Odoux

Ce chapitre s'inscrit dans le contexte d'une baisse des précipitations prévue par les modèles climatologiques en zone méditerranéo-tempérée, particulièrement dans l'ouest européen. Le cadre de l'étude est celui de l'eau, en interaction avec le sol, dans l'espace du bassin versant, et du sol, au travers de ses fonctions.

Les enjeux concernent la pression quantitative sur la ressource en eau avec, en corollaire, l'équité sur le partage de l'eau, les évolutions de la production agricole selon les régions, les dangers ou opportunités résultant des actions croisées de variations de température et de précipitation, la vulnérabilité de certains écosystèmes, l'évolution des fonctions des sols, intégrant des modifications d'alternance de saturation et dessiccation, et les conséquences sur la qualité des eaux.

Cet ensemble d'enjeux conduit à poser la question de la pérennité de pratiques mais aussi de systèmes de culture, irrigués comme pluviaux, conduisant à des repositionnements de filières et pouvant modifier les vocations agronomiques de certains territoires.

Les questions posées à la recherche pour faire face à ces enjeux sont les suivantes :
— développer des recherches sur la consommation globale en eau des systèmes de culture et de végétation pérenne, dans une optique de gestion de l'eau à l'échelle des bassins versants ;
— rechercher des modes d'adaptation à la sècheresse par l'agronomie et la génétique, tant pour la production annuelle que pour la résilience des végétations pérennes ;
— étudier la résilience et l'évolution des sols (composantes biotiques et abiotiques), en déduire l'impact sur les cycles biogéochimiques et la qualité des eaux, rechercher des modes d'adaptation de l'agriculture à ces évolutions ;
— élaborer des scénarios à partir de modèles agronomiques intégrant l'hydrologie et la dynamique des états du sol pour proposer différentes options aux acteurs et aux parties prenantes ;
— étudier la pertinence des adaptations proposées par différentes filières au regard de la ressource en eau et en sol. En tirer les conséquences en termes d'alternatives pour les zones potentiellement menacées.

Ces questions conduisent à mettre l'accent sur la nécessaire articulation entre les disciplines concernées :
— climatologues et agronomes dans l'adéquation des sorties des modèles climatologiques aux problématiques agronomiques ;

– agronomes, pédologues, hydrologues et hydrogéologues dans l'appréhension conjointe des processus de transfert à l'échelle du bassin versant ;
– agronomes, chercheurs en sciences économiques et sociales et acteurs de terrain dans la mise en œuvre de dispositifs co-construits concernant le partage des usages de l'eau.

▸▸ Contexte, enjeux et défis

Alors que les différents modèles climatiques prévoient une augmentation de température sur l'ensemble du globe, la situation est nettement plus diversifiée concernant les précipitations : les hautes latitudes et les régions tropicales connaîtraient une augmentation des pluies, alors que les régions tempérées, et tout particulièrement les régions méditerranéennes et sahéliennes, verraient leurs pluviométries baisser, et ce surtout pendant la période estivale au sens large. Les régions européennes et nord sahélienne seraient en situation de baisse des précipitations, ce qui ne manquera pas de poser des problèmes compte tenu de la tension sur la ressource en eau que beaucoup d'entre elles connaissent déjà aujourd'hui (figure 12.1 planche VIII) (Donatelli *et al.*, 2012). Cette baisse prévue des précipitations est toutefois affectée de fortes incertitudes en raison de la divergence entre modèles sur la latitude de la limite nord de passage de la baisse à l'augmentation (voir chapitre 1). Par ailleurs, elle affecterait davantage dans un premier temps les régions méditerranéennes, pour se concentrer dans un deuxième temps sur les marges occidentales et, dans une moindre mesure, orientales du continent. La France présentera, ainsi, des situations de changements assez diversifiées (figure 12.1 planche VIII).

Cette diminution globale des précipitations serait accompagnée d'une augmentation de phénomènes extrêmes (orages et tempêtes), caractérisant la « méditerranéisation » du climat : augmentation des pluies > 10 mm/jour en hiver d'une part, et de la durée des périodes de sécheresse d'autre part (Déqué, 2007).

Une étude sur les impacts sur l'eau, ressource en partage avec de multiples acteurs de la société, ne peut se limiter à la question de l'offre (précipitations). Elle devra aussi prendre en compte l'évolution de la « demande en eau atmosphérique », ET_o, qui dépendra des évolutions de l'ennuagement, de la température, de l'humidité de l'air et du CO_2.

Compte tenu des incertitudes de modélisation exprimées par les divergences d'amplitude des changements climatiques prévues par ces modèles, il faudra travailler non seulement sur des scénarios prospectifs issus de ces modèles, mais aussi sur des séries climatiques passées à valeur historique.

L'impact des changements de température et de précipitations sur les sols est en étroite interaction avec le rôle déterminant joué par l'eau dans les sols. L'étude de cet impact devra concerner l'ensemble des fonctions du sol, agronomiques mais aussi environnementales au sens large. Il s'agira en particulier de prendre en compte les cycles biogéochimiques dans les sols, qui sont largement sous la dépendance des contraintes hydriques et thermiques, les aspects qualitatifs concernant l'eau et les sols (pollution, salinisation, teneurs en carbone, etc.) ainsi que les phénomènes d'érosion, considérés comme irréversibles à l'échelle historique (Pimentel *et al.*, 1995 ; CEC, 2006 ; Van Oost *et al.*, 2007). La zone méditerranéenne pourrait être particulièrement touchée par ces phénomènes et par leur conséquence en termes de désertification, du fait de la combinaison prévue de pluies plus intenses et érosives en hiver et de sécheresses estivales accentuées, réduisant la protection de la surface du sol par la végétation.

L'analyse conduite se limitera à l'eau et au sol dans l'espace rural. L'interférence avec les questions urbaines se circonscrira aux questions de compétition pour la ressource en eau (directe ou indirecte pour des problèmes sanitaires). Sur ce point, le changement climatique s'inscrira dans le cadre plus large du changement global.

Pour l'eau, le cadre sera circonscrit aux interactions avec le sol, sauf pour la relation entre la ressource et la pluviométrie sur les zones d'alimentation amont. Le bassin versant est le cadre naturel de toutes les questions liées à l'eau. La mise en place de stratégie d'adaptation devra souvent être traitée à l'échelle des territoires pour concilier les différents enjeux sur les ressources (eau, sol). Cette interaction exclut les questions d'hydrobiologie traitées au chapitre 9. Elle limite la question des zones humides à leur extension spatiale et à leur qualité physico-chimique, les aspects biotiques étant traités dans les chapitres 3 et 12.

Le sol sera vu à travers ses principales fonctions associées à la production agricole (chapitres 6 et 7) et à certaines fonctions environnementales : stockage et filtration de l'eau, support de la production végétale, milieu tampon, réserve de biodiversité, stockage de carbone.

La combinaison d'une hausse des températures avec la baisse prévue des précipitations conduit à une série d'interrogations sur l'évolution du fonctionnement de divers écosystèmes (chapitres 6 à 8), non seulement en termes de productivité mais également en termes d'incidence sur les ressources du milieu. Les questions que nous détaillerons peuvent être d'ordre cognitif comme celles concernant la productivité en biomasse de la végétation ou l'évolution des déterminants des fonctions environnementales des sols. Elles posent parfois la question de la pérennité d'un écosystème en raison de sa vulnérabilité propre ou des pressions qu'il fera peser sur une ressource en partage. À titre d'exemple, comment faire face demain à une demande accrue d'irrigation pour certaines cultures de printemps quand la recharge des aquifères baissera en raison de la baisse de pluviométrie ? Envisager les interactions entre filières sera nécessaire. Le devenir d'une filière ne peut s'analyser sans prendre en compte la disponibilité des ressources nécessaires à la réalisation de son adaptation au changement climatique. En combinaison avec des adaptations de systèmes et de pratiques, il sera parfois nécessaire de se poser la question des vocations territoriales et du repositionnement de certaines filières.

▸▸ Impacts attendus et pistes d'adaptation pour la gestion des sols et des eaux

Pression quantitative sur la ressource en eau

La baisse de pluviométrie accompagnée dans certaines situations d'une augmentation de la demande climatique ET_0 (effets antagonistes de l'augmentation de la température et du CO_2) se traduira, d'une part, par une accentuation du stress hydrique des végétations naturelles et des cultures et, d'autre part, par une baisse de la recharge des aquifères. Il en résultera une baisse de la disponibilité des ressources hydriques, alors que la demande en eau d'irrigation augmentera. Conjuguée à l'augmentation prévisible de la demande en eau pour d'autres usages et, parfois, à une baisse de fourniture d'eau par les réservoirs montagneux en raison de la diminution du manteau neigeux et des glaciers, cette concomitance de l'augmentation de la demande et de la baisse de l'offre conduira à de fortes tensions dans des régions structurellement déficitaires en eau (aquifères profonds fortement sollicités, aquifères superficiels, absence ou faiblesse d'apports exogènes au bassin versant, etc.). Cette concomitance pourra jouer, dans ces régions, un rôle déterminant sur les possibilités d'adaptation de certaines filières dépendantes de certains systèmes de cultures et de production.

Productivité en biomasse de la végétation

La baisse de pluviométrie conduira, dans certaines régions, à une diminution du confort hydrique pour les végétaux (chapitres 6 à 8). Cette diminution ne sera pas systématique ou, du moins, n'est pas triviale à prédire dans la mesure où divers effets antagonistes peuvent se conjuguer, tels que l'effet croisé de la nébulosité et de la température sur la demande climatique ET_o, l'effet du CO_2 sur l'efficience de l'eau chez les plantes en C3, l'effet de la température sur l'augmentation de la période de végétation chez les pérennes (prairies, vigne, conifères), ou encore l'effet de la température sur l'anticipation et la durée des phases phénologiques.

La ressource hydrique sera déterminante pour que certaines productions (tournesol, maïs, sorgho, etc.) puissent bénéficier des opportunités offertes par l'augmentation de température. Dans certaines régions, elle pourra remettre en cause non seulement des systèmes de culture irrigués actuellement en place, mais également des systèmes de cultures pluviaux pour lesquels l'articulation phénologie et l'état hydrique du milieu seront critiques (cultures de printemps, voire certaines cultures pérennes).

Vulnérabilité de certains écosystèmes (prairies, forêts et zones humides)

La baisse de pluviométrie peut induire des problèmes de survie pour certaines végétations pérennes, soit directement par l'effet du stress hydrique (absence de résilience des prairies, dépérissement forestier), soit indirectement par l'incidence du stress hydrique sur le déclenchement d'incendies de forêts (chapitre 8).

Cette baisse de pluviométrie aura aussi pour conséquence de rendre plus fragile des écosystèmes comme les zones humides (chapitre 9) déjà fragilisés aujourd'hui. Elle pourra conduire, dans les cas extrêmes, à la mise en cause de l'existence même d'une zone humide, dans d'autres cas, à la réduction de son extension. Dans tous les cas, le fonctionnement biogéochimique des zones humides sera modifié en raison de la modification des alternances de saturation et de dessiccation des sols, et donc de ses conditions rédox.

Évolution des déterminants des fonctions environnementales des sols

Les principales caractéristiques déterminantes des fonctions environnementales des sols (teneur en matière organique, biodiversité des sols incluant micro-organismes et macrofaune, stabilité structurale, réactivité biogéochimique) peuvent évoluer sous l'effet du changement climatique :
– soit directement, sous les effets croisés de l'augmentation de température et de l'augmentation des alternances de dessiccation et réhumectation ou de contrastes saisonniers ;
– soit indirectement, sous l'effet de phénomènes extrêmes comme l'augmentation de l'intensité ponctuelle des précipitations sur des surfaces par ailleurs fragilisées par une diminution du couvert végétal, consécutive au stress hydrique, facteurs d'une aggravation du risque érosif (aléa comme vulnérabilité) qui pourrait dans certains cas menacer la ressource en sol elle-même (désertification, apparition de « bad-lands ») ;
– soit indirectement, par la variation de restitution des cultures affectées par le changement climatique.

L'état d'avancement de la réflexion et de l'expérimentation sur les impacts du changement climatique sur les fonctions du sol est inégal selon les thèmes et les facteurs de changement : relativement bien avancée pour le volet biologique et pour ce qui concerne la dépendance à la température (processus et dynamique de populations microbiennes), il l'est beaucoup moins pour le même volet biologique, pour ce qui concerne la dépendance au CO_2 (la concentration en CO_2 dans l'atmosphère du sol pourrait évoluer), et pour le volet physico-chimique (stabilisation des MOS, structuration du sol, etc.) dans son ensemble.

Qualité chimique des ressources en eau

La qualité chimique des ressources en eau peut évoluer pour diverses raisons :
– l'évolution de la recharge en eau vers les aquifères (cf. p. 221) et leur incidence sur la concentration en soluté des eaux drainées ;
– l'évolution des transformations des éléments chimiques, dont des polluants, sous l'effet du changement de température et des alternances de saturation et dessiccation, notamment la modification des cycles du carbone et de l'azote et des éléments associés (minéralisation, déficit de prélèvement par les plantes sous l'effet de stress hydriques, modification de processus biogéochimiques, etc.) ;
– la modification des flux, donc des vitesses et temps de transferts entre compartiments d'aquifères. À cela s'ajoutent les évolutions de débit des rivières en liaison avec l'évolution des systèmes de culture, la baisse de précipitations sur les bassins versants et l'augmentation de la consommation d'eau liée à d'autres usages.

La qualité chimique des sols est elle-même en étroite interaction avec celle des eaux : salinisation, adsorption/désorption de polluants sont étroitement liés à l'état hydrique des sols.

Adaptation des systèmes et des pratiques culturales

L'évolution de la disponibilité de la ressource en eau, l'état hydrique des sols et les propriétés fonctionnelles de ceux-ci peuvent amener à faire évoluer les pratiques agricoles, voire à adopter de nouveaux systèmes de cultures et de production. Ces questions croiseront bien évidemment des aspects de faisabilité biotechnique avec des aspects de faisabilité économique et d'acceptabilité sociale. Elles concerneront :
− l'adoption de systèmes de cultures et de production plus économes en eau d'irrigation, voire, le cas échéant, en travail du sol ;
− l'adoption de systèmes de cultures pluviaux à même de faire face à des situations de stress hydrique ;
− l'évolution de pratiques d'irrigation et d'apport d'intrants sur les systèmes irrigués eux-mêmes dès lors qu'ils sont maintenus ;
− l'adoption de pratiques de conservation des sols en situation fragilisée par la sécheresse et/ou l'occurrence d'évènements extrêmes.

L'enjeu est en fait de revisiter l'ensemble des systèmes de culture et des pratiques, agronomiques comme hydrauliques, de l'échelle du champ à celle du bassin versant, dans une vision intégrée agro-environnementale. L'adaptation de systèmes plus économes en eau ou de systèmes à même de faire face aux stress hydriques pose la question de l'acceptabilité d'une baisse des rendements.

Si les prévisions des modèles s'avéraient fausses en hiver, et si la pluviométrie hivernale augmentait, il se pourrait que les agriculteurs aient à faire face à des problèmes d'excès d'eau et d'anoxie mettant en péril des cultures d'hiver et rendant plus difficile les travaux de printemps. Cette hypothèse ne doit pas être écartée en allant vers le nord.

Modification des vocations territoriales et repositionnement des filières

La baisse de pluviométrie peut amener à remettre en cause la faisabilité de certains systèmes de culture et de production. Ceci ne concerne pas que les systèmes pluviaux mais aussi des systèmes à base de cultures irriguées. En effet, une adaptation envisagée sous le seul angle de la filière par augmentation des doses d'irrigation peut être physiquement et/ou socialement impossible en raison de la pénurie d'eau à l'échelle du bassin versant. Les problèmes posés aux responsables de filières seront différents de ceux auxquels devront faire face des responsables régionaux, en envisageant un repositionnement géographique de filières et l'adoption de nouvelles filières pour un territoire donné (chapitre 15).

Cette question ne doit pas être seulement envisagée sous l'angle d'un danger potentiel : il peut s'agir pour certaines régions, voire certaines filières, de réelles opportunités. Elle appelle des travaux de politique publique, tant pour les aspects économiques que pour les aspects d'acceptabilité sociale.

Équité d'accès à la ressource

Les prévisions de baisse de pluviométrie étant les plus fortes pour les régions déjà en situation de tension structurelle sur la ressource, les conflits d'usage à l'échelle des bassins versants seront aggravés et poseront des questions d'équité entre parties prenantes. Les limites d'une régulation exclusive, par le marché comme par l'État, ayant été largement mises en évidence, cet enjeu pose avec une actualité renouvelée le besoin de prospecter la troisième voie que constitue une régulation par des institutions communautaires, en relation avec les travaux du courant des « Commons » et la construction d'arrangements institutionnels hybrides par la négociation (chapitre 5).

▸▸ Perspectives de recherche

Un certain nombre de questions ont été posées par la combinaison d'une augmentation de température et d'une baisse de pluviométrie. Certaines de ces questions conduiront à des choix d'ordre socio-économique qui dépassent le cadre de ce chapitre. Il sera cependant nécessaire d'améliorer la connaissance du devenir des écosystèmes naturels et cultivés, de leur relation avec le milieu et ses ressources. Ceci conduira à développer les recherches cognitives et/ou finalisées qui, dans certains cas, correspondront à la poursuite et à l'amplification de recherches déjà engagées, et, dans d'autres cas, demanderont un déploiement du dispositif de recherches pour faire face à des lacunes, soit sur une thématique ou des objets, soit sur une meilleure articulation de thématiques ou d'objets de recherche.

Pression quantitative sur les ressources en eau

Quatre priorités de recherches peuvent être définies : l'évaluation de la consommation globale d'eau des divers systèmes de culture et des systèmes de végétation pérenne en fonction du pédoclimat, actuel et futur, et des pratiques agricoles ; la quantification du rôle des structures du paysage sur les flux (infiltration, ruissellement, évapotranspiration) et, *ipso facto*, sur la ressource en eau dans les hydrosystèmes ; l'analyse du rôle de l'organisation spatiale des cultures et du raisonnement des espèces pour concilier les objectifs d'économie d'eau et de protection des zones inondables, pour des climats moyens, mais aussi lors d'évènements extrêmes ; le développement d'études couplées et spatialisées intégrant l'agronomie, l'hydrologie et l'hydrogéologie afin de construire une modélisation mécaniste spatio-temporelle à l'échelle de bassins versants, représentant le devenir des compartiments hydriques (aquifères, eau de surface, eau du sol) en relation avec les pratiques de gestion des surfaces et le pédoclimat.

Productivité en biomasse

Cette question appelle le développement de recherches pour l'adaptation à une sécheresse accrue et à une pression plus forte sur la ressource en eau pour l'irrigation. Cela passe par l'agronomie, en développant des recherches sur des cultures économes en eau, sur l'amélioration de l'efficience de l'eau, ou l'introduction de variétés adaptées à la sécheresse, plus précoces ou plus tolérantes, ou encore l'intérêt en termes de production et de consommation globale d'eau, d'introduire des systèmes combinés (bocage, agro-foresterie, cultures associées, etc.) (chapitres 6 et 7).

Cela passe aussi par la génétique en développant des recherches non seulement sur l'amélioration de la tolérance à la sécheresse, mais aussi sur l'amélioration de la productivité d'espèces tolérantes afin de les rendre attractives. Ces recherches doivent tenir compte des autres facteurs du changement comme des températures plus élevées et l'augmentation du CO_2 atmosphérique.

Cette question appelle aussi le développement des systèmes d'information géographique prenant en compte les interactions « plante, sol, eau » afin d'effectuer un zonage des potentialités des sols.

Vulnérabilité de certains écosystèmes (prairies, forêts et zones humides)

En liaison avec la question du maintien de la couverture des sols pour son incidence sur l'érosion et tout le cycle hydrologique, des études sur les processus et les pratiques qui concourent à la résilience des pérennes au stress hydrique, direct et indirect (incendies) devront être développées.

Les travaux sur les zones humides pourront aborder, d'une part des aspects de typologie des zones humides en fonction de leur modalité d'alimentation en eau afin d'étudier la sensibilité de leur fonctionnement hydrique et biogéochimique (cycle C, N et éléments associés) au changement de température, d'autre part l'évolution des fonctions environnementales des zones humides en fonction des changements de température et des alternances saturation et assèchement.

Évolution des fonctions environnementales des sols

En liaison avec le chapitre 3, il faut mieux définir et analyser la capacité adaptative et évolutive des sols (résilience et résistance des composantes biotiques et abiotiques) en réponse à l'augmentation de la température et des alternances de saturation et de dessiccation, et en déduire l'impact sur les cycles biogéochimiques. Il faut parallèlement étudier l'évolution de la stabilité structurale des sols en fonction de diverses composantes directes du changement climatique (températures maximales, alternances de gel-dégel) ou d'effets induits (matière organique et activité biologique, notamment fongique). Ces travaux permettront d'étudier les conséquences sur la structure des sols et, par effet induit, sur les routages de l'eau (drainage, ruissellement), la proportion de pluie efficace pour la végétation, la sensibilité à l'érosion (hydrique et éolienne) et le tassement des sols, et enfin de modéliser l'érosion des sols selon des scénarios intégrant climat, réponses sol-végétation et pratiques.

L'intégration des connaissances sur les effets directs des changements de température et d'humidité des sols ainsi que sur les effets indirects liés aux changements dans la végétation (composition, productivité) sur la dynamique de la matière organique et ses propriétés fonctionnelles devra être développée.

Protection de la qualité des ressources en eau

L'incidence des augmentations de température et des changements dans les alternances de saturation et dessiccation sur la solubilité et la mobilité des éléments chimiques et biologiques (composés organiques divers) est une première question qui doit permettre d'étudier l'incidence des modifications des cycles C et N et éléments associés (minéralisation, déficit de prélèvement par les plantes sous l'effet de stress hydriques, modification de processus biogéochimique, etc.) sur les flux de nutriments.

Coupler les résultats de ces études avec ceux concernant la diminution de la recharge des aquifères permettra de déduire l'impact du changement climatique sur les interactions entre qualité chimique de l'eau, caractéristiques des sols et des substrats géologiques, sur les temps de résidence et les temps de transfert des polluants, les flux sortants et les stockages internes.

Dans un contexte de pénurie d'eau, il est important d'établir des références techniques sur les conséquences de la réutilisation d'eaux usées sur la qualité des sols (risque de salinisation) et, *in fine*, des eaux des hydrosystèmes, la qualité des produits et les risques sanitaires. Il est également important d'étudier les effets cumulatifs interannuels des changements de conditions pédoclimatiques.

L'incidence du changement de température sur la qualité thermique des écosystèmes aquatiques est traitée dans le chapitre 9.

Adaptation des systèmes et des pratiques

Il s'agit tout d'abord d'intégrer les savoirs existants au sein de modèles agro-environnementaux intégrés, prenant en compte les interactions entre pratiques agricoles et milieux. Il faut pour cela améliorer, dans les modèles intégrés, les modules aujourd'hui déficients et correspondant à des processus susceptibles d'être fortement influencés par les changements de température et de pluviométrie, par exemple le fonctionnement des patho-systèmes (développement des maladies des cultures), les accidents physiologiques, etc. Il faut ensuite élaborer des scénarios afin de renseigner la palette des possibilités biotechniques susceptibles d'être proposées aux acteurs et aux porteurs d'enjeux. Il faudra enfin analyser l'adaptabilité des systèmes d'exploitation et des territoires ruraux, dans le contexte règlementaire, sur l'eau et le sol (national et international) en prenant en compte les évolutions règlementaires plausibles (chapitre 15).

Il s'agit également de concevoir des dispositifs participatifs, avec des professionnels, afin de mettre en œuvre des expérimentations dans les zones sensibles au déficit de pluviométrie, que ce soit en région de systèmes pluviaux ou irrigués.

Vocation agronomique territoriale
et repositionnement des filières

Le premier challenge est d'étudier des alternatives (systèmes de cultures et de production) pour les zones potentiellement sinistrées au niveau de la ressource en eau endogène et/ou exogène et au niveau de la ressource en sol (risque d'érosion ou de salinisation trop élevé). Il faut alors étudier les opportunités offertes à certaines régions, par le couplage des changements de température et de pluviométrie, en termes de systèmes de cultures et/ou de production. Dans l'hypothèse d'une extensification d'une partie du territoire en liaison avec la baisse de ressource en eau, il faut étudier les possibilités de re-mobilisation de terres agricoles. Dans un contexte de « méditerranisation » du climat, il faut en particulier étudier les modes d'organisation des territoires susceptibles de conjuguer économie d'eau et gestion des inondations.

Le zonage du territoire et ses affectations sont importants. Il peut s'agir d'étudier le rôle potentiel des zones humides dans la réduction du coût de l'adaptation (lutte contre les inondations, recharge des aquifères), de cartographier les zones à risque de submersion et/ou de salinisation.

Enfin, la question de la définition des politiques publiques susceptibles de faciliter l'adaptation des systèmes de production et l'organisation de filières alternatives est essentielle.

Équité d'accès aux ressources en terre et en eau

Il s'agit d'étudier les conditions de définition et de mise en œuvre collective d'un partage équitable des ressources en eau, à l'échelle du bassin versant, dans un contexte de diminution lié au changement climatique et, plus largement, au changement global, d'étudier les modes de gestion des conflits d'usage.

Cette même question du partage équitable des terres est traitée dans le chapitre 14.

Des verrous à lever

Disponibilité de variables météorologiques prédites en adéquation avec les problématiques agro-environnementales

Les variables climatiques calculées par les modèles de climat (GCM*) sont potentiellement disponibles à l'échelle régionale, non seulement pour la température et les précipitations mais aussi pour le rayonnement (*via* la nébulosité), le vent et l'humidité.

Cependant, le pas de temps de restitution de ces variables n'est pas toujours adapté aux problématiques agro-environnementales (chapitre 1). On a ainsi besoin tout à la fois de pas de temps fins, caractérisant les évènements extrêmes et leur intensité, et de pas de temps longs appropriés à nos problématiques, par exemple une moyenne sur un ensemble de saisons de végétation.

Seules la température et les précipitations ont fait l'objet d'analyses d'incertitude, les autres variables étant considérées par les climatologues comme des intermédiaires de calcul, alors qu'elles sont des variables de forçage conséquentes des modèles agronomiques.

Enfin, on ne dispose pas de prévisions de variables synthétiques agroclimatiques caractérisant des situations d'intérêt agro-environnemental. Le cas le plus flagrant concerne l'évapotranspiration de référence ET_o qui, pour l'eau « ressource », correspond à la demande climatique à mettre en regard des précipitations qui représentent l'offre.

Organisation de la communauté des hydrologues pour la mise en œuvre d'une modélisation distribuée

Il est nécessaire d'élaborer une modélisation distribuée pour aborder les interactions entre la gestion de l'espace, la circulation de l'eau et l'état des « réservoirs » (sol, nappe, eaux de surface). Il y a d'une part un problème d'ingénierie et d'organisation de la communauté scientifique pour le développement informatique de ces modèles, qui sont lourds et complexes, et d'autre part des verrous méthodologiques. Par exemple, à l'exception du RMQS/réseau de mesure de la qualité des sols, on peut noter l'absence de méthodes de mesure pour cartographier, sur les territoires d'intérêt, des propriétés physiques du sol (réserve en eau, conductivité hydraulique) et l'enracinement des plantes (profondeur). On peut aussi noter l'absence de méthodes de mesure pour caractériser certains termes clés du bilan hydrique (humidité sur le profil de sol, flux d'eau dans le sol : drainage, flux latéraux, ruissellement de surface à l'échelle des entités fonctionnelles des modèles distribués (parcelle, structures linéaires, etc.).

Ces verrous privent toutes les études sur les modèles distribués et les méthodes permettant leur mise en œuvre (segmentation de l'espace, définition des variables et paramètres descriptifs de chaque entités spatiale) de critères de validation ou d'évaluation en dehors des critères très globaux que sont les débits à l'exutoire ou les niveaux piézométriques des nappes.

Couplage agro-hydrologie-hydrochimie-hydrogéologie et acquisition sur le long terme des variables sur des observatoires

Pour appréhender la question de la disponibilité et de la qualité des ressources en eau avec une résolution spatio-temporelle satisfaisante, il est absolument indispensable que les différentes communautés de recherche unissent leurs efforts pour construire un cadre conceptuel approprié permettant de dépasser la monographie et de donner une généricité aux résultats expérimentaux.

L'expérimentation sur des sites en partage a un rôle important à jouer. Les observatoires agro-hydrologiques de recherche en environnement et les zones ateliers doivent permettre de caractériser les évolutions, et notamment les interactions et rétroactions climat, couvert végétal et usage des sols, pour calibrer et valider les modèles agro-hydro-climatiques. Ces observatoires doivent se situer dans les zones où les conséquences sont mal évaluées. Ils doivent appréhender la question du changement d'échelle pour rendre compte des évolutions locales et régionales du cycle de l'eau et apporter des réponses à l'échelle de la ressource en eau. Ils doivent être associés à des bases de données accessibles.

Une définition claire et reconnue de la « qualité des sols »

La difficulté pour appréhender la qualité des sols comme variable objective et pour en suivre les changements réside dans la multifonctionnalité de ceux-ci. La qualité recouvre à la fois des aspects agronomiques et environnementaux, qui doivent être examinés conjointement. Le principal verrou se situe dans le manque de concepts et de méthodes d'évaluation pour donner une valeur à chacune des fonctions du sol prises individuellement, en termes de fonction et de résilience associée, pour les hiérarchiser et les agréger au moyen d'indicateurs synthétisant la qualité des sols.

La mise en place de dispositifs intégrateurs co-construits

Pour expérimenter des solutions alternatives en zones sensibles à la sécheresse, il est indispensable d'associer aux acteurs bio-techniciens et des sciences humaines et sociales de la recherche, des acteurs professionnels seuls à même de croiser la faisabilité technique, la faisabilité économique et l'acceptabilité sociale.

Ce texte s'inspire largement des travaux de l'ARP ADAGE auquel ont contribué les personnes suivantes que nous tenons à remercier : Sophie Allain (Inra), Yvan Caballero (BRGM), André Chanzy (Inra), Nils Ferrand (Irstea), Hélène Pauwels (BRGM), Jorge Sierra (Inra), Christian Walter (Agrocampus Rennes).

▶▶ Références bibliographiques

CEC, 2006. Proposal for a directive of the European Parliement and of the Council establishing a framework for the protection of soil and amending Directive 2004/35/EC, Brussels, 22.9.2006, COM (2006) 232 final, 2006/0086 (COD).

Déqué M., 2007. Frequency of precipitation and temperature extremes over France in an anthropogenic scenario: Model results and statistical correction according to observed values. *Global and Planetary Change*, 57, 16-26.

Donatelli M., Duveiller G., Fumagalli D., Srivastava A., Zucchini A., Angileri V., Fasbender D., Loudjani P., Kay S., Juskevicius V., Toth T., Haastrup P., Barek R.M., Espinosa M., Ciaian P., Niemeyer S., 2012. Assessing agriculture vulnerabilities for the design of effective measures for adaption to climate change. Avemac project, JRC report, European Commission, 176 pp.

Itier B., Brisson N., 2010. The relative importance of Improvement of Practices and Cropping Systems Pattern to face Water Scarcity at Catchment level, *In : International Conference on water scarcity and drought*, Madrid (Spain), 17-18 February 2010.

Pimentel D., Harvey C., Resosudarmo P., Sinclair K., Kurz D., McNair M., Crist S., Shpritz L., Fitton L., Saffouri L., Blair R., 1995. Environmental costs of soil erosion and conservation benefits. *Science*, 267, 1117-1123.

Van Oost K., Quine T., Govers G., De Gryze S., Six J., Harden J.W., Ritchie J.C., McCarty G.W., Heckrath G., Kosmas J., Giraldez J.R., Marques da Silva J.R., Merckx R., 2007. The impact of agricultural soil erosion on the global carbon cycle. *Science*, 318, 626-629.

Chapitre 13

Adaptation au changement climatique et lutte contre l'effet de serre

Philippe CIAIS, Pierre-Alain JAYET, Jean-François SOUSSANA

▸▸ Contexte et enjeux

Le point de départ de ce chapitre repose sur l'idée que l'atténuation du changement climatique et l'adaptation au changement climatique interagissent et que de leur compréhension et de leur évaluation dépend l'efficacité de politiques visant à maitriser le changement climatique. Lorsqu'il s'agit d'agriculture, l'un des aspects importants — et controversés — vient de la relation complexe associant ce secteur d'activité avec l'énergie et plus largement avec les utilisations non alimentaires de la biomasse. Cette complexité justifie que soit proposé un agenda de recherche pour la comprendre et tenter de la maîtriser.

Émissions et absorptions de gaz à effet de serre par l'agriculture et la forêt

Les activités humaines ont une grande influence sur le cycle global du carbone et utilisent environ 40 % de la productivité primaire nette liée à la photosynthèse (Rojstaczer *et al.*, 2001).

Globalement, environ 2 500 gigatonnes de carbone sont stockées dans les plantes et les sols, avec un réservoir additionnel de carbone dans les pergélisols estimé à 1 700 gigatonnes. Il est probable, voire très probable, que les changements du climat et l'utilisation des terres libèrent une fraction de ce carbone dans le prochain siècle, ce qui aurait pour effet d'accélérer le changement climatique. Il est donc crucial de préserver ces stocks — ou d'en compenser les pertes — en évitant la déforestation, le retournement des prairies, la dégradation et l'érosion des sols agricoles.

En 2004, l'agriculture a contribué directement à 14 % des émissions anthropiques mondiales de gaz à effet de serre (GES), tandis que les changements d'utilisation des sols (comme la déforestation) ajoutaient une contribution indirecte des secteurs agricoles et forestiers représentant 17 % de ces émissions. Afin de limiter le réchauffement planétaire à 2 °C, les émissions anthropiques de GES devront globalement diminuer d'au moins 50 % par rapport aux niveaux de 1990 d'ici à 2050 (IPCC, 2007). Toutefois, le secteur agricole n'est pas encore soumis à des plafonds d'émissions, bien que des plans d'action soient mis en place dans plusieurs pays.

Quantifier les émissions de GES provenant des activités agricoles est complexe. Tout d'abord, ces émissions sont très variables en raison du grand nombre d'exploitations agricoles individuelles dans des conditions géographiques et climatiques très diverses, et leur mesure précise est difficile et coûteuse. Ensuite, l'incertitude scientifique est forte quant aux émissions de GES agricoles car elles impliquent une interaction complexe de facteurs comme le climat, le type de sol et les modes de production agricole. De plus, le périmètre des émissions indirectes (mécanisation, engrais, etc.) doit être précisément défini pour estimer ces émissions, et diverses méthodes basées sur des analyses de cycle de vie (ACV*) peuvent donner des résultats très différents. Pour ne pas pénaliser la production alimentaire, les options d'atténuation doivent viser à réduire les émissions de GES par unité de production végétale ou animale (Soussana, 2012).

De nombreuses pratiques agricoles peuvent potentiellement réduire les émissions de GES, en particulier une meilleure gestion des terres cultivées et des pâturages ou la restauration des terres dégradées afin de stocker du carbone dans les sols agricoles (Smith *et al.*, 2008). D'autres approches pourraient jouer un rôle significatif : réduire l'excès de fertilisation azotée ; substituer les engrais azotés minéraux par la fixation biologique d'azote pour diminuer les émissions de N_2O ; améliorer la nutrition des ruminants pour réduire les émissions de méthane issues de la fermentation entérique ; améliorer la gestion des effluents d'élevage pour réduire les émissions de CH_4 et de N_2O. La séquestration du carbone dans les sols, en plus de réduire les émissions nettes agricoles, pourrait également jouer un rôle majeur dans la compensation des émissions de CO_2 provenant d'autres secteurs. Le potentiel technique mondial d'atténuation de l'agriculture d'ici 2030, en considérant tous les gaz à effet de serre, est estimé à 5 500-6 000 Mt CO_2-éq. par an, et la moitié de ce potentiel pourrait être atteint en théorie pour des prix du carbone de 50 dollars par tonne de CO_2-éq. (IPCC, 2007).

En outre, l'accroissement de l'effet de serre du CO_2 peut être réduit indirectement en remplaçant les combustibles fossiles par des sous-produits agricoles (par exemple, du biogaz issu de la fermentation anaérobie de résidus de récolte et d'effluents d'élevage) et par des cultures énergétiques dédiées, comme des graminées pérennes ou des taillis à courte rotation. Le principe est que, à l'équilibre, les émissions par combustion de biomasse seraient compensées par les puits de CO_2 liés à la repousse annuelle, ce qui crée une boucle du cycle du carbone neutre du point de vue du climat. On estime que le potentiel économique d'atténuation lié à l'énergie issue de la biomasse agricole est du même ordre de grandeur que celui lié à l'atténuation directe des GES dans le secteur agricole (Smith *et al.*, 2008). Cependant, la production de biocarburants à partir de cultures alimentaires (souvent subventionnées) accroît la demande en terres cultivées, l'intensification de la production, source d'émissions supplémentaires de N_2O, entraîne des changements d'usage des sols et contribue à la hausse des prix des matières premières agricoles. L'expansion des biocarburants aux dépens des cultures alimentaires contribue ainsi à la déforestation et, de manière indirecte, aux émissions de CO_2 de l'agriculture.

Impacts du changement climatique

Le changement climatique modifie la production agricole. Les principales variables d'impact sont les températures, les précipitations, le vent et leur variabilité (chapitre 2). En particulier, les évènements extrêmes peuvent fortement affecter la production agricole et les stocks de biomasse dans les forêts. La canicule de 2003, les tempêtes de 1999 et 2009 ont montré que les écosystèmes français sont vulnérables à de tels évènements qui pourraient devenir plus fréquents dans les prochaines décennies. L'état de l'art des connaissances est insuffisant pour quantifier les changements en fréquence et intensité de tels accidents climatiques, estimer la vulnérabilité des (agro-)écosystèmes et la résilience que pourrait apporter la mise en place de pratiques spécifiques d'adaptation (premières évaluations économiques, par exemple Leclère *et al.*, 2013).

Le deuxième facteur qui impacte la production agricole et la biomasse des forêts est la concentration atmosphérique globale en CO_2 à travers non seulement un effet de fertilisation sur la photosynthèse, mais aussi un effet direct de réduction de la conductance stomatique qui modifie les bilans d'énergie de surface, et qui a des effets généralement positifs sur la fixation de l'azote par la plante. L'effet du CO_2 sur la production végétale est fonction des états hydrique et azoté de la végétation, et des pratiques. Au-delà de la quantité de biomasse produite, il faut aussi considérer l'impact du CO_2 sur la qualité des productions (en particulier, la réduction de la teneur en protéines des grains et des fourrages).

Le troisième facteur d'impact sur la production végétale est la concentration en ozone dans la basse atmosphère de pollution. Cette variable varie fortement, localement et régionalement, en fonction des émissions de précurseurs, du rayonnement et des processus photochimiques associés et elle interagit avec la concentration atmosphérique en CO_2. Comprendre l'effet de l'ozone requiert une estimation fine des concentrations de ce polluant à la surface, et une connaissance de la vulnérabilité (très différente entre espèces) et des variables pertinentes pour le risque de dommage sur la végétation. Une étude de modélisation du MIT (Felzer *et al.*, 2004) a montré un effet négatif de l'exposition de la végétation globale à des concentrations élevées d'ozone sur la productivité végétale, avec des réductions de productivité primaire nette qui atteignent localement 70 % en 2100, et causent indirectement une augmentation du CO_2 atmosphérique.

Le quatrième facteur qui impacte la production des forêts est le dépôt atmosphérique d'azote, à la fois les NO_x produits par les combustions, et les espèces réduites (NH_4^+) produites principalement par les activités d'élevage intensif. Ces apports extérieurs peuvent être la principale source d'azote pour les forêts dans les régions industrialisées, et plusieurs études estiment leur effet fertilisant qui augmente la productivité et la séquestration (Zaehle *et al.*, 2010). En particulier les travaux de Magnani *et al.* (2007) sur un ensemble de forêts européennes suggèrent que, une fois les effets d'âge soustraits, les apports d'azote sont la principale cause de séquestration du carbone. L'effet de ces quatre facteurs peut être amplifié ou atténué par les choix des agents économiques, plus précisément par les choix des cultures, des élevages, des pratiques et des quantités d'intrants (Zaitchik *et al.*, 2006).

Rétroactions

En retour, l'agriculture interagit avec le climat global par ses émissions de gaz à effet de serre, et avec le climat local et régional par les modifications du bilan d'énergie de la surface. La principale spécificité des agro-écosystèmes concerne leur phénologie qui altère le bilan hydrique et énergétique de la surface. En particulier, lors des vagues de chaleur en Europe, on a pu constater que les températures locales sont de 4 à 10 °C plus élevées sur les végétations herbacées (cultures et prairies) que sur les surfaces sous couvert forestier (Zaitchik *et al.*, 2006).

Plusieurs simulations du couplage entre végétation et atmosphère — avec et sans présence de couvert agricole — ont aussi montré un effet important sur le climat régional, avec un écart de température de l'ordre de 2 °C sur les régions de cultures comparées à une végétation potentielle. La présence de cultures va, d'une part, en général augmenter l'albédo de surface et donc refroidir le climat par rapport à un couvert arboré et, d'autre part, augmenter ou diminuer les flux de chaleur latente en fonction de l'eau du sol disponible et des pratiques agricoles par rapport à un sol nu (rôle de l'irrigation). La rétroaction nette de la présence de cultures sur les températures de surface va donc dépendre de ces deux facteurs et de leurs interactions. Une augmentation très légère de l'albédo* (+ 0,02) sur toutes les régions cultivées du globe pourrait conduire à un effet de refroidissement des moyennes latitudes. Ce résultat montre qu'il existe un potentiel des pratiques agricoles et du choix des espèces cultivées, pour atteindre un objectif d'atténuation, non seulement *via* la réduction des GES, mais aussi par géo-ingénierie. Toutefois, la priorité liée à l'alimentation (chapitre 14), doit conduire à raisonner les choix en fonction d'un objectif d'adaptation de la production agricole au changement climatique, tout en maîtrisant les rétroactions sur le climat.

▸▸ Comment combiner adaptation et atténuation ?

L'agriculture et la forêt sont confrontées à deux défis : réduire les émissions nettes de gaz à effet de serre et continuer à produire nourriture et fibres en quantité et qualité suffisante, face à un climat changeant et plus variable. En Europe, le secteur agricole contribue directement à 10 % environ des émissions de gaz à effet de serre. Comment combiner atténuation des émissions de GES et adaptation des systèmes agricoles ?

Dans le cas d'une synergie positive, par exemple du zéro labour qui diminuerait les émissions de CO_2 par les sols (atténuation) tout en conservant l'eau dans le sol (adaptation), voire en augmentant l'albedo après la récolte, on parlera de co-bénéfice. Dans le cas d'un couplage entre atténuation et adaptation avec des effets contraires, adverse pour l'un et bénéfique pour l'autre, on parlera de compromis (*trade-off*). La question de la mesure des effets nets cumulés de la variation d'un phénomène ou d'une action se pose avec beaucoup d'acuité. Pour traditionnelle qu'elle soit dans l'analyse économique, l'analyse coût-bénéfice est un élément de réponse qu'il conviendra de remettre à jour. Les notions de co-bénéfice et de compromis demandent que soient précisément définis le périmètre du système étudié et l'horizon sur lequel on l'étudie. Par exemple, une action susceptible d'engendrer des bénéfices sur une région, comme la production d'agrocarburants, peut avoir un impact négatif sur le taux de croissance du CO_2 atmosphérique, à travers le déplacement indirect de l'usage des terres, par exemple en accélérant la déforestation dans une autre région.

Quels sont les effets croisés de pratiques d'adaptation et d'atténuation ?

Les co-bénéfices et les compromis entre adaptation et atténuation dans le domaine de l'agriculture, de la forêt et des écosystèmes anthropisés n'ont pas encore été analysés systématiquement. Seuls quelques exemples tirés de la littérature sont donnés ici.

Dans les systèmes de culture, certaines mesures d'adaptation à un climat plus chaud et à une pluviométrie plus variable pourraient avoir un effet positif sur les émissions de gaz à effet de serre en réduisant l'érosion du sol et les pertes de carbone et d'azote organique. Améliorer, par exemple, la capacité de rétention en eau des sols en ajoutant des résidus de culture et des effluents d'élevage au sol, ou en diversifiant les rotations, permettrait de stocker du carbone dans le sol et de réduire l'impact du déficit hydrique, entraînant ainsi un co-bénéfice (Smith et Olesen, 2010). À l'inverse, augmenter l'irrigation pour s'adapter au changement climatique :
— augmente la demande en énergie et tend à réduire la disponibilité en eau pour l'hydroélectricité (compromis adaptation-atténuation) (Wreford *et al.*, 2010),
— peut augmenter le stockage de carbone dans les sols cultivés (co-bénéfice, Rosenzweig et Tubiello, 2007).

Dans les systèmes intensifs d'élevage, le réchauffement du climat peut nécessiter l'installation de systèmes de ventilation et de climatisation des bâtiments d'élevage, ce qui entraînerait des émissions accrues de gaz à effet de serre (compromis, Rosenzweig et Tubiello, 2007). Dans les systèmes d'élevage herbagers, l'augmentation du chargement animal pour s'adapter dans certaines régions climatiques à une pousse annuelle accrue de l'herbe pourrait également augmenter les émissions de GES (compromis, Graux *et al.*, 2012). À l'inverse, la sélection d'animaux de plus grand format, plus vulnérables aux températures élevées (chapitre 7), peut favoriser la productivité (production laitière) et réduire les émissions de méthane entérique par litre de lait produit (compromis). Ces différents exemples illustrent la gamme étendue de compromis biotechniques, et parfois de co-bénéfices, entre adaptation et atténuation. Dans tous les cas, les incertitudes sont élevées sur les covariances entre adaptation et atténuation, et plusieurs horizons temporels doivent être considérés, l'adaptation apportant souvent des bénéfices immédiats, et l'atténuation des bénéfices climatiques de long terme pour les deux principaux gaz à effet de serre à longue durée de vie, CO_2 et N_2O. Les mesures touchant aux réductions d'émissions de CH_4 ont un effet climatique plus rapide (durée de vie dans l'atmosphère de 8,5 ans).

Changements d'usage des sols, adaptation et atténuation

L'expansion de l'agriculture vers des latitudes et des altitudes élevées constitue une forme d'adaptation au changement climatique, mais elle est susceptible d'entraîner la perte de grandes quantités de carbone et d'azote lorsque des sols organiques (tourbières, zones humides) seront drainés et mis en culture (Smith et Olesen, 2010). Les accidents climatiques, comme les sécheresses estivales et printanières de 2003 et 2011 en France, s'accompagnent d'un retournement accéléré des prairies permanentes afin de sécuriser les systèmes fourragers en produisant du maïs (souvent irrigué) en remplacement de l'herbe. Comme le retournement des prairies et le passage à des cultures annuelles réduisent en 20 ans le stock de carbone organique du sol de 20 tonnes en moyenne (Soussana *et al.*, 2004), cette forme d'adaptation renforce l'effet de serre et constitue donc une compensation entre adaptation et atténuation. Les pratiques de zéro-labour ont un impact positif (bien qu'incertain) sur la séquestration du carbone dans les sols mais, si les résidus sont laissés au sol en été, ont aussi peut-être un potentiel important d'atténuation des vagues de chaleur en été (Davin *et al.*, 2012)

À l'inverse, des mesures d'atténuation par plantation de forêts, de taillis à courte rotation ou de graminées pérennes d'origine tropicale (comme *Miscanthus* sp.) fortement productives et destinées à fournir des biocarburants de seconde génération, peuvent être contraintes par le changement climatique. La productivité de plusieurs espèces utilisées pour la production de bioénergie et de biocarburants sera en effet limitée en Europe par une sensibilité marquée aux sécheresses et vagues de chaleur estivales, ce qui augmentera les besoins d'adaptation pour ces cultures à vocation non alimentaire (Wreford *et al.*, 2010).

Quelles sont les limites de l'adaptation et de l'atténuation ?

Trois remarques s'imposent.

Les effets du changement climatique ne pourront pas être entièrement évités ou significativement limités par les seules politiques d'atténuation. C'est le sens des scénarios du GIEC qui « acceptent » une augmentation du forçage radiatif allant de 2 W/m^2 à 9 W/m^2 à l'horizon 2100 (chapitre 1), en fonction de la trajectoire future des émissions de gaz à effet de serre. Dans ce contexte, l'adaptation constitue donc un volant d'options « inévitables » visant à la maîtrise des impacts négatifs du changement climatique. Les interactions entre adaptation et atténuation sont inéluctables.

Les scénarios d'atténuation des émissions reposent sur une estimation incertaine des impacts climatiques et de leurs dommages (chapitre 2). À cet égard, les travaux de recherche sont encore insuffisants voire inexistants, et quand ils existent, la dimension régionale est rarement traitée. La réduction de l'incertitude sur les impacts à différents horizons de temps et pour des échelles régionales où les coûts et bénéfices des changements peuvent être estimés avec une meilleure précision reste donc un élément fondamental dans l'effort de recherche à accomplir, à mettre en regard avec l'échéance courte des décisions à prendre en termes d'atténuation. La dynamique des mécanismes physiques, tout autant que la dynamique des options retenues dans les politiques, justifie que l'on aborde le problème en termes de couplage dynamique entre atténuation et adaptation. La sous-estimation de l'intensité des impacts obligera à une surcompensation de l'adaptation. Les décisions en matière d'adaptation devront en retour être étudiées à l'avance, si possible pour estimer leurs effets à long terme sur la trajectoire du forçage radiatif (par exemple, *via* les sources et puits de gaz à effet de serre). Le cas des agrocarburants et le débat sur les analyses en cycle de vie (ACV) associées en est un bon exemple.

Les mesures d'atténuation visent la préservation d'un bien public mondial (le climat), alors que les mesures d'adaptation au changement climatique cherchent à préserver des biens (agricoles, forestiers, etc.) qui sont généralement privés et d'échelle locale. Cette asymétrie, entre les enjeux de l'atténuation et ceux de l'adaptation, peut toutefois être nuancée à partir de deux constats :
− plusieurs biens publics mondiaux (sécurité alimentaire, biodiversité et services des écosystèmes, climat) sont touchés (directement ou indirectement) par les impacts du changement climatique. Leur préservation dépend donc, pour partie, de mesures et de politiques d'adaptation impactant le secteur agricole, la forêt et l'usage des sols ;
− différents outils économiques ont été proposés (et parfois mis en œuvre) pour internaliser le coût des mesures d'atténuation (taxes, crédits et marchés carbone). De même, des démarches d'éco-certification et d'éco-labellisation cherchent à modifier le comportement des filières et des consommateurs, afin de réduire l'empreinte carbone de la consommation finale des ménages. Dans le domaine de l'agriculture et de la forêt, ces démarches sont toutefois récentes et restent le plus souvent au stade expérimental.

Au-delà de ce clivage, le problème posé est bien d'aider les acteurs publics et privés à construire des stratégies d'adaptation et d'atténuation efficaces et compatibles. Dans ce but, il serait avantageux de repenser l'information, la formation et la recherche en intégrant systématiquement les enjeux de l'adaptation et de l'atténuation. De même, les politiques publiques aux échelles de l'État (plan national Climat, pour l'atténuation, et plan national d'Adaptation au changement climatique) et de l'Union européenne devraient être mieux intégrées afin de disposer d'une stratégie climat gagnant en lisibilité et en efficacité et prenant en compte les deux volets et leurs interactions.

▸▸ Quels objectifs de recherche ?

Cinq objectifs complémentaires ont été identifiés :
− analyser les interactions (identifier les co-bénéfices, compromis, compensation) entre adaptation et atténuation dans l'usage des terres, d'une part, et dans les systèmes et pratiques agricoles, d'autre part ;
− analyser les feedbacks économiques des mesures d'adaptation et d'atténuation, et les effets indirects (ex. les changements indirects d'usage des terres, ou les implications pour les ressources en eau et la production d'énergie ;
− quantifier les effets climatiques directs et indirects de l'adaptation et de l'atténuation ;
− évaluer les coûts et bénéfices économiques ;
− évaluer les risques, inerties et flexibilités de l'adaptation et de l'atténuation, pour différents horizons temporels.

Quantifier les mécanismes d'interaction
entre adaptation et atténuation dans l'usage des terres

L'usage des terres constitue une plaque tournante pour les enjeux de sécurité alimentaire (chapitre 14), des sociétés à agriculture de subsistance (chapitre 10), de biodiversité (chapitre 11), des ressources en sols et en eaux (chapitre 13) et de territoires (chapitre 15), mais aussi pour les liens entre atténuation et adaptation. L'enjeu pour la recherche est de réduire les incertitudes sur les mécanismes d'affectation des terres, pour différentes options d'adaptation et d'atténuation, en incluant la production de bioénergie, et en combinant la simulation du système couplé biosphère-économie avec des observations appropriées. Il s'agit aussi de maîtriser la compréhension des flux d'allocation des terres aux échelles locales, nationales et globale tout en recherchant la cohérence entre les différentes échelles et les effets induits. À cette fin, il s'agit de chercher à prédire les évolutions des capacités de production (animale et végétale, voir la partie 2), et d'étudier la résilience des systèmes face aux différentes options d'adaptation et d'atténuation. L'adaptation doit intégrer les nouvelles utilisations des terres, en insistant sur la polyvalence qu'il conviendrait de favoriser en matière d'usage des terres (en incluant par exemple les nouveaux procédés tels qu'ils ont été identifiés dans l'ARP VEGA[1]).

La scénarisation quantitative de changements futurs d'usage des terres nécessite de combiner plusieurs types d'hypothèses et de modèles :
– des scénarios narratifs de l'évolution des sociétés humaines, dont la diète et les rations caloriques ainsi que la production de déchets agricoles (Tilman *et al.*, 2011), pour les différents secteurs d'activité et pour les différentes régions, aboutissant à des trajectoires d'émissions et d'absorptions de GES (chapitre 1) ;
– des modélisations du climat et de son évolution à l'échelle régionale (chapitre 2) ;
– des modélisations des prix de l'énergie et du coût du travail qui déterminent partiellement les potentiels d'intensification agricole ;
– des modélisations sectorielles (écosystèmes, cultures, élevages, forêts, hydrosystèmes, etc.) permettant d'envisager les évolutions du potentiel productif et des émissions/absorptions de GES, en fonction du climat et des scénarios socio-économiques (chapitres 6 à 9) ;
– une modélisation macro-économique des changements d'affectation des sols qui peuvent résulter des évolutions de l'offre et de la demande en aliments (calories végétales et animales), en fibres, en matériaux et en énergie issue de la biomasse.

La communauté scientifique française dispose de peu de modèles intégrés permettant de s'attaquer à une tâche d'une telle ampleur (Souty *et al.*, 2012) et de participer ainsi pleinement aux exercices internationaux de scénarisation (développés par exemple pour le GIEC, comme ISI-MIP[2]). La constitution d'un tel outil, *via* des collaborations avec les plateformes actuelles[3], constitue une priorité d'ordre stratégique.

---

1. ARP VEGA, Atelier de réflexion prospective de l'ANR et de l'Inra : Quels végétaux pour la biomasse du futur ?
2. www.pik-potsdam.de/research/climate-impacts-and-vulnerabilities/projects/Externally_RD2/isi-mip
3. Voir les modèles IMAGE du PBL (Pays Bas), GLOBIOM de IIASA (Autriche), ainsi que les modèles de l'IFPRI (CGIAR).

On peut également recommander :
– d'identifier les verrous sociétaux, juridiques, voire culturels, à la mise en place de l'aménagement des sols pour l'adaptation et l'atténuation. En exemple, on peut citer les contrats liant les producteurs et les transformateurs et sécurisant des approvisionnements d'industries valorisant les productions agricoles ;
– d'étudier les options de gouvernance mondiale dans l'usage des sols, et leurs implications à tous niveaux (commerce mondial et stratégies des acteurs internationaux), et améliorer les capacités en matière de scénarisation et d'évaluation des risques (par exemple en matière de certification affectant la production et/ou la consommation des agrocarburants) ;
– de promouvoir des études visant à comparer les options choisies dans différents pays et groupes de pays — Chine, Inde, États-Unis, UE —, étudier et formuler les propositions que pourraient/devraient prendre ces acteurs dans les négociations internationales ;
– de traiter quelques cas où l'on dispose de données permettant d'étudier des situations de co-bénéfice et de compromis (par exemple, préservation ou au contraire conversion en cultures des prairies permanentes) ;
– de les analyser lorsqu'on dispose d'un ensemble de probabilités associées à des triplets [risque climatique × modèle des états de la végétation et des sols × modèle des impacts] ;
– de construire un cadre dans lequel s'inscrit la nature des incertitudes sur l'atténuation et l'adaptation, et dans lequel elle peut être estimée (selon la structure des modèles, les valeurs des paramètres inconnus, les définitions, la randomisation, la comparaison aux données, par exemple dans la rétro-analyse d'évènements passés) ;
– de quantifier les effets climatiques directs et indirects de l'adaptation et de l'atténuation, et particulièrement les déplacements géographiques d'usage des sols (relocalisation des émissions de GES d'origines animale et végétale, connue sous le terme de *leakage* dans les négociations internationales sur le climat) ;
– d'identifier les inadaptations éventuelles des règles actuelles d'usage des sols (local/national/global). Par exemple, les options de révision des droits d'usage et de propriété (exemple des Sociétés d'aménagement foncier et d'établissement rural, Safer, chargées en France de missions de protection et de développement des surfaces agricoles), ou pour la forêt la règlementation encadrant la plantation d'essences exotiques (chapitre 9).

Les compromis entre adaptation et atténuation devront, en particulier, être identifiés dans des systèmes intégrant plusieurs fonctions (agriculture et élevage, agriculture et biodiversité, production de bioénergie et de bois pour la forêt, en favorisant les analyses de systèmes de production agricole et forestier/agroforesterie). Il s'agit également d'inclure les nouveaux usages des terres (incluant les usages de type éolien et photovoltaïque) et les aires protégées (chapitre 11), ainsi que le rôle que peuvent jouer dans l'adaptation et l'atténuation les écosystèmes urbains et péri-urbains.

Développer des options compatibles d'adaptation et d'atténuation dans les systèmes agricoles et forestiers

Jusqu'à ces dernières années, les recherches sur l'atténuation et celles sur l'adaptation ont été largement cloisonnées. L'état de l'art commence tout juste à identifier

les co-bénéfices et les compromis entre ces enjeux pour un petit nombre d'options biophysiques et de systèmes agricoles, forestiers ou halieutiques. Un champ entier de recherches est à construire selon une démarche comprenant, par exemple, cinq étapes :
– la scénarisation (chapitre 1) des trajectoires des systèmes d'exploitation sous l'impact du changement climatique et des autres dimensions du changement global ;
– l'évaluation du potentiel technique d'atténuation, d'une part, et d'adaptation, d'autre part, de mesures individuelles (à l'échelle de la parcelle, du troupeau, etc.) en analysant systématiquement les interactions possibles et les différentes externalités (biodiversité, changements d'affectation des sols, etc.) induites, et si possible en prenant en compte le risque, ou partie « négative » de l'incertitude climatique qui peut conduire à dépasser les seuils d'adaptation des systèmes, ou à annuler certaines options d'atténuation — comme la séquestration du carbone à long terme dans des forêts sujettes aux effets dévastateurs des extrêmes climatiques ;
– l'analyse qualitative et quantitative de la compatibilité d'options d'adaptation et d'atténuation dans des systèmes d'exploitation représentatifs, afin de simuler des trajectoires permettant de coordonner adaptation et atténuation pour un système donné. Il s'agirait d'analyser les processus de verrouillage que les décisions prises à un moment entraînent sur le futur, et plus généralement identifier les irréversibilités que l'on pourrait associer aux options offertes ;
– l'évaluation des coûts et bénéfices de telles trajectoires à une échelle micro-économique ;
– puis, par des méthodes d'agrégation, et au regard des scénarios développés dans la première étape, l'évaluation des mesures à prioriser à l'échelle d'un territoire, d'une région, ou d'un État.

Ce type de recherche[4] nécessite une intégration avancée des connaissances et des modèles, ainsi qu'une capacité de changement d'échelle qui ne peut être obtenue que grâce à la modélisation.

Étudier la résilience des systèmes, leur flexibilité et les incertitudes qui en affectent le fonctionnement

L'une des principales caractéristiques de la production agricole, comme de la productivité primaire des écosystèmes, concerne sa variabilité dans l'espace et dans le temps. Raisonner des trajectoires d'adaptation et d'atténuation du changement climatique suppose d'appréhender les causes et les conséquences de cette variabilité, qui touche également les émissions de gaz à effet de serre des parcelles agricoles et forestières et des animaux d'élevage. À cette notion de variabilité se combine celle de résilience (chapitre 5), qui pourrait être définie dans ce contexte comme la capacité à résister aux chocs climatiques, ainsi qu'aux aléas biotiques (ravageurs, maladies émergentes, voir chapitre 3) et économiques (volatilité des prix des matières premières agricoles, voir chapitre 14) associés.

---

4. Voir la démarche du projet européen AnimalChange, www.animalchange.eu.

Les recherches nécessitent donc de développer une vision systémique de la transmission des chocs climatiques, des effets de seuil, des effets retardés, des ruptures et des rétroactions sur le climat, et ceci en considérant (Soussana *et al.*, 2012) :
— les chaînes d'approvisionnements agricole et alimentaire, en incluant les filières de production, mais aussi les systèmes alimentaires (transformation, distribution et consommation, accès, nutrition) dans leur ensemble ;
— les compromis, notamment *via* l'usage des sols, entre l'agriculture, les écosystèmes, leur biodiversité et leurs services, en lien avec les territoires et leur gestion.

Ces compromis agriculture-écosystèmes contrastent deux visions : celle du *land sparing*, qui appelle à une hiérarchisation globale des services des écosystèmes (certaines régions sont consacrées à un usage agricole intensif, d'autres sont protégées) et celle du *land sharing*, qui prône le paysage comme échelle majeure de gouvernance et de hiérarchisation des services écosystémiques (chaque paysage est géré pour fournir un panier de services, dont la production agricole). La question est celle de l'échelle à laquelle s'optimisent les fonctions, services et pratiques des écosystèmes, en fonction de déterminants économiques et climatiques. Elle doit déboucher sur une ingénierie des paysages et des territoires conciliant adaptation au changement climatique et réduction des émissions de GES.

Par ailleurs, le renforcement de la capacité des acteurs à agir dans l'incertain constitue l'une des dimensions fortes de l'adaptation, mais aussi de l'atténuation puisque le bilan de GES comprend de nombreuses incertitudes. Comment formaliser de nouveaux principes d'action et de nouveaux critères de réalisation de performances multiples permettant aux acteurs d'agir malgré les incertitudes ? Flexibilité, gestion adaptative, résilience et viabilité définissent de nouvelles propriétés systémiques à analyser et formaliser. Ces propriétés contribueront à renforcer les capacités des acteurs à faire face à des situations nouvelles et à maîtriser les évolutions qui les concernent sur des problèmes complexes de gestion de ressources. Il s'agit notamment :
— d'évaluer la capacité des systèmes biologiques à la base des productions végétales et animales à résister et/ou à s'adapter au changement climatique et de comprendre les rétroactions (gaz à effet de serre, albédo, bilan hydrique, etc.) induites sur le climat ;
— d'apprécier les marges de manœuvre offertes par l'introduction de nouvelles variétés et de nouvelles pratiques ;
— d'appréhender les effets indirects/effets croisés/effets externes des productions existantes et des productions candidates sur l'environnement (par exemple en matière de perte d'azote sous forme $N_2O/NH_3/NO_3^-$) et de gain ou de perte de carbone dans la matière organique des sols et dans la biomasse forestière.

D'un point de vue méthodologique, il sera nécessaire de traduire la dispersion (expérimentale et/ou estimée à partir de modèles mobilisés dans un large domaine de variation de paramètres climatiques) des impacts de l'atténuation et de l'adaptation en termes de variance, afin de mesurer et — si possible — réduire les biais d'agrégation des impacts et des rétroactions en changeant d'échelle.

De manière complémentaire, il s'agit de prendre en compte les impacts des options d'adaptation et d'atténuation sur des indicateurs clés du développement durable. Parmi ces indicateurs émergent naturellement la sécurité alimentaire, la sécurité de l'approvisionnement en eau en quantité et qualité, la biodiversité, et de façon plus générale le maintien des disponibilités concernant l'ensemble des facteurs requis pour la production de biens et services associés à l'agriculture.

Estimer le coût économique des mesures d'adaptation et d'atténuation

De Perthuis *et al.* (2010) ont présenté quatre méthodes permettant de comparer entre elles des mesures d'adaptation dans un contexte d'incertitude sur le climat futur. La première méthode est le calcul économique en situation incertaine. On traite ici l'incertitude sur les scénarios climatiques en leur attribuant des probabilités d'occurrence. Le projet le plus intéressant sera celui qui maximise la valeur actualisée nette espérée (c'est-à-dire la moyenne des coûts et bénéfices pondérée par les probabilités d'occurrence de chacun des états du monde possibles). Toutefois, l'analyse coût-bénéfice en monde incertain accorde peu de poids aux scénarios à faible probabilité mais à conséquences importantes, alors que des mesures (privées ou publiques) peuvent être nécessaires pour éviter ces scénarios.

Pour éviter ce problème, on peut utiliser des modèles dits de « gestion des risques », qui ont pour principe de limiter la probabilité que les pertes atteignent un niveau critique, par exemple limiter la probabilité cumulée d'occurrence de pertes dépassant 1 % des actifs (ou du PIB) à 5 %. Ces seuils sont arbitraires et doivent faire l'objet d'un processus de décision ou de négociation politique.

De Perthuis *et al.* (2010) présentent également l'analyse séquentielle qui vise à minimiser le coût sur une période proche de conserver la possibilité d'atteindre une cible donnée malgré l'incertitude. Par exemple, pouvoir maintenir le rendement du blé, même si l'on ne savait prévoir qu'en 2020 les impacts sur cette culture. Entre 2012 et 2020, en situation d'incertitude, on appliquerait alors une stratégie visant à minimiser le « coût de l'erreur ». Ce coût s'exprime en investissement dans des cultures qui seraient perdues en cas d'excès d'optimisme, et en perte d'opportunités liées à la restriction des semis en cas d'excès de pessimisme.

Ces trois méthodes, et leurs variantes (De Perthuis *et al.*, 2010), requièrent cependant des probabilités d'occurrence de chacun des scénarios climatiques. Or, il est souvent délicat de fixer une valeur à ces probabilités dans le cas du changement climatique. On ne dispose souvent, en pratique, que d'un jeu de scénarios. Dans ce cas, on peut utiliser une approche de décision par scénarios et simplement rechercher les politiques qui sont acceptables dans un nombre maximum de scénarios. Cette approche vise alors à implémenter des mesures suffisamment efficaces dans tous les scénarios, c'est-à-dire des mesures robustes à l'incertitude, ou des mesures qui peuvent être ajustées ou annulées en présence d'informations nouvelles, c'est-à-dire des mesures flexibles ou réversibles (voir Hallegatte, 2009, pour une application à l'adaptation au changement climatique). Quelle que soit la méthode retenue, la décision dans l'incertain reste *in fine* une décision politique, pour laquelle il n'est pas possible de définir une stratégie optimale de manière parfaitement objective. Les risques de mal-adaptation sont donc importants dans tous les cas (De Perthuis *et al.*, 2010).

L'application au secteur agricole et aux écosystèmes de ces différentes approches économiques nécessite de renforcer l'incorporation des processus écophysiologiques de la réponse des (agro-)écosystèmes au changement climatique dans les modèles économiques. Au-delà du manque d'outils de modélisation/simulation intégrée, et du manque de représentation des interactions biophysique-économie, il conviendrait de s'attaquer au verrou que constitue la difficulté de valider et publier les travaux de modélisation initiés ou poursuivis dans cette voie. Quelques domaines d'évaluation prioritaire suggérés pour ces analyses couplant économie et biosphère concernent :

– les coûts privés et publics du développement des agrocarburants (première et seconde génération), en tenant compte des impacts du changement climatique et de l'adaptation ;

– les coûts de mise en œuvre d'autres options d'atténuation agricole, avec l'idée de comparer systématiquement les options de réduction directe des émissions de GES d'origine agricole et les substitutions d'énergies fossiles par des énergies issues de la biomasse pour différentes régions, et différents horizons temporels ;

– les co-bénéfices et les compromis de la mise en œuvre législative (schémas Air énergie climat) de mesures de réduction des polluants pour améliorer la qualité de l'air (Ozone, NO_x) sur la production agricole, et les émissions de GES des écosystèmes ;

– les coûts de mise en œuvre de l'adaptation (toujours en interaction avec l'atténuation) dans la perspective d'une allocation optimale des ressources destinées aux différents usages des productions agricoles en intégrant les rétroactions sur le climat ;

– l'évaluation des politiques publiques, en mettant l'accent sur la cohérence des politiques visant des objectifs particuliers mais qui interfèrent les unes avec les autres (à l'image des directives européennes existantes, en projet ou susceptibles d'émerger : directive cadre sur l'eau, promotion de la part des agrocarburants dans les énergies consommées pour les transports, maîtrise des pollutions azotées, PAC, préservation des sols, etc.) ;

– la caractérisation des arbitrages optimaux susceptibles d'être promus par la puissance publique en matière d'usage des terres ;

– l'analyse des stratégies développées par les décideurs publics et privés (à différentes échelles, du local au régional) qu'il conviendrait de resituer dans des perspectives historiques (par exemple les « stratégies » successivement défendues en matière de promotions des bioénergies et biomatériaux).

Au plan méthodologique, il sera également nécessaire :

– de mettre l'accent sur les changements d'échelle et les biais d'agrégation lorsque l'on passe de l'agent « micro-économique » à un agent « représentatif » aux échelles locale/régionale/nationale/etc. ;

– de réaliser des évaluations selon les catégories d'agents économiques (producteurs, transformateurs, fabricants d'intrants, consommateurs), ces dernières étant plus ou moins sensibles au déplacement géographique des marchés (modifications des bassins de production du fait des changements d'utilisation des terres) ;

– de repenser la boucle ouverte « adaptation-atténuation » afin que l'évolution des politiques publiques intègre pleinement les possibilités d'adaptation dans les mesures de régulation économique.

Quelles situations étudier prioritairement ?

Plusieurs thématiques de recherche apparaissent comme prioritaires pour faire progresser la compréhension des interactions entre adaptation, atténuation et usages de la biomasse :

– élaboration de scénarios « de seconde génération » en refondant les apports des sciences sociales dans leur diversité (histoire, sociologie, anthropologie), juridiques dans la proposition de scénarios intégrant pleinement les interactions atténuation-adaptation (droit dans l'utilisation des sols et sous-sols, évolution du droit de l'environnement, évolution dans le principe et dans l'application du principe de précaution, évolution des comportements (alimentation, réduction individuelle des émissions, etc.) ; ce qui incite à développer l'observation des comportements vis-à-vis de l'innovation (rapport à l'agriculture biologique, à la mise en œuvre des normes, etc.) ;

– usage des terres et politique agricole commune à l'échelle européenne, incluant les déterminants socio-économiques, la sécurité alimentaire et le changement climatique ;

– mécanismes et scénarios futurs d'usage indirect des terres à l'échelle globale, pour l'élevage, l'agriculture, les ressources forestières : potentiels d'atténuation et options d'adaptation associées ;

– compromis entre séquestration du carbone, rétroactions biophysiques (albédo, etc.), émissions de GES non CO_2 en particulier N_2O et CH_4 pour des systèmes bien étudiés ou des zones ateliers ;

– proposition, caractérisation et utilisation de réseaux de mesure (ICOS[5]) de gaz à effet de serre et des expériences de manipulation des écosystèmes pour réduire l'incertitude sur les interactions entre climat et émissions de GES, et mieux quantifier les marges biophysiques d'adaptation et d'atténuation ;

– étude quantitative de l'atténuation par la production des agrocarburants « de la parcelle au kilomètre parcouru » en incluant ACV, effets indirects sur l'usage des terres, options d'adaptation au changement climatique, et rétroactions associées.

▸▸ Conclusion

Le champ à couvrir pour intégrer les enjeux de l'adaptation et de l'atténuation, en lien avec l'usage des terres, la sécurité alimentaire, la conservation de la biodiversité et le secteur de l'énergie est particulièrement large. Il requiert une intégration inédite des recherches entre échelles et disciplines, et suscite un grand nombre d'initiatives scientifiques. Par exemple, dans le sillage de la conférence Rio+20, Future Earth[6], programmée sur 10 ans sous l'égide de l'ICSU et d'agences des Nations unies, ambitionne de répondre aux risques et opportunités des changements environnementaux planétaires. En Europe, 21 pays ont développé une programmation conjointe de la recherche sur l'agriculture, le changement climatique et la sécurité

---

5. Infrastructure européenne d'observation du cycle du carbone, www.icos-infrastructure.eu.
6. www.icsu.org/future-earth.

alimentaire (FACCE JPI[7]) afin d'étudier de manière intégrée l'adaptation et l'atténuation du changement climatique en lien avec la sécurité alimentaire et la protection de la biodiversité et des écosystèmes (Soussana *et al.*, 2012). Les recherches sur l'adaptation de l'agriculture et des écosystèmes anthropisés au changement climatique seront amenées à se développer dans ce cadre.

Ce texte s'inspire largement des travaux de l'ARP ADAGE auquel ont contribué les personnes suivantes que nous tenons à remercier : Agnès Kammoun (Inra), Elisabeth Le Net (FCBA), Jérome Mousset (Ademe).

▶▶ Références bibliographiques

Ciais P., Reichstein M., Viovy N., Granier A., Ogée J., Allard V., Aubinet M., Buchmann N., Bernhofer C., Carrara A., Chevallier F., De Noblet N., Friend A.D., Friedlingstein P., Grünwald T., Heinesch B., Keronen P., Knohl A., Krinner G., Loustau D., Manca G., Matteucci G., Miglietta F., Ourciva J.M., Papale D., Pilegaard K., Rambal S., Seufert G., Soussana J.F., Sanz M.J., Schulze E.D., Vesala T., Valentini R., 2005. Europe-wide reduction in primary productivity caused by the heat and drought in 2003. *Nature*, 437, 529-533.

Davin E.L., Ciais P., Seneviratne S.I., 2012. Biogeophysical implications of no-tillage agriculture for the European climate and hot extremes. *Geophysical Research Abstracts*, 14, EGU2012-6023, 2012.

De Perthuis C., Hallegatte S., Lecoq F., 2010. Economie de l'adaptation au changement climatique. *Conseil Economique pour le Développement Durable*, Paris, 89 pp.

Felzer B.S., Reilly J.M., Melillo J.M., Kicklighter D.W., Wang C., Prinn R.G., Sarofim M., Zhuang Q., 2004. Past and Future Effects of Ozone on Net Primary Production and Carbon Sequestration using a Global Biogeochemical Model. Report 103 IT Joint Program on the Science and Policy of Global Change.

Graux A.I., Lardy R., Bellocchi G., Soussana J.F., 2012. Global warming potential of French grassland-based dairy livestock systems under climate change. *Regional Environmental Change*, 12, 751-763.

Hallegatte S., 2009. Strategies to adapt to an uncertain climate change. *Global Environmental Change*, 19, 240-247.

Intergovernmental Panel on Climate Change (IPCC), 2007. Climate Change: Impacts, Adaptation and Vulnerability, Contribution of Working Group II to the *Fourth Assessment Report of the Intergovernmental Panel on Climate Change*, Cambridge, Cambridge University Press.

Leclère D., Jayet P.-A., de Noblet-Ducoudré N., 2013. Farm-level Autonomous Adaptation of European Agricultural Supply to Climate Change. *Ecological Economics*, 87, 1-14.

Magnani F., Mencuccini M., Borghetti M., Berbigier P., Berninger F., Delzon S., Grelle A., 2007. The human footprint in the carbon cycle of temperate and boreal forests. *Nature*, 447, 849-851.

Rojstaczer S., Sterling S.M., Moore N.J., 2001. Human Appropriation of Photosynthesis Products. *Science*, 294, 2549.

Rosenzweig C., Tubiello F.N., 2007. Adaptation and mitigation strategies in agriculture: An analysis of potential synergies. *Mitigation and Adaptation Strategies for Global Change*, 12, 855-873.

Smith P., Martino D., Cai Z., Gwary D., Janzen H., Kumar P., McCarl B., Ogle S., O'Mara F., Rice C., Scholes B., Sirotenko O., Howden M., McAllister T., Pan G., Romanenkov V., Schneider U., Towprayoon S., Wattenbach M., Smith J., 2008. Greenhouse Gas Mitigation in Agriculture. *Phil. Trans. R. Soc. B-Biol. Sci.*, 363, 789-813.

Smith P., Olesen J.E., 2010. Synergies between mitigation of, and adaptation to, climate change in agriculture. *Journal of Agricultural Science*, 148, 543-552.

---

7. www.faccejpi.com.

Soussana J.F., Loiseau P., Vuichard N., Ceschia E., Balesdent J., Chevallier T., Arrouays D., 2004. Carbon cycling and sequestration opportunities in temperate grasslands. *Soil Use and Management*, 20, 219-230.

Soussana J.F., 2012. Changement climatique et sécurité alimentaire : un test crucial pour l'humanité ? *In : Regards sur la Terre*. (Jacquet B., Pachauri R., Tubiana L., eds.), Armand Colin, Paris, pp. 233-242.

Soussana J.F., Fereres E., Long S.P., Mohren F.G.M.J., Pandya-Lorch R., Peltonen-Sainio P., Porter J.R., Rosswall T., von Braun J., 2012. A European science plan to sustainably increase food security under climate change. *Global Change Biology*, 18 (11), 3269-3271.

Souty F., Brunelle T., Dumas P., Dorin B., Ciais P., Crassous R., Bondeau A., 2012. The Nexus Land-Use model version 1.0, an approach articulating biophysical potentials and economic dynamics to model competition for land-use. *Geosciences Model Development Discussions* 5, 571-638.

Tilman D., Balzer C., Hill J., Befort B.L., 2011. Global food demand and the sustainable intensification of agriculture, *Proc. Natl Acad. Sci. USA*, 108, 20260-20264.

Wreford A., Moran D., Adger N., 2010. *Climate change and agriculture. impacts, adaptation and mitigation,* OECD, Paris, pp. 135.

Zaitchik B.F., Macalady A.K., Bonneau L.R., Smith R.B., 2006. Europe's 2003 heat wave: a satellite view of impacts and land-atmosphere feedbacks. *Int. J. Climatol.*, 26, 743-769.

Zaehle S., Friedlingstein P., Friend A.D., 2010. Terrestrial nitrogen feedbacks may accelerate future climate change. *Geophysical Research Letters*, 37, L01401.

Chapitre 14

Sécurité alimentaire
et compétitivité des filières

Alban THOMAS et Michel LHERM

Dans une perspective de changement climatique, le problème de la sécurité alimentaire et de la compétitivité des filières se pose à la fois au niveau mondial, avec l'objectif de nourrir la population mondiale à long terme, et au niveau local, avec pour objectif de maintenir une population rurale dans les pays développés. Si la modélisation des marchés agricoles nous permet de disposer de prédictions sur les échanges de produits agricoles, et donc des prix sur ces marchés à un horizon pertinent pour le changement climatique, il existe encore peu de travaux scientifiques ayant une portée d'ensemble sur l'organisation des filières de transformation et de distribution agricole dans les pays développés. En particulier, les références sont délicates à obtenir sur l'adaptation possible des filières au changement climatique, entre la production agricole « primaire » liée au cours mondiaux, et le consommateur final.

Trois types de filières peuvent être considérés vis-à-vis du changement climatique : des filières compétitives à l'international, avec produits de masse relativement homogènes, dont la production ne dépend pas d'une appellation d'origine ; des filières localisées, exportant mais dépendant de conditions locales ; des filières vivrières, sans concurrence avec les produits étrangers sur les marchés mondiaux, mais étant en concurrence avec des produits importés, concurrence fonction de la proximité et de l'accès aux marchés locaux.

Concernant les populations des pays les plus impactés, dont essentiellement les pays en développement, la solvabilité de la demande des ménages pour les produits alimentaires constitue l'aspect le plus immédiat de la sécurité alimentaire. Cette solvabilité peut être analysée par la représentation des choix de consommation et des éventuelles politiques de soutien à la consommation. Dans certains pays en développement (Égypte, Inde), des systèmes de subvention des produits de première nécessité existent depuis plusieurs décennies et constituent parfois une composante importante du « contrat social » entre le gouvernement et la population. La remise en cause de ces subventions en raison de leur coût pour le budget de l'État et de leur efficacité parfois limitée pose le problème des politiques de substitution.

L'adaptation à la variabilité climatique accrue passera également par la modification des outils de régulation des marchés et de leur mode de fonctionnement. En effet, les marchés et les politiques publiques (y compris celles de promotion des agrocarburants) jouent un rôle important dans la transmission des chocs climatiques aux producteurs et consommateurs de produits agricoles. Les marchés et le système alimentaire mondial pouvant amplifier les déséquilibres causés par le changement climatique, des politiques publiques pourraient être envisagées, qui définiraient leurs objectifs en fonction de la variabilité des revenus des populations ou des prix agricoles sur les marchés mondiaux.

Une question importante concerne l'évaluation des coûts économiques liés à l'adaptation (Onerc[1], 2009), cette évaluation étant également nécessaire au niveau des filières ou des systèmes de culture ou d'élevage, afin de pouvoir hiérarchiser les différentes options « techniques » de transformation ou de rupture envisageables.

L'adaptation passera en priorité par une information accrue et une réflexion sur les possibilités d'adaptation technique et logistique, en priorité pour les filières vivrières. Pour celles-ci, le déficit d'informations et de conseils techniques est encore plus dommageable que dans d'autres filières où la recherche porte plus sur les productions pour l'exportation. Le cas des filières vivrières dans les pays du Sud est particulièrement préoccupant, dans un contexte d'infrastructures publiques déjà fortement insuffisantes. Des transformations marginales des systèmes actuels peuvent se révéler insuffisantes, alors que des stratégies de rupture risquent d'être très coûteuses socialement.

Certaines situations locales ou nationales sont particulièrement préoccupantes au regard du changement climatique : l'Afrique subsaharienne et le sous-continent indien (Bangladesh, Inde) en raison de l'importance et la fragilité des filières vivrières ; l'Afrique du Nord pour le lien avec les ressources naturelles (voir chapitre 13) ; les territoires français d'outre-mer et les cultures vivrières ou d'exportation, en relation avec les bioagresseurs, et éventuellement, les invasions biologiques.

Nous décrivons tout d'abord le contexte et les enjeux autour de l'adaptation au changement climatique du point de vue des filières et de la sécurité alimentaire. Les impacts seront ensuite détaillés avant de conclure par des pistes de recherche.

▸▸ Contexte et enjeux

L'atténuation (*mitigation* en anglais) concerne les actions de limitation de l'impact des activités humaines sur le réchauffement climatique (gaz à effet de serre d'origine agricole, par exemple) (chapitre 12), alors que l'adaptation porte sur les stratégies privées et les politiques publiques dédiées au maintien des activités en présence de réchauffement climatique, et plus généralement de conséquences diverses du changement climatique. On distinguera dans l'adaptation, les actions « tactiques » de court terme, telles que la transformation des pratiques agricoles, les modifications mineures des circuits et de l'organisation de la filière, des actions « stratégiques » de plus long terme, telles que la modification des systèmes de culture, les innovations de rupture, le bouleversement du fonctionnement des filières et la relocalisation des activités.

---

1. Onerc, Observatoire national sur les effets du réchauffement climatique, www.developpement-durable.gouv.fr/-Impacts-et-adaptation-ONERC-.html.

De plus, il est important de faire la distinction entre les actions que peuvent prendre en charge des acteurs individuels (producteurs et même consommateurs ou citoyens) pour s'adapter à un contexte climatique différent (ou en passe de l'être), des politiques ou stratégies collectives prises à l'initiative de gouvernements ou d'organisations. L'efficacité de mesures d'adaptation au changement climatique n'est pas toujours synonyme de coordination entre les acteurs concernés, certaines initiatives pouvant se révéler d'une plus grande portée, car plus simples à mettre en œuvre et n'exigeant pas de négociations préalables à grande échelle.

De façon générale, l'adaptation peut être considérée d'un point de vue socio-économique comme une modification des comportements et des activités humaines, visant à préserver le bien-être ou maintenir le niveau de revenu existant, avant la modification elle-même des conditions climatiques. Concernant l'agriculture, on se concentrera sur les possibilités de maintenir des capacités de production de produits agricoles, de préserver les espaces ruraux, et de continuer à satisfaire les besoins en alimentation (humaine et pour l'élevage). C'est dans cette perspective que la question de l'adaptation au changement climatique des producteurs agricoles rejoint celle de la sécurité alimentaire : autant l'adaptation est nécessaire pour assurer le maintien des revenus issus des activités agricoles, autant elle est indispensable à un niveau plus général pour satisfaire les besoins alimentaires mondiaux.

Pour les économistes, l'adaptation des filières au changement climatique s'analyse selon leur degré d'ouverture au commerce international. Dans une perspective de changement climatique, le problème de la sécurité alimentaire se pose donc à deux niveaux. Le premier est mondial, avec l'objectif de nourrir la population mondiale à l'horizon par exemple de 2030, en recensant les ressources disponibles en terres fertiles, eau, etc., et en les confrontant à la demande alimentaire. Le second niveau est local, avec pour objectif de maintenir une population rurale dans les pays développés (second pilier de la politique agricole commune européenne actuelle), une population agricole dans les pays en développement, cet objectif étant plus récent car en contradiction dans le passé avec l'industrialisation et la volonté politique de nourrir les travailleurs urbains à moindre coût *via* des produits alimentaires importés.

Les aspects de compétitivité des filières doivent donc être pris en compte en distinguant les deux niveaux, globaux et locaux. Des modèles d'équilibre fournissent déjà des prédictions en termes de flux d'échanges de produits agricoles à l'horizon 2030, et leurs prix d'équilibre (cours des matières agricoles, prix de l'énergie et des produits intermédiaires, etc.), certaines versions incorporent des hypothèses de modification des technologies, de production suite au changement climatique (variation des rendements attendus, éventuellement adaptation et progrès technique). Il existe par contre beaucoup moins de travaux ayant une portée d'ensemble sur l'organisation des filières de transformation et de distribution agricole dans les pays développés (coopératives, contrats, etc.). Le lien entre la production agricole « primaire » prenant les prix mondiaux comme données (ou la production vivrière locale) et le consommateur final constitue l'objet d'analyse pour lequel les références sont les plus délicates à obtenir.

Il convient d'intégrer dans les modèles économiques d'équilibre, non seulement les potentiels de progrès technique (et donc les hausses de rendement) attendus, mais également le potentiel de réduction des impacts. Ce dernier dépend en partie des progrès scientifiques et technologiques, des modèles de nouvelle génération incorporant l'effet du progrès technique endogène (modèles d'équilibre avec croissance endogène) qui peuvent être mobilisés.

▸▸ Impacts attendus et pistes d'adaptation

Sécurité alimentaire et changement climatique

Dans une perspective nationale, on peut tenter une représentation des relations entre la sécurité alimentaire et l'impact du changement climatique comme suit. L'impact du changement climatique se reflète dans les cours des marchés agricoles *via* les grands équilibres au niveau mondial ou continental et la détermination des demandes de certains intrants (phosphates, énergie, éventuellement la main d'œuvre, etc.). Les producteurs en France métropolitaine prennent les prix comme données et ajustent leurs plans de production en fonction de la disponibilité et du coût de l'accès aux ressources naturelles, qui eux-mêmes dépendent de l'impact du changement climatique au niveau national. Cette vision « top-down » revient à supposer que l'on peut étudier la façon dont l'agriculture française s'ajuste au changement climatique en considérant que les politiques d'adaptation dans les pays étrangers sont déjà intégrées dans les équilibres en prix (*via* notamment leurs propres fonctions d'offre). De cette façon, les stratégies d'adaptation au niveau national constitueraient le pendant des politiques nationales étrangères (notamment des pays émergents), dont les conséquences sur les producteurs locaux seraient inobservables au niveau désagrégé. Une exception est cependant le cas européen, l'Union européenne (UE) construisant en principe une réponse coordonnée au changement climatique *via* ses politiques agricoles et énergétiques. Trois zones commerciales peuvent alors être considérées en interaction : la France, l'UE et le reste du monde.

L'adaptation doit de plus être différenciée selon que l'on considère des exploitations agricoles de taille modeste au regard des marchés nationaux (et *a fortiori* mondiaux ou européens), ou des entreprises nationales multinationales dotées de stratégies différentes (investissements dans des filiales à l'étranger). Dans le dernier cas en effet, la possibilité d'adapter les productions à la réalité du changement climatique par le déplacement d'activités vers des filiales situées dans des zones moins touchées est une piste réelle, constituant un type particulier de rupture, ainsi d'ailleurs que la réorientation du type de production entre filiales. Les aspects territoriaux sont traités au chapitre 15, avec la question des appellations d'origine.

Le changement climatique n'impactera évidemment pas que l'agriculture, mais également d'autres secteurs économiques, tels l'énergie, la production et la distribution de certains intrants. Une vision globale de l'agriculture avec ses filières amont et aval est nécessaire pour quantifier les modifications attendues en termes de compétitivité. Si l'identification de ces secteurs est réalisée *via* les modèles d'équilibre existants, la calibration de ces derniers pour rendre compte des impacts du changement climatique reste à affiner, en tout cas au niveau français.

En résumé, la satisfaction des contraintes liées à la sécurité alimentaire au niveau mondial dépendra des conséquences du changement climatique sur les décisions de production au niveau national, et donc sur l'utilisation des ressources naturelles, avec en filigrane la question plus générale de la conciliation entre progrès technique et risque climatique. De telles conséquences se feront sentir essentiellement par les nouveaux équilibres de marché pour les céréales, animaux et produits animaux, mais de façon plus incertaine pour les produits frais (fruits et légumes).

En termes de conséquences pour les populations (et non plus au niveau agrégé des demandes nationales en produits agricoles), la raréfaction vraisemblable des ressources naturelles et la réallocation des surfaces agricoles pénaliseront les populations les plus vulnérables, avec des conséquences qui peuvent être analysées *via* des modèles d'impacts micro-économiques (recherches en cours à l'Institut international de recherche sur les politiques alimentaires[2], notamment en Asie et en Afrique subsaharienne). Des recherches en économie du développement et de la production agricole concernent ainsi l'impact des politiques de soutien aux populations rurales dans les pays en développement, dont le bien-être sera affecté par le changement climatique, entraînant notamment des déplacements accrus de population.

Impacts attendus

La plupart des modèles économiques ou technico-économiques disponibles se concentrent sur les impacts du changement climatique sur l'agriculture d'un pays ou d'un ensemble de pays (y compris de leurs relations aux ressources naturelles et les conflits d'usage associés, par exemple l'Inde) ou encore sur les émissions de GES (et donc les possibilités d'atténuation). Un effort important porte également sur l'évaluation des coûts économiques liés à l'adaptation (Onerc, 2009). Cette évaluation est cependant nécessaire non seulement au niveau agrégé mais également au niveau plus « micro » des filières ou des systèmes de culture ou d'élevage, afin de pouvoir hiérarchiser les différentes options « techniques » envisageables. De plus, le calcul des coûts de l'inaction est effectué par l'Onerc à « économie constante », c'est-à-dire avec des hypothèses fortes sur les équilibres mondiaux futurs et la réorientation des activités sur le territoire national.

Des travaux en cours portent sur l'adaptation au changement climatique à un niveau plus désagrégé, celui des exploitations agricoles dans les pays en développement. L'IFPRI[2] par exemple développe plusieurs programmes de recherche portant sur les impacts du changement climatique sur les populations rurales en Afrique et en Asie, et les performances de stratégies d'adaptation au niveau local. Le lien avec les modèles d'allocation des ressources (naturelles, travail, capital technique et autres intrants) entre les filières d'exportation et les cultures vivrières n'est cependant pas toujours bien opéré, les décisions d'orientation technique étant la plupart du temps prédéterminées.

Comme précédemment, on pourra à nouveau distinguer trois types de filières : (a) des filières compétitives à l'international, (b) des filières localisées exportant mais dépendant de conditions locales et (c) des filières vivrières.

---

2. En anglais, *International Food Policy Research Institute*, IFPRI, www.ifpri.org.

La dépendance et la facilité d'accès aux ressources naturelles (eau, sols fertiles, bois, etc.) et aux ressources non-renouvelables (énergie fossile, phosphates) doivent être croisées avec chacune de ces trois filières, en tenant compte du degré d'incertitude décroissant sur les impacts « réels » du changement climatique selon les situations, de a) à c). De même, le niveau d'information et les possibilités de coordination au sein des filières (ou *via* une organisation commune de marché, voire une politique agricole ambitieuse) sont vraisemblablement très hétérogènes. L'adaptation passera en priorité par une information accrue et une réflexion sur les possibilités d'adaptation technique et logistique, en priorité pour la catégorie c).

Une comparaison des impacts attendus entre différentes zones géographiques et filières peut être tentée.

En Europe tout d'abord, il n'est pas exclu que les effets de contexte soient bien plus importants que ceux directement liés au changement climatique. Le renchérissement de l'énergie et des intrants issus de la pétrochimie, les réformes profondes des politiques de soutien agricoles, la modification des préférences alimentaires, etc., sont autant de facteurs qui commencent à modifier les choix de production et de consommation. La question est alors de savoir isoler l'effet du changement climatique dans des évolutions observées de différenciation des productions, localisation des activités, équilibres sur les marchés agricoles, etc.

Dans les pays en développement, et notamment l'Afrique subsaharienne, les filières n'auront vraisemblablement pas le temps de s'adapter, pour plusieurs raisons. Tout d'abord, le manque de gouvernance pour une adaptation sur le temps court nécessiterait une coordination réelle entre le gouvernement, les organisations pastorales et professionnelles, pour appréhender le calendrier de mesures à adopter et le partage des coûts associés. Ensuite, le déficit d'information technique et économique des agriculteurs rend plus difficile l'adoption de pratiques ou systèmes de production et d'élevage plus résistants aux nouvelles conditions climatiques. Les préférences face au risque jouent ici un rôle prépondérant, certaines modifications des modes de production étant considérées comme trop risquées par les agriculteurs, alors que les mécanismes de compensation ou d'assurance font largement défaut, à la différence de la plupart des pays développés.

Le lien est donc direct avec les recherches sur les agricultures de subsistance, (chapitre 10). Plus précisément, deux options portant sur la transformation des filières peuvent être réfléchies : une spécialisation accrue en faveur des zones « productives » moins impactées par le changement climatique et une adaptation dans les zones les plus impactées. L'aide à la décision publique en la matière devra instruire les conséquences de ces options en termes d'instabilité sociale, de capacité budgétaire par rapport aux politiques de subvention alimentaire, etc.

Compétitivité des filières et localisation sur le territoire

Au niveau des filières d'un pays comme la France, les impacts du changement climatique sur les entreprises aval (transformation, distribution) dépendront de la gamme des productions locales disponibles *in fine*. La disparition ou création de nouvelles activités entraînant des déplacements, même mineurs, de population active qualifiée, entraînera un redéploiement des besoins en infrastructures (transport, etc.). Les territoires seront donc impactés au-delà de la « simple » réorientation technique des productions primaires de produits agricoles. Dans le cas des filières et de leur compétitivité, les modèles d'économie géographique analysent déjà les déterminants de la localisation des activités, en intégrant les coûts de transport, la distance aux marchés de consommation (circuits courts, etc.), *via* par exemple des modèles gravitaires. Ces modèles doivent prendre en compte le bilan carbone des transports, dans la mesure où ces derniers seront taxés, selon des dispositions pouvant évoluer dans le moyen terme. Quelle sera alors la nouvelle configuration en termes de localisation avec les coûts de transport futurs ? Les effets sur les économies d'échelle actuelles, le développement des circuits courts, etc., peuvent en principe être évalués par les modèles économiques existants, même s'ils n'ont pas été conçus à l'origine pour traiter de l'impact du changement climatique.

En raison de l'aversion à l'instabilité de la part des acteurs de l'industrie agro-alimentaire et de la transformation en aval de la production agricole, des effets de seuil sont attendus si la sécurité des approvisionnements (en quantité et qualité) n'est plus assurée. Ces effets de seuil se traduiront notamment par des relocalisations des activités de transformation vers des bassins de production moins impactés, permettant d'assurer un approvisionnement jugé suffisant par les filières aval dans toutes les situations. Une conséquence ou une évolution parallèle peut également concerner les modes de rémunération des exploitants agricoles, qui pourraient être impactés par le redéploiement géographique ou de gammes de production de la part des filières aval (rôle des coopératives, contrats de maïs semences ou volailles, etc.). Les impacts les plus documentés du changement climatique sur la qualité et les caractéristiques des produits concernent la vigne (degré d'alcool, levures à bas potentiel alcoolique) la canne à sucre (baisse de la teneur en sucre) et la banane (hausse de la fréquence des maladies) dans les milieux insulaires.

Risques, incertitudes et politiques publiques

Les travaux actuels permettent de relier les cours mondiaux de produits agricoles à la profitabilité des filières et aux demandes finales (nationale, internationale), y compris d'agrocarburants. La solvabilité de la demande est prise en compte également dans les modèles décrivant les consommations alimentaires des pays en développement (IFPRI). Quelles seront alors les conséquences de l'augmentation de la fréquence des événements climatiques extrêmes ? Les marchés et le système alimentaire mondial amplifient-ils les déséquilibres ? La question est celle de la transmission des chocs climatiques par les marchés, éventuellement amplifiée ou atténuée par les politiques agricoles et commerciales. Ainsi, il n'a encore jamais été prouvé que la spéculation sur les marchés des produits agricoles avait joué un rôle significatif sur la flambée des prix en 2007-2008. La question se pose également pour les filières aval : quel est leur rôle dans la transmission des chocs ? Les modèles économiques actuels ont par exemple montré que, dans le cas de la viande porcine, le « cycle du porc » n'avait pas en réalité d'impact significatif sur le prix de la viande payé par le consommateur.

L'adaptation à la variabilité climatique accrue passera également par l'adaptation des outils de régulation des marchés et de leur mode de fonctionnement. Des tests empiriques et des analyses plus fondamentales sont nécessaires sur le rôle des marchés et des politiques agricoles dans la transmission des chocs dus au changement climatique. Un exemple récent est celui de l'Australie, pour lequel des sécheresses récurrentes ont pu avoir des répercussions *a priori* non négligeables sur les cours mondiaux des céréales. Une approche plus normative pourrait envisager des politiques publiques qui définiraient leurs objectifs en fonction de la variabilité des revenus ou des prix agricoles à leur cours sur les marchés mondiaux.

Le risque lié aux impacts du changement climatique fait déjà l'objet de recherches en économie sur la filière bois, sujette à plusieurs épisodes extrêmes au cours des dernières décennies, dont certains ont pu être attribués au changement climatique (sécheresse, tempêtes). La compétitivité de la filière bois n'est pas indépendante de la gestion des risques par les propriétaires forestiers, qui elle-même est tributaire des politiques publiques de réassurance ou de compensation.

Une question plus normative concerne la façon dont les systèmes de régulation économique nationaux pourront être ajustés pour réduire la volatilité découlant des impacts du changement climatique : à la fois sur les marchés mondiaux mais également au niveau des États les plus touchés par le changement climatique, et/ou ceux pour lesquels les risques d'instabilité sociopolitiques sont les plus forts. Les populations les plus fragiles ne se situent pas toutes en effet dans les zones rurales, les agglomérations urbaines des pays en développement comportant des proportions importantes de ménages avec un budget important dédié à l'alimentation. Des systèmes de subvention alimentaire et de rationnement existent mais ils sont ruineux budgétairement et facilement détournés, réduisant aussi indirectement les perspectives économiques des filières locales. Les problématiques de sécurité alimentaire peuvent cependant raviver l'intérêt des puissances publiques pour de tels dispositifs dans des conditions bien particulières. Par exemple, des systèmes de subvention avec rationnement peuvent aider à limiter les dommages d'ajustements de politique économique rendus nécessaires par des politiques d'adaptation au changement climatique (déplacements de populations rurales suite à des épisodes climatiques extrêmes, etc.). Si des politiques de subvention alimentaire ont permis de maintenir le bien-être (voire la survie) de nombreux ménages lors d'augmentations importantes du prix des denrées alimentaires (le pain ou le riz, notamment), la question se pose de la durabilité de ces politiques publiques de soutien dans un contexte de tension accrue sur les marchés des céréales. Le redéploiement des subventions vers d'autres produits ou le meilleur ciblage des populations fragiles constituent des options envisagées mais dont l'application reste aléatoire en raison des risques sociopolitiques associés à la remise en cause des systèmes actuels. En Égypte par exemple, les subventions alimentaires représentaient environ 1,8 % du PNB et 4 % du budget de l'État en 2009, pour un système ayant peu évolué depuis les années 1960 (mauvais ciblage des ménages les plus pauvres, coût élevé de gestion). Le pain local (*baladi*), la farine, le sucre et l'huile sont des produits subventionnés selon un système de rationnement pour certains d'entre eux, qui se révèle particulièrement coûteux en période de tension sur le marché mondial du blé (environ la moitié du blé consommé dans le pays est importé). La recherche d'une meilleure efficacité du système de subvention alimentaire, incluant la libéralisation de certaines filières et l'abandon des prix réglementés, constitue une piste privilégiée qui, si elle ne permet pas une adaptation de fond au changement climatique *via* l'amélioration des possibilités locales de production, permet de limiter les impacts sur la population la plus fragile économiquement.

▸▸ Perspectives de recherche

Si les connaissances ont beaucoup progressé sur la question de l'adaptation des systèmes de production agricole aux conditions nouvelles du changement climatique, des aspects importants, car conditionnant l'efficacité des stratégies d'adaptation, restent à explorer de façon plus approfondie. Tout d'abord, la question de la localisation des activités de transformation des produits agricoles et des infrastructures (transports, etc.) doit être réfléchie dans une perspective de changement d'usage des sols. Au niveau national par exemple, le déplacement de zones de production permettra sans doute de maintenir une rentabilité suffisante des activités de production primaire, pour autant que les coûts de déplacement soient amortis. De plus, certaines productions exigent une proximité avec les installations de transformation et de commercialisation, pour les échanges internationaux notamment. Ainsi, la viabilité de filières entières doit être examinée en intégrant les coûts de déplacement, non seulement de production mais également de transformation, dans les industries agroalimentaires notamment, et d'approvisionnement des marchés.

Ensuite, les possibilités de compensation *a posteriori* des pertes subies en raison du changement climatique ne doivent pas faire oublier que des mécanismes d'assurance peuvent se révéler préférables. La demande d'assurance et les comportements face au risque sont mieux connus à présent pour les producteurs agricoles et les éleveurs, mais le reste des filières est également concerné. Au-delà des risques climatiques affectant les rendements, il est nécessaire d'analyser les risques de rupture d'approvisionnement ou de diminution de qualité que des déplacements ou des disparitions d'activités pourraient entraîner. Par conséquent, c'est le rôle de l'intégration verticale des activités agricoles et agroalimentaires qui doit être revu dans une perspective de changement climatique. Par exemple, la structuration actuelle des filières françaises dans le secteur des céréales est-elle la plus efficace pour garantir un partage des risques entre agriculteurs et industriels de l'agroalimentaire ?

Enfin, concernant les stratégies privées de couverture contre le risque lié au changement climatique, il s'agit de généraliser la recherche de référentiels de risques encourus par les différentes filières et secteurs de production : Quel est le niveau des pertes économiques à attendre du changement climatique étant donné les conditions d'accès aux ressources naturelles, l'eau en particulier ? Quelles sont les marges de manœuvre en matière de modification des systèmes de production, pour un coût d'adaptation supportable ? Une stratégie basée sur la modification des pratiques agricoles est-elle préférable à la contractualisation de systèmes d'assurance sur les productions ou le revenu ? La plupart des réponses à ces questions nécessitent le recours à des recherches plus approfondies, de nature multidisciplinaire, combinant des représentations de l'activité économique au niveau de l'exploitation agricole, avec une modélisation des processus biophysiques sous-jacents pour les productions agricoles et leur impact sur l'environnement. Par exemple, l'identification de nouvelles façons de produire durablement dans un contexte de températures plus élevées, de probabilité plus forte d'occurrence d'événements climatiques extrêmes et de pénuries plus fréquentes de la ressource en eau, nécessitera dans bien des cas la prise en compte de contraintes imposées par l'aval de la filière (qualité des produits, niveau minimal d'approvisionnement garanti pour l'industrie agroalimentaire, notamment).

Principales priorités de recherche

Concernant les principales priorités de recherche, il conviendra d'abord de privilégier des analyses micro-économiques et éventuellement sociologiques sur les filières vivrières et l'adaptation au changement climatique des pays impactés (politiques alimentaires nationales de soutien à la consommation). Une autre priorité de recherche porte sur une identification des évolutions probables des relations au sein des filières agroalimentaires, dans un contexte de changement climatique (formes les plus efficaces de contractualisation, en termes de gestion des risques). Les nouvelles économies d'agrégation suite à la mise en place de stratégies d'adaptation au changement climatique (relocalisation des industries de transformation) devront être évaluées avec une mise à jour des modèles d'économie géographique existants, pour intégrer notamment l'incidence de politiques « extérieures à l'agriculture » d'adaptation ou d'atténuation (taxe carbone, etc.) Le caractère régulateur ou amplificateur des marchés et des politiques agricoles sur les chocs climatiques est une priorité de recherche importante, avec la possibilité d'une analyse rétrospective sur le rôle des marchés et des mesures de politique agricole.

Il n'est ni possible ni pertinent de modéliser conjointement les enjeux de sécurité alimentaire (dans leurs aspects positifs et normatifs) et ceux liés aux filières, à part peut-être pour certaines productions majoritairement exportées et très localisées. Par contre, il est préférable de privilégier des analyses micro-économiques et éventuellement sociologiques sur les filières vivrières et l'adaptation au changement climatique des pays impactés (politiques alimentaires nationales en soutien à la consommation). Concernant les marchés mondiaux et leur importance dans l'appréciation de l'impact du changement climatique, les analyses « macro » existent pour ce qui est de la modélisation à l'équilibre, mais leur calibration doit encore être adaptée au cas de plusieurs régions, notamment en France.

Concernant le couplage de modèles économiques de marchés agricoles et ceux assurant l'évaluation des impacts du changement climatique au niveau des filières et des régions, une désagrégation plus fine que celle disponible actuellement est nécessaire, dans un cadre plus *intégrateur* que celui des modèles sectoriels actuels. Ceci est vrai notamment pour les secteurs agriculture-élevage-forêt, dont la concurrence pour l'usage des sols est rarement modélisée de façon satisfaisante au niveau national, *a fortiori* au niveau régional. Des travaux sont en cours (IIASA[3], Autriche)

---

3. Institut international d'analyse appliquée des systèmes (en anglais, *International Institute for Applied Systems Analysis*, IIASA, www.iiasa.ac.at).

sur la construction d'un modèle intégrateur au niveau des régions européennes, permettant par exemple d'affiner les projections d'émissions de gaz à effet de serre et, à terme, d'évaluer les performances de politiques d'adaptation au changement climatique.

Une autre priorité de recherche porte sur une meilleure appréhension des évolutions probables des relations au sein des filières du secteur agroalimentaire, dans un contexte de changement climatique. Quelles seront par exemple les formes les plus efficaces de contractualisation entre producteurs et transformateurs en termes de gestion des risques ? Il s'agit ici d'une modélisation économique de relations verticales pour des produits plus ou moins différenciés (grandes cultures ou productions horticoles, par exemple), mobilisant des disciplines telles que l'économie industrielle. De plus, les nouvelles économies d'agrégation, suite à la mise en place de stratégies d'adaptation au changement (relocalisation des industries de transformation), devront être évaluées avec une mise à jour des modèles d'économie géographique existants, pour intégrer notamment l'incidence de politiques « extérieures à l'agriculture » d'adaptation ou d'atténuation (taxe carbone, etc.).

Enfin, le caractère régulateur ou amplificateur des marchés et des politiques agricoles sur les chocs climatiques est une priorité de recherche importante pour les économistes agricoles et le commerce international. Dans la mesure où des réformes de politique agricole ont déjà eu lieu depuis les années 1990 et où plusieurs épisodes climatiques extrêmes rapprochés (sécheresses de 2003, 2005, etc.) ont pu être observés, une analyse rétrospective pourrait déjà être conduite sur le rôle des marchés et des mesures de politique agricole.

Situations à étudier prioritairement

Plusieurs régions du monde doivent faire l'objet d'une attention plus particulière, en raison notamment de la fragilité actuelle de leurs écosystèmes et/ou de la faible disponibilité des ressources naturelles (fertilité du sol, eau, etc.) Il s'agit d'identifier les marges d'adaptation disponibles pour des systèmes agricoles et alimentaires extrêmement contraints, pour lesquels les impacts du changement climatique ne peuvent qu'accentuer les déséquilibres. Sans préjuger de la responsabilité de la communauté internationale à l'égard de ces régions du monde, il ne faut pas oublier que des désastres majeurs, comme ceux que pourrait entraîner un effondrement des systèmes agricoles locaux, auront des conséquences à long terme sur le reste des continents concernés, et même de la planète. Les conséquences en termes d'instabilité sociale et politique ne se cantonnent plus comme par le passé aux zones de production, en raison de la plus grande interconnexion des régions du monde (migrations volontaires ou non, étalement des zones urbaines). Trois situations déjà présentées ci-dessus sont particulièrement préoccupantes, en fonction de l'importance des cultures vivrières, de la disponibilité et de l'accès aux ressources naturelles, et de la fragilité des écosystèmes. Il s'agit de l'Afrique subsaharienne et le sous-continent indien (Bangladesh, Inde) dans la première catégorie (a), l'Afrique du Nord dans la deuxième (b) (chapitre 13) et enfin les territoires français d'outre-mer (cultures vivrières ou d'exportation, en relation avec les bioagresseurs et les invasions biologiques) pour la troisième (c).

Ce texte s'inspire largement des travaux de l'ARP ADAGE auquel ont contribué les personnes suivantes que nous tenons à remercier : Anne Chetaille (GRET), Martine François (GRET).

⇉ Références bibliographiques

Calzadilla A., Zhu T., Rehdanz K., Tol R.S.J., Ringler C., 2009. *Economywide impacts of climate change on agriculture in Sub-Saharan Africa*. Document de travail IFPRI n° 00873.

Commission Européenne, 2007. *Limiting Global Climate Change to 2 degrees Celsius. The way ahead for 2020 and beyond. Impact Assessment*. Document de travail, Bruxelles, 10 janvier 2007.

Commission Européenne, 2009. Sixième Programme cadre ADAM (Adaptation and Mitigation Strategies), Rapport final, juin 2009.

Commission Européenne, 2009. Catalogue of FP7 projects 2007-2009. Cooperation Theme 6 — Environment (Including Climate Change), Bruxelles.

Eitzinger J., Kubu G., 2009. Impact of Climate Change and Adaptation in Agriculture. Extended abstracts, International Symposium, Vienne, 22-23 juin 2009,

Guéméné D., Lescoat P., 2007. Le programme "Aviter". Étude des impacts des filières avicoles sur le développement durable des bassins de production et des territoires en France et au Brésil, *In : Septièmes Journées de la Recherche Avicole*, Tours, 28-29 mars 2007.

Harle K.J., Howden S.M., Hunt L.P., Dunlop M., 2007. The potential impact of climate change on the Australian wool industry by 2030. *Agricultural Systems, 93*, 61-89.

IFPRI, 2009. Project List on Climate Change. IFPRI Web site, MAJ 21/09/2009.

Ingram J.S.I., Gregory P.J., Izac A.-M., 2008. The role of agronomic research in climate change and food security policy. *Agriculture, Ecosystems and Environment, 126*, 4-12.

Kirilenko A.P., Sedjo R.A., 2007. Climate change impacts on forestry. *Proc. Natl Acad. Sci. USA, 104* (50), 19697-19702.

Nelson G.C., 2009. Agriculture and Climate Change: An Agenda for Negotiation in Copenhagen, Focus 16, Brief 1, IFPRI, Washington, DC, mai 2009.

Nelson G.C., Rosegrant M.W., Koo J., Robertson R., Sulser T., Zhu T., Ringler C., Msangi S., Palazzo A., Batka M., Magalhaes M., Valmonte-Santos R., Ewing M., Lee D., 2009. Climate Change, Impact on Agriculture and Costs of Adaptation. IFPRI, Food Policy Report, Washington, DC.

Onerc, 2009. *Changement climatique, coûts des impacts et pistes d'adaptation*. La Documentation Française, Paris.

Von Braun J., 2008. *Food prices, biofuels, and climate change. Projections with the Impact model.* IFPRI seminar on biofuels, février 2008.

Chapitre 15

Activités agricoles et territoires

François Bertrand, Hervé Brédif,
Eric Duchêne, Etienne Josien, Martine Tabeaud

➤➤ Agriculture et forêt confrontées à une alternative fondamentale

La question de l'adaptation de l'agriculture et de la forêt au changement climatique peut s'envisager selon deux grandes approches dont les conséquences en termes de recherche et d'action diffèrent assez radicalement.

La première approche consiste à considérer l'agriculture et la forêt, comme c'est de plus en plus le cas, comme des filières parmi d'autres, l'agriculteur faisant figure d'agent productif parmi beaucoup d'autres. Une telle approche trouve sa justification dans la baisse tendancielle de la contribution de l'agriculture et de la forêt au produit intérieur brut ; elle s'explique plus fondamentalement par le fait anthropologique majeur selon lequel la culture agricole et rurale des sociétés occidentales se délite à grande vitesse à partir de la seconde moitié du XXe siècle (Serres, 2001). Dès lors, aucun traitement de faveur n'est à prévoir : les acteurs des filières agricoles et forestières ne devront compter que sur eux-mêmes afin de trouver les conditions et les moyens de l'adaptation, au même titre que l'industrie automobile ou tout autre secteur tenu d'innover pour survivre aux contraintes et défis que le réchauffement planétaire impose à leur activité. Certains résisteront, beaucoup disparaîtront. La société n'influencera pas ou peu l'évolution des choses. La compétitivité, la capacité d'innovation technologique et le marché imposeront leurs lois.

Une seconde approche est cependant possible, pour peu que l'on mobilise à bon escient la notion de territoire, une notion généralement absente des débats et processus internationaux consacrés au changement climatique. Selon *Le Robert* (2004), le territoire est une « étendue de pays sur laquelle s'exerce une autorité, une juridiction ». Plusieurs disciplines relevant des sciences humaines et sociales enrichissent cette acception juridique en définissant le territoire comme un espace faisant l'objet d'une appropriation matérielle et symbolique par une collectivité humaine. Plus que des limites administratives ou politiques, le territoire procède d'un sentiment d'appartenance et de prise en charge partagé d'un ensemble de réalités qui caractérisent justement le territoire aux yeux de ceux qui le reconnaissent comme tel. Les territoires sont donc des lieux de résidence, de travail, de transport d'individus reliés entre eux par des solidarités plus ou moins fortes, et attachés à un espace géographique qui fait sens pour eux. Cette acception n'est pas restrictive : elle autorise la possibilité de territoires gigognes. L'identité ne se joue pas qu'à l'échelle d'un territoire restreint, local, mais se détermine aussi à des échelles supérieures, pouvant s'étendre jusqu'au monde dans son ensemble. Ainsi n'est-elle pas donnée une fois pour toutes. Les territoires se dessinent, ou se délitent, en fonction de la capacité des acteurs à co-construire des espaces de vie et des projets.

Or les activités agricoles et forestières gagnent à être mises en perspective au sein des territoires. Elles occupent en effet une part importante de l'espace, espace toujours partagé, de manière consensuelle ou conflictuelle, avec d'autres usages qui concernent l'ensemble des résidents permanents ou temporaires (chasse, pêche, promenade, jogging, VTT, etc.). Cet usage de l'espace dans le territoire, lié à la dimension alimentaire, est très ancien et recouvre une valeur symbolique importante dans la culture, le patrimoine et la construction de l'identité du territoire à travers des produits typiques, des paysages ou des architectures remarquables.

Aujourd'hui encore, ces activités tiennent dans de nombreux cas une place importante dans la production du territoire et génèrent des emplois induits dans le cadre de filières plus ou moins localisées. Elles peuvent également devenir les garants d'une certaine autonomie en matière alimentaire, énergétique, ou au regard d'autres ressources naturelles. Confrontés à des incertitudes croissantes (raréfaction des ressources pétrolières, menace de conflits, risques technologiques,...) et à une demande importante en termes de « confiance » alimentaire, de « traçabilité », le retour en force d'une notion d'autonomie peut conduire pays, villes et territoires à accorder une importance renouvelée aux espaces agricoles et forestiers qu'ils abritent.

Enfin, les activités agricoles et sylvicoles ont un impact sur l'environnement : paysage et cadre de vie, qualité et disponibilité des eaux, qualité de l'air, biodiversité, recyclage des déchets...

En somme, tout change à partir du moment où les acteurs agricoles et forestiers ne sont plus livrés à eux-mêmes pour faire face au changement climatique. Ils peuvent, de manière réaliste, compter sur la mobilisation à leurs côtés d'autres acteurs, et, dans une certaine mesure et sous réserve d'utiliser les bons leviers, de la société dans son ensemble, que celle-ci soit locale, régionale, nationale, etc., précisément parce qu'agriculture et forêt jouent un rôle souvent primordial dans l'économie et l'identité des territoires.

Ces spécificités engendrent des interactions fortes entre acteurs agricoles et forestiers et les autres acteurs du territoire, entre dynamiques agricoles et forestières et dynamiques territoriales. De fait, l'adaptation de l'agriculture aux changements climatiques ne pourra pas être neutre par rapport au devenir du territoire. Inversement, la dynamique territoriale peut être un facteur d'accompagnement et de soutien — ou au contraire un obstacle — à l'adaptation aux changements climatiques. Le territoire cristallise les interactions entre les activités agricoles et le reste de la société, et c'est donc dans ce cadre qu'il faut envisager les nouvelles contraintes environnementales et l'adaptation de l'agriculture.

▸▸ Que sait-on aujourd'hui de l'adaptation dans les territoires ?

Les données bibliographiques sur les modifications des potentiels de culture et sur les impacts sur l'agriculture et la forêt en général sont relativement abondantes et font l'objet des chapitres précédents. Les données sur l'adaptation de l'agriculture et la forêt face aux changements climatiques sous l'angle du territoire sont plus rares. Certaines collectivités (en Bourgogne, Bretagne, Lorraine, Rhône-Alpes, etc.), des conseils régionaux en particulier, se sont engagées dans des exercices pouvant préfigurer des stratégies d'adaptation, selon des modalités variées, notamment en organisant des exercices de prospective ou des appels à projets de recherche.

En France, des projets de recherche ont étudié les impacts du changement climatique en se focalisant sur certains territoires, comme les zones de montagne[1] et les espaces littoraux (projet Life Response, Projet Adaptalitt). Le secteur forestier bénéficie également d'un effort de recherche soutenu[2]. Mais ce sont sans doute les territoires urbains qui concentrent pour l'instant le plus d'efforts en matière de recherche. Plusieurs projets étudient au sein de ces espaces le rôle de la végétation sur les climats urbains et plus généralement les interactions entre ville, climat et nature[3].

Signalons également plusieurs enquêtes de terrain conduites sur les questions d'adaptation des territoires aux changements climatiques (Sfez et Cauquelin, 2005 ; 2006) dont deux sur des vignobles français d'importance, le Champagne et le Bordelais (Sfez et Cauquelin, 2007 ; pour une synthèse de ces enquêtes : Sfez, 2010). Toujours en adoptant des approches par les dynamiques des territoires, plusieurs projets de recherche (Bertrand et Larrue, 2007) ont visé à mieux cerner les conditions et les formes d'émergence des politiques climatiques des territoires, à plusieurs échelles (régionale, urbaine, locale, etc.). Ces travaux insistent sur les conditions locales d'émergence de discours en lien avec le changement climatique, en soulignant notamment des conditions relativement diverses d'acculturation, d'appropriation et de traduction locales. Il en ressort une grande variété d'appréciation des vulnérabilités des territoires face aux effets du changement climatique, en fonction de nombreuses variables, notamment socio-culturelles.

Enfin, le groupement d'intérêt scientifique Climat-environnement-société[4], créé en 2007, a pour mission d'inciter, de soutenir et de coordonner des recherches interdisciplinaires sur le changement climatique et ses conséquences sur la société et l'environnement. Dans un « état des lieux de la recherche », il est noté à propos de l'adaptation au changement climatique que, d'une manière générale, les avancées en climatologie et en modélisation fournissent des scénarios climatiques futurs affinés, notamment à l'échelle régionale, et contribuent à mieux qualifier la nature des impacts futurs associés aux changements climatiques, bien que l'ampleur de ces

---

1. ClimAdapt, Programme Interreg IIIB ClimChAlp, Projet Adaptation des territoires alpins à la recrudescence des sécheresses dans un contexte de changement global.
2. Action COST, 2008-2011.
3. Projets du PIRVE.
4. Voir www.gisclimat.fr/seminaires-ACC-etat-des-lieux.

impacts demeure largement imprécise (chapitre 2). La compréhension des déterminants des dynamiques d'adaptation des systèmes territoriaux reste par contre balbutiante. Si des travaux en économie ont été engagés, concernant notamment les coûts d'adaptation (chapitre 14), les questions de culture, de représentations sociales et de perception des risques, c'est-à-dire les dimensions humaines et sociales, demeurent un sujet de recherche encore à investir. Cela est d'autant plus nécessaire que ces facteurs constituent des leviers déterminants dans la compréhension des dynamiques locales d'adaptation et des facteurs de succès primordiaux pour la mise en œuvre de processus décisionnels efficaces localement.

▶▶ Comment évaluer les contraintes et imaginer les possibles ?

Sur le plan des activités agricoles et forestières

Le préalable à toute adaptation est d'évaluer l'ampleur des changements dans les composantes du climat auxquels il faudra faire face, et le degré de fragilité des filières agricoles dans leur fonctionnement actuel face à ces nouvelles contraintes. Cette question renvoie à des questions sur les scénarios disponibles et sur les méthodes de régionalisation des données. La variabilité climatique et les événements extrêmes (gels, grêles, tempêtes) sont d'une importance capitale lorsque l'on raisonne à une petite échelle. Les travaux scientifiques abordent souvent filière par filière l'impact du changement climatique sur les productions végétales, la forêt et l'élevage. À l'échelle de territoires il faudrait des approches plus intégratrices. Par exemple, l'évolution des surfaces en forêts, susceptibles de progresser en altitude, pourra interférer avec l'activité pastorale en montagne. Les potentiels de culture évolueront également pour les cultures pérennes et la production de vin de qualité devrait être possible dans de nouvelles zones, soit plus en altitude dans les vignobles actuels, soit dans des zones plus septentrionales (chapitre 6). La difficulté est d'intégrer ces connaissances fragmentaires pour imaginer les possibilités d'utilisation des surfaces et les techniques associées à l'échelle de territoires.

L'évolution de la qualité des produits sous l'effet des changements climatiques est une autre question d'une importance capitale. Les produits valorisés au travers de leur origine géographique représentent 25 % environ du chiffre d'affaires de l'agriculture française. Il s'agit principalement de vins, mais aussi de fromages, de fruits. Ces produits de « terroirs » revendiquent des combinaisons non reproductibles entre le milieu naturel, le sol et le climat, des plantes et des animaux, et des savoir-faire humains. Ces combinaisons sont à l'origine de typicités fortes et si l'un des éléments qui les composent, en l'occurrence le climat, est modifié, c'est l'équilibre de l'ensemble qui est menacé. Ces produits issus d'appellations (AOP[5],

---

5. L'appellation d'origine protégée, ou AOP, est la dénomination d'un signe d'identification européen. Créé en 1992, ce label protège « la dénomination d'un produit dont la production, la transformation et l'élaboration doivent avoir lieu dans une aire géographique déterminée avec un savoir-faire reconnu et constaté ».

IGP[6]) ont souvent des valeurs ajoutées importantes par rapport à leurs équivalents « standard ». Leur disparition du paysage agricole pourrait déséquilibrer économiquement des territoires entiers. Or, on ne sait pratiquement rien de l'incidence des changements climatiques sur la typicité des produits. La question des produits de qualité interpelle les filières mais aussi le territoire, de manière plus forte que pour les autres produits, pour des raisons liées au patrimoine, à l'identité, à la structuration de l'économie agricole. Elle renvoie à la crédibilité des spécificités du terroir, tant pour les consommateurs que dans le cadre des négociations sur le commerce international. Elle débouche sur les exigences liées à la délimitation (faut-il revoir les zonages ?) et aux conditions de production. Ces dernières constituent un cadre de contraintes qui limite les choix possibles en matière d'adaptation au changement climatique. Comment les faire évoluer pour permettre l'adaptation sans dégrader la typicité du produit ? *In fine,* comment maintenir le lien produit-territoire, dans sa dimension symbolique mais aussi dans le registre réglementaire, quand une donnée physique fondamentale liée à l'espace, le climat, change avec une rapidité sans précédent historique ?

L'adaptation de produits d'origine ne peut cependant se réduire à une approche technique et économique. La valorisation économique des produits d'origine est finalement du ressort du consommateur final. La perception de la typicité par les consommateurs, ainsi que l'évaluation de l'ampleur des modifications qu'ils sont susceptibles d'accepter, sont au moins aussi importantes que l'impact des changements climatiques sur les produits eux-mêmes.

Sur le plan des valeurs de la société

Le changement climatique va modifier les activités agricoles, mais il a déjà des conséquences sur les attentes de la société dans son ensemble. Chacun admet aujourd'hui que nos descendants vivront dans un environnement naturel différent de celui que nous connaissons et nous savons qu'une grande partie de ce changement peut être attribué à nos modes de vie, nos déplacements, notre consommation d'énergie, notre alimentation… Cette connaissance des relations de causes à effets et les conséquences envisagées peuvent modifier les préférences et les valeurs des systèmes sociaux, culturels, économiques et politiques. Une politique de réduction des émissions des gaz à effet de serre est d'ores et déjà mise en œuvre au niveau mondial (protocole de Kyoto), européen (quotas d'émission de CO_2), français (Grenelle de l'environnement) mais aussi régional avec des politiques d'investissements dans les énergies renouvelables par exemple. Ces politiques peuvent modifier les capacités d'adaptation de l'agriculture aux changements climatiques. L'application d'une taxe carbone aux activités agricoles pourrait ainsi pénaliser les activités fortement consommatrice d'énergie. La prise en compte des émissions de méthane ou d'oxyde nitreux dans l'atmosphère pourrait également susciter une politique de réduction des cheptels bovins ou de l'utilisation d'engrais azotés. Inversement, les

---

6. L'indication géographique protégée (IGP) est un signe officiel européen d'origine et de qualité qui permet de défendre les noms géographiques et offre une possibilité de déterminer l'origine d'un produit alimentaire quand il tire une partie de sa spécificité de cette origine.

systèmes agricoles et forestiers ont des aptitudes à stocker du carbone qui pourraient être mises en avant (chapitre 12).

À l'autre bout de l'échelle, le comportement du consommateur peut largement modifier les attentes par rapport à l'agriculture, que ce soit en termes de comportements alimentaires (possibilité d'une diminution de la part carnée dans l'alimentation), ou bien en termes de pratiques d'achat (augmentation de la préférence pour les produits de saisons, les produits issus de l'agriculture biologique, les circuits courts et les produits locaux, etc.).

La question posée est celle de l'interdépendance entre l'adaptation de l'agriculture et la transformation d'ensemble de la société qui va être, elle aussi, influencée par la responsabilité environnementale, dont le changement climatique. L'agriculture devra s'adapter au réchauffement, à la variabilité des événements extrêmes, ainsi qu'aux évolutions que va générer le changement climatique sur l'environnement économique et social, notamment en termes d'évolution de la demande vis-à-vis des produits agricoles. Si actuellement de nombreux travaux sont conduits sur les effets directs du changement climatique sur l'agriculture et la sylviculture, peu le sont sur les effets indirects potentiels. L'adaptation de l'agriculture, envisagée à un niveau territorial, visera à faire face à ces deux effets simultanément.

Les territoires ne sont pas égaux vis-à-vis du changement climatique, non seulement parce que les impacts en termes de climatologie seront variables géographiquement, mais aussi parce que le contexte socio-économique et politique est propre à chaque territoire. Les évolutions des productions agricoles ne se feront pas uniquement en tenant compte de contraintes techniques : les contraintes économiques (politique agricole communautaire, débouchés, etc.), les évolutions sociétales ainsi que le comportement décisionnel des acteurs auront un poids déterminant.

▶▶ Quels sont les déterminants de l'adaptation au sein des territoires ?

Trois ensembles de déterminants de l'adaptation méritent d'être distingués.

Les capacités d'adaptation intrinsèques des systèmes

Les systèmes agricoles et forestiers ont des capacités intrinsèques d'adaptation différentes selon les productions. Ces capacités peuvent tout d'abord être liées au milieu naturel. La production de raisin de table dans la région de Murcia en Espagne est entièrement dépendante de l'irrigation. Une baisse des ressources en eau conjuguée à une augmentation de la demande climatique en eau aurait des conséquences potentiellement beaucoup plus graves que pour le vignoble alsacien. Les systèmes de production eux-mêmes sont plus ou moins vulnérables selon le degré d'inertie et de réversibilité des pratiques culturales : sans considérer les aspects filières et débouchés, il est plus facilement envisageable de modifier un assolement en région de grandes cultures que de convertir toute une région spécialisée dans la production de fruits. Les ressources humaines enfin, de par les structures d'exploitation et le niveau de qualification des intervenants, peuvent être des éléments décisifs dans les processus d'adaptation.

Les obstacles liés aux systèmes de production peuvent également être indépendants des contraintes du milieu ou des compétences des acteurs. Une résistance au changement peut survenir quand le système en place est générateur de plus-values, typiquement dans le cas des produits d'origine. Les producteurs peuvent craindre non seulement une baisse de la typicité de leurs produits s'ils modifient leurs pratiques face au réchauffement climatique, mais encore une perte de lisibilité de leur image s'ils évoquent des processus d'adaptation.

Les stratégies et les pratiques adaptatives des acteurs

L'activité agricole est par nature adaptation : productions et pratiques sont modifiées en permanence pour répondre aux contraintes politiques (PAC), aux marchés, à l'environnement immédiat. Même si le changement climatique actuel est peut être sans précédent par sa rapidité, il ne faut pas négliger les enseignements du passé. Une relecture de la façon dont les territoires se sont adaptés à des changements extrêmes parfois très rapides (arrivée des superphosphates qui ont bouleversé les agricultures des Champagnes, arrivée de l'irrigation à grande échelle dans les Landes de Gascogne, etc.), un regard sur les jeux d'acteurs, une analyse des conséquences (économiques, sociales, environnementales) de ces adaptations et au final une recherche des éléments qui ont été cruciaux dans les orientations de ce changement permettraient de dégager des enseignements sur les facteurs à prendre en compte pour envisager l'adaptabilité de l'agriculture dans une dimension territoriale. Certaines agricultures, certains paysages agricoles, condamnés à disparaître selon les experts à cause de leur faible dotation en avantages comparatifs, ont fait preuve d'une grande résilience liée à leurs ressources humaines et sont aujourd'hui souvent cités en modèle (l'Aubrac par exemple). Ce travail de relecture pourrait livrer des informations sur les facteurs clés de l'adaptation au niveau des territoires.

De même, des évolutions face aux changements climatiques sont déjà en cours. Par exemple, en France, des initiatives sont soutenues par des territoires comme les parcs naturels régionaux et les régions en ce qui concerne l'atténuation, souvent autour du concept d'autonomie des exploitations : fourragère, alimentaire, énergétique, mais aussi pour faciliter des évolutions d'assolement, souvent liées à des questions de partage de la ressource en eau, ou de choix sylvicoles suite aux tempêtes récentes. La mise en place d'observatoires territoriaux des adaptations de l'agriculture aux changements climatiques permettrait de compléter l'approche historique et de renseigner à la fois sur les effets du changement climatique et sur les ressources mobilisées, dans le territoire ou à l'extérieur, pour l'adaptation de l'agriculture.

Au-delà des approches biotechniques, l'économie, les sciences de gestion, la sociologie des organisations, les sciences politiques devraient être mobilisées dans ces approches historiques ou contemporaines.

Aujourd'hui, nous ne savons pas quelles seront la part de réaction et la part d'anticipation dans les mesures d'adaptation aux changements climatiques. Les actions pour l'atténuation sont une réaction à l'augmentation d'origine anthropique de la teneur de l'atmosphère en gaz à effet de serre. Une question pour l'agriculture et la sylviculture est de savoir s'il est plus favorable d'anticiper, c'est-à-dire de s'adapter par anticipation à des phénomènes qui ont une probabilité forte de survenir, ou d'attendre que les effets du changement soient perçus pour envisager un processus d'adaptation. Là encore, les stratégies peuvent différer selon les temporalités des cultures et leur réversibilité.

L'adaptation par anticipation renvoie à la dimension territoriale par le rôle que peuvent avoir les territoires, au sens des collectivités, mais aussi des différents jeux d'acteurs qui se vivent au sein d'un territoire. C'est à cette échelle que se prépare l'anticipation, c'est-à-dire la mise en commun de l'information, la conception ou la co-conception de solutions adaptives à différents scénarios, l'appropriation de ces solutions par les différents acteurs et enfin l'accompagnement dans leur mise en œuvre.

Des travaux sur les capacités d'adaptation des exploitations, sur les différentes stratégies des agriculteurs pour « durer », sur les concepts de flexibilité et de résilience à l'échelle des exploitations, ont déjà été réalisés et sont en cours. Poser ces questions à l'échelle des territoires est plus innovant : y a-t-il des territoires plus résilients que d'autres, et pourquoi ? Comment les territoires s'adaptent-ils ? Quels sont les facteurs de vulnérabilités et les différents déterminants des capacités d'adaptation ?

La place et le degré de patrimonialisation de l'agriculture dans un territoire

L'intégration des activités agricoles dans les territoires est extrêmement diversifiée, entre l'agriculture périurbaine, les zones de tourisme, les régions spécialisées dans certaines productions, les zones de montagne… L'agriculture ou la forêt peuvent avoir des poids économiques différents selon les territoires mais aussi participer à l'identité d'un territoire de manière plus ou moins forte, dans le patrimoine culturel collectif comme dans les paysages. L'agriculture et la forêt peuvent être ou non considérées comme une richesse et un patrimoine à préserver. L'effort que consentira un territoire pour l'adaptation de l'agriculture, ou d'une partie des activités agricoles, aux changements climatiques dépendra de la valeur patrimoniale qu'il lui (leur) attribue.

L'adaptation dépendra des possibilités des milieux naturels, de la volonté et des compétences des acteurs, des rationalités et valeurs culturelles associées aux paysages et aux productions agricoles locales, mais aussi des ressources dont ils peuvent disposer. On peut penser en premier lieu aux ressources financières mais d'autres facteurs de l'action seront déterminants dans les territoires, comme les moyens de transport et de communication, la circulation de l'information, les capacités de formation.

▸▸ Quelle gouvernance pour les adaptations ?

Rupture ou transition ?

Bien qu'il soit perçu jusqu'à présent comme très progressif à l'échelle de la vie humaine, le changement climatique actuel est rapide à l'échelle de l'histoire. On sait aussi qu'il est très probable qu'il va se poursuivre pendant une durée largement supérieure à celle d'une vie humaine. Dans ces conditions, une adaptation permanente progressive est-elle envisageable ou des ruptures brutales seront-elles inévitables ? Les effets du changement climatique sur l'agriculture et la forêt dépendent de l'échelle de temps dans laquelle on se projette. À moyen terme, jusqu'en 2050 environ, il s'agira *a priori* d'évolutions qui auront un caractère réversible. Au-delà, nous entrons dans un domaine beaucoup plus incertain et les transformations pourraient être beaucoup plus radicales (disparitions de massifs forestiers, baisse drastique des ressources en eau). Dans quelle mesure ces deux niveaux d'intensité de changement peuvent-ils être intégrés dans les politiques d'adaptation territoriales ? La question de la maîtrise de leur destin commun, qui est une des définitions du développement, par les acteurs d'un territoire ne se pose pas du tout de la même manière face à des adaptations incrémentales qui façonnent une transformation progressive, que face à des changements radicaux, abandon ou apparition d'activités, qui peuvent modifier le territoire dans ses fondements dans un délai très bref. L'équilibre entre les intérêts individuels et les intérêts collectifs ne se construit pas dans le même registre. Dans un cas, des processus relativement lents se déroulent et peuvent être accompagnés par la collectivité pour les orienter dans un sens favorable — on sort alors assez peu des schémas actuels. Dans l'autre cas, les évolutions sont très rapides, parfois irréversibles, le délai pour les accompagner est très court, les tensions entre diverses catégories d'acteurs peuvent alors être très fortes.

Quelles échelles territoriales sont les plus appropriées pour la gestion de l'adaptation ?

L'adaptation de l'agriculture et de la forêt aux changements climatiques va nécessiter des prises de décisions à des niveaux très variés, de la commune à l'Union européenne. Comment assurer une cohérence globale dans la mise en œuvre des mesures d'adaptation et éviter les contradictions entre niveaux de décision ? Le changement climatique et l'adaptation de l'agriculture et de la forêt qu'il engendre vont modifier les avantages comparatifs des territoires les uns par rapport aux autres. Une certaine hiérarchie pourra ainsi se voir remise en cause. L'adaptation concerne la dimension de l'inter-territorialité, plus particulièrement dans la conception des mécanismes de régulation de la compétitivité et/ou de la solidarité entre territoires. Si la question de la gestion de l'inter-territorialité dans un contexte mouvant de la hiérarchie entre territoires n'est pas nouvelle, les méthodes pour y répondre font encore largement défaut.

Quel arbitrage entre les différentes fonctions demandées à l'agriculture ?

La fonction première de l'agriculture est de fournir des aliments. Avec les progrès agronomiques et l'apparition d'excédents en Europe, cette fonction est passée au second plan avec l'idée implicite que, quoi qu'il arrive, le marché mondial sera en mesure de satisfaire à nos besoins alimentaires. Les politiques agricoles mises en place dans les années 1960 sur le plan européen ont permis de garantir l'autosuffisance alimentaire à l'échelle de ce territoire. D'autres fonctionnalités, mais aussi d'autres contraintes, ont émergé. La pression pour réduire l'impact des activités agricoles sur l'environnement, essentiellement par une réduction de l'utilisation de produits phytosanitaires et d'engrais, est de plus en plus forte. Parallèlement, les consommateurs réclament des aliments sains, exempts de pesticides, mais aussi de meilleure qualité gustative. Enfin, on attend de l'agriculture qu'elle entretienne le paysage et nous procure un environnement « beau ». Ces différentes attentes sont en interaction entre elles et les changements climatiques peuvent interférer avec les choix possibles mais aussi nécessiter de hiérarchiser les priorités. Ainsi, le changement climatique pourrait conduire à une réduction de l'offre alimentaire globale, dans un contexte d'augmentation de la population mondiale. À moins que les valeurs de sobriété ne s'affirment davantage à travers la réduction du gaspillage alimentaire : on estime en effet que 40 % de l'alimentation disponible aux États-Unis est jetée (Hall *et al.*, 2009). Il est également vraisemblable que l'augmentation de la productivité de l'agriculture redevienne d'actualité (chapitre 14).

Comment accompagner les territoires dans leurs actions pour l'adaptation ?

Les pratiques agricoles ont fortement évolué au cours du xxe siècle avec la mécanisation de l'agriculture, la possibilité d'utiliser engrais et produits phytosanitaires, la diffusion du progrès génétique. Cette évolution s'est faite en France sur une chaîne de transmission entre la recherche, publique ou privée, les instituts techniques et les agents du développement agricole, dans les chambres d'agriculture en particulier, l'ensemble s'appuyant sur la formation des acteurs. Jusqu'à présent, les connaissances et le progrès technique se diffusaient à environnement constant. Le changement climatique est une source de variabilités et d'incertitudes et peut rapidement remettre en question la durabilité des solutions imaginées à un moment donné au sein d'un territoire. L'adaptation de l'agriculture et de la forêt sera d'autant plus efficace et pertinente qu'il y aura de la fluidité dans le partage des connaissances et des expériences, en particulier celles où le changement climatique a pu avoir des conséquences positives. La proximité entre recherche, développement et organisations professionnelles, au sein des filières agricoles, constitue un atout pour la diffusion des savoirs et des innovations.

La nouveauté du changement climatique à l'échelle de l'histoire, la profondeur de la remise en question qu'il génère, l'angoisse collective qu'il peut susciter — dans un contexte de méfiance par rapport à la technologie et à la science — appellent à des dispositifs nouveaux et certainement encore inconnus en matière d'accompagnement des acteurs de la conception et de la mise en œuvre d'adaptations. L'innovation en matière d'accompagnement des acteurs, de démarches participatives, de communication, de systèmes d'information, est certainement un facteur clé de l'adaptation. C'est un champ qui reste encore à défricher, dans l'utilisation des technologies de communications comme dans la meilleure compréhension des réceptions par les individus des discours sur le changement climatique et ses enjeux.

▸▸ Conclusion

L'adaptation de l'agriculture et de la forêt aux effets du changement climatique se fera concrètement à partir de prises de décision concertée à différents niveaux caractérisés par l'idée de communauté humaine. Que ce soit à l'échelle de l'Europe ou à celle d'une commune, c'est la notion de territoire qui est à l'œuvre dans le processus d'adaptation. Les évolutions se feront en fonction de variables exogènes de natures hétérogènes. Si les premières qui viennent à l'esprit sont les variables climatiques, les évolutions et les demandes de la société dans son ensemble peuvent se traduire en contraintes réglementaires ou en demandes auprès des marchés agricoles et peser autant, voire plus, que les évolutions climatiques seules. Localement, les choix en matière d'adaptation de l'agriculture et de la forêt renvoient à la discussion et à l'élaboration collective de trajectoires d'évolution soutenables et désirables. Ces choix dépendront de la perception des enjeux par les acteurs, de la valeur qu'ils attribuent aux activités agricoles et forestières, tant en termes économiques qu'en termes de valeur patrimoniale, ainsi que de leurs capacités d'action. Ce sont donc des variables endogènes, sociales et relationnelles, qui détermineront les mesures d'adaptation, autant que les variables exogènes. Sous l'angle du territoire, la problématique de l'adaptation vient en contrepoint d'un modèle où seules des variables principalement climatiques et économiques s'imposeraient aux acteurs agricoles et forestiers. Les modèles de vulnérabilité au changement climatique se doivent d'intégrer cette double entrée.

Ce texte s'inspire largement des travaux de l'ARP ADAGE auquel ont contribué les personnes suivantes que nous tenons à remercier : Alain Carbonneau (Montpellier Supagro), Gilles Fumey (Université Paris IV), Julien Gallienne (APCA), Benjamin Garnaud (IDDRI), Christine King (BRGM), Jean-Claude Menaut (INSU), Olivier Mora (Inra), Michel Duru (Inra).

▸▸ Références bibliographiques

Action COST, 2008-2011. *Echoes: Expected Climate Change and Options for European Silviculture*, GIP ECOFOR, http://www.gip-ecofor.org/echoes.

Bertrand F., Larrue C., 2007. Gestion territoriale du changement climatique - Une analyse à partir des politiques régionales. Rapport final. UMR CITERES — Université de Tours/Programme Gestion et Impacts du Changement Climatique (GICC), juillet 2007, 3 volumes, www.gip-ecofor.org/gicc/?q=node/275.

Bertrand F., Rocher L., 2007. Le changement climatique, révélateur des vulnérabilités territoriales ? Rapport final. UMR CITERES — Université de Tours/Programme Politiques territoriales et Développement Durable, décembre 2007, 125 p. + annexes, www.territoires-rdd.net/recherches_axe4.html.

Hall K.D., Guo J., Dore M., Chow C.C., 2009. The Progressive Increase of Food Waste in America and Its Environmental Impact. *PLoS ONE*, 4 (11), e7940.

Serres M., 2001. *Hominescence*, Éditions Le Pommier, Paris, 2001.

Sfez L., 2010. Voyages en France : l'adaptation au réchauffement climatique, *In : Le changement climatique : les résistances à l'adaptation*, Revue Quaderni, n° 71, éditions de la Maison des Sciences de l'Homme, Paris.

Sfez L., Cauquelin A., 2005. Analyse des attitudes face à l'adaptation au changement climatique. Le cas de deux stations de moyennes montagnes dans les Alpes de hautes Provence. CREDAP-CREDATIC/Ademe Service Economie, juin 2005, Paris, 128 p.

Sfez L., Cauquelin A., 2006. Attitudes face à l'adaptation au changement climatique : le cas de la Camargue. Rapport CREDAP — CREDATIC/Ademe, 90 p.

Sfez L., Cauquelin A., 2007. Attitudes face au changement climatique : Le cas du Champagne. Rapport CREDAP — CREDATIC / ADEME.

Conclusion

Jean-François SOUSSANA

Une véritable course contre la montre est engagée : celle du développement durable face à la montée des changements environnementaux planétaires et, en particulier, du changement climatique. Comme dans le monde imaginé par Lewis Caroll[1], « Nous courons pour rester à la même place » : l'adaptation au changement climatique ne suffira pas à remporter la course, mais elle peut nous faire gagner un temps précieux, en retardant de quelques années, voire d'une à deux décennies, les impacts sur les populations, les écosystèmes et les secteurs socio-économiques les plus vulnérables.

Dans une large mesure, l'humanité contrôle désormais le destin de la biosphère mondiale et apparaît être confrontée à des choix cruciaux concernant son avenir. La poursuite du développement dépend de notre capacité à protéger l'environnement en enrayant les émissions de GES et en gérant les services écologiques et la biodiversité pour que les systèmes alimentaires et énergétiques mondiaux soient compatibles avec les limites planétaires. Cela nécessitera un effort majeur d'éducation et des mécanismes d'assurance et de redistribution favorisant une stabilisation de la population et une amélioration de la sécurité alimentaire mondiale[2].

L'agriculture « intelligente face au climat » a été définie comme une agriculture qui augmente durablement la productivité et la résilience (adaptation), réduit les émissions de GES (atténuation) et améliore la sécurité alimentaire et le développement[3]. Des systèmes plus productifs et résilients peuvent avoir des effets secondaires bénéfiques comme la séquestration du carbone et des réductions des émissions de gaz à effet de serre. Ces options « gagnant-gagnant » supposent de modifier la gestion de la biodiversité et des ressources naturelles (par exemple, conservation et restauration des sols, récupération et économies d'eau, utilisation accrue de la fixation biologique de l'azote et de systèmes intégrés, etc.).

---

1. Lewis Carroll, *À travers le miroir*, chapitre 2.
2. Soussana J.-F., 2012. Changement climatique et sécurité alimentaire : un test crucial pour l'humanité ? *In : Regards sur la Terre*, Armand Colin, pp. 233-242.
3. FAO, 2010. "Climate-Smart" Agriculture Policies, Practices and Financing for Food Security, Adaptation and Mitigation, FAO, Rome.

À l'échelle européenne, une vision partagée[4] se dégage pour renforcer de manière durable la sécurité alimentaire mondiale dans un contexte de changement climatique en combinant plusieurs approches, comme la modélisation de scénarios futurs, la conception de nouveaux systèmes agricoles et forestiers adaptés, la réduction des émissions de gaz à effet de serre et la préservation des services des écosystèmes. Cette vision commune permet d'établir un agenda de recherche stratégique. Puis, à partir d'une cartographie des forces existantes, des actions conjointes sont conçues. Ces actions peuvent prendre différentes formes (appel d'offres, mobilité de chercheurs, infrastructures de recherche…) et s'accompagnent d'un alignement progressif des programmes de recherche nationaux[5].

Au plan international, la nécessité d'une convergence entre les recherches sur l'agriculture, les écosystèmes et le changement climatique est notamment portée par Future Earth[6], une plate-forme qui rassemble les grandes institutions scientifiques, les agences de financement de la recherche et les Nations unies. C'est donc à une prise de conscience d'une grande ampleur que nous assistons aujourd'hui.

Dans ce contexte, comme l'ont montré les chapitres précédents, les recherches[7] sur l'adaptation au changement climatique de l'agriculture et des écosystèmes doivent permettre :
– d'évaluer les risques associés aux événements climatiques extrêmes et de définir des stratégies visant à anticiper et pallier les impacts de crises climatiques ;
– de prévoir (avec une quantification des incertitudes associées) les impacts régionaux du changement climatique sur l'agriculture et les écosystèmes diversement anthropisés ;
– de comprendre et de maîtriser les principaux effets du changement climatique sur les dynamiques de la biodiversité (aires de répartition des espèces, ressources génétiques) et de la santé (espèces invasives, bioagresseurs, maladies) des écosystèmes ;
– d'adapter des espèces cultivées ou domestiquées aux modifications du climat et de la composition de l'atmosphère (CO_2) et de renforcer la capacité d'adaptation des systèmes de production et des filières ;
– de développer des technologies innovantes de l'adaptation compatibles avec la réduction des émissions et le renforcement des puits de carbone ;
– d'identifier les coûts et les bénéfices de mesures d'adaptation acceptables au regard d'autres enjeux (compétitivité économique, biodiversité, ressources en eau et en sols, critères de qualité fixés par l'aval) ;
– de définir des modes d'organisation collective (gouvernance des territoires, assurances, formation, innovation, valorisation) susceptibles de renforcer la capacité d'adaptation de l'agriculture et de la forêt au changement climatique.

---

4. Soussana J.-F., Fereres E., Long S.P., Mohren F.G., Pandya-Lorch R., Peltonen-Sainio P., Porter J.R., *et al.*, 2012. A European science plan to sustainably increase food security under climate change. *Global Change Biology*, 18, 3269-3271.
5. FACCE JPI, Agriculture, Food Security and Climate Change Joint Programing Initiative, www.faccejpi.com.
6. www.icsu.org/future-earth
7. Ces objectifs ont été adoptés par le méta-programme Adaptation de l'agriculture et de la forêt au changement climatique (ACCAF) de l'Inra.

Ces pistes sont d'ores et déjà utiles pour orienter la recherche relative aux impacts, à la vulnérabilité et à l'adaptation, en distinguant, comme le recommande la stratégie nationale d'adaptation, quatre finalités : agir pour la sécurité et la santé publique ; réduire les inégalités devant les risques ; limiter les coûts ; tirer parti des bénéfices potentiels et préserver le patrimoine naturel. Elles conduisent aussi à un renforcement des infrastructures nationales de recherche, notamment en ce qui concerne l'étude et l'observation à long terme des écosystèmes et de leur biodiversité[8]. Souhaitons, pour conclure, que ces recherches puissent contribuer au débat sciences-société, éclairer les décisions des acteurs publics et privés et susciter des innovations utiles.

---

8. Projet ANAEE Services, http://presse.inra.fr/Ressources/Communiques-de-presse/ANAEE-Services. Quelle contribution de l'agriculture française à la réduction de l'effet de serre ? Inra, juillet 2013.

Glossaire

Acculturation. Ensemble des phénomènes qui résultent d'un contact continu et direct entre des groupes d'individus de cultures différentes et qui entraînent des modifications dans les modèles culturels initiaux de l'un ou des deux groupes.

Adaptation au changement climatique. Ensemble des actions contribuant à ajuster les systèmes naturels ou humains en réponse à des phénomènes climatiques, afin d'atténuer leurs effets néfastes ou d'exploiter leurs effets bénéfiques.

Albédo. Rapport de l'énergie solaire réfléchie par une surface à l'énergie solaire incidente.

Allochtone. Organisme d'origine étrangère au biome local. Il s'agit le plus souvent d'organismes introduits par l'homme.

Analyse du cycle de vie (ACV). Évaluation des impacts sur l'environnement d'un produit au cours de son existence, allant des ressources nécessaires à sa fabrication jusqu'à à son utilisation.

Anoestrus. Femelle de mammifère en état de repos sexuel.

Anoxie. Existence de conditions anaérobies généralisées dans un sol, qui découle de faibles possibilités de transfert d'oxygène et/ou d'activités microbiennes respiratoires élevées. De telles conditions se rencontrent dans les sols engorgés voire submergés. L'anaérobiose peut avoir des impacts sur le fonctionnement du sol, avec des effets indésirables tels que la mobilisation de métaux et l'émission de gaz à effet de serre, et des effets positifs incluant la réduction de la pollution au nitrate et la dégradation de contaminants organiques.

Anthropisé. Qui est modifié par l'activité humaine.

Assec. État d'une rivière ou d'un étang qui se retrouve sans eau.

Autécologie. Science qui étudie l'ensemble des relations d'une espèce vivante avec son environnement, délimite les conditions qui permettent la survie de l'espèce, sa reproduction, etc.

Biome. Ensemble d'écosystèmes caractéristique d'une aire biogéographique (régionale ou continentale) et nommé à partir de la végétation et des espèces animales qui y prédominent et y sont adaptées. Par extension, grand type d'écosystème (forêt, prairie, etc.).

Biotope. Milieu de vie défini par des caractéristiques physiques et chimiques déterminées relativement uniformes.

Cadre statistique bayésien. Méthode de quantification des incertitudes sur des estimations, à partir des distributions de probabilités.

Capabilité. Aptitude qui représente la liberté, pour un individu, de choisir entre différentes conditions de vie.

Cerrado. Le mot *Cerrado* signifie fermé ou dense. Il a été appliqué aux régions où s'observe une végétation particulièrement dense et difficile à parcourir. Les Cerrados du Brésil s'étendent des frontières méridionales de la forêt amazonienne aux secteurs périphériques dans le sud-est des États de São Paulo et de Paraná.

Chaîne trophique. Une chaîne trophique, ou chaîne alimentaire, décrit, en écologie, les différents acteurs impliqués dans un processus particulier de production et de consommation des aliments.

CO$_2$ équivalents. Désigne le potentiel de réchauffement global (PRG) massique d'un gaz à effet de serre (GES), calculé par équivalence avec une même masse de CO$_2$. Le PRG du CO$_2$ vaut exactement 1. Sur un horizon de 100 ans, le PRG du méthane (CH$_4$) est estimé à 25 et celui du protoxyde d'azote (N$_2$O) à 298.

Conductance stomatique. Les stomates sont au niveau de l'épiderme des feuilles et des tiges aériennes, le lieu de passage des gaz (dioxyde de carbone, vapeur d'eau, etc.). Leur conductance varie en fonction de leur ouverture qui est contrôlée par l'interaction entre la plante et son environnement.

Cortège biotique. Chaque espèce possède un cortège de parasites, de mutualistes, de prédateurs et de commensaux. Ce cortège modifie le succès écologique de l'espèce et sa valeur sélective, de façon positive ou négative.

DCE. Directive cadre sur l'eau qui définit un cadre pour la gestion et la protection des eaux par grand bassin hydrographique au plan européen avec une perspective de développement durable.

Débit à l'exutoire d'un bassin versant. Flux d'eau dans le cours d'eau par unité de temps, au point de sortie d'un bassin versant, l'exutoire, le bassin versant étant la zone géographique limitée par des crêtes qui alimente le cours d'eau jusqu'à ce point dénommé exutoire.

Dendroctone. Insecte coléoptère causant un dépérissement des arbres en creusant ses galeries sous l'écorce.

Dendroécologie. Étude fine des cernes annuels des troncs mais aussi de la structure microscopique du bois qui permet de dater et évaluer les variations du milieu auxquels les arbres ont été confrontés.

Dessication. Processus d'élimination de l'eau par déshydratation.

Diachronique. Caractérise l'évolution dans le temps d'un fait ou d'un système.

Échaudage. Fait pour les fruits, les grains d'avoir leur développement arrêté, de se dessécher sous l'action du soleil. En cas de température élevée, les stomates se ferment pour ralentir l'évapotranspiration. La température interne de la plante n'est alors plus régulée par l'évaporation et va augmenter, jusqu'à endommager les chloroplastes et la structure interne des organes aériens. Plus que le déficit hydrique, ou les perturbations de l'alimentation minérale, ce sont les fortes températures qui sont responsables de l'échaudage.

Écologiquement intensif. Systèmes agricoles reposant sur l'utilisation intégrée des fonctionnalités naturelles des écosystèmes pour réduire les atteintes à l'environnement en maintenant des performances productives élevées.

Écoscope. Réseau national des observatoires de recherche sur la biodiversité, infrastructure labellisée par l'alliance des organismes français de recherche en environnement (AllEnvi) et coordonnée par la Fondation pour la recherche sur la biodiversité (www.fondationbiodiversite.fr).

Efficience hydrique. Efficacité de l'utilisation de l'eau par une plante, calculée par le rapport de la matière sèche produite à la quantité d'eau consommée.

El Niño. Désigne à l'origine un courant côtier saisonnier chaud au large du Pérou et de l'Équateur. Il désigne aussi par extension le phénomène climatique particulier qui se caractérise par des températures anormalement élevées de l'eau dans la partie est de l'océan Pacifique Sud. Il est relié à un cycle de variation de la pression atmosphérique globale entre l'est et l'ouest du Pacifique que l'on nomme l'oscillation australe (ENSO pour El Niño-Southern Oscillation). El Niño est une conséquence régionale d'une perturbation dans la circulation atmosphérique générale entre les pôles et l'équateur.

Embryogénèse somatique. Méthode de culture tissulaire qui permet d'obtenir une multitude de plantules génétiquement identiques à la plante donneuse.

Endogénéisation. Action de rendre endogène, ici d'intégrer un processus dans un modèle.

Épigénétique. Modification de l'information génétique transmise à la descendance (d'une cellule, d'un organisme) qui ne se traduit pas par une modification de la séquence de l'ADN.

Épizootie. Maladie animale contagieuse se propageant très rapidement chez l'animal, par analogie avec épidémie, terme de médecine humaine.

Équitabilité. Désigne l'égalité plus ou moins grande de la répartition des individus entre les différentes espèces d'un écosystème.

Espèce démersale. Espèce vivant près du fond sans pour autant y vivre de façon permanente.

Espèce diadrome. Espèce dont le cycle biologique se déroule en eau douce et en mer.

Estive. Période de l'année où les troupeaux (de ruminants) sont au pâturage en montagne.

État redox. Variable majeure qui synthétise la situation physico-chimique d'un milieu, du fait de différents types et quantités d'éléments biotiques et abiotiques qui échangent des électrons. Elle peut être définie comme le résultat de l'ensemble des réactions d'échange d'électrons dans un système donné. Les réactions d'oxydoréduction (ou réactions redox), qui correspondent à des transferts d'électrons entre les différentes formes chimiques, gouvernent les cycles biogéochimiques des éléments.

FACE. Dispositif expérimental d'enrichissement en CO_2 à l'air libre utilisé pour comprendre la réponse des écosystèmes et des cultures à l'augmentation du CO_2 atmosphérique (en anglais, FACE, *Free Air Carbon dioxyde Enrichment*).

Forçage radiatif. Différence entre l'énergie radiative reçue et l'énergie radiative émise par un système climatique donné. Un forçage radiatif positif tend à réchauffer le système (plus d'énergie reçue qu'émise), alors qu'un forçage radiatif négatif va dans le sens d'un refroidissement (plus d'énergie perdue que reçue).

Gaz à effet de serre (GES). Composants gazeux qui absorbent le rayonnement infra-rouge émis par la surface terrestre contribuant à l'effet de serre. L'augmentation, liée aux activités humaines, de leur concentration dans l'atmosphère terrestre est l'un des facteurs à l'origine du récent réchauffement climatique.

Génotypage. Détermination de l'identité d'une variation génétique pour un individu ou un groupe d'individus appartenant à une espèce.

GCM. Modèle global du climat (en anglais, *Global Climate Model*) décrivant la circu-lation générale des masses d'air et d'eau en fonction d'une représentation mathéma-tique du bilan d'énergie du globe. Utilisés pour la simulation du climat, ces modèles ont été progressivement affinés pour inclure la circulation océanique, les surfaces continentales, la glace de mer, les aérosols, la réflectance des nuages, les volcans et le rôle des émissions anthropiques de gaz à effet de serre.

GIEC. Créé en 1988, le Groupe d'experts intergouvernemental sur l'évolution du climat (GIEC) est un organisme intergouvernemental, ouvert à tous les pays membres de l'ONU. Il « a pour mission d'évaluer, sans parti-pris et de façon métho-dique, claire et objective, les informations d'ordre scientifique, technique et socio-économique qui nous sont nécessaires pour mieux comprendre les risques liés au changement climatique d'origine humaine, cerner plus précisément les conséquences possibles de ce changement et envisager d'éventuelles stratégies d'adaptation et d'atténuation. Il n'a pas pour mandat d'entreprendre des travaux de recherche ni de suivre l'évolution des variables climatologiques ou d'autres paramètres pertinents. Ses évaluations sont principalement fondées sur les publications scientifiques et techniques dont la valeur scientifique est largement reconnue » (www.ipcc.ch).

Haplodiploïdisation. Procédé de culture cellulaire qui permet d'obtenir un géno-type diploide (2 × N choromosomes) complètement homozygote à partir d'une cellule haploide (1 × N chromosomes) issue des organes porteurs des cellules reproductrices.

Idéotype. Modèle biologique dont on attend un certain développement dans un environnement donné, c'est-à-dire un modèle idéal d'animal ou de plante, établi comme objectif de sélection, dans certaines conditions de culture ou d'élevage.

Incertitude stochastique. L'une des composantes de l'incertitude sur les projections climatiques, liée à la variabilité climatique intrinsèque et chaotique et qui comprend également la problématique des conditions initiales du système climatique modélisé.

Isohyète. Ligne imaginaire reliant des points d'égales quantités de précipitations.

Maladie vectorielle. Maladie transmise par un vecteur biologique (souvent un insecte) qui porte un agent pathogène dont il n'est pas la cible et qui l'inocule à un animal hôte sensible au pathogène.

Millennium Ecosystem Assessment. Évaluation des écosystèmes pour le millénaire (en anglais *Millenium Ecosystems Assessment*, MEA) initiée par le secrétaire général des Nations unies, a rassemblé les contributions de plus de 1 360 experts issus de près de 50 pays, pour évaluer — sur des bases scientifiques — l'ampleur et les conséquences des modifications subies par les écosystèmes (www.unep.org/maweb/en/index.aspx).

Mulch. Paillage, ou plus généralement une couche de matériaux (comme des résidus de culture), apporté à la surface du sol principalement dans le but de le protéger. Le mulch protège le sol de l'impact direct de la pluie et du soleil. Il fournit de la matière organique stimulant l'activité biologique du sol.

Natura 2000. Réseau de sites naturels européens, terrestres et marins, identifiés pour la rareté ou la fragilité des espèces sauvages, animales ou végétales, et de leurs habitats. En France, le réseau Natura 2000 comprend 1 753 sites.

Niveau piézométrique. Niveau du toit de la nappe par rapport à la surface du sol. Ce niveau délimite la zone non saturée du sol, où l'eau s'écoule verticalement, et la zone saturée en eau, où l'eau s'écoule latéralement. Les niveaux piézométriques varient dans le temps et dans l'espace, en fonction des milieux et de la topographie. Les gradients spatiaux entre niveaux piézométriques déterminent sens et vitesse des écoulements.

Onerc. Observatoire national sur les effets du réchauffement climatique qui a trois missions principales : collecter et diffuser les informations sur les risques liés au réchauffement climatique ; formuler des recommandations sur les mesures d'adaptation à envisager pour limiter les impacts du changement climatique ; être le point focal du GIEC en France.

PCB. Polychlorobiphényles, produits de synthèse très stables, utilisés dans l'industrie qui constituent dans l'environnement des polluants persistants, toxiques et écotoxiques.

Phénologie. Étude des variations saisonnières des phénomènes qui caractérisent le cycle biologique des êtres vivants (croissance, reproduction, migration).

Phénotypage. Détermination du phénotype, qui est l'état d'un caractère observable (caractère anatomique, morphologique, moléculaire, physiologique, ou éthologique) chez un organisme vivant.

Plantes en C3, en C4. Types de photosynthèse chez les végétaux supérieurs, se caractérisant par des mécanismes différents de fixation du dioxyde de carbone. Le mécanisme en C3 (fixation sur un substrat à trois atomes de carbone) correspond au mécanisme présent chez les plantes d'origine tempérée. Les types en C4 (fixation sur un substrat à quatre atomes de carbone) concernent une partie des plantes d'origine tropicale (comme le maïs). La photosynthèse en C4 est saturée par la concentration atmosphérique en CO_2 actuelle (380 parties par million, ppm), alors que la photosynthèse en C3 répond positivement à un enrichissement en CO_2 à des concentrations supérieures à cette concentration.

Plasticité phénotypique. Variabilité du phénotype observé pour un même génotype.

Plasticité/robustesse. Aptitude d'une population ou d'un génotype à maintenir sa performance dans des différentes conditions de milieu.

Pléiotropie. Se dit d'un gène qui agit sur plusieurs caractères ou fonctions.

Pourridié. Maladie créée par certains champignons qui entraîne la décomposition du bois des racines des arbres.

Processus écosystémique. Réactions et interactions biologiques, physiques ou chimiques qui sous-tendent le fonctionnement, l'évolution et la survie d'un écosystème.

Propagule. Organe de dissémination et de reproduction non sexuée émis par un être vivant (animaux primitifs, végétaux, bactéries, champignons, etc.).

RCM. Modèle climatique à l'échelle régionale.

Redondance fonctionnelle. Situation où une même fonction est réalisée par plusieurs espèces dans une communauté ou un écosystème.

Rémunération des services. Bénéfice monétarisé retiré de services environnementaux ou écosystémiques.

Résilience écologique. Degré selon lequel des perturbations peuvent être absorbées par un système avant qu'il passe d'un état à un autre. La stabilité est l'autre concept associé, définie comme la tendance d'un système à retourner à une position d'équilibre après une perturbation.

Résilience sociale. Capacité des groupes ou communautés à s'adapter et à apprendre à faire face à des stress et à des perturbations externes d'ordre politique, social, économique ou environnemental.

Résistance aux antihelminthiques. Perte d'effets des traitements médicamenteux destinés à lutter contre le parasitisme interne (intestinal le plus souvent) dû à des vers de la famille des helminthes.

Rhizosphère. La rhizosphère est la région du sol directement formée et influencée par les racines et les micro-organismes associés.

Scolyte. Petits insectes xylophages de l'ordre des coléoptères. Ils constituent la famille des scolytidés (Scolytidae).

Sécheresse édaphique. Sécheresse du sol résultant d'un déficit de précipitations pendant la saison de végétation (au printemps et en été).

Services écosystémiques. Bénéfices que les sociétés humaines obtiennent des écosystèmes, quatre types de services ont été définis dans le cadre de l'évolution millénaire des écosystèmes : approvisionnement (ex : nourriture), support (ex : habitat), régulation (ex : pollinisation), culture (ex : éducation).

Services environnementaux. Voir services écosystémiques.

SRES. Rapport spécial du GIEC (*Special Report on Emissions Scenarios*) de 2010 qui a établi une série de scénarios reliant les émissions anthropiques de gaz à effet de serre à des projections socio-économiques.

Stochastique. Caractère aléatoire dépendant du temps.

Températures cardinales. Valeurs de température minimales et maximales qui délimitent le domaine de croissance d'une espèce.

Trait fonctionnel. Caractéristique d'un organisme ou d'un écosystème, qui affecte sa performance (trait d'effet) ou sa réponse à un ou plusieurs facteurs de l'environnement (trait de réponse).

Tributaire. Se dit d'un cours d'eau qui se jette dans un autre cours d'eau, un lac ou la mer.

Vernalisation. Processus physiologiques exigés par certaines plantes pour assurer le déroulement d'étapes préparatoires et indispensables à la mise à fleur, processus qui requièrent une durée assez prolongée (de quelques jours à quelques mois) de basses températures.

Vulnérabilité. Degrés selon lequel un système est susceptible, ou se révèle incapable, de faire face aux effets néfastes des changements climatiques, notamment à la variabilité du climat et aux conditions climatiques extrêmes. La vulnérabilité est fonction de la nature, de l'importance et du taux de variation climatique auxquels un système se trouve exposé, de sa sensibilité, et de sa capacité d'adaptation.

Xénobiotique. Molécule chimique étrangère à l'organisme vivant, et donc souvent toxique au contact ou à l'intérieur de l'organisme, y compris à de très faibles concentrations. Les pesticides, les médicaments sont des xénobiotiques. L'écotoxicologie est l'étude de l'effet des xénobiotiques sur les organismes et les écosystèmes, à l'échelle moléculaire, cellulaire, de l'organisme ou de l'écosystème.

Xérophyte. Plante adaptée aux milieux secs.

Zoonose. Maladie animale transmissible à l'homme.

Zoonotique. Caractérise une maladie animale transmissible à l'homme.

Liste des auteurs

Nourollah Ahmadi
Cirad
UPR Adaptation agro-écologique
et innovation variétale
Montpellier

Sophie Allain
Inra
UMR SAD Activités, produits et territoires
Paris

Jean-Luc Baglinière
Inra
UMR Écologie et santé des écosystèmes
Rennes

Michel Baguette
MNHN
UMR Origine, structure et évolution
de la biodiversité
Paris

Catherine Bastien
Inra
Unité de recherche Amélioration, génétique
et physiologie forestières
Orléans

Marc Benoit
Inra
Agro-systèmes territoires ressources
Mirecourt

François Bertrand
Université de Tours
MSH Villes et territoires
Tours

Nathalie Breda
Inra
Écologie et écophysiologie forestières
Nancy

Hervé Bredif
Université Paris I
Dynamiques sociales et recomposition
des espaces
Nanterre

Nadine Brisson
Inra
Unité d'agroclimatologie
Avignon

Jean-Christophe Calvet
Météo France
Centre national de recherches
météorologiques
Toulouse

Philippe Ciais
CEA
Laboratoire des sciences du climat
et de l'environnement
Gif sur Yvette

Pascal Clouvel
Cirad
UPR Systèmes de culture annuels
Montpellier

Jean-Baptiste Coulon
Inra
Unité de recherches sur les herbivores
Clermont-Ferrand, Theix

Denis Couvet
MNHN
Conservation des espèces, restauration
et suivi des populations
Paris

Nathalie de Noblet
CEA
Laboratoire des sciences du climat
et de l'environnement
Gif-sur-Yvette

Marie-Noël de Visscher
Cirad
UR Animal et gestion intégrée des risques
Montpellier

Michel Déqué
Météo France
Centre national de recherches
météorologiques
Toulouse

Michael Dingkuhn
Cirad
UPR Adaptation agro-écologique
et innovation variétale
Montpellier

Edmond Dounias
IRD
Centre d'écologie fonctionnelle et évolutive
Montpellier

Jean-Yves Dourmad
Inra
Systèmes d'élevage, nutrition animale
et humaine
Rennes

Eric Duchêne
Inra
Santé de la vigne et Qqualité du vin
Colmar

Thomas Fournier
Inra
Agro-systèmes territoires tessources
Mirecourt

Didier Gascuel
AgroCampusOuest
Pôle Halieutique
Rennes

Chantal Gascuel-Odoux
Inra
Sols, Agro hydrosystèmes spatialisation
Rennes

Philippe Gate
Arvalis
Institut du végétal
La Minière
Guyancourt

Edward Gerardeaux
Cirad
UPR Systèmes de Culture Annuels
Montpellier

Daniel Gerdeaux
Inra
Réseaux trophiques des écosystèmes
limniques
Thonon-les-Bains

Philippe GROS
Ifremer
Institut français de recherche
pour l'exploitation de la mer
Brest

Johann HUGUENIN
Cirad
UR Systèmes d'élevage et produits animaux
Montpellier

Alexandre ICKOWICZ
Cirad
Pôle pastoral zones sèches
Montpellier

Bernard ITIER
Inra
Environnement et grandes cultures
Thiverval-Grignon

Pierre-Alain JAYET
Inra
Économie publique
Thiverval-Grignon

Etienne JOSIEN
IRSTEA
Activités, espace, formes d'organisation
dans les territoires ruraux
Clermont-Ferrand

Yves LE BISSONNAIS
Inra
Laboratoire d'étude des interactions
sol – agrosystème – hydrosystème
Montpellier

François LEFÈVRE
Inra
Écologie des Forêts Méditerranéennes
Avignon

Jean-Michel LEGAVE
Inra
Développement et amélioration
des plantes
Montpellier

Olivier LE PAPE
AgroCampusOuest
Pôle Halieutique
Rennes

Michel LHERM
Inra
Économie de l'élevage
Clermont-Ferrand, Theix

Bruno LOCATELLI
Cirad
CIFOR - ENV Programme
Bogor
Indonésie

Bernard MALLET
Cirad
Département Environnements et sociétés
Montpellier

Françoise MÉDALE
Inra
Nutrition, aquaculture et génomique
Saint-Pée-sur-Nivelle

Philippe MEROT
Inra
Agrohydrologie
Rennes

Claude MILLIER
AgroParisTech
AgroParisTech-Engref
Paris

Catherine PICON-COCHARD
Inra
UR Ecosystème Prairial
Clermont-Ferrand

Didier Pont
IRSTEA
Hydrologie et bioprocédés
Antony

Didier Richard
Cirad
UPR Système d'élevage et produits animaux
Montpellier

Tévécia Ronzon
Inra
Délégation à l'évaluation, la prospective
et les études
Paris

Jean-François Soussana
Inra
Direction scientifique Environnement
Paris

Martine Tabeaud
Université Paris-I
Géographie physique, humaine,
économique et régionale
Paris

Laurent Terray
Centre Européen de Recherche et de
Formation Avancée en Calcul Scientifique
(CERFACS)
Toulouse

Alban Thomas
Inra
Laboratoire d'économie des ressources
naturelles
Toulouse

Michel Trommetter
Inra
Économie Appliquée
Grenoble

Formaté typographiquement par DESK (53) :
02 43 01 22 11 – desk@desk53.com.fr

Imprimé pour vous par Books on Demand